高等职业教育系列教材

机械加工实训教程

第2版

主　编　许光驰

副主编　杨海峰　刘卫萍　陈　强

参　编　孙冬梅　张成学　张　栋　沈　哲　毛永刚

主　审　鞠加彬

机械工业出版社

本书结合“国家职业技能鉴定指南”编写，注重职业技能的考核训练，根据机械加工实训内容，本书共分为6个模块：钳工加工、车削加工、铣削加工、刨削与插削加工、磨削加工和数控加工。各模块下设若干实训项目，每个项目都由项目引入、项目分析、相关知识、项目实施、知识链接、拓展操作及思考题构成。

本书内容层次合理，技能训练由浅入深，并引入中级工职业技能证书试题实例，注重实用性，有利于提高学生的综合技能水平和分析处理实际问题能力。

本书可作为高等职业教育的机械类、近机械类以及工科各专业的机械加工实训（实习）课程使用，也可供工程技术人员参考使用，或作为相关工种职称考核的参考资料。

图书在版编目（CIP）数据

机械加工实训教程/许光驰主编．—2版．—北京：机械工业出版社，2017.3（2023.11重印）

高等职业教育系列教材

ISBN 978-7-111-56672-4

Ⅰ.①机…　Ⅱ.①许…　Ⅲ.①金属切削-高等职业教育-教材　Ⅳ.①TG506

中国版本图书馆CIP数据核字（2017）第085930号

机械工业出版社（北京市百万庄大街22号　邮政编码100037）

策划编辑：曹帅鹏　责任编辑：曹帅鹏

责任校对：王　延　责任印制：常天培

北京机工印刷厂有限公司印刷

2023年11月第2版第4次印刷

184mm×260mm・17印张・412千字

标准书号：ISBN 978-7-111-56672-4

定价：45.00元

电话服务

客服电话：010-88361066

010-88379833

010-68326294

网络服务

机　工　官　网：www.cmpbook.com

机　工　官　博：weibo.com/cmp1952

金　　书　　网：www.golden-book.com

机工教育服务网：www.cmpedu.com

前言

本书是根据教育部全面快速推进职业教育改革和发展的要求，依照《中华人民共和国职业技能鉴定规范（考核大纲）》关于钳工、车工、铣工、刨工、插工和磨工等工种的考核命题，在第1版的基础上编写的。第2版更加注重实训操作的实效性和考核性要求，融入各相关工种的职业技能证书考核内容。本书的主要特点如下：

1）在结构设计方面，遵循真实任务载体的实施过程，搭建车工、钳工、铣工、磨工等具体岗位“工作环境”，以培养学生综合性实践能力为目标，形成了系统化知识结构框架，内容丰富、图文并茂、深入浅出、层次分明、详略得当。

2）在内容选择上突出了具体操作经验的提高和技能考核的要求，以行动带动相关知识积累，并能促使学生在实践中解决所遇到的问题。

3）实践性强，所设任务与企业生产实践联系紧密，在完成实践操作技能训练的同时，突出基础理论和扩展性知识的积累。

4）强调理论的先进性，以认知规律和知识迁移为理论基础，以实践工作任务的系统性和真实性作为教材构造理念，突出体现高等职业教育的特点和教学改革实践的成果。

本书编写目标如下：

1）以真实的实训项目为载体引领技能训练和知识积累。

2）围绕典型产品加工，体现加工实训的内容训练系统化和完整性。

3）实训加工内容由浅入深、循序渐进，符合认知规律。

4）以具有代表性的实际应用产品加工实训，涵盖了广泛的技能要素。

5）强调拓展性训练，激发学生学习热情和创造能力。

6）形成知识链接，积累必备知识和扩展知识，增加知识广度。

本书主要内容包括钳工加工、车削加工、铣削加工、刨削与插削加工、磨削加工和数控加工6个模块。在各模块中设立实施项目，在每个项目中设置了项目引入、项目分析、相关知识、项目实施、知识链接等关键环节，引导和激发学生的学习潜能。

本书由许光驰主编和统稿，参加编写的有四川信息职业技术学院的刘卫萍（模块1的项目1.1~1.9）、黑龙江农业职业技术学院的张成学（模块1的项目1.10）、黑龙江农业工程职业学院的许光驰和天津电子信息职业技术学院沈哲（模块2的项目2.1~2.5）、零八一电子集团四川华昌电子有限公司的毛永刚（模块2的项目2.6~2.7）、哈尔滨职业技术学院的杨海峰（模块3）、哈尔滨职业技术学院的陈强（模块4）、黑龙江农业工程职业学院的张栋（模块5）、尚志市职业技术教育中心学校的孙冬梅（模块6）。本书由黑龙江农业工程职业学院的鞠加彬教授担任主审。

由于编者水平有限，书中难免有疏漏和不足之处，恳请读者批评指正，在此表示衷心感谢。

编　者

目　录

模块1　钳 工 加 工

钳工加工实训的目的：了解钳工工作在零件加工、机械装配及维修中的作用、特点和应用；能正确使用钳工常用的工具和量具；掌握钳工的主要工作，包括划线、錾削、锯削、锉削、钻孔、扩孔、铰孔、攻螺纹、套螺纹和刮削等的基本操作方法，并能按图样要求独立加工简单零件；熟悉装配的工作要求及简单部件的装配、拆卸方法；了解钳工及装配车间的生产安全技术。

钳工加工的安全要求：按要求穿工作服，操作机床时严禁戴手套，女同学要戴工作帽；在进行錾削、磨削操作时，必须戴眼镜，并注意他人安全；清理切屑时应使用铁刷子，不准用手直接清除，更不允许用嘴吹，以免割伤手指和切屑飞入眼睛；不准擅自使用不熟悉的机器设备或工具，设备在使用前应检查，如发现损坏或其他故障应停止使用，并及时报告；使用电器设备时，必须严格按操作规程执行，以防止触电事故发生；要做到文明生产和实习，工作场地要保持整洁；使用的工具、量具要分类放置，工件和毛坯应摆放整齐。

项目1.1　锤头的划线

划线是根据图样的尺寸要求，用划线工具在毛坯或半成品工件上划出待加工部位的轮廓线或作为基准的点、线的操作。划线是一项复杂、细致的重要工作，直接关系到产品质量，如果将线划错，会造成工件报废。划线精度一般为0.25~0.5mm。

1.1.1　项目引入

锤头的加工要求如图1-1所示，识读零件结构特点和加工精度要求，确定所需划线的位置及划线方法。

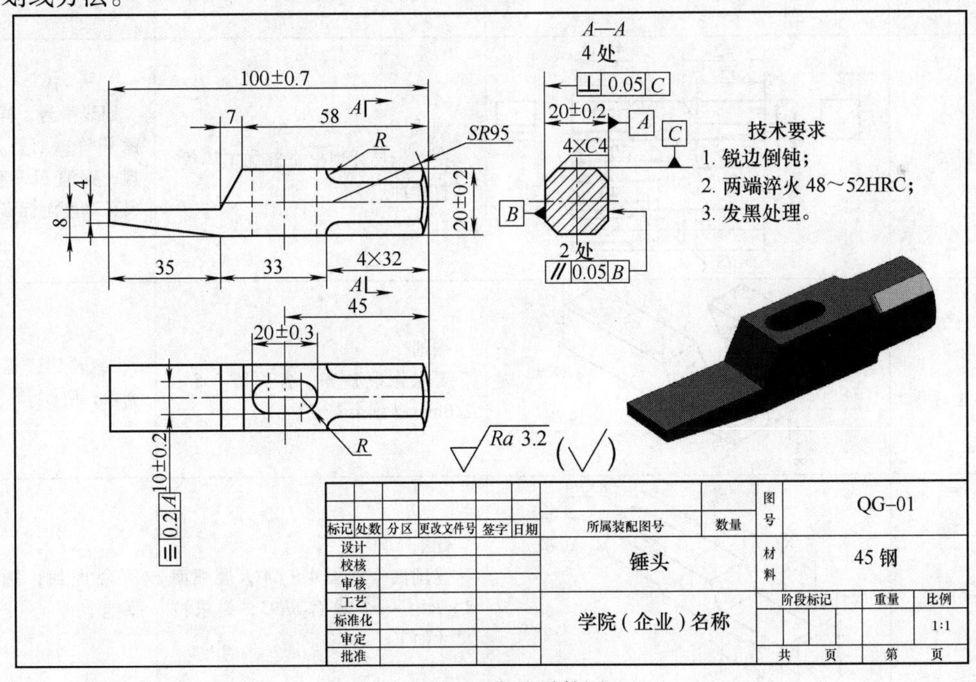

图1-1　锤头的零件图

1.1.2 项目分析

锤头的加工过程图解见表1-1，分析锤头的加工方法及所需工艺装备，并具体确定划线加工的方法和步骤。本项目需要两次划线，第一次为平面划线，第二次为立体划线。锤头加工的考核项目及参考评分标准见表1-2。

表1-1 锤头加工过程图解

序号及名称	图 解	加 工 内 容	工具刃具量具
1. 备料	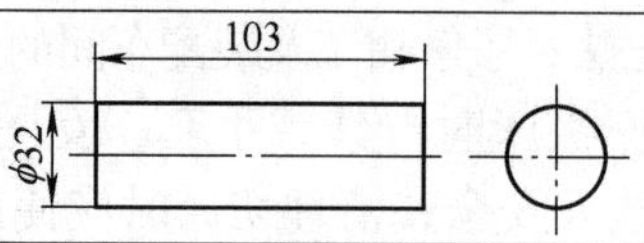 103 ϕ32	下料 材料：45钢，ϕ32mm棒料，长度103mm	钢直尺
2. 划线	20 20	划线 在ϕ32mm棒料两端表面上划20mm×20mm的加工界线，并打样冲点	万能分度头，高度游标卡尺，划针，样冲，锤子等
3. 锯削	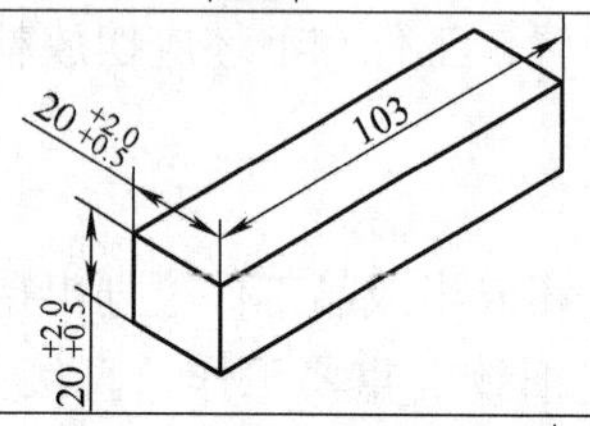 $20^{+2.0}_{+0.5}$ 103 $20^{+2.0}_{+0.5}$	锯削四个面 要求锯痕整齐，尺寸为20.5~22mm，各面平直，对边平行，相邻表面垂直	台虎钳；锯弓，锯条；游标卡尺
4. 锉削	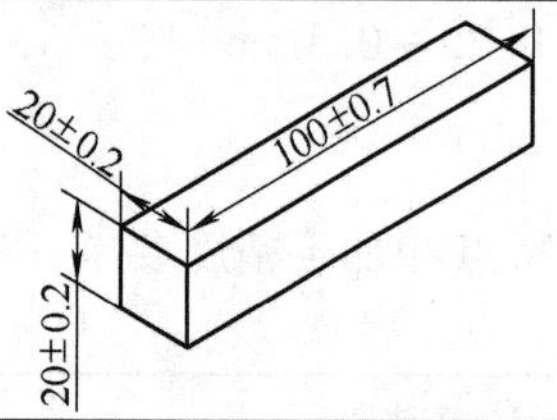 20±0.2 100±0.7 20±0.2	锉削六个表面 要求各表面平直，对边平行，相邻表面垂直，断面为正方形，尺寸为（20±0.2）mm，长度尺寸为（100±0.7）mm	台虎钳；粗、中平锉刀；游标卡尺，直角尺
5. 划线	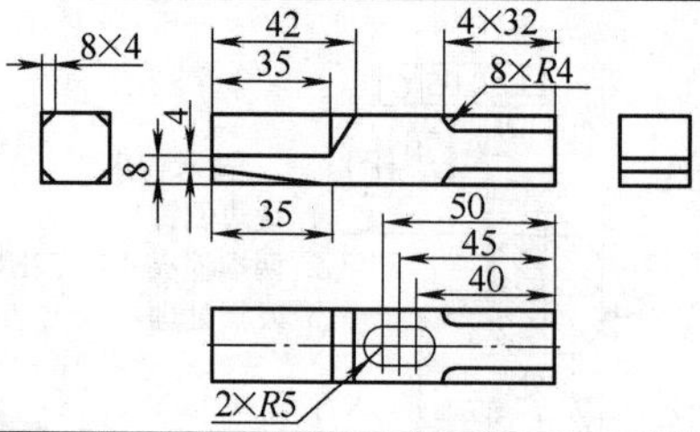 8×4 42 35 4×32 8×*R*4 4 8 35 50 45 40 2×*R*5	划线 按图示尺寸划出全部加工界线，并打样冲点	划线平台，样冲，锤子等；划针，划规；钢直尺，直角尺，高度游标卡尺
6. 锯削	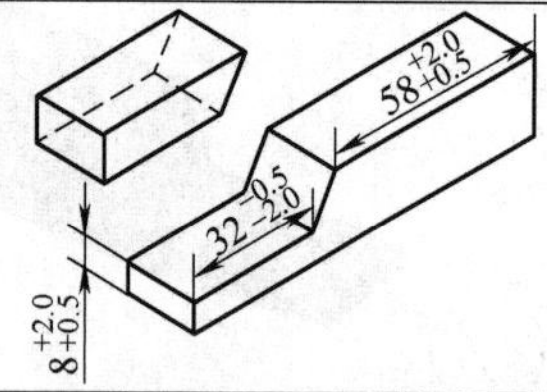 $58^{+2.0}_{+0.5}$ $32^{-0.5}_{-2.0}$ $8^{+2.0}_{+0.5}$	锯削 要求锯痕整齐，各面留0.5~2.0mm锉削余量	台虎钳；锯弓，锯条；游标卡尺
7. 锉削	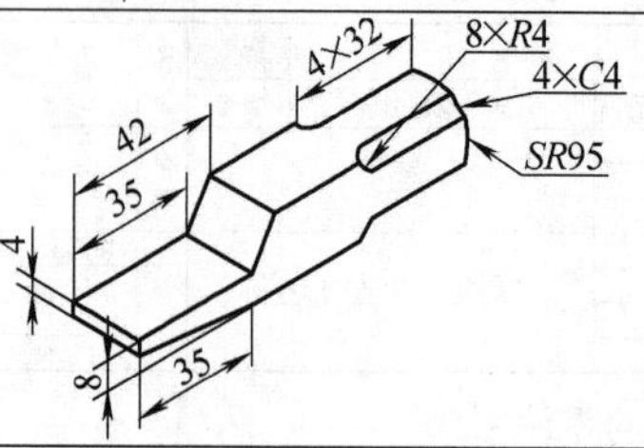 4×32 8×*R*4 4×*C*4 *SR*95 42 35 4 8 35	锉削 锉削四个斜面4×*C*4及圆弧面8×*R*4、一个球面*SR*95，要求按尺寸加工	台虎钳；圆锉，平锉

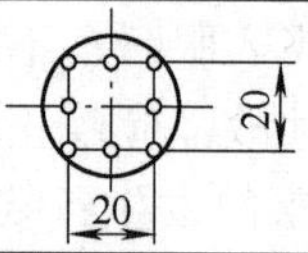

（续）

序号及名称	图　解	加 工 内 容	工具刃具量具
8. 钻孔	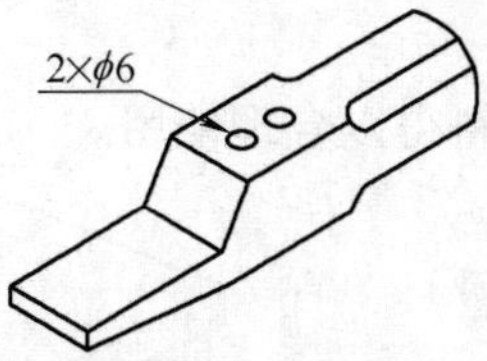	钻孔 用 ϕ6mm 钻头在样冲点位置钻通孔 2 × ϕ6mm	机用虎钳；台钻，ϕ6mm 钻头
9. 扩孔	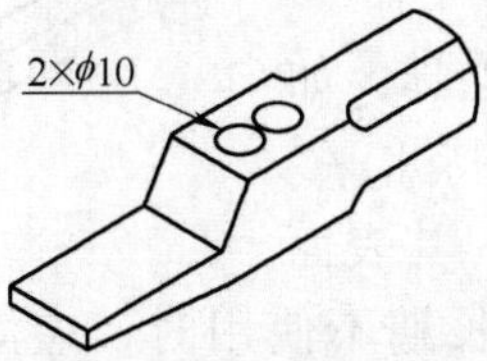	扩孔 用 ϕ10mm 钻头扩 2 × ϕ10mm 两孔	机用虎钳；台钻，ϕ10mm 钻头
10. 锉削	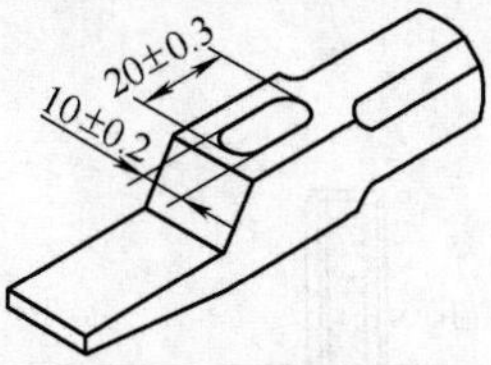	锉通孔 用小方锉或小平锉锉掉留在两孔间的多余金属，保证尺寸为（10 ± 0.2）mm；用圆锉修整孔的两端圆弧，保证尺寸为（20 ± 0.3）mm	台虎钳；小方锉（或小平锉），圆锉
11. 修光		修光 用细平锉修光各平面，用圆锉修光各圆弧面	台虎钳；细平锉，细圆锉
12. 热处理		淬火（可由教师完成） 两头锤击部位淬火 48 ~ 52HRC，心部不淬火	

表 1-2　锤头加工的考核项目及参考评分标准

序　号	项　目		考 核 内 容	参 考 分 值	检测结果（实得分）
1	外形尺寸	主要	（20 ± 0.2）mm（2 处）、（10 ± 0.2）mm	10 × 2 + 10	
		一般	（20 ± 0.3）mm、4mm、8mm 及其他	5 + 5 + 5 + 5	
2	几何公差		平行度公差为 0.05mm（2 处）、垂直度公差为 0.05mm（4 处）、对称度公差为 0.2mm	2 × 2 + 2 × 4 + 3	
3	表面粗糙度		Ra3.2μm、Ra6.3μm（2 处）	10 + 2 × 2	
4	操作和测量		钳工的各种操作方法，量具的使用及其测量方法	10	
5	其他考核项		安全文明实习，各种工、量具切勿碰撞，要妥善保管	11	
			合计	100	

1.1.3　相关知识——划线的作用、工具、基准和方法

1. 划线的作用

1）所划的轮廓线即为毛坯或工件的加工界线和依据，所划的基准点或线是毛坯或工件

安装时的标记或校正线。

2）借划线来检查毛坯或工件的尺寸和形状，并合理地分配各加工表面的余量，及早找出不合格品，避免浪费后续加工工时。

3）在板料上划线下料，可做到正确排料，使材料得以合理使用。

2. 划线工具

划线工具按用途可分为以下几类：基准工具、量具、直接绘划工具和夹持工具等。

（1）基准工具　划线平台是划线的主要基准工具，如图1-2所示，其安放时应平稳牢固，上平面应保持水平。划线平台的平面各处要均匀使用，以免局部磨凹；其表面不准碰撞和敲击，且应经常保持清洁。划线平台长期不使用时，应涂油防锈，并加盖保护罩。

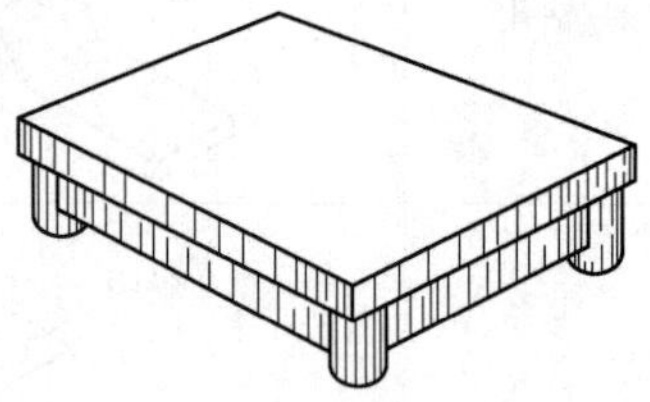

图1-2　划线平台

（2）量具　量具有钢直尺、直角尺、高度尺等。普通高度尺，又称量高尺，如图1-3a所示，由钢直尺和底座组成，使用时配合划针盘量取高度尺寸。高度游标卡尺，也称划线高度尺，能直接表示出高度尺寸，其读数精度一般为0.02mm，可作为精密划线工具，如图1-3b所示。

（3）直接绘划工具　直接绘划工具有划针、划规、划卡、划针盘和样冲。

1）划针。直划针和弯头划针分别如图1-4a、b所示，是在工件表面上划线用的工具，常用$\phi3\sim\phi6$mm的工具钢或弹簧钢丝制成，尖端磨成15°~20°的尖角，并经淬火处理。有的划针在尖端部位焊有硬质合金，耐磨性更好。在划线时，划针要依靠钢直尺或直角尺等导向而移动，并向外侧倾斜约15°~20°，向划线方向倾斜约45°~75°，如图1-4c所示。在划线时，要尽可能一次划成，使线条清晰、准确。

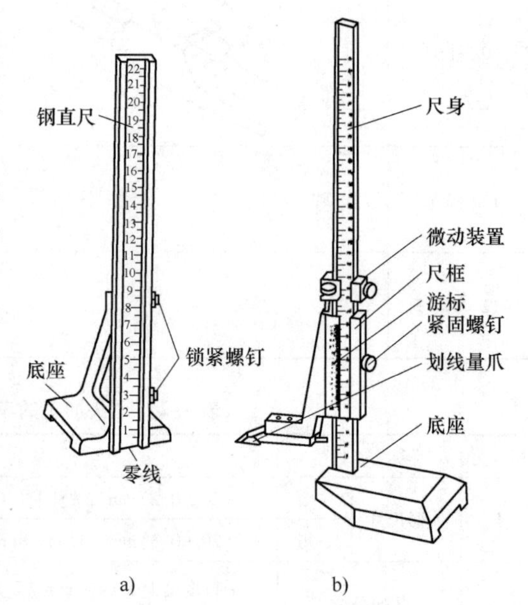

图1-3　量高尺与高度游标卡尺
a）量高尺　b）高度游标卡尺

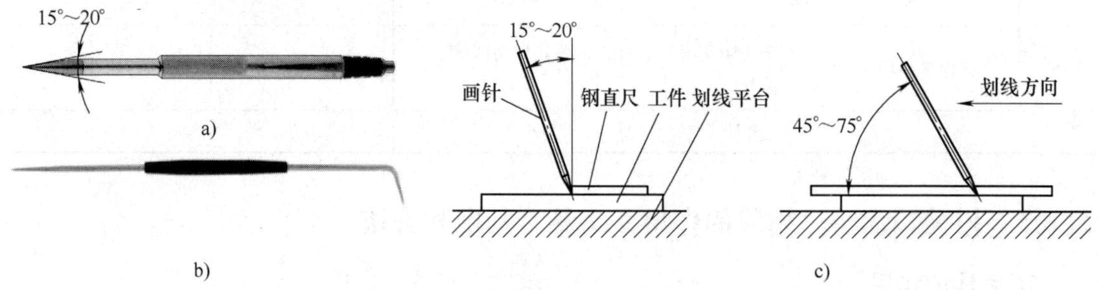

图1-4　划针的种类及使用方法
a）直划针　b）弯头划针　c）用划针划线的方法

2）划规。划规如图1-5所示，是划圆或弧线、等分线段及量取尺寸等所使用的工具。它的用法与制图中的圆规类似。

3）划卡。划卡（单脚划规）主要用来确定轴和孔的中心位置。在使用时，先划出四条圆弧线，再在圆弧线中冲一样冲点，如图1-6所示。

4）划针盘。划针盘如图1-7所示，主要用于立体划线和校正工件位置。用划针盘划线时，要注意划针装夹牢固，伸出长度要短，以免产生抖动。其底座要保持与划线平台紧贴，不应摇晃和跳动。

5）样冲。样冲如图1-8所示，是在划好的线上冲点时使用的工具。冲点是为了强化显示用划针划出的加工界线，也是使划出的线条具有永久性的位置标记；另外，也可在划圆弧时，作定心脚点使用。样冲用工具钢制成，尖端处磨成45°~60°角并经淬火硬化。

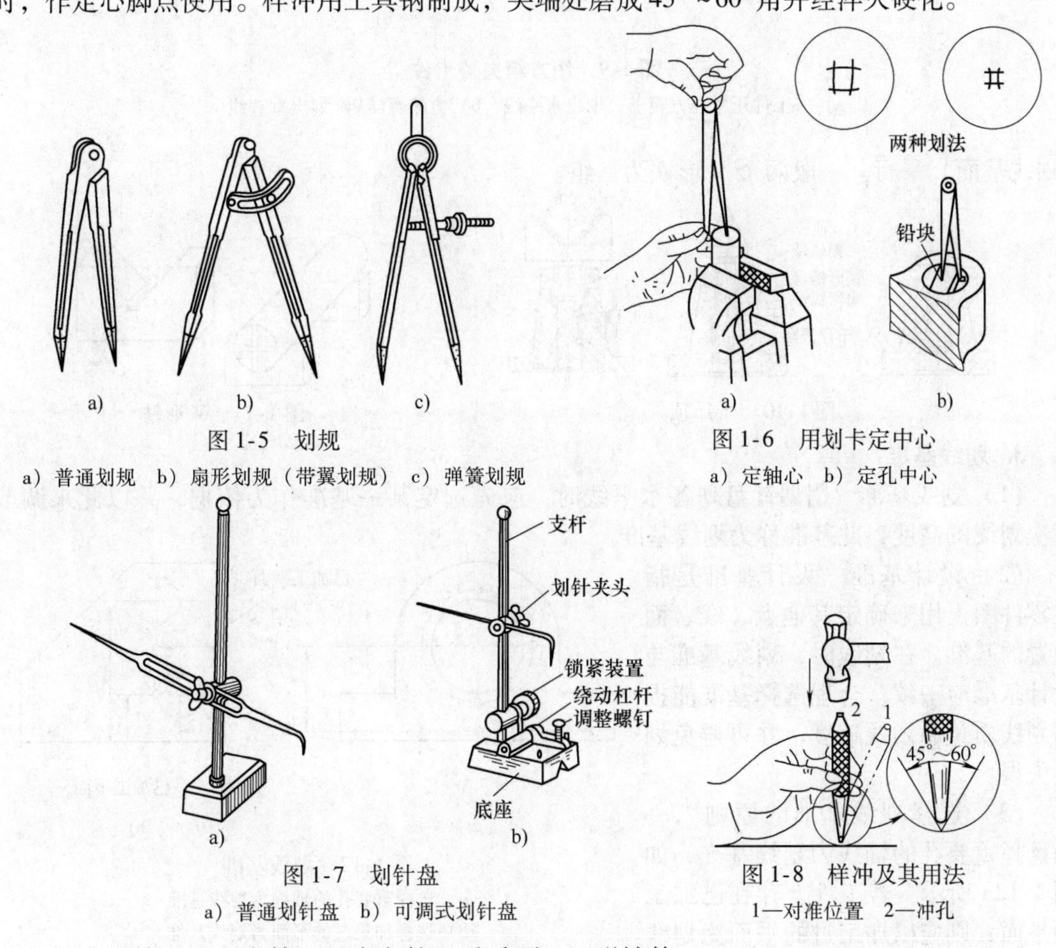

图1-5 划规

a）普通划规 b）扇形划规（带翼划规） c）弹簧划规

图1-6 用划卡定中心

a）定轴心 b）定孔中心

图1-7 划针盘

a）普通划针盘 b）可调式划针盘

图1-8 样冲及其用法

1—对准位置 2—冲孔

（4）夹持工具 夹持工具有方箱、千斤顶、V形铁等。

1）方箱。方箱如图1-9所示，是用铸铁制成的空心立方体，它的六个面都经过精加工，其相邻各面互相垂直。方箱用于夹持、支承尺寸较小而加工面较多的工件。通过翻转方箱，便可在工件的表面上划出互相垂直的线条。

2）千斤顶。千斤顶如图1-10所示，是在划线时用来支承平板上工件而使用的工具。其高度可以调整，用于不规则或较大工件的划线找正，通常三个千斤顶为一组。

3）V形铁。V形铁如图1-11所示，用于支承圆柱形工件，使工件轴心线与平台平面

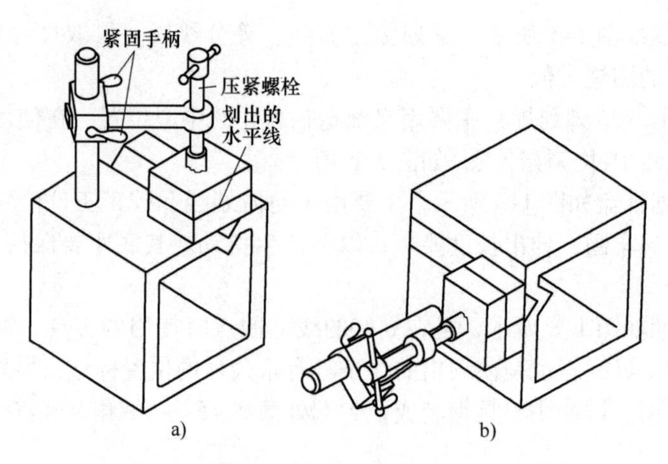

图 1-9　用方箱夹持工件

a）将工件压紧在方箱上，划出水平线　b）方箱翻转 90°划出垂直线

（划线基面）平行。一般两个 V 形铁为一组。

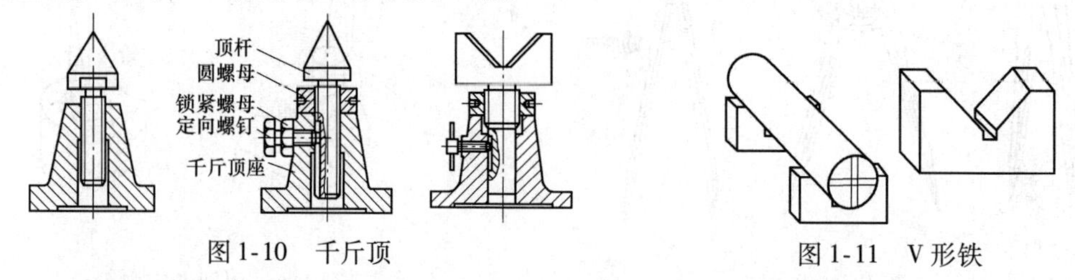

图 1-10　千斤顶　　图 1-11　V 形铁

3. 划线基准

（1）划线基准　用划针盘划各水平线时，应先选定某一基准作为依据，并以此来调节每次划线的高度，此基准称为划线基准。

（2）设计基准　设计基准是指在零件图上用来确定其他点、线、面位置的基准。在划线时，划线基准与设计基准应一致，合理选择基准能提高划线质量和划线速度，并可避免划线失误。

（3）选择划线基准的原则　一般选择重要孔的轴线为划线基准，如图 1-12a 所示。若工件上存在已加工的平面，则应以加工过的平面为划线基准，如图 1-12b 所示。

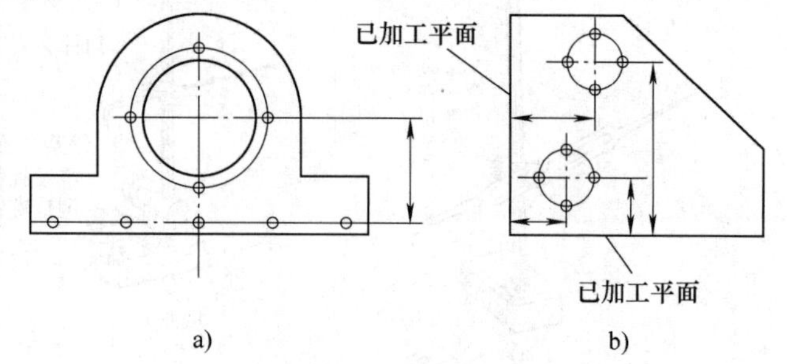

图 1-12　划线基准

a）选择重要孔的轴线为划线基准

b）选择加工过的平面为划线基准

常见的划线基准有以下三种类型。

1）以两个互相垂直的平面（或线）为基准，如图 1-13a 所示。

2）以一个平面和一个对称中心平面（或线）为基准，如图 1-13b 所示。

3）以两个互相垂直的中心平面（或线）为基准，如图 1-13c 所示。

4. 划线方法

划线方法分平面划线和立体划线两种。

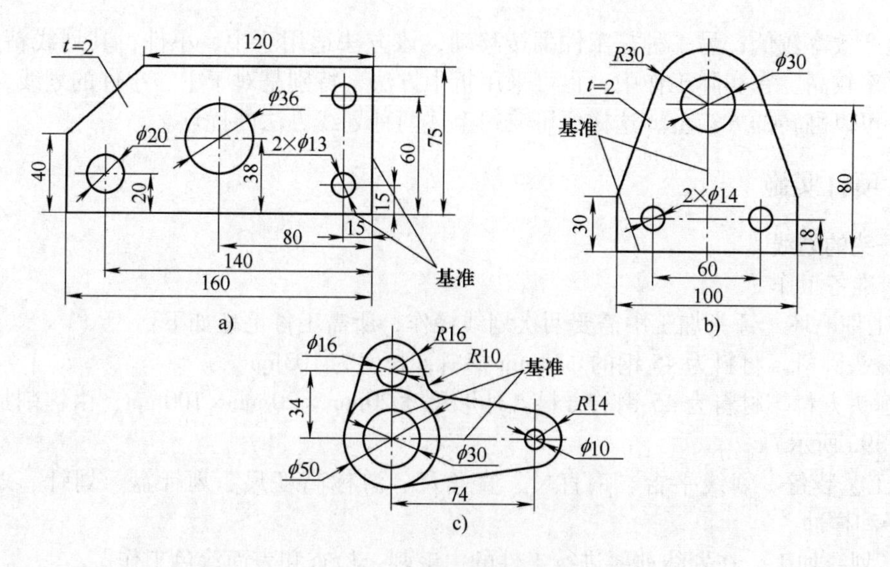

图 1-13　划线基准种类

a）以两个互相垂直的平面为基准　b）以一个平面和一个对称中心平面为基准　c）以两个互相垂直的中心平面为基准

（1）平面划线　是在工件的一个平面上划线，如图 1-14a 所示。立体划线是平面划线的复合，是在工件的几个表面上划线，即在长、宽、高三个方向划线，如图 1-14b 所示。

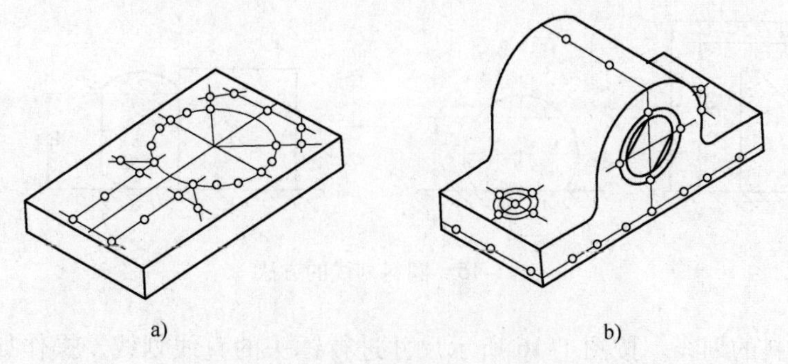

图 1-14　平面划线和立体划线

a）平面划线　b）立体划线

平面划线与平面作图方法类似，用划针、划规、直角尺、钢直尺等在工件表面上划出几何图形的线条。

平面划线步骤如下：

1）分析图样，确定需要划哪些线，并选定划线基准。

2）划基准线和加工时在机床上安装找正用的辅助线。

3）划其他直线。

4）划圆、连接圆弧、斜线等。

5）检查核对尺寸。

6）打样冲点，即在工件已划好的加工线条上冲点。

（2）立体划线　是平面划线的复合运用，它和平面划线有许多相同之处，其不同之处是在两个以上的面上划线，如果划线基准一经确定，其后的划线步骤与平面划线大致相同。立体划线的常用方法有两种：一种是工件固定不动，该方法适用于大型工件，其划线精度较高，但生产效率较低；另一种是工件翻转移动，该方法适用于中、小件，其划线精度较低，而生产效率较高。在实际工作中，也可采用折中方法，特别是对于中、小件的划线，即将工件固定在可以翻转的方箱上，这样便可兼得上述两种划线方法的优点。

1.1.4 项目实施

1. 锤头的划线

（1）准备工作

1）工件毛坯。锤头加工中需要两次划线操作，所需工件毛坯如下：

① 锤头圆料。材料为45钢的ϕ32mm棒料，长度为103mm。

② 锤头方料。材料为45钢的方料，外形尺寸20mm×20mm×100mm，由锉削加工转下（如图1-39a所示）。

2）工艺装备。划线平台、钢直尺、直角尺、游标高度尺、划针盘、划针、划规、划卡、锤子和样冲。

（2）划线加工　在划线前要进行工件的去毛刺、检查和表面涂色工作。

1）锤头圆料的划线。

① 方法一：利用万能分度头，按图样要求划出棒料端面的20mm×20mm尺寸线，划线一次完成。

② 方法二：采用如图1-15所示的方法，每完成一次划线后，即锯削和锉削一面。

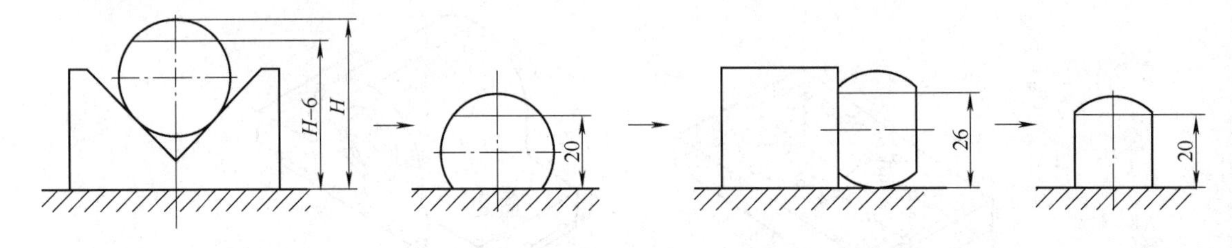

图1-15　圆料划线的方法

2）锤头方料的划线。按图1-16所示尺寸进行锤头的直线划线，操作如图1-17所示。按图1-18所示方法进行圆弧半径尺寸的量取，并按该尺寸划出圆弧线。

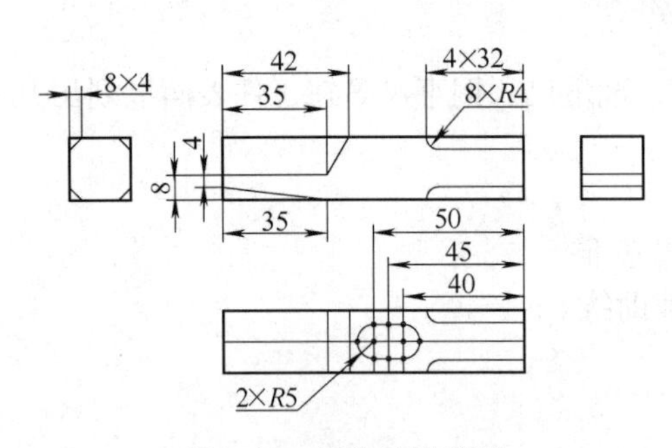

图1-16　锤头的划线图

图1-17　高度游标卡尺划线

3）打样冲点。按图1-19所示方法，用锤子和样冲工具在划线位置打出样冲点。

2. 划线和冲点的操作要点

划线时，要求划出的线条清晰均匀、尺寸准确、位置正确，在划线前应较好地掌握划线

图 1-18　划规量取长度

图 1-19　打样冲点

工具的使用方法和划线的基本方法。划线不仅能明确尺寸界线，以确定工件各加工面的加工位置和加工余量，还能及时发现和处理不合格的毛坯，避免加工后造成的损失。

（1）划线的操作要点

1）看懂图样，了解零件的作用，分析零件的加工程序和加工方法。

2）工件夹持或支承应可靠，以防滑倒或移动。

3）在对毛坯划线时，要做好找正工作。第一条线如何划，要从多方面考虑，制订划线方案时应考虑到全局。

4）在一次支承中应将要划出的平行线全部划出，以免再次支承补划造成划线误差。

5）正确使用划线工具，划出的线条要求准确、清晰，关键部位要划辅助线。

6）划线时应认真、仔细，划完后要反复核对尺寸，当确认无误后才能进行机械加工。

（2）冲点的操作要点

1）冲点位置要准确，冲心不偏离线条。

2）冲点间的距离要以划线的形状和长短而定，直线可稀，曲线稍密，转折交叉点处应冲点。

3）冲点大小要根据工件材料、表面情况而定，薄的可浅些，粗糙的应深些，软的应轻些，精加工表面禁止冲点。

4）圆中心处的冲点，最好要打得大些，以便在钻孔时钻头容易对中。

1.1.5　知识链接——钳工工作；常用的测量工具

1. 钳工工作

钳工工作主要是利用台虎钳、各种手用工具和一些机械电动工具完成某些零件的加工，部件、机器的装配和调试，以及各类机械设备的维护与修理等。

钳工操作是一种比较复杂、细致、工艺要求较高的工作，其基本内容包括：零件测量、划线、錾削、锯削、锉削、钻孔、扩孔、锪孔、铰孔、攻螺纹、套螺纹、刮削、研磨、矫直，弯曲、铆接、钣金下料以及装配等。

随着机械工业的发展，钳工的工作范围更为广泛，需要掌握的技术知识和技能也更多，以至形成了钳工专业的分工，如普通钳工、划线钳工、修理钳工、装配钳工、模具钳工、工具样板钳工、钣金钳工等。

2. 常用的测量工具

（1）游标卡尺　游标卡尺是用于测量工件长度、宽度、深度和内外径的一种精密量具，其构造如图 1-20 所示，由尺身、游标等组成。游标卡尺用膨胀系数较小的钢材制成，内外测量卡脚经过淬火和充分的时效处理。游标卡尺测量范围有 0 ~ 125mm、0 ~ 150mm、0 ~ 200mm、0 ~ 300mm、0 ~ 500mm、0 ~ 1000mm 六种。

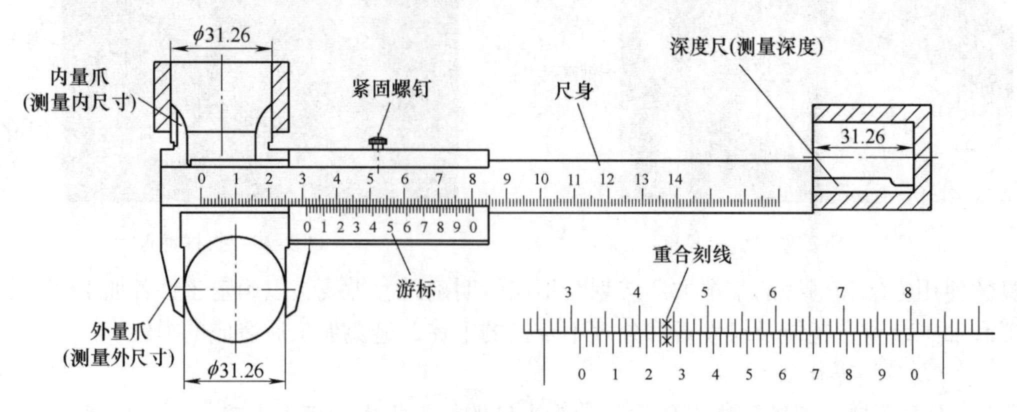

图 1-20　游标卡尺

在使用游标卡尺前，首先要检查尺身与游标的零线是否对齐，并用透光法检查内外测量爪的测量面是否贴合。如果透光不均匀，说明测量爪的测量面已经磨损，测量不准。

使用游标卡尺时，切记不可在工件转动时进行测量，也不可在毛坯和粗糙表面上测量。游标卡尺用完后，应拭擦干净，长时间不用时，应涂上一层薄油脂，以防生锈。

游标卡尺的读法：

1）先读整数部分，即游标上零刻度线左边尺身上最靠近的刻线数值。如图 1-20 所示的 31mm。

2）再读小数部分，即游标上零刻度线右边那一条与尺身相重合的数值（重合刻线见图中“×”部位）。如图 1-20 所示，游标每一小格代表 0. 02mm（分度值），0. 2mm + 0. 02mm × 3 = 0. 26mm。

3）经计算，测量尺寸的数值为：(31 + 0. 26) mm = 31. 26mm。

（2）外径千分尺　外径千分尺用于测量精密工件的外形尺寸，通过它能准确读出 0. 01mm，并能估读到 0. 001mm。外径千分尺的外观如图 1-21 所示。使用外径千分尺前，应先将校对量杆置于测砧和测微螺杆之间，进行零位校正。测量时，当两测量面接触工件后，测力装置棘轮空转，并发出“轧轧”声时，此时才可读尺寸。如果受条件限制，不能在测量工件的同时读出尺寸，可以旋紧锁紧装置，取下外径千分尺后读出尺寸。

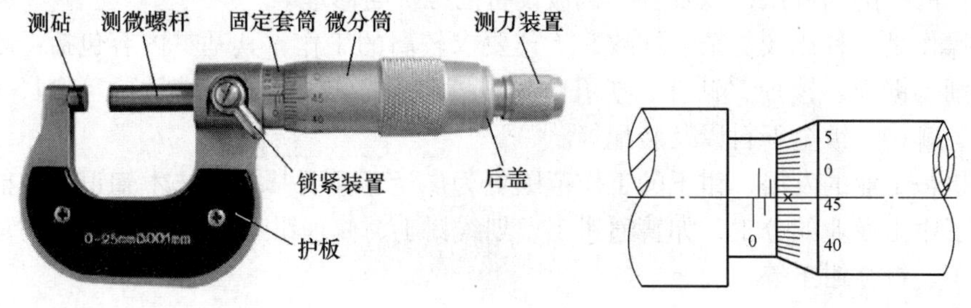

图 1-21　外径千分尺

使用外径千分尺时，不得强行转动微分筒，要尽量使用测力装置。不准把外径千分尺先固定好再用力向工件上卡，这样会损伤测量表面或撞弯测微螺杆。外径千分尺用完后，要擦净后再放入盒内，并定期检查校验，以保证其精度。

外径千分尺的读法：

1）读出固定套筒上外露刻线的毫米数及半毫米数值。千分尺固定筒每一格为 0.5mm，如图 1-21 所示为 1.5mm。

2）观察微分筒上哪一条线与固定套筒上基准线对齐，读出不足半毫米的小数部分数值，微分筒上每一格为 0.01mm。图 1-21 所示为差 4 个格不到 2 圈，即差 0.04mm。

3）经计算，测量尺寸的数值为：(2.0 − 0.04) mm = 1.96mm。

1.1.6 拓展操作及思考题

1. 拓展操作——平面划线及简单零件的立体划线

（1）平面划线

1）在钢板（钢板尺寸为 118mm × 50mm × 2mm）上划平面图形（角度圆弧样板），如图 1-22 所示。

2）在钢板（钢板尺寸为 100mm × 40mm × 2mm）上划平面图形，如图 1-23 所示。

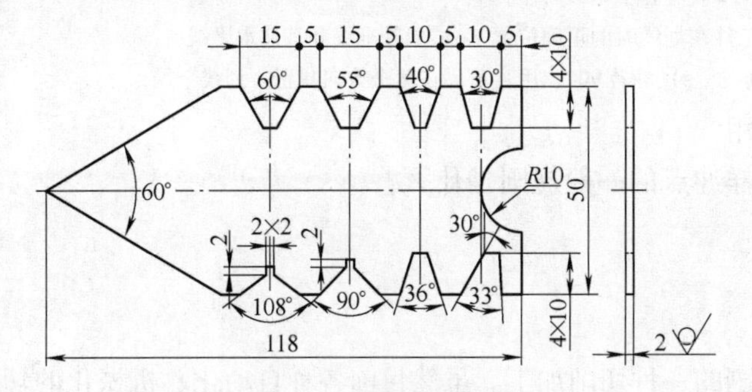

图 1-22　角度圆弧样板

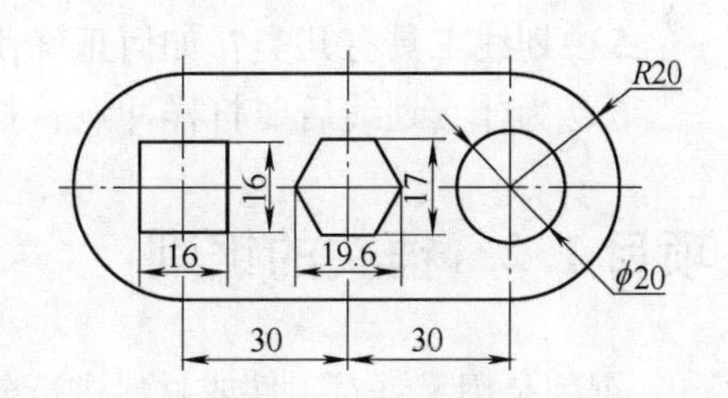

图 1-23　平面划线示例

3）分别在钢板上划平面图形，如图 1-13 所示，钢板尺寸分别为 170mm × 85mm × 2mm、120mm × 110mm × 2mm 和 125mm × 85mm × 2mm。

（2）简单零件的立体划线　滑动轴承座零件如图 1-24a 所示，其划线步骤如下：

1）找正工件在划线时的正确位置。识读图样，确定划线基准；清理工件表面，在划线部位涂上石灰水、品紫或硫酸铜溶液；在铸孔的部位堵上木料或铅料塞块；用千斤顶支承工件并找正，根据孔中心及平面，调节千斤顶，使工件水平，如图 1-24b 所示。

2）划基准线和其他水平线。工件找正后划出基准线及水平线，如图 1-24c 所示。

3）划出互相垂直的线。翻转工件，找正并划线，如图 1-24d、e 所示。

4）检查划线质量，确认无误后，打样冲点。

2. 思考题

1）什么是钳工工作？钳工的基本操作包括哪些？

2）安全生产实训的重要性是什么？在钳工实训中应注意什么？

3）划线的作用是什么？

4）什么是划线基准？如何选择划线基准？

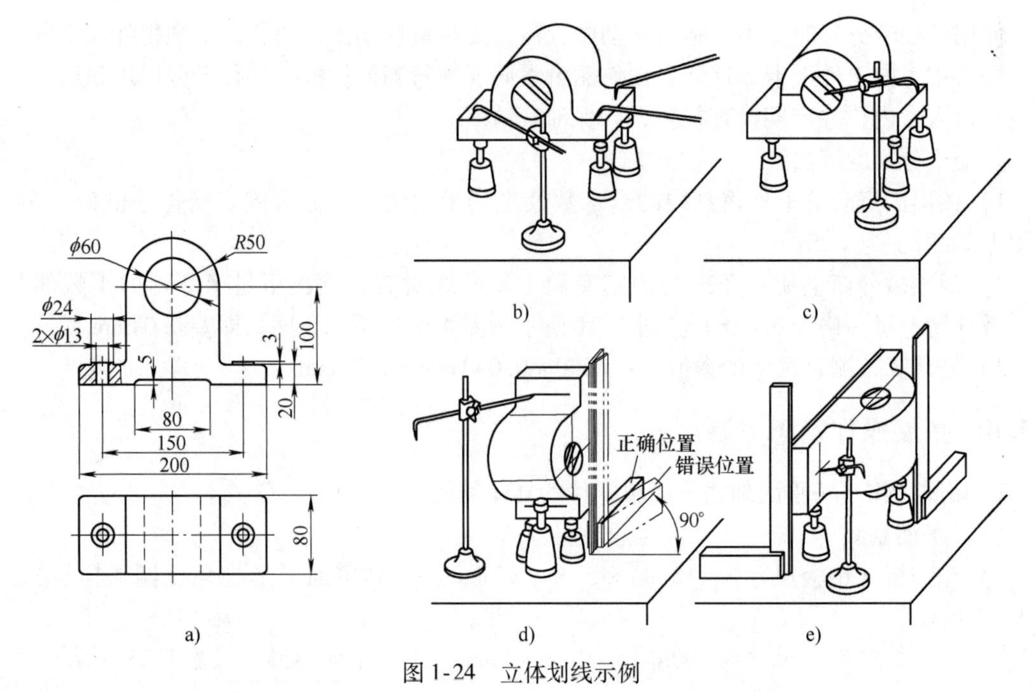

图 1-24　立体划线示例

a）滑动轴承座零件图　b）找正工件在划线时的正确位置　c）划基准线和其他水平线

d）翻转 90°，用直角尺找正、划线　e）翻转 90°，用直角尺在两个方向找正、划线

5）划线工具有几类？如何正确使用？

6）为什么划线后要打样冲点？打样冲点的一般规则是什么？

项目 1.2　锤头的锯削

锯削是用手锯对工件或材料进行分割的一种切削加工。虽然目前各种自动化、机械化的切割设备已广泛应用，但手工锯削还很常见。手工锯削（以下简称锯削）具有操作方便、简单和灵活的特点，不需任何辅助设备，不消耗动力。锯削在单件小批量生产，在临时工地以及在切割异形工件、开槽、修整等场合应用广泛。因此，锯削也是钳工需要掌握的基本能力之一。

1.2.1　项目引入

识读锤头零件图，依据表 1-1 的锤头加工过程图解和划线后的零件，确定锤头的锯削加工任务，如图 1-25 所示。

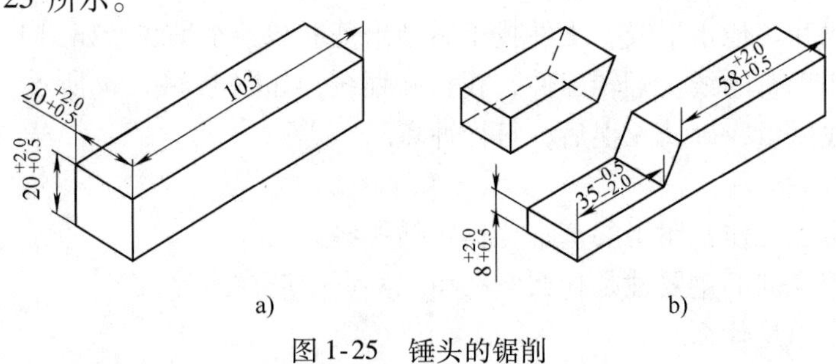

图 1-25　锤头的锯削

a）锯削长方体料　b）锯削锤头

1.2.2　项目分析

合理选用装夹工具和装夹方法，确定锯削各面的次序和操作要点；进行锯削姿势训练，掌握手锯的握法、锯削站立姿势和动作要领；能根据材料的要求正确选用锯条，懂得锯条折断、锯缝偏斜的原因分析；按照操作要领独立完成锯削操作。

1.2.3　相关知识——锯削的加工范围和操作；手锯

1. 锯削的加工范围

锯削的加工范围包括：分割材料或半成品，如图1-26a所示；锯掉工件上的多余部分，如图1-26b所示；在工件上锯槽，如图1-26c所示。

2. 手锯

手锯包括锯弓和锯条两部分。

（1）锯弓　锯弓分为固定式和可调式两种。固定式锯弓的弓架是整体的，只能装一种长度规格的锯条，如图1-27a所示。可调式锯弓的弓架分成前后两段，由于前段在后段套内可以伸缩，并可卡在凹槽内，因此可以安装几种长度规格的锯条，如图1-27b所示。

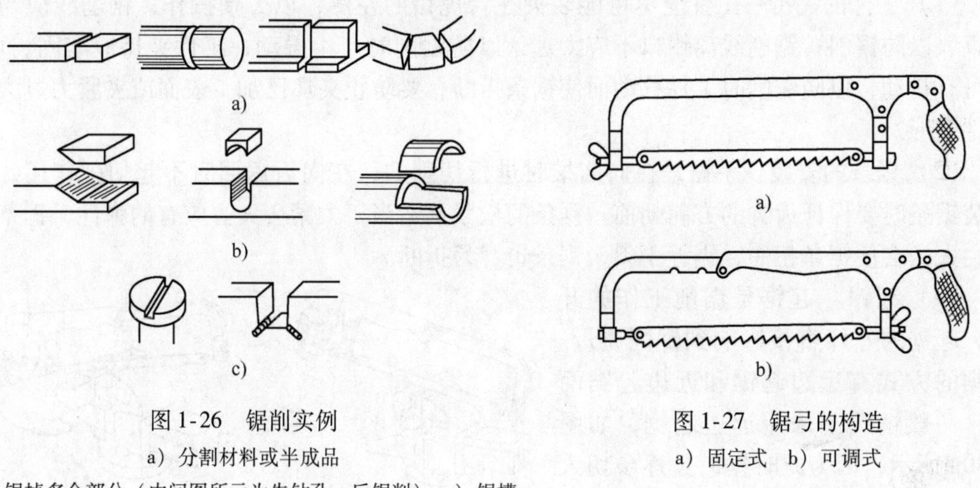

图1-26　锯削实例
a）分割材料或半成品
b）锯掉多余部分（中间图所示为先钻孔，后锯削）　c）锯槽

图1-27　锯弓的构造
a）固定式　b）可调式

（2）锯条　锯条用碳素工具钢或合金工具钢制成，并经热处理淬硬。锯条规格以锯条两端安装孔间的距离表示，常用的手工锯条长300mm、宽12mm、厚0.8mm。锯条的切削部分是由许多锯齿组成的，每一个齿相当于一把錾子，起切削作用。常用的锯条后角为40°~45°，楔角为45°~50°，前角约为0°，如图1-28所示。

在制造锯条时，将锯齿按一定形状左右错开，排列成一定的形状，称为锯路。锯路有交叉、波浪等不同排列形状，如图1-29所示。锯路的作用是使锯缝宽度大于锯条背部的厚度，其目的是防止锯削时锯条卡在锯缝中，这样可以减少锯条与锯缝之间的摩擦阻力，并有利于排屑、锯削省力和提高工作效率。

锯齿的粗细，是按锯条上每25mm长度内的齿数来表示的，14~18齿为粗齿，24齿为中齿，32齿为细齿。

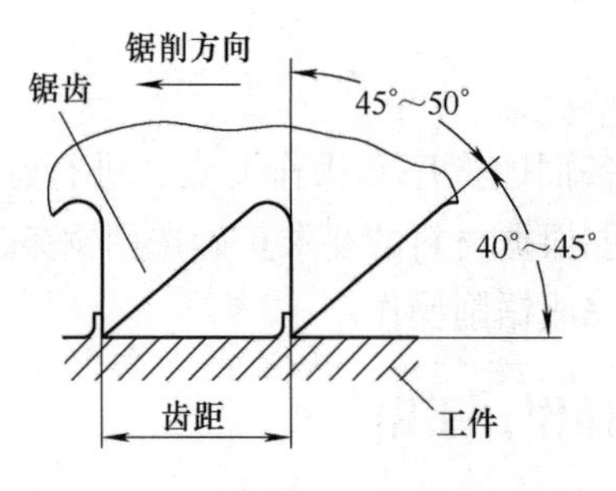

图 1-28　锯齿的形状

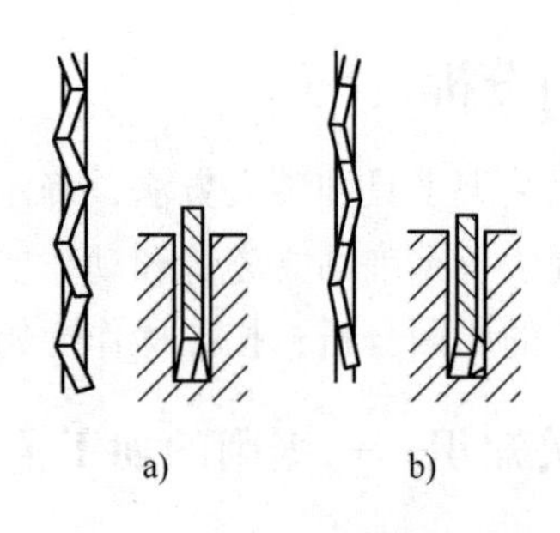

图 1-29　锯齿的排列形状

a）交叉排列　b）波浪排列

锯齿的粗细应根据加工材料的硬度、厚度来选择。锯削软材料或厚材料时，因锯屑较多，要求有较大的容屑空间，应选用粗齿锯条。锯削硬材料或薄材料时，因材料硬，锯齿不易切入，锯屑量少，不需要大的容屑空间。另外薄材料在锯削中齿易被工件勾住而崩裂，需同时工作的齿数多（一般要有三个齿同时接触工件），使锯齿承受的力减小，所以这两种情况下应选用细齿锯条。一般中等硬度材料选用中齿锯条。

3. 锯削操作

（1）工件的夹持　工件应尽可能装夹在台虎钳的左侧，以方便操作；锯削线应与钳口垂直，以防锯斜；锯削线离钳口不应太远，以防锯削时产生振动；工件夹持应牢固、可靠，不可有抖动，以防锯削时工件移动而使锯条折断；要防止夹坏已加工表面或夹紧力过大而使工件变形。

（2）锯条的安装　手锯是在向前推时进行切削的，在向后返回时不起切削作用，因此安装锯条时要保证齿尖的方向朝前。锯条的松紧要适当，太紧会失去应有的弹性，锯条易崩断，太松会使锯条扭曲，锯缝歪斜，锯条也容易折断。

（3）起锯　起锯是锯削工作的开始，起锯的好坏直接影响到锯削质量。起锯的方式有远边起锯和近边起锯两种，一般情况下采用远边起锯，如图 1-30a 所示，因为此时锯齿是逐步切入材料的，不易被卡住，起锯比较方便。如采用近边起锯，如图 1-30b 所示，掌握不好时，锯齿由于突然锯入且较深，容易被工件棱边卡住，甚至崩断或崩齿。无论采用哪一种起锯方法，起锯角 α 以 15° 为宜。如起锯角太大，则锯齿易被工件棱边卡住；起锯角太小，则不易切入材料，锯条还可能打滑，把工件表面锯坏，如图 1-30c 所示。为了使起锯的位置准确和平稳，可用左手大拇指挡住锯条来定位。在起锯时压力要小，往返行程要短，速度要慢，这样可使起锯平稳。

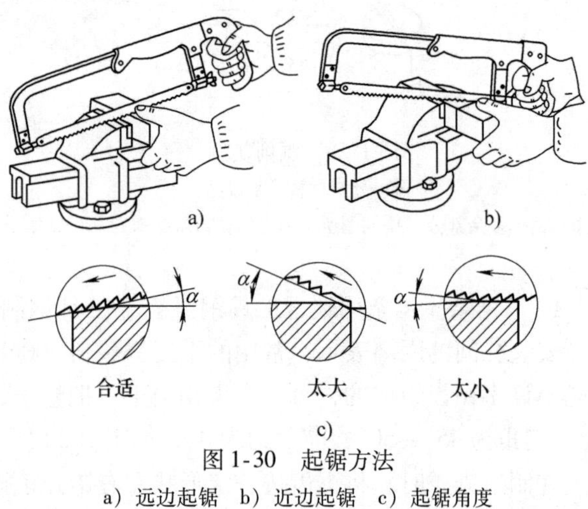

图 1-30　起锯方法

a）远边起锯　b）近边起锯　c）起锯角度

（4）锯削的姿势　锯削时，操作者的步位和姿势应便于用力（参见錾削加工），人体重量均分在两腿上，右手握稳锯柄，左手扶在锯弓前端，锯削时推力和压力主要由右手控制，手锯的握法如图1-31所示。

在推锯时，锯弓有两种运动方式：一种是直线运动，适用于锯缝底面要求平直的槽和薄壁工件的锯削；另一种是锯弓作上、下摆动，这样操作自然，两手不易疲劳。手锯在回程中因不进行切削，故不要施加压力，以免使锯齿磨损。

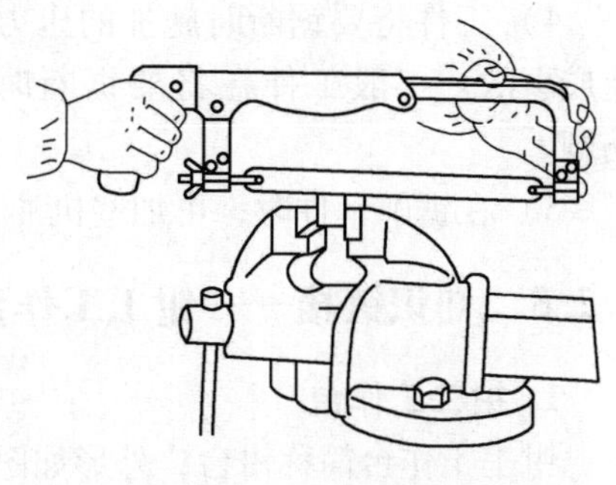

图1-31 手锯的握法

1.2.4 项目实施

1. 锤头外形的锯削

（1）准备工作

1）工件毛坯。由划线加工任务转下。

① 材料为45钢的ϕ32mm棒料，长度103mm。

② 材料为45钢的方料，尺寸为20mm×20mm×100mm（图1-16）。

2）工艺装备。工作台、台虎钳、钢直尺、锯弓、锯条等。

（2）锯削加工 在锯削前应已完成工件的划线、打样冲和检查工作。进行锯削姿势练习，体会站立姿势、锯削动作和起锯方法。锯前检查锯条安装、工件装夹情况。锯削时观察锯缝的平直情况，及时纠正，保证锯削质量。

锤头的锯削包括以下两部分内容：

1）锤头长方体料的锯削。按图1-25a要求，依据划线，纵向锯削长方体（深缝锯削），要求锯痕整齐。

2）锤子锤头的锯削。按图1-25b要求，锯斜面时，宜合理选择夹工件角度，尽量在垂直面内完成锯削工作，要求锯痕整齐。

2. 锯削的操作要点

初学锯削时，不易掌握锯削速度，往往推拉速度过快，这样容易使锯条过快磨钝，一般以每分钟20~40次为宜。锯削软材料时可快些，锯削硬材料时应慢些，因锯条速度过快发热严重易磨损，同时锯硬材料的压力应比锯软材料时大些。锯削行程应保持均匀，回程时因不进行切削，故可稍微提起锯弓，使锯齿在锯削面上轻轻滑过，速度可相对快些。在推锯时应尽量使锯条的全部长度都利用到，若只集中使用局部长度，则会缩短锯条的使用寿命，工作效率也会降低，因此一般往复长度（即投入切削长度）不应少于锯条全长的2/3。锯条安装松紧应适当，如果锯条太松容易发生扭曲而折断，而且锯缝也容易歪斜；如果锯条太紧容易发生弯曲崩断现象。装好的锯条应与锯弓保持在同一中心面内，这样容易使锯缝正直。

锯削操作时的注意事项：

1）锯条安装应松紧适当，锯削时不应突然用力过大，以防止在工作中锯条折断而从锯弓上崩出伤人。

2）工件的装夹应牢固可靠，以免工件移位、锯缝歪斜、锯条折断。

3）应经常观察锯缝的平直情况，在发现歪斜时应立即纠正。若歪斜过多会使纠正困难，不能保证锯削的质量。

4）工件将要锯断时施加的压力要小，应避免压力过大使工件突然断开，手向前过冲造成事故。一般工件在将要锯断时要用左手扶住工件断开部分，以免工件随意落下砸伤脚。

5）在锯削钢件时，可加些机油，以减少锯条与工件间的摩擦，提高锯条的使用寿命。

1.2.5 知识链接——钳工工作台；台虎钳；锯削质量

1. 钳工工作台

钳工工作台简称钳台，外形如图1-32a所示。有单人用和多人用两种，用硬质木材或钢材做成。工作台要求平稳、结实，台面高度一般以装上台虎钳后，钳口高度恰好与人手肘齐为宜，如图1-32b所示。抽屉用来存放工具，台桌上必须装有防护网。

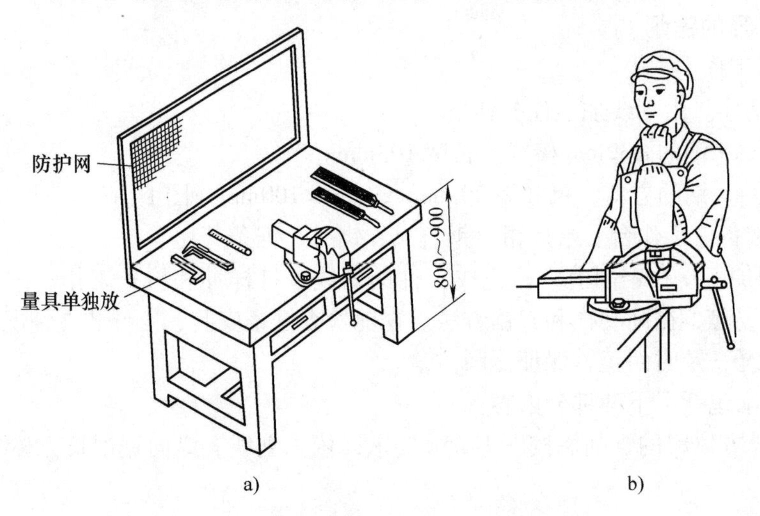

图1-32 钳工工作台及台虎钳的合适高度

a）钳工工作台 b）台虎钳的合适高度

2. 台虎钳

台虎钳的外形及结构如图1-33所示。台虎钳用来夹持工件，其规格以钳口的宽度来表示，常用的有100mm、125mm、150mm三种。

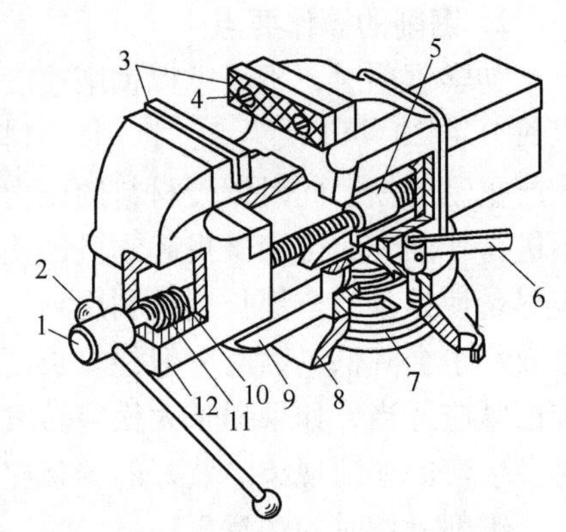

图1-33 台虎钳的外形及结构

1—丝杆 2—摇动手柄 3—淬硬的钢钳口 4—钳口螺钉 5—螺母 6—紧固手柄 7—夹紧盘 8—转动盘座 9—固定钳身 10—弹簧 11—垫圈 12—活动钳身

使用台虎钳时应注意以下几点：

1）工件尽量夹持在台虎钳钳口的中部，使钳口受力均匀。

2）夹紧后的工件应稳固可靠，便于加工，并且不产生变形。

3）只能用手扳动摇动手柄来夹紧工件，不准用套管接长手柄或用锤子敲击手柄，以免损坏零件。

4）不要在活动钳身的光滑表面上进行敲击作业，以免降低与固定钳身的配合性能。

5）加工时用力方向最好是朝向固定钳身。

3. 锯削质量

（1）锯削质量问题及预防方法　锯削时产生废品的种类有：工件尺寸锯小；锯缝歪斜超差；起锯时工件表面拉毛等。

前两种废品产生的原因主要是锯条安装偏松，工件未夹紧而产生抖动或松动，推锯压力过大，应换用新锯条后在旧锯缝中继续锯削；起锯时工件表面拉毛的主要原因是起锯方法不当和速度太快。预防方法是要增强责任心，逐渐掌握技术和动作要领，提高技术水平。

（2）锯条损坏和预防方法　锯条损坏形式主要有锯条折断、锯齿崩裂、锯齿磨钝。具体损坏的原因及预防方法见表1-3。

表1-3　锯条损坏原因及预防方法

锯条损坏形式	原　因	预 防 方 法
锯条折断	1. 锯条安装得过紧或过松 2. 工件装夹不牢固，产生抖动或松动 3. 锯缝歪斜，强行纠正 4. 压力太大，起锯过猛 5. 旧锯缝使用新锯条	1. 注意安装得松紧适当 2. 工件夹牢，锯缝应靠近钳口 3. 扶正锯弓，按线锯削 4. 压力适当，缓慢起锯 5. 调换厚度合适的新锯条，调转工件再锯
锯齿崩裂	1. 锯条粗细选择不当 2. 起锯角度和方向不对 3. 突然碰到砂眼、夹杂	1. 正确选用锯条 2. 正确选用起锯方向和角度 3. 碰到砂眼时应减小压力
锯齿磨钝	1. 锯削速度太快 2. 锯削时未加切削液	1. 锯削速度适当减慢 2. 可选用切削液

1.2.6 拓展操作及思考题

1. 拓展操作——拆装台虎钳及圆管、薄板和深缝的锯削

（1）拆装台虎钳　参照图1-33，熟悉台虎钳的结构，完成台虎钳的拆装练习。

（2）拓展锯削操作

1）圆管锯削。锯薄管时应将管子夹在两块木制的V形槽垫之间，以防夹扁管子，如图1-34所示。锯削时不能从一个方向锯到底，如图1-35a所示，其原因是锯齿锯穿管子内壁后，锯齿即在薄壁上切削，受力集中，很容易被管壁勾住而折断。正确的方法是：多次变换方向进行锯削，每一个方向只锯到管子内壁处，随即把管子转过一个角度，一次一次变换，逐次进行锯切，直至锯断为止，如图1-35b所示。应注意，在变换方向时应将已锯部分向锯条推进方向转动，不应反转，否则锯齿也会被管壁勾住。

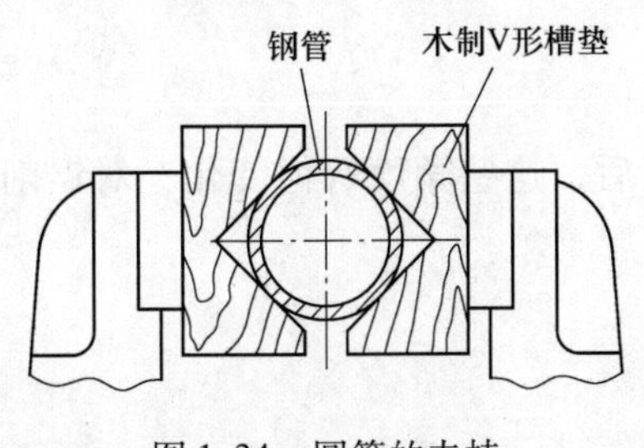

图1-34　圆管的夹持

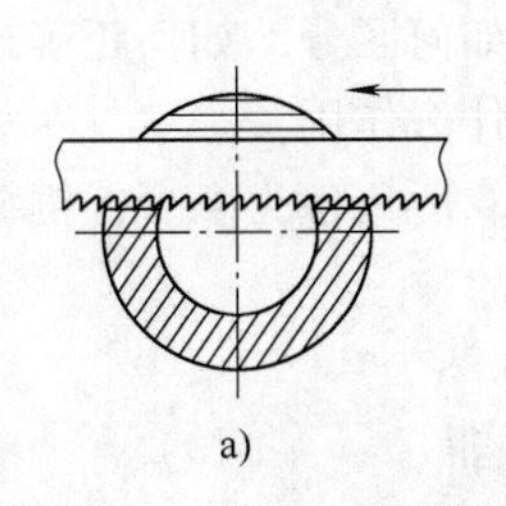

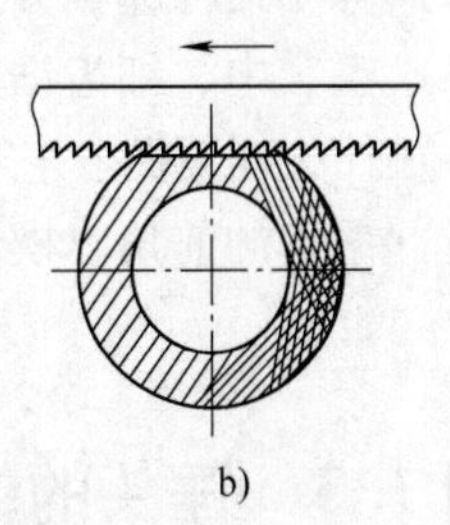

图1-35　锯圆管的方法
a）不正确　b）正确

2）薄板锯削。锯削薄板时应尽可能从宽面起锯。当只能在板料的窄面起锯时，可将薄板夹在两木板之间一起锯削（图1-36a），以避免锯齿被勾住，同时还可增加板的刚性。当板料太宽不便用台虎钳装夹时，可采用横向斜推锯削，如图1-36b所示。

3）深缝锯削。当锯缝的深度超过锯弓的高度时，如图1-37a所示，应将锯条转过90°重新安装，把锯弓转到工件旁边进行锯削，如图1-37b所示。若锯弓横下来后锯弓的高度仍然不够时，也可按图1-37c所示，将锯条转过180°，把锯条锯齿安装在锯弓内侧进行锯削。

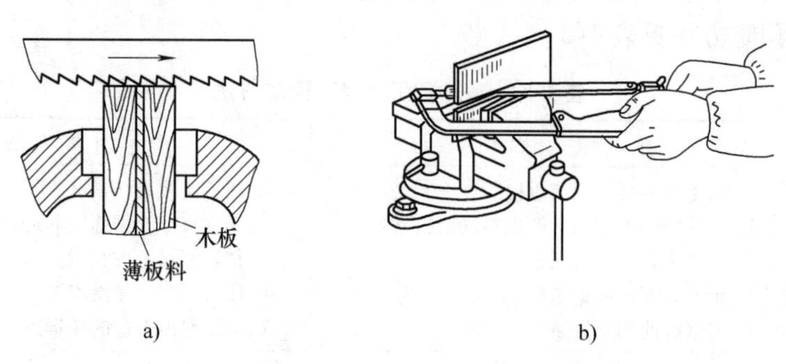

图1-36 薄板的锯削方法

a）用木板夹持 b）横向斜推锯削

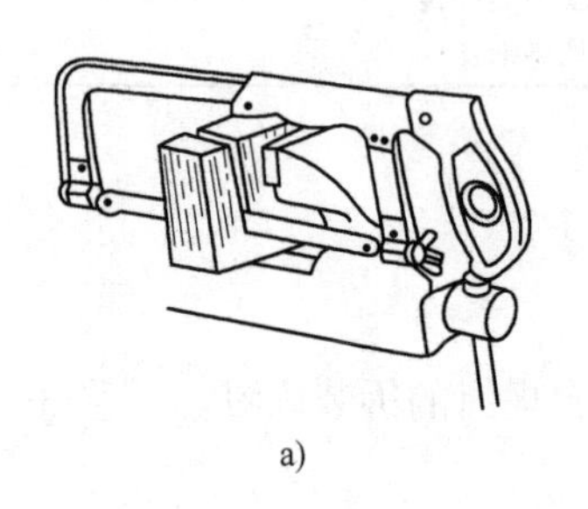

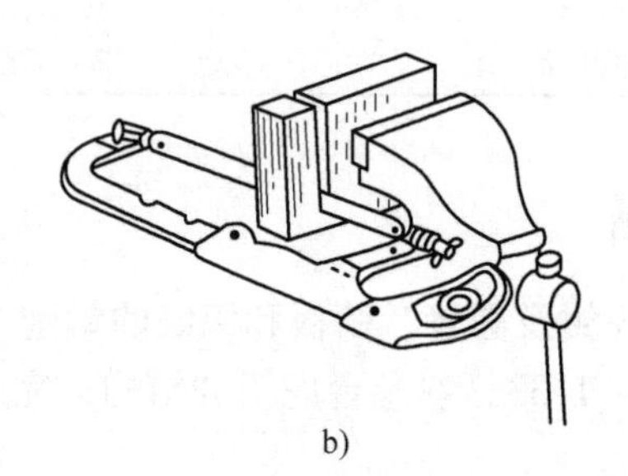

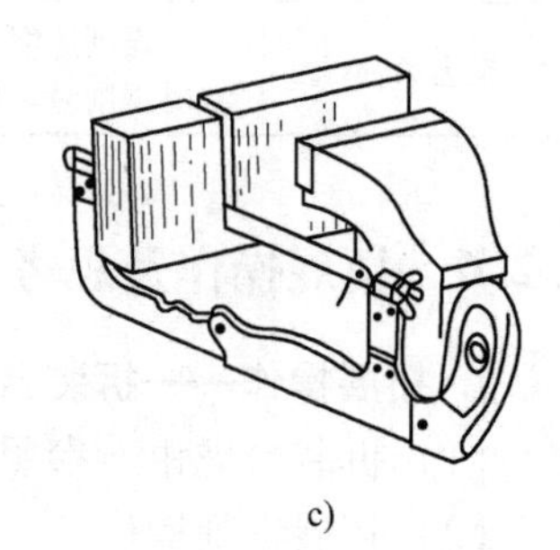

图1-37 深缝的锯削方法

a）锯缝深度超过锯弓高度 b）将锯条转过90°安装 c）将锯条转过180°安装

2. 思考题

1）如何使用和维护台虎钳？

2）有哪几种起锯方式？起锯时应注意哪些问题？

3）粗、中、细齿锯条如何区分？如何正确选用？

4）什么叫锯路？它有什么作用？

5）锯齿的前角、楔角、后角各为多少？锯条反装后，这些角度有何变化？对锯削有何影响？

项目1.3 锤头的锉削

锉削是指用锉刀对工件表面进行切削，使它达到零件图所要求的形状、尺寸和表面粗糙度的加工方法。锉削加工简便，工作范围广，多用于錾削、锯削之后。锉削可对工件上的平面、曲面、内外圆弧、沟槽以及其他复杂表面进行加工。锉削可用于成形样板、模具型腔以及部件、机器装配时的工件修整，是钳工主要操作方法之一。锉削最高加工精度可达 IT8 ~ IT7 级，表面粗糙度值可达 $Ra0.8\mu m$。

1.3.1 项目引入

识读锤头零件图，完成以下锉削工作：

1）锉削长方体六个面。要求各表面平直，对边平行，邻边垂直，断面为正方形，保证外形尺寸精度，如图 1-38a 所示。

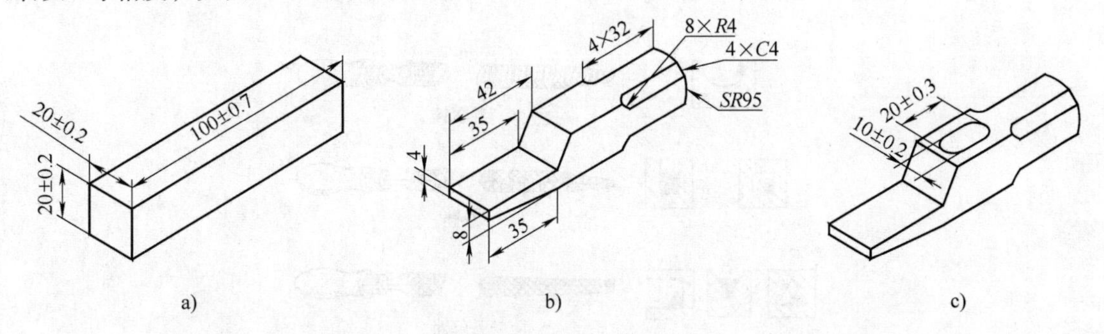

图 1-38　锤头的锉削

a）锉削长方体六个面　b）锉削四个圆弧面、斜面和一个球面　c）锉削通孔

2）锉削四个圆弧面、斜面和一个球面。要求按尺寸加工，如图 1-38b 所示。

3）锉削通孔。要求平面锉削平整，平面与圆弧面相切，如图 1-38c 所示。

1.3.2 项目分析

用台虎钳装夹工件，选用合适的锉刀完成锉削操作。在锉削过程中进行工件检验，不断修正零件的尺寸误差、几何误差和表面粗糙度。

1.3.3 相关知识——锉刀；锉削操作

1. 锉刀及选用

（1）锉刀的材料和组成　锉刀是锉削的主要工具，常用碳素工具钢 T12、T13 制成，并经热处理，淬火硬度为 62 ~ 67HRC。锉刀由锉刀面、锉刀边、锉刀舌、锉刀尾、手柄等部分组成，如图 1-39 所示。

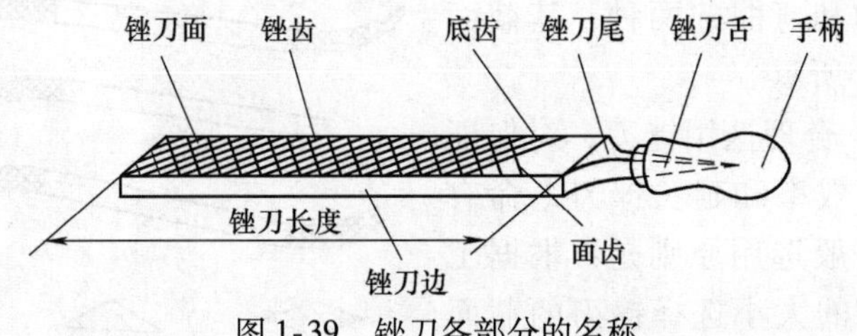

图 1-39　锉刀各部分的名称

（2）锉刀的种类和选用

1）锉刀的种类。按用途分类，锉刀可分为钳工锉、整形锉和特种锉三类。

① 钳工锉。按钳工锉的截面形状可分为平锉、半圆锉、方锉、三角锉和圆锉五种，如图 1-40 所示；按其长度可分为 100mm、150mm、200mm、250mm、300mm、350mm 及 400mm 七种；按其齿纹可分为单齿纹、双齿纹两种；按其齿纹粗细可分为粗齿、中齿、细齿、粗油光齿（双细齿）、细油光齿五种。

② 整形锉。整形锉的外形如图 1-41 所示，主要用于精细加工及修整工件上难以机加工的细小部位。一套整形锉由若干把各种截面形状的锉刀组成。

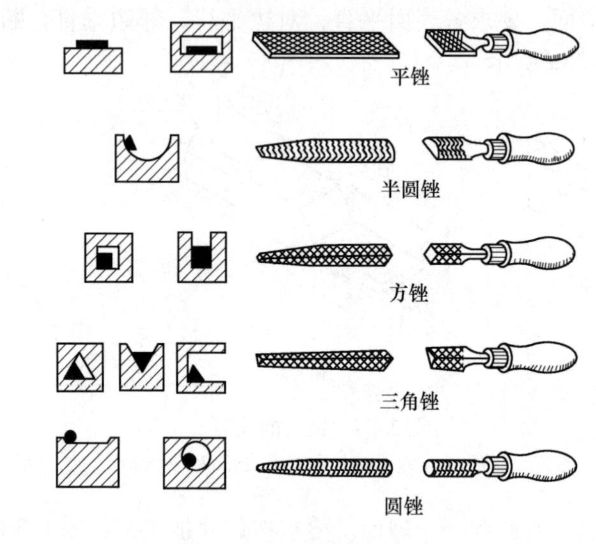

图 1-40　钳工锉及锉削形状

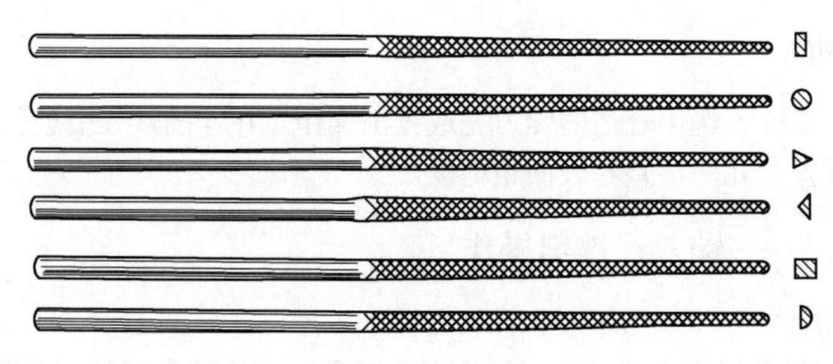

图 1-41　整形锉

③ 特种锉。特种锉可用于加工零件上的特殊表面，它有直的和弯曲的两种，其截面形状较多，如图 1-42 所示。

2）锉刀的选用。合理选用锉刀，对保证加工质量、提高工作效率和延长锉刀寿命有很大影响。锉刀的一般选用原则是：根据工件表面形状和加工面的大小选择锉刀的截面形状和规格，根据材料软硬、加工余量、精度和表面粗糙度的要求选择锉刀齿纹的粗细。

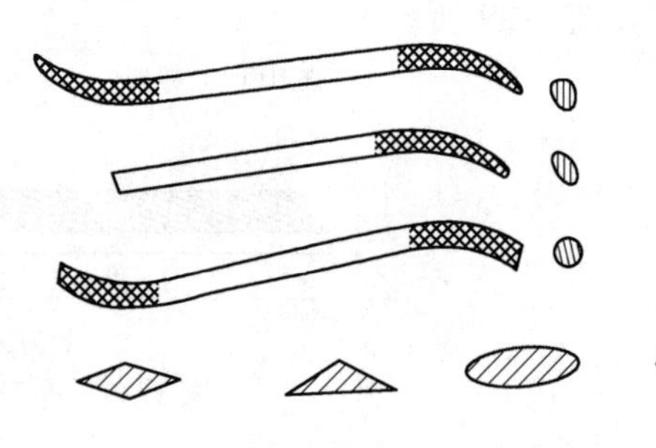

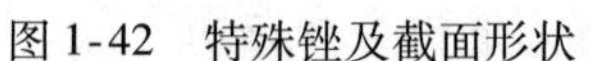

图 1-42　特殊锉及截面形状

粗齿锉刀由于齿距较大，不易堵塞，一般用于锉削铜、铝等软金属及加工余量大、精度要求低和表面粗糙工件的粗加工；中齿锉刀齿距适中，适于粗锉后的加工；细齿锉刀可用于锉钢、铸铁（较硬材料）以及加工余量小、精度要求高和表面粗糙度值低的工件；油光锉用于最后修光工件表面。

2. 锉削操作

（1）锉刀的握法　正确握持锉刀有助于提高锉削质量。应根据锉刀大小和形状的不同，采用相应的握法。

1）大锉刀的握法。右手心抵着锉刀手柄的端头，大拇指放在锉刀手柄的上面，其余四指弯在下面，配合大拇指捏住锉刀手柄；左手则根据锉刀大小和用力的轻重，选择多种姿势，如图1-43所示。

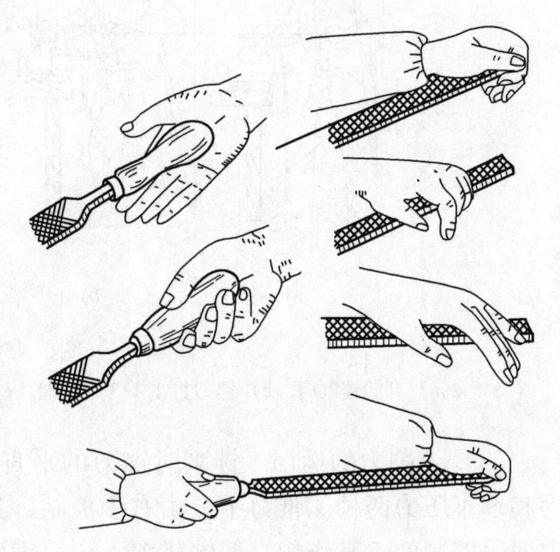

图1-43　大锉刀的握法

2）中锉刀的握法。此握法的右手握法与大锉刀握法相同，而左手则是用大拇指和食指捏住锉刀前端，如图1-44a所示。

3）小锉刀的握法。右手食指伸直，拇指放在锉刀手柄上面，食指靠在锉刀的刀边，左手几个手指压在锉刀中部，如图1-44b所示。

4）最小锉刀（整形锉）的握法。此握法一般只用右手拿着锉刀，食指放在锉刀上面，拇指放在锉刀的左侧，如图1-44c所示。

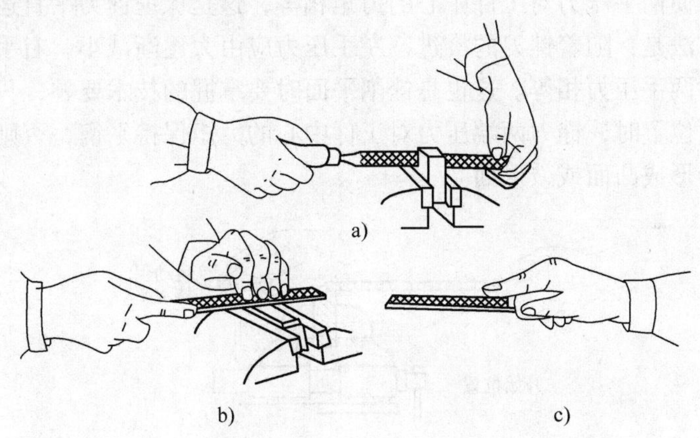

图1-44　中小锉刀的握法

a）中锉刀的握法　b）小锉刀的握法　c）最小锉刀的握法

（2）锉削的姿势　正确的锉削姿势能够减轻疲劳，提高锉削质量和效率。人站立的位置与錾削时基本相同，即左腿弯曲，右腿伸直，身体向前倾斜，重心落在左腿上。

锉削时，两脚站稳不动，靠左膝的屈伸使身体作往复运动，手臂和身体的运动应互相配合，并要使锉刀的全长得到充分利用。开始锉削时身体要向前倾斜10°左右，左肘弯曲，右肘向后，如图1-45a所示。锉刀推出1/3行程时，身体要向前倾斜约15°左右，如图1-45b

所示，这时左腿稍弯曲，左肘稍直，右臂向前推。锉刀推到2/3行程时，身体逐渐倾斜到18°左右，如图1-45c所示。左腿继续弯曲，左肘渐直，右臂向前使锉刀继续推进，直到推到尽头，身体随着锉刀的反作用退回到15°位置，如图1-45d所示。行程结束后，把锉刀略为抬起，使身体与手回复到开始时的姿势，如此反复。

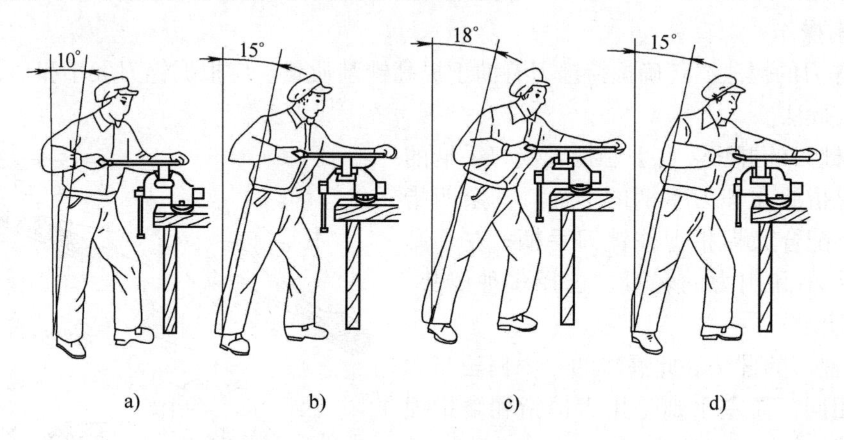

图1-45　锉削动作

a）开始锉削时　b）锉刀推出1/3行程时　c）锉刀推到2/3行程时　d）锉刀行程推到尽头时

（3）锉削力的运用　锉削时锉刀的平直运动是锉削加工的关键。锉削的力量有水平推力和垂直压力两种。推力主要由右手控制，其大小必须大于切削阻力才能锉去切屑；压力是由两手控制的，其作用是使锉齿深入金属表面。

如图1-46所示，由于锉刀两端伸出工件的长度随时都在变化，因此两手压力的大小也必须随着变化，即使两手压力对工件中心的力矩相等，这是保证锉刀平直运动的关键。保证锉刀平直运动的方法是：随着锉刀的推进，左手压力应由大逐渐减小，右手的压力则由小逐渐增大，到中间时两手压力相等。这也是锉削平面时要掌握的技术要领，只有这样，才能使锉刀在工件的任意位置时，锉刀两端压力对工件中心的力矩保持平衡，否则，锉刀就不会平衡，工件中间将会形成凸面或鼓形面。

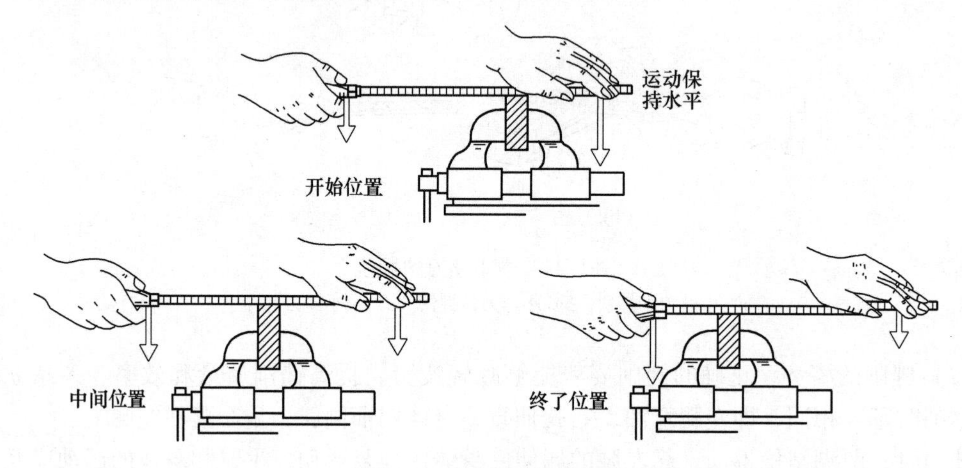

图1-46　锉削力的变化

在锉削时，由于锉齿存屑空间有限，因此对锉刀的总压力不能太大，压力太大只能使锉刀磨损加快。但压力也不能过小，压力过小锉刀易打滑，达不到切削目的。一般是以锉刀在向前推进时手上有一种韧性感觉为宜。

锉削速度一般为每分钟 30~60 次。如果太快，操作者容易疲劳，且锉齿易磨钝；如果太慢，会使切削效率降低。

3. 锉削方法

（1）平面的锉削　平面锉削是最基本的锉削，常用的方法有以下三种：

1）顺向锉法。顺向锉法如图 1-47a 所示，锉刀沿着工件表面横向或纵向移动，锉削平面可得到正直的锉痕，比较整齐美观。此方法适用于工件锉光、锉平或锉顺锉纹。

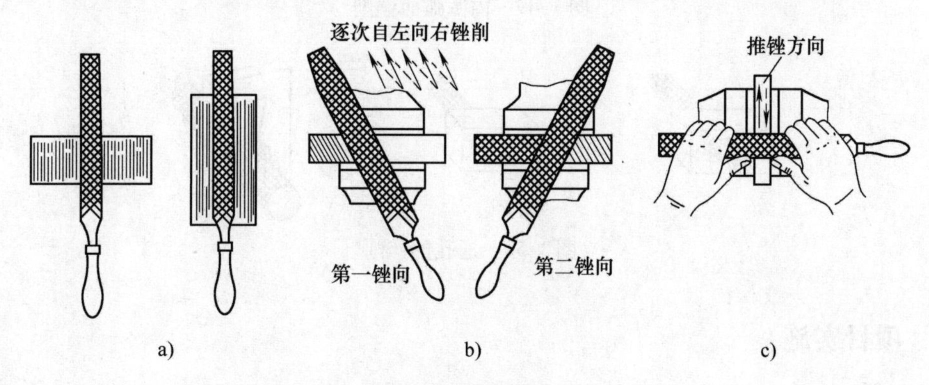

图 1-47　平面的锉削

a）顺向锉法　b）交叉锉法　c）推锉法

2）交叉锉法。交叉锉法如图 1-47b 所示，此方法是以交叉的两方向顺序对工件进行锉削。由于锉痕是交叉的，很容易在锉削过程中判断所锉削表面的不平程度，所以也容易把表面锉平。交叉锉法去屑较快，适用于平面的粗锉。

3）推锉法。推锉法如图 1-47c 所示，两手对称地握住锉刀，用两大拇指推动锉刀进行锉削。此方法适用于表面较窄且已经锉平、加工余量很小的工件，用来修正尺寸和减小表面粗糙度。

（2）圆弧面（曲面）的锉削　圆弧面锉削分为外圆弧面、内圆弧面锉削两种。

1）外圆弧面锉削。锉刀应同时完成两个运动，即锉刀的前推运动和绕圆弧面中心的转动。前推是完成锉削，转动是保证锉出圆弧面形状。

常用的外圆弧面锉削方法有两种：滚锉法（图 1-48a），使锉刀顺着圆弧面锉削，此方法用于精锉外圆弧面；横锉法（图 1-48b），使锉刀横着圆弧面锉削，此方法用于粗锉外圆弧面或滚锉法因受限制而无法使用的情况。

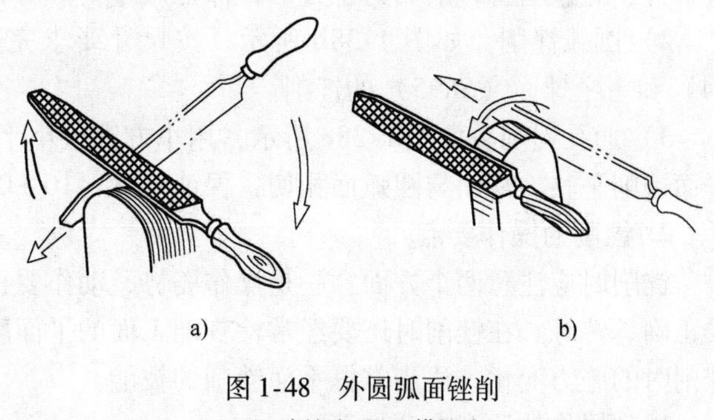

图 1-48　外圆弧面锉削

a）滚锉法　b）横锉法

2）内圆弧面锉削。内圆弧面锉削如图1-49所示，锉刀应同时完成三个运动，即锉刀的前推运动、锉刀的左右移动和锉刀自身的转动。缺少任何一个运动就锉不好内圆弧面。

（3）通孔的锉削　通孔的锉削方法如图1-50所示。根据通孔的形状、工件材料、加工余量、加工精度和表面粗糙度来选择所需的锉刀，从而进行通孔的锉削。

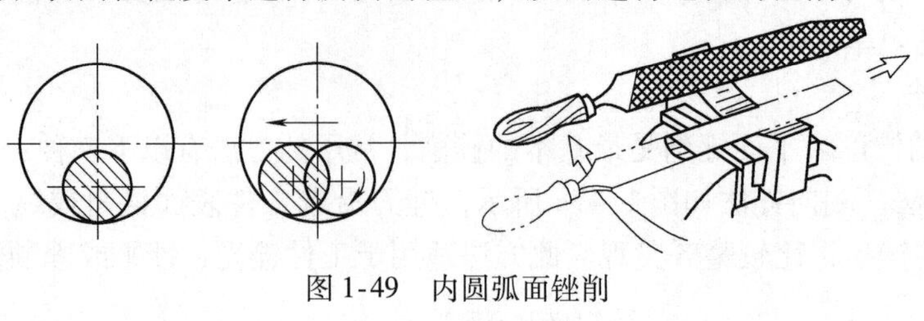

图1-49　内圆弧面锉削

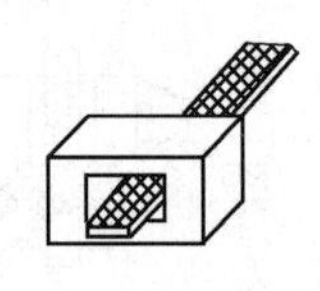

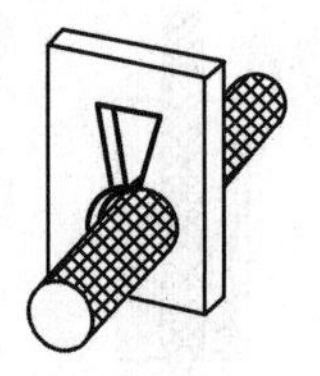

图1-50　通孔的锉削

1.3.4　项目实施

1. 锤头的平面、圆弧和通孔锉削

（1）准备工作

1）工件毛坯。由锯削加工任务（图1-25a、b）和钻削加工任务（图1-57b）转下，材料为45钢。

2）工艺装备。工作台、台虎钳、粗中小平锉刀、粗中圆锉刀、小方锉、直角尺、铜丝刷等。

（2）锉削加工

按设计要求完成以下工作：

1）锤子的各平面锉削。如图1-38a所示，锉削长方体六个平面，要求各表面平直，对边平行，邻边垂直，断面为正方形，保证尺寸（20±0.2）mm和（100±0.7）mm。

2）圆弧锉削。如图1-38b所示，按尺寸要求完成四个圆弧面（8×R4）、斜面（4×C4）和一个球面（SR95）的锉削。

3）通孔锉削。如图1-38c所示，用小方锉或小平锉锉掉留在两孔间的多余金属，要求平面锉削平整，平面与圆弧面相切，保证尺寸（10±0.2）mm。

2. 锉削的操作要点

锉削时应注意两个方面：一是操作姿势、动作要正确；二是两手用力的方向、大小变化要正确、熟练。在锉削时还要经常检查加工面的平面度和直线度情况，并以此来判断和改进锉削时的施力变化，逐步掌握平面锉削的技能。

锉削操作的注意事项如下：

1）不准使用无柄锉刀锉削，以免被锉刀舌戳伤手。

2）不准用嘴吹锉屑，以防锉屑飞入眼中。

3）锉削时，锉刀手柄不要碰撞工件，以免锉刀手柄脱落。

4）放置锉刀时不要把锉刀伸到钳台外面，以防锉刀掉落或砸伤操作者。

5）锉削时不可用手触摸被锉过的工件表面，因手上有油污会使再次锉削时锉刀打滑或造成事故。

6）锉刀齿面塞积切屑后，应使用钢丝刷顺着锉纹方向刷去锉屑。

1.3.5 知识链接——锉削的配作和质量检查

1. 锉削配作

锉削配作（简称锉配）是一项较为精细的钳工基本操作，适用于单件生产和零件修配。锉配不但能够达到较高的配合精度，而且不需要专用设备，因而有较高的经济性和灵活性，特别是在机械修理和工、模具制造中，锉配是一项必不可少的工作。

（1）锉削配作的基础知识

1）锉配定义。锉配是指用锉削加工的方法，使两个或多个相配合的零件达到规定配合精度要求的操作。

2）配合知识。配合是指基本尺寸相同的相互结合的孔与轴的公差带关系。包括基轴制和基孔制；一般情况优先选用基孔制；在一轴多孔相配、难加工的小尺寸精密轴、轴不需要再加工等情况时选择基轴制；为满足特殊要求的配合时，也可以选用非基准制配合。配合形式有间隙配合、过渡配合和过盈配合。

3）锉配操作原则。按测量从易到难加工的原则；按中间公差加工的原则；按从外到内、从大面到小面加工的原则；按从平面到角度、从角度到圆弧加工的原则；凸件先加工，凹件配合加工的原则；对称性零件先加工一侧，利于间接测量的原则；最小误差原则（为保证获得较高的锉配精度，应选择有关外表面做划线和测量基准，因此，基准面应达到最小几何公差要求）；在锉配中，采用外形体为基准件时，应修锉内形体控制配合间隙；在配作圆弧体工件时，则以内形体工件为基准件，修锉外形体控制配合间隙。

（2）锉削配作的要求

1）掌握一般配作零件的加工工艺和操作方法。

2）熟练掌握锉削技能，熟悉对称度加工、角度配作、圆弧配作以及各种成型面配作的加工方法和步骤。

3）提高锉削工件的各项精度，以及配作工件的各项配合精度；凡具有对称要求的配合零件，必须能转动位置或调换方向而不降低配合精度。

4）熟悉使用有关锉削配作的各种量具及维护保养方法。

5）掌握配作中的有关尺寸计算和测量方法，能对配作中产生的各种形式的误差进行修正。

（3）锉削配作的方法

1）锉配工艺。

① 确定基准。由于外表面便于加工和测量，容易达到较高的精度，所以一般选择先加工凸件，然后配锉凹件；即以凸件作为基准件，凹件配作。

② 划线。确定加工界限，便于保证零件下料和加工时的尺寸。

③ 加工基准。加工基准时，尽可能达到较高精度（高于其他表面精度）。

④ 加工基准件。达到各项精度要求。

⑤ 配作凹件。加工内表面时不便于测量，除了选择量具和样板以外，还可以选择已加工的外表面作为测量基准。

⑥ 修锉、调整配合间隙。可用透光和涂色显示确定修整部位和余量，从而达到配合精度要求。

2）锉削配作的注意事项。

① 基准面加工精度要求较高，尺寸、几何公差应控制在最小范围内，一般不能低于其他表面的精度。

② 锉配部位修整应在涂色或透光检测后从整体情况考虑，以免局部间隙过大。

③ 修锉内角根部时，锉刀可以根据需要修磨后再用，同时保证正确锉削，避免将内角根部锉成圆角或锉伤相邻部位。

④ 当配作中出现圆弧面配合时，由于圆孔可以采用钻孔、铰孔的方法保证形体尺寸和精度，用圆孔作基准，然后锉配外圆弧形体来与它相配。

⑤ 配合过程中，不能用锤子锤击，避免使配合面变形、出现毛刺或破坏锉削面。

2. 锉削质量问题

（1）平面中凸、塌边和塌角　此问题是由操作不熟练、锉削力运用不当或锉刀选用不当所造成的。

（2）形状、尺寸不准确　此问题是由划线错误或锉削过程中没有及时检查工件尺寸所造成的。

（3）表面较粗糙　此问题是由锉刀粗细选择不当或锉屑卡在锉齿间所造成的。

（4）锉掉了不该锉的部分　此问题是由于锉削时锉刀打滑，或者没有注意带锉齿工作边和不带锉齿的光边而造成的。

（5）工件夹坏　此问题是由于工件在台虎钳上装夹不当而造成的。

3. 工件的加工质量检查

检验工具有游标卡尺、刀口形直尺、直角尺、游标角度尺等。其中刀口形直尺、直角尺可用于检验零件的直线度、平面度及垂直度。

（1）检查直线度　用刀口形直尺或直角尺采用透光法来检查工件的直线度，如图1-51a所示。

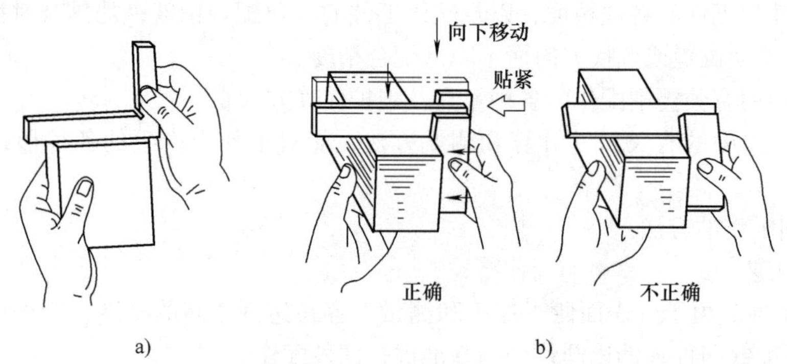

图1-51　用直角尺检查直线度和垂直度

a）检查直线度　b）检查垂直度

（2）检查垂直度　用直角尺采用透光法检查工件的垂直度。方法为：先选择基准面，然后对其他各面进行检查，如图 1-51b 所示。

（3）用刀口形直尺检验零件平面度的方法如下

1）将刀口形直尺垂直紧靠在零件表面，并在纵向、横向和对角线方向逐次检查，如图 1-52 所示。

2）检验时，如果刀口形直尺与零件平面间透光微弱而均匀，则该零件平面度合格；如果透光强弱不一，则说明该零件平面凹凸不平。可在刀口形直尺与零件平面的缝隙处插入塞尺，根据塞尺的厚度即可确定平面度的误差，如图 1-53 所示。

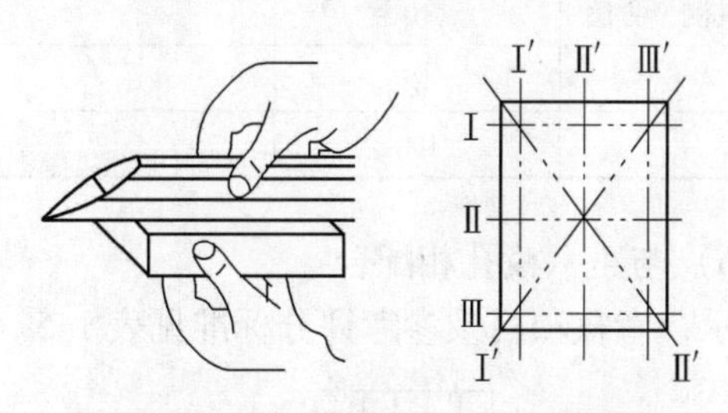

图 1-52　用刀口形直尺检验平面度

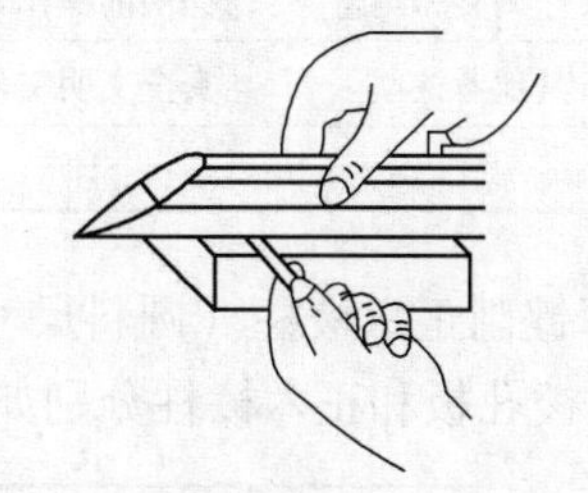

图 1-53　用塞尺测量平面度误差值

（4）检查尺寸　检查尺寸是指用游标卡尺在工件全长不同的位置上进行多次测量。

（5）检查表面粗糙度　检查表面粗糙度一般用眼睛观察即可。如要求准确，可用表面粗糙度比较样块对照检查。

1.3.6　拓展操作及思考题

1. 拓展操作——正六棱柱的锉削和锉配

（1）用 ϕ50mm × 50mm 的圆钢锉削正六棱柱

正六棱柱如图 1-54a 所示，锉配次序如图 1-54b 所示，考核项目及参考评分标准见表 1-4。锉削时应注意保证与已加工表面间的平行度或 120°夹角关系。

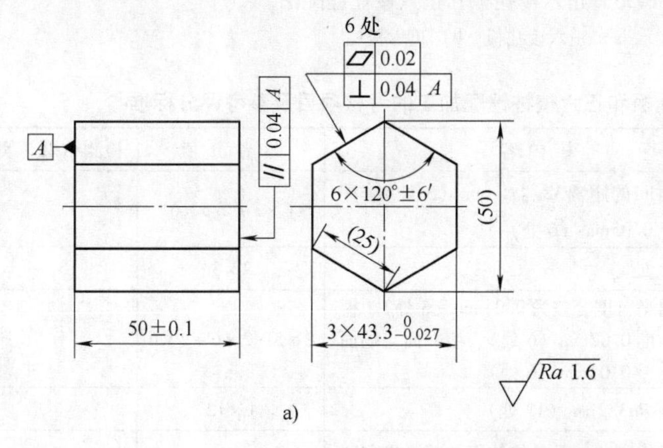

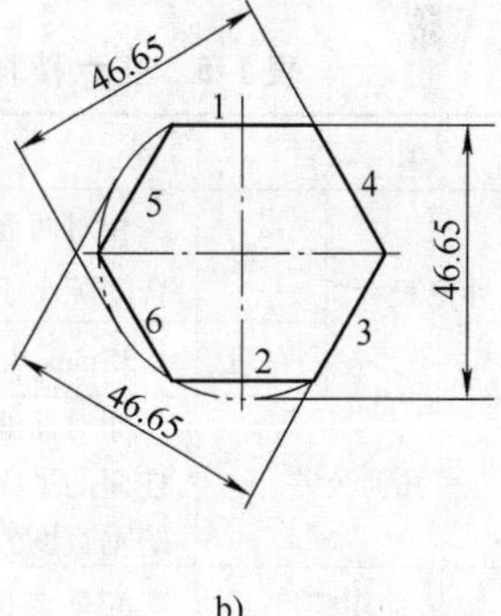

图 1-54　正六棱柱锉配图

a）正六棱柱　b）锉配次序

表 1-4　正六棱柱锉削加工的考核项目及参考评分标准

序　号	项　　目		考 核 内 容	参 考 分 值	检测结果（实得分）
1	外形尺寸	主要	相对两面间的距离 $43.3_{-0.027}^{\ 0}$ mm（3 处）、相邻面间的夹角 120° ±6′（6 处）	5 ×3 +2. 5 ×6	
		一般	正六棱柱的边长 25mm（6 处）	1. 5 ×6	
2	几何公差		棱柱面的平面度 0. 02mm（6 处）、棱柱面与端面的垂直度公差 0. 04mm（6 处）	2. 5 ×6 +2. 5 ×6	
3	表面粗糙度		棱柱表面 *Ra*1. 6μm（6 处）	1 ×6	
4	操作调整和测量		锉削的操作方法，量具的使用及其测量方法	10	
5	其他考核项		安全文明实习	15	
合计				100	

（2）锉削正六棱柱（圆料尺寸 ϕ36mm ×22mm）与正六棱孔相配合

正六棱孔板和正六棱柱分别如图 1-55a、b 所示，考核项目及参考评分标准见表 1-5。

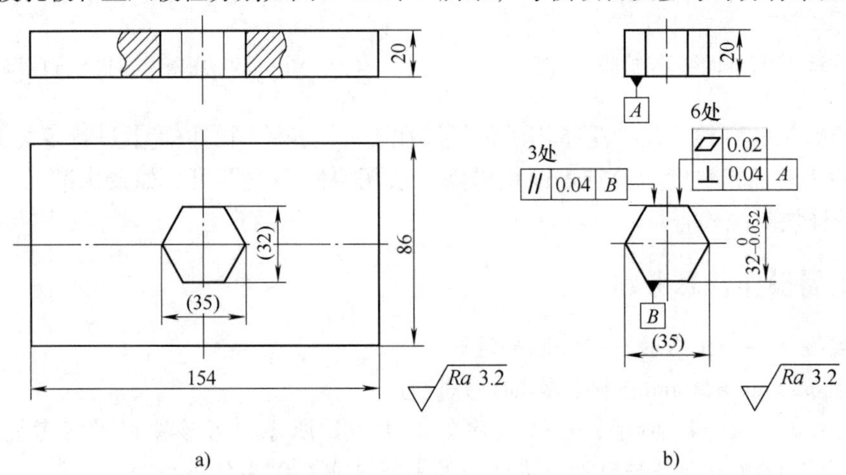

图 1-55　正六棱孔板和正六棱柱锉配图

a）正六棱孔板　b）正六棱柱

表 1-5　正六棱孔板和正六棱柱锉配加工的考核项目及参考评分标准

序　号	项　　目		考 核 内 容	参 考 分 值	检测结果（实得分）
1	外形尺寸	主要	相对两面间的距离 $32_{-0.052}^{\ 0}$ mm（3 处）、配合间隙小于 0. 05mm（6 处）	4 ×3 +2. 5 ×6	
		一般	35mm（3 处）	2 ×3	
2	几何公差		面对面的平行度公差为 0. 04mm（3 处）、棱柱面的平面度 0. 02mm（6 处）、棱柱面与端面的垂直度公差 0. 04mm（6 处）	2 ×3 +2 ×6 +2 ×6	
3	表面粗糙度		配合表面 *Ra*3. 2μm（12 处）	1 ×12	
4	操作调整和测量		锉削的操作方法，量具的使用及其测量方法	10	
5	其他考核项		安全文明实习，120°样板、120°角板边长综合样板和各种量具切勿碰撞，要妥善保管	15	
合计				100	

（3）按图 1-56 所示的零件尺寸要求，在划线后完成零件的锯削和锉削加工

要求合理确定三个配合件的加工方法和锉配次序，配合间隙小于 0.05mm。

2. 思考题

1）什么叫锉削？其加工范围包括哪些？

2）锉刀的种类有哪些？钳工锉刀如何分类？

3）根据什么原则选择锉刀的粗细、大小和截面形状？

4）锉削工件平面的操作要领是什么？

5）如何正确选用顺向锉法、交叉锉法和推锉法？

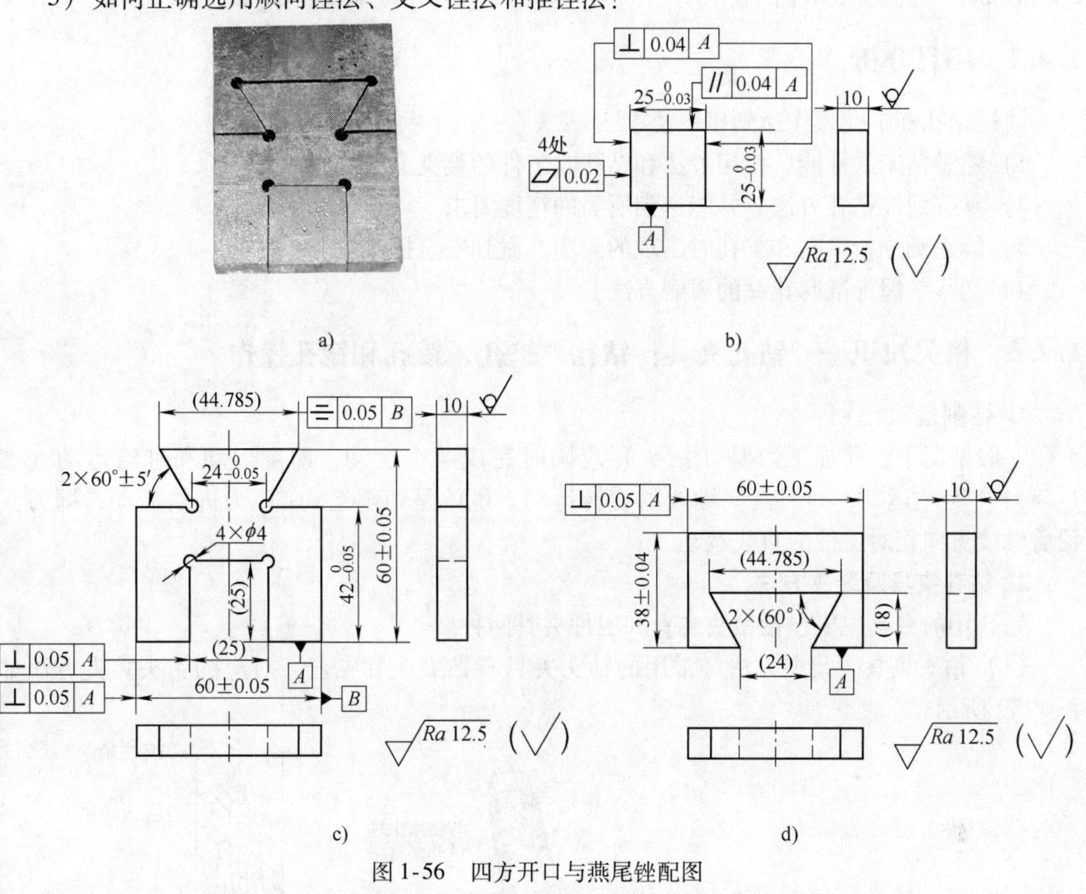

图 1-56　四方开口与燕尾锉配图

a）配合件外观　b）四方件　c）凸燕尾　d）凹燕尾

项目 1.4　锤头通孔的钻削

零件上的孔加工，除一部分由车、镗、铣等机床完成外，很大一部分是由钳工利用各种钻床和钻孔工具完成的。钳工加工孔的方法一般有钻孔、扩孔和铰孔，是钳工重要的操作之一，其中钻孔是指用钻头在实心工件上切削出孔的加工方法。当无钻模时（粗钻）钻孔的加工精度为 IT13 ~ IT11，表面粗糙度值为 Ra = 50 ~ 12.5μm；当有钻模时（精钻）加工精度为 IT10 ~ IT8，表面粗糙度值为 Ra = 6.3 ~ 1.6μm。一般精铰孔的精度为 IT8 ~ IT7，表面粗糙度值为 Ra = 1.6 ~ 0.8μm。

1.4.1 项目引入

识读锤头零件图，完成钻削工作。

(1) 钻孔　钻孔 2 × ϕ6mm，如图 1-57a 所示，孔要求与锤头上表面垂直。

(2) 扩孔　在钻孔位置进行扩孔 2 × ϕ10mm，如图 1-57b 所示。

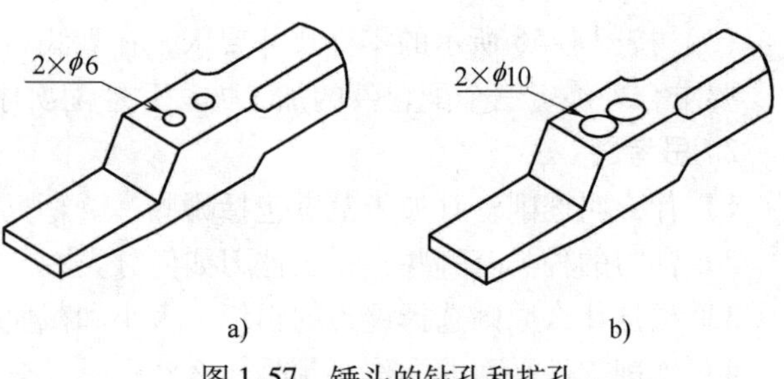

图 1-57　锤头的钻孔和扩孔

a) 钻孔　b) 扩孔

1.4.2 项目分析

通过钻孔和扩孔操作达到以下要求：

1) 熟悉钻床的性能、使用方法和钻孔时工件的装夹方法。

2) 掌握划线钻孔方法，并能达到所需的精度要求。

3) 能正确分析钻孔和扩孔时出现的问题，做到安全操作。

4) 初步掌握标准麻花钻的刃磨方法。

1.4.3 相关知识——钻孔夹具；钻孔、扩孔、铰孔和锪孔操作

1. 钻削运动

一般情况下，孔加工刀具（钻头）应同时完成两个运动，即主运动和进给运动（图 1-58）：1 为主运动，即刀具绕轴线的旋转运动，也就是切削运动；2 为进给运动，即刀具沿着轴线方向相对工件的直线运动。

2. 钻孔夹具及装夹方法

钻孔用的夹具主要包括钻头夹具和工件夹具两种。

(1) 钻头夹具及装夹方法　常用的钻头夹具有钻夹头和钻套，对应的钻头装夹方法如图 1-59 所示。

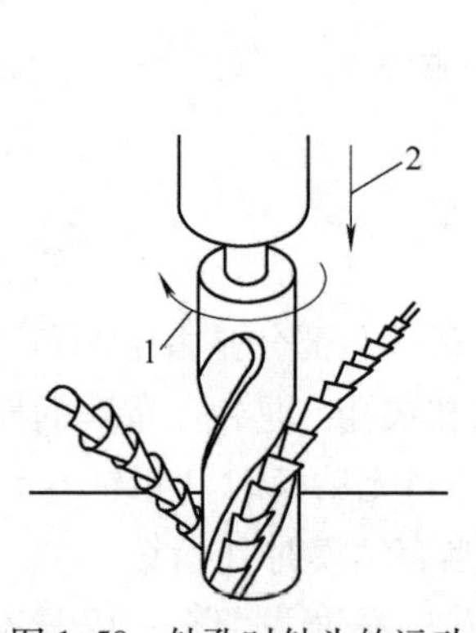

图 1-58　钻孔时钻头的运动

1—主运动　2—进给运动

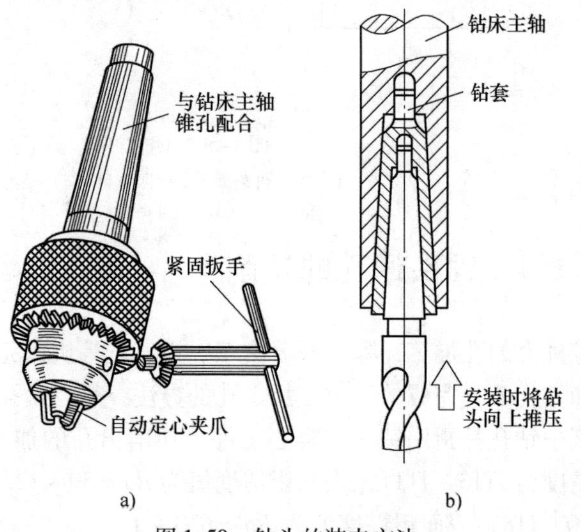

图 1-59　钻头的装夹方法

a) 钻夹头装夹　b) 钻套装夹

1）钻夹头。钻夹头适用于装夹直柄钻头，其柄部是圆锥面，可以与钻床主轴内锥孔配合安装，而在其头部的三个自动定心夹爪能同时张开或合拢，使钻头的装夹与拆卸都很方便。

2）钻套。钻套又称过渡套筒，用于装夹锥柄钻头。由于锥柄钻头柄部的锥度、尺寸与钻床主轴内锥孔不一致，为使其能配合安装，用钻套作为锥体过渡件。钻套一端锥孔连接钻头锥柄，另一端外锥面连接钻床主轴内锥孔。钻套按其内外锥锥度的不同分为5个型号(1～5)，例如2号钻套的内锥孔为2号莫氏锥度，外锥面为3号莫氏锥度，使用时可根据钻头锥柄和钻床主轴内锥孔锥度来选用。

（2）工件夹具及装夹方法　加工工件时，应根据钻孔直径和工件形状来合理使用工件夹具。装夹工件要牢固可靠，但又不能将工件夹得过紧而损伤工件或使工件变形影响钻孔质量。常用的夹具有手虎钳、机用虎钳、V形块和压板等。

对于薄壁工件和小工件，常用手虎钳夹持，如图1-60a所示；机用虎钳用于中小型平整工件的夹持，如图1-60b所示；对于轴或套筒类工件可用V形块夹持并与压板配合使用，如图1-60c所示；对不适于用虎钳夹紧，或要钻大直径孔的工件，可用压板、螺栓直接固定在钻床工作台上，如图1-60d所示。在成批和大量生产中一般选用钻模夹具（简称钻模），使用钻模钻孔时，可免去划线工作，能提高生产率，钻孔精度也可得到提高，表面粗糙度也有所减小。

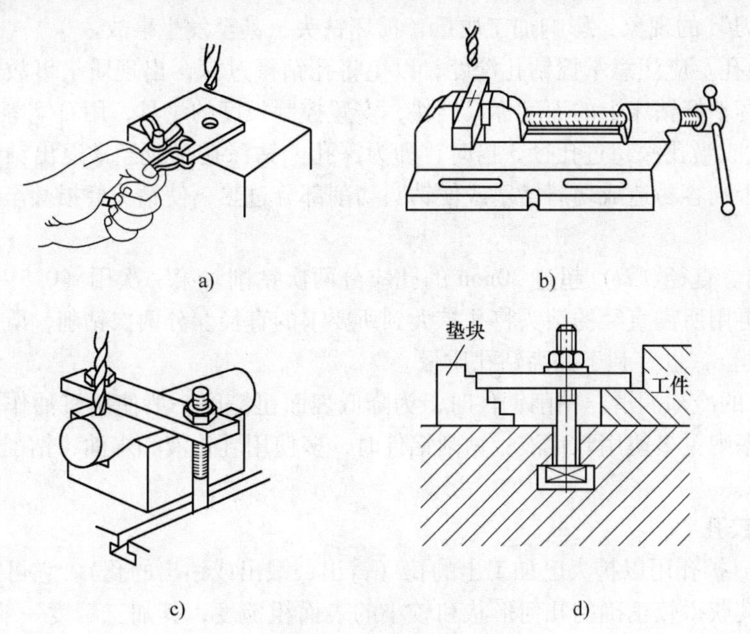

图1-60　工件的装夹方法

a）手虎钳夹持　b）机用虎钳夹持　c）V形块夹持　d）压板螺栓夹持

3. 钻孔操作

（1）切削用量的选择　钻孔切削用量是指钻头切削速度（m/min）、进给量（钻头每转一周沿轴向移动的距离）和切削深度的总称。切削用量越大，单位时间内切除金属越多，生产效率也就越高。但是由于切削用量受到钻床功率、钻头强度、钻头耐用度、工件精度等许多因素的限制，不能任意提高。因此，合理选择切削用量就显得十分重要，它将直接关系到钻孔生产率、钻孔质量和钻头的寿命。通过分析可知：切削速度和进给量对钻孔生产效率的影响是相同的；切削速度对钻头耐用度的影响比进给量大；进给量对钻孔表面粗糙度的影响比切削速度大。综上所述可知，钻孔时选择切削用量的基本原则是：在允许范围内，尽量先选较大的进给量，当进给量受孔表面粗糙度和钻头刚度的限制时，再考虑较大的切削速度。在钻孔实践中人们积累了大量的有关选择切削用量的经验，并经过科学总结制成了切削用量表，供钻孔时参考选用。

（2）操作方法　操作方法是否正确，将直接影响钻孔的质量和操作安全。

1）按划线位置钻孔。工件上的孔径圆和检查圆均需打上样冲点作为加工界线，中心点应打大一些。钻孔时先用钻头在孔的中心锪一小坑（约占孔径的1/4左右），检查小坑与所划圆是否同心：如稍偏离，可用样冲将中心冲大矫正或移动工件找正；若偏离较多，可用窄錾在偏斜相反方向凿几条槽再钻，便可逐渐将偏斜部分矫正过来，如图1-61所示。

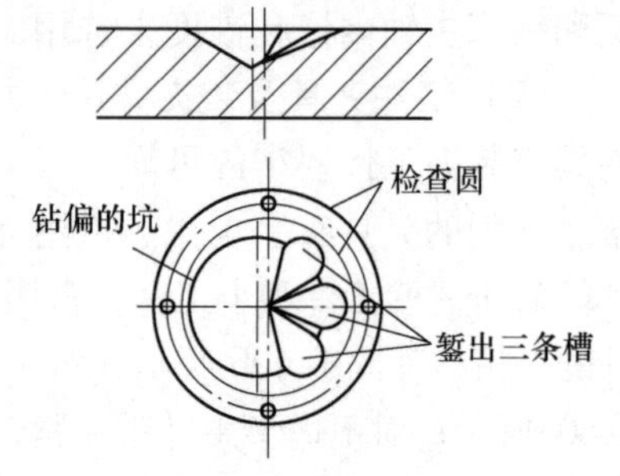

图1-61　钻偏时的矫正方法

2）钻通孔。当孔将要钻透时，进给量要减小，可将自动进给变为手动进给，以避免钻头在钻穿时的瞬间抖动，出现“啃刀”的现象，影响加工质量，损坏钻头，甚至发生事故。

3）钻不通孔。应注意掌握钻孔深度，以免将孔钻得过深，出现质量事故。控制钻孔深度的方法有：调整好钻床上的深度标尺挡块，安置控制长度的量具，用石笔等做标记。

4）钻深孔。当孔深超过孔径3倍时，即为深孔。钻深孔时应经常退出钻头，以便及时排屑和冷却，否则容易造成切屑堵塞或使钻头切削部分过热，使钻头磨损甚至折断，影响孔的加工质量。

5）钻大孔。直径（D）超过30mm的孔应分两次钻削。第一次用（0.5～0.7）D的钻头先钻，然后再用所需直径的钻头将孔扩大到所要求的直径。分两次钻削，既有利于钻头的使用（负荷分担），也有利于提高钻孔质量。

6）钻削时的冷却润滑。钻削钢件时，为降低表面粗糙度一般使用机油作切削液，但为了提高生产效率则更多使用乳化液；钻削铝件时，多使用乳化液和煤油；钻削铸铁件则使用煤油。

4. 扩孔和铰孔

（1）扩孔　扩孔用以扩大已加工出的孔（铸出、锻出或钻出的孔）。它可以找正孔的轴线偏差，并使其获得较正确的几何形状和较小的表面粗糙度，其加工精度一般为IT10～IT9级，表面粗糙度值为$Ra=6.3\sim3.2\mu m$。扩孔可作为要求不高的孔的最终加工方法，也可作为精加工（如铰孔）前的预加工，扩孔的加工余量为0.5～4mm。

一般可用麻花钻进行扩孔。在扩孔精度要求较高或生产批量较大时，须采用专用扩孔钻扩孔。扩孔钻和麻花钻相似，所不同的是它有3～4条切削刃，但无横刃，其顶端是平的，螺旋槽较浅，故钻芯粗、刚性好，不易变形，导向性能好。由于扩孔钻的切削平稳，所以能提高孔的加工质量。扩孔钻和扩孔时的状态分别如图1-62a、b所示。

（2）铰孔　铰孔是用铰刀从工件壁上切除微量金属层，以提高其尺寸精度和表面质量的加工方法。铰孔的加工精度可高达IT7～IT6级，表面粗糙度值为$Ra=0.8\sim0.4\mu m$。

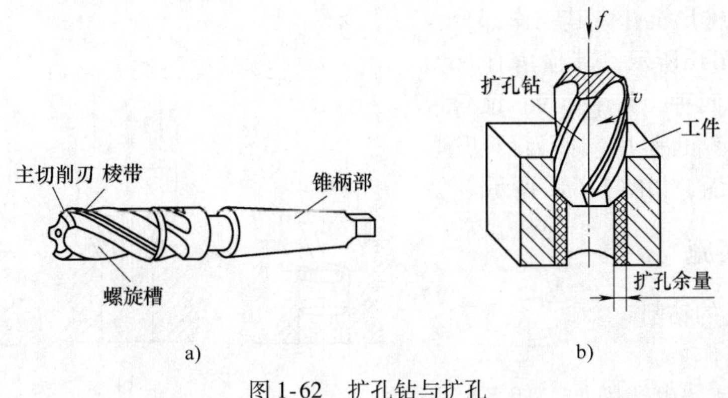

图 1-62　扩孔钻与扩孔

a）扩孔钻　b）扩孔

铰刀是多刃切削刀具，有 6~12 个切削刃，铰孔的导向性好。由于刀齿的齿槽很浅，铰刀的横截面大，因此铰刀的刚性好。铰刀按使用方法分为手用和机用两种，分别如图 1-63a、b 所示，按所铰孔的形状，铰刀分为圆柱形和圆锥形两种。

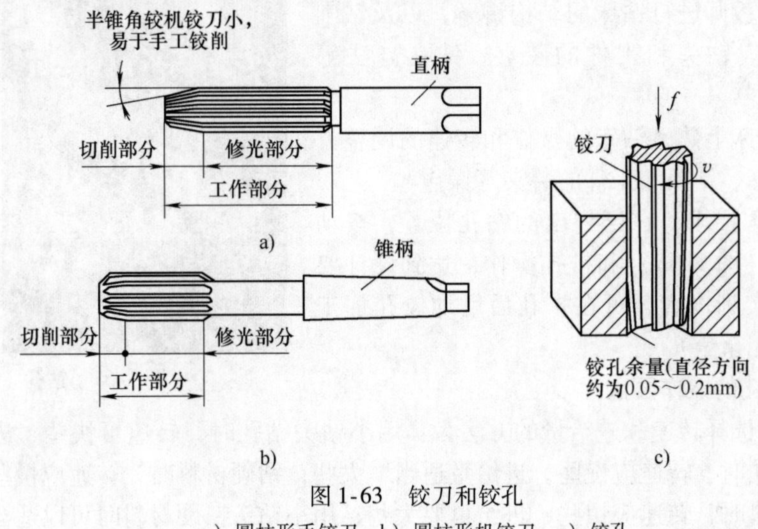

图 1-63　铰刀和铰孔

a）圆柱形手铰刀　b）圆柱形机铰刀　c）铰孔

铰孔因加工余量很小，而且切削刃的前角 $\gamma=0°$，所以铰削实际上是修刮过程。特别是在手工铰孔时，切削速度很低，不会受到切削热和振动的影响，所以铰孔是对孔进行精加工的一种方法。铰孔时铰刀不能反转，如图 1-63c 所示，否则切屑会卡在孔壁和切削刃之间，使孔壁划伤或切削刃崩裂。在铰削时如采用切削液，孔壁表面粗糙度值将更小。

钳工常遇到的锥销孔铰削，一般采用相应直径的圆锥手用铰刀进行。

5. 锪孔

锪孔是用锪钻对工件上的已有孔进行孔口形面的加工，其目的是为了保证孔端面与孔中心的垂直度，以便使与孔连接的零件位置正确，连接可靠。常用的锪孔工具有柱形锪钻、锥形锪钻和端面锪钻三种。

柱形锪钻主要起切削作用的是端面刀刃，其周刃作为副切削刃起到修光的作用。为保证原有孔与埋头孔同心，锪钻前端所带的导柱与已有孔配合起到定心作用，如图 1-64a 所示；

锥面锪钻用于锪锥形沉孔，其工作部分为斜刀齿，如图1-64b所示，其顶角有 60°、75°、90°和 120°四种，其中以 90°顶角最为常用；端面锪钻也是用端面刀刃切削，用来锪平孔口端面，如图 1-64c 所示。

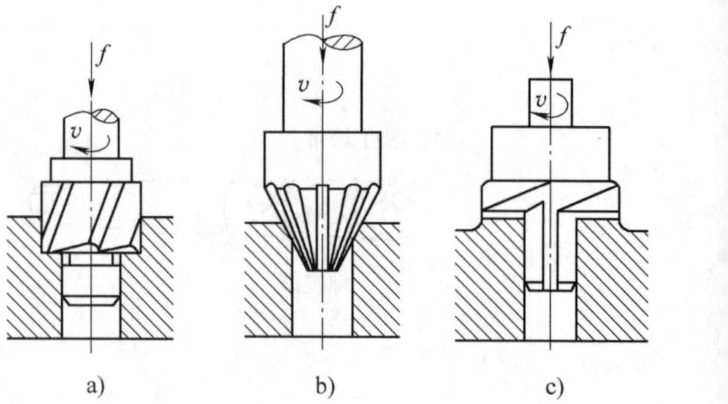

a)　　b)　　c)

图 1-64　锪孔

a）锪柱孔　b）锪锥孔　c）锪端面

1.4.4　项目实施

1. 锤头通孔的钻削

（1）准备工作

1）工件毛坯。由锉削加工任务转下（图 1-38b），材料为 45 钢。

2）工艺装备。Z4012 型台式钻床、钢直尺、游标卡尺、长柄刷、钻头（ϕ6mm、ϕ10mm）。

（2）钻削加工

1）实习指导教师进行钻床的结构讲解，以及钻削转速和行程调整、钻头和工件的装夹、钻孔方法等演示。

2）学生在钻床上熟悉钻床的操作和转速的调整方法、工作台的升降、钻头和工件的装夹等操作。

3）按图 1-57 要求，在已划出的钻孔位置，按动作要领进行钻孔（图 1-65）和扩孔操作，达到设计要求（若进行铰削实训内容，可在扩孔后增加铰孔加工步骤，留铰削加工余量）。

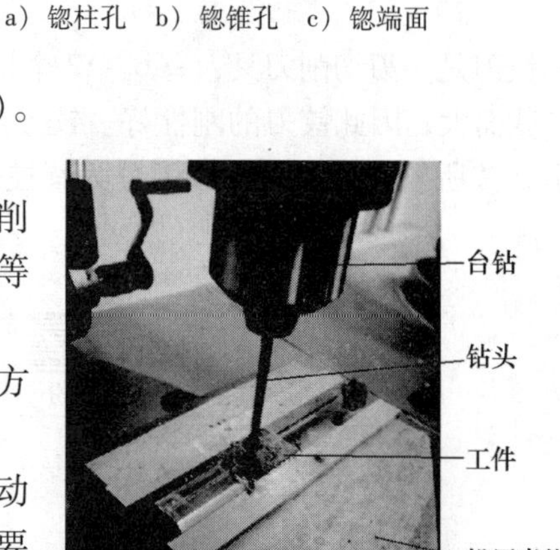

图 1-65　钻孔

2. 钻削和铰孔的操作要点

1）钻孔时，选择转速和进给量的方法为：用小钻头钻孔时，转速可快些，进给量应小些；用大钻头钻孔时，转速应慢些，进给量适当增大些；钻硬材料时，转速应慢些，进给量应小些；钻软材料时，转速应快些，进给量要大些；用小钻头钻硬材料时可以适当地减慢速度。钻孔时手动进给的压力是根据钻头的工作情况，以目测和手感进行控制的，在实训中应注意掌握。

钻孔操作时的注意事项：

① 操作者衣袖要收紧，严禁戴手套，女同学必须戴工作帽。

② 工件夹紧必须牢固。孔将要钻透时要尽量减小进给力。

③ 先停车后变速。用钻夹头装夹钻头时，要使用钻夹头紧固扳手，不要用扁铁和锤子敲击，以免损坏夹头。

④ 不准用手拉或嘴吹钻屑，以防钻屑伤手和伤眼。

⑤ 钻通孔时，工件底面应放垫块，或将钻头对准工作台的 T 形槽。

⑥ 使用电钻时应注意用电安全。

2）手工铰孔时，两手用力要均匀、平稳，不得有侧向压力，避免孔口成喇叭形或将孔径扩大。铰刀退出时，不能反转，防止刃口磨损及切屑嵌入刀具与孔壁之间，而将孔壁划伤。

1.4.5 知识链接——钻床；钻头；钻孔质量

1. 钻床

常用的钻床有台式钻床、立式钻床和摇臂钻床三种。手电钻也是常用的钻孔工具。

（1）台式钻床 台式钻床简称台钻，是一种放在工作台上使用的小型钻床，如图1-66所示。台钻质量轻，移动方便，转速高（最低转速在400r/min以上），适于加工小型零件上直径不大于13mm的小孔，其主轴进给是手动的。

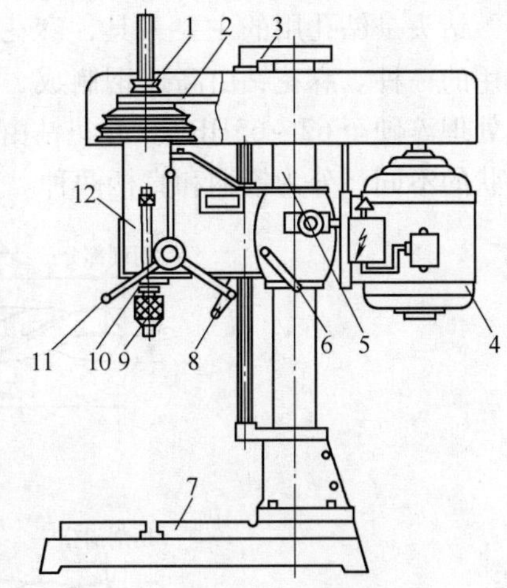

图1-66 台式钻床

1—塔轮 2—V带 3—丝杠架 4—电动机 5—立柱 6—锁紧手柄 7—工作台 8—升降手柄 9—钻夹头 10—主轴 11—进给手柄 12—头架

（2）立式钻床 立式钻床简称立钻，如图1-67所示。此类钻床的规格用最大钻孔直径来表示，常用的立钻规格有25mm、35mm、40mm和50mm等几种。立钻与台钻相比，立钻的刚性好、功率大，因而允许采用较高的切削用量，生产效率较高，加工精度也较高。立钻主轴的转速和进给量变化范围大，而且可以自动走刀，因此可以适应不同的刀具进行钻孔、扩孔、锪孔、铰孔、攻螺纹等多种加工。立钻适用于在单件、小批量生产中加工中、小型零件。

（3）摇臂钻床 摇臂钻床如图1-68所示，这类钻床机构完善，它有一个能绕立柱旋转的摇臂，摇臂带动主轴箱可沿立柱作垂直移动，同时主轴箱还能在摇臂上作横向移动。由于这些结构上的特点，操作时能很方便地调整刀具位置，来对准被加工孔的中心，而不需移动工件来进行加工。此外，主轴转速范围和进给量范围很大，因此适用于大而重的工件和多孔工件的加工。

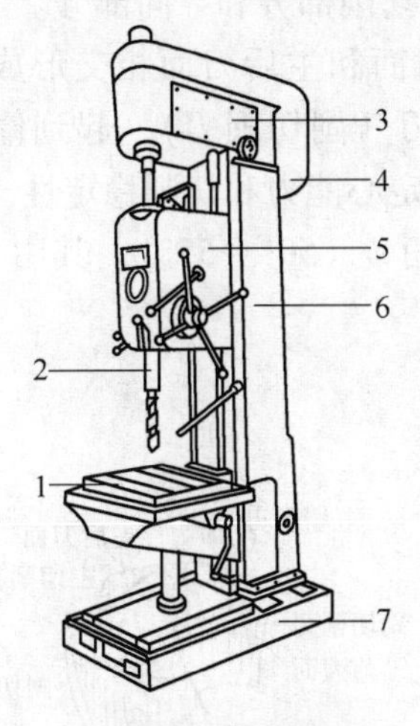

图1-67 立式钻床

1—工作台 2—主轴 3—主轴变速箱 4—电动机 5—进给箱 6—立柱 7—机座

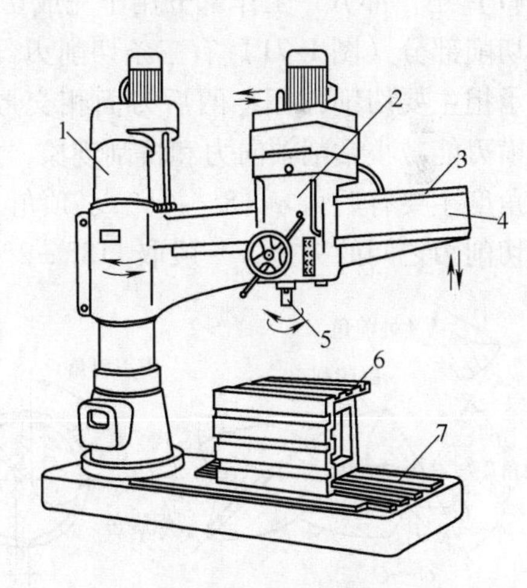

图1-68 摇臂钻床

1—立柱 2—主轴箱 3—摇臂导轨 4—摇臂 5—主轴 6—工作台 7—机座

(4) 手电钻　手电钻如图 1-69 所示，其主要用于钻直径 12mm 以下的孔，常用于不便使用钻床钻孔的场合。手电钻的电源有 220V 和 380V 两种。由于手电钻携带方便，操作简单，使用灵活，所以其应用比较广泛。

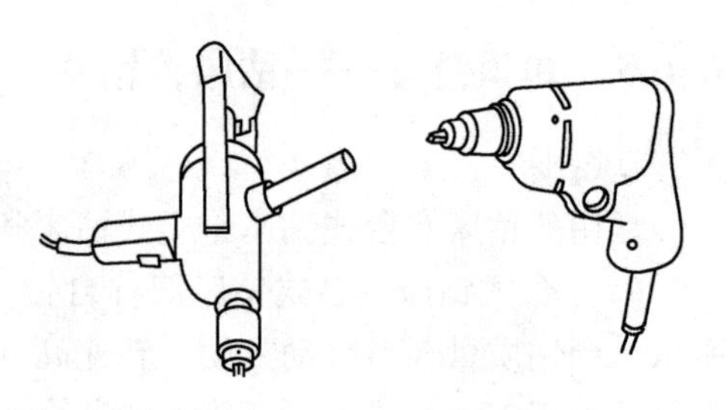

图 1-69　手电钻

2. 钻头

钻头是钻孔用的主要刀具，麻花钻是钻头中最常用的一种。麻花钻由高速钢制成，其工作部分经热处理淬硬至 62～65HRC。麻花钻由工作部分、颈部和柄部组成，如图 1-70 所示。按柄部形状的不同，分为锥柄和直柄两种。

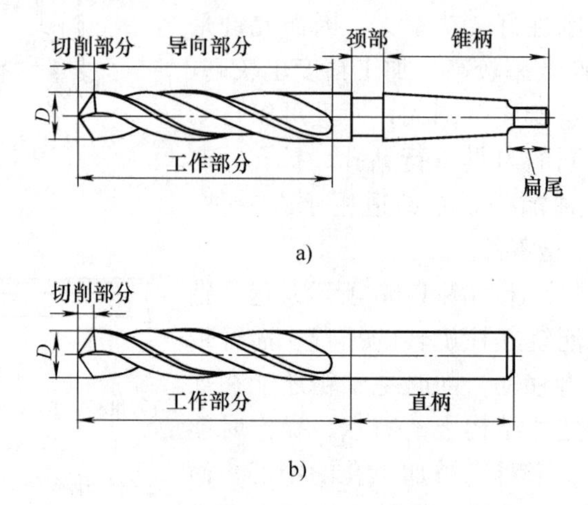

图 1-70　麻花钻的构造

a) 锥柄麻花钻　b) 直柄麻花钻

(1) 工作部分　工作部分用于完成切削工作，包括切削部分和导向部分。

切削部分（图 1-71）有三条切削刃（刀刃）：前刀面和主后刀面相交形成两条主切削刃，承担主要切削作用；两后刀面相交形成的两条棱刃（副切削刃），起到修光孔壁的作用；横刃能减小钻削轴向力和挤刮现象，并提高钻头的定心能力和切削稳定性。切削部分的刃磨角度主要有后角 α（8°～14°）、顶角 2ϕ 和横刃斜角 ψ（50°～55°）。其中顶角 2ϕ 是两个主切削刃之间的夹角，一般取 118°±2°。

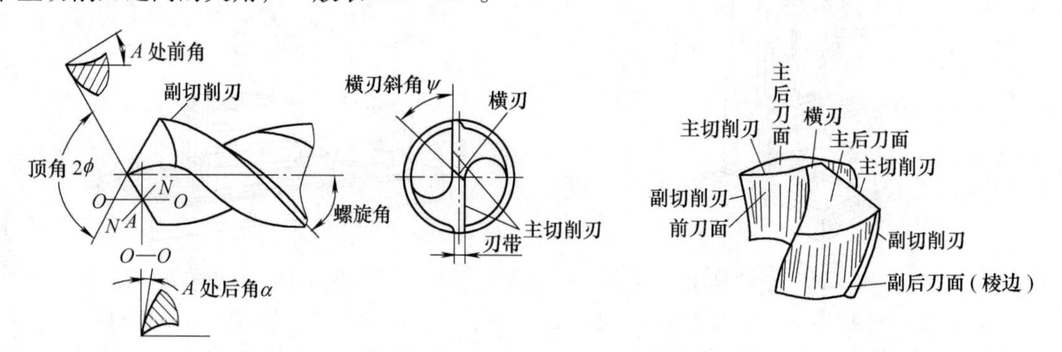

图 1-71　麻花钻的切削部分

导向部分有两条狭长的、螺旋形的、高出齿背约0.5~1mm的棱边（刃带）。它的直径前大后小，略有倒锥度，因此可以减少钻头与孔壁间的摩擦。两条对称的螺旋槽，可用来排除切屑和输送切削液，同时整个导向部分也是切削部分的后备部分。

（2）颈部　颈部是在制造钻头时砂轮磨削的退刀槽，钻头直径、材料、厂标一般也刻在颈部。

（3）柄部　柄部是钻头的夹持部分，起传递动力的作用。直柄传递转矩力较小，一般用于直径小于12mm的钻头，锥柄可传递较大转矩，用于直径大于12mm的钻头。锥柄顶部是扁尾，起传递转矩的作用。

3. 钻孔的质量问题及产生原因

由于钻头刃磨得不好、切削用量选择不当、切削液使用不当、工件装夹不正确等原因，会使钻出的孔径偏大，孔壁粗糙，孔的轴线有偏移或歪斜，甚至使钻头折断。钻孔时可能出现的质量问题及产生原因见表1-6。

表1-6　钻孔时可能出现的质量问题及产生原因

问题类型	产生原因
孔径偏大	1. 钻头两主切削刃长度不等，顶角不对称 2. 钻头摆动
孔壁粗糙	1. 钻头不锋利 2. 后角太大 3. 进给量太大 4. 切削液选择不当，或切削液供给不充足
孔偏移	1. 工件划线不正确 2. 工件安装不当或没有可靠夹紧 3. 钻头横刃太长，或样冲点太浅，对不准样冲点 4. 开始钻孔时，孔钻偏而没有及时矫正
孔歪斜	1. 钻头与工件表面不垂直，或钻床主轴与台面不垂直 2. 钻头横刃太长，轴向力太大，钻头变形 3. 钻头弯曲 4. 进给量过大，致使小直径钻头弯曲
钻头工作部分折断	1. 钻头磨钝后仍在继续钻孔 2. 钻头螺旋槽被切屑堵塞，没有及时排屑 3. 孔在快钻透时，没有减少进给量 4. 在钻黄铜、铝等软金属时，钻头后角太大，前角又没修磨，钻头自动旋进
切削刃迅速磨损或碎裂	1. 切削速度太高，切削液选用不当或切削液供给不足 2. 没有按工件材料刃磨钻头角度（如后角过大） 3. 工件材料内部硬度不均匀，有砂眼、夹渣等缺陷 4. 进给量太大
工件装夹表面变形或损坏	1. 用作夹持的工件已加工表面上没有衬垫铜皮或铝皮 2. 夹紧力过大

1.4.6　拓展操作及思考题

1. 拓展操作——钻、铰孔加工及麻花钻的刃磨

（1）钻、铰8个$\phi 16^{+0.027}_{0}$mm孔

钻、铰孔加工如图 1-72 所示，材料为锉削考核（钳工考核实例 2）加工后转下，考核项目及参考评分标准见表 1-7。

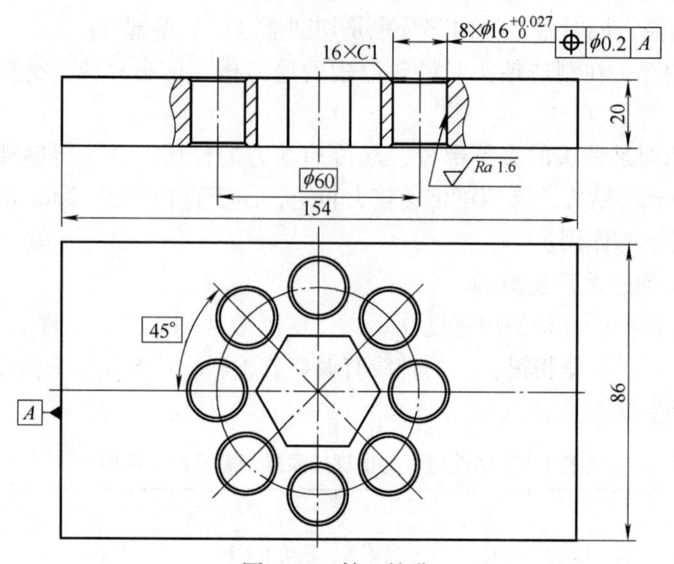

图 1-72　钻、铰孔

表 1-7　钻、铰孔加工的考核项目及参考评分标准

序　号	项　　目		考 核 内 容	参 考 分 值	检测结果（实得分）
1	外形尺寸	主要	$\phi 16^{+0.027}_{0}$ mm（8 处）	4×8	
		一般	C1（16 处）	0.5×16	
2	几何公差		孔的位置度公差为 φ0.2mm（8 处）	3×8	
3	表面粗糙度		Ra1.6μm（8 处）	1.5×8	
4	操作调整和测量		钻削的操作方法，量具的使用及其测量方法	9	
5	其他考核项		安全文明实习，各种量具、夹具、麻花钻、铰刀等应妥善保管，切勿碰撞，并注意对钻床的维护和保养	15	
合计				100	

（2）麻花钻刃磨的教师示范操作　钻头在使用过程中要经常刃磨，以保持锋利。刃磨要求为：两条主切削刃等长，顶角 2ϕ 应符合所钻材料的要求并对称于轴线，后角 α 与横刃斜角 ϕ 应符合要求。

钻头的刃磨方法如图 1-73 所示：右手握住钻头前部并靠在砂轮架上作为支点，将主切削刃摆平并稍高于砂轮中心水平面，然后平行地接触砂轮素线，同时使钻头轴线与砂轮素线在水平面内成半顶角 ϕ（$\phi=59°$）。左手握住钻尾，在磨削时上下摆动，其摆动的角度约等于后角 α。一条主切削刃磨好后，

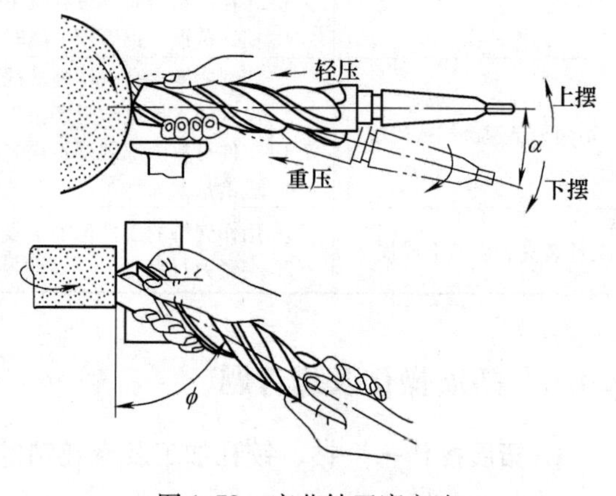

图 1-73　麻花钻刃磨方法

将钻头转过180°，按上述方法再磨另一条主切削刃。钻头刃磨后的角度一般凭经验目测，也可用样板检查。

2. 思考题

1）麻花钻各组成部分的名称及作用是什么？

2）如何正确选用钻头夹具和工件夹具？

3）钻头有哪几个主要角度？标准顶角是多少度？

4）在钻孔时，选择转速、进给量的原则是什么？

5）钻孔、扩孔与铰孔各有什么区别？其各应用场合如何？

项目1.5　方铁的攻螺纹、螺杆的套螺纹

工件外圆柱面上的螺纹称为外螺纹，工件圆柱孔内侧面上的螺纹称为内螺纹。攻螺纹，也称攻丝，是指用丝锥加工出内螺纹的操作过程。套螺纹，也称套丝，是指用板牙在圆杆上加工出外螺纹的操作过程。常用的三角形螺纹工件，其螺纹除用钳工加工方法的攻螺纹和套螺纹获得外，还可以采用车床等设备完成。攻螺纹、套螺纹是钳工基本操作之一。攻螺纹的精度常取IT7级（常取7H），套螺纹的精度常取IT6级（常取6g或6h），攻螺纹和套螺纹的表面粗糙度值为$Ra=6.3\sim0.8\mu m$。

1.5.1　项目引入

攻螺纹及套螺纹的加工要求如图1-74所示，应符合螺纹位置、表面质量和垂直度等要求。

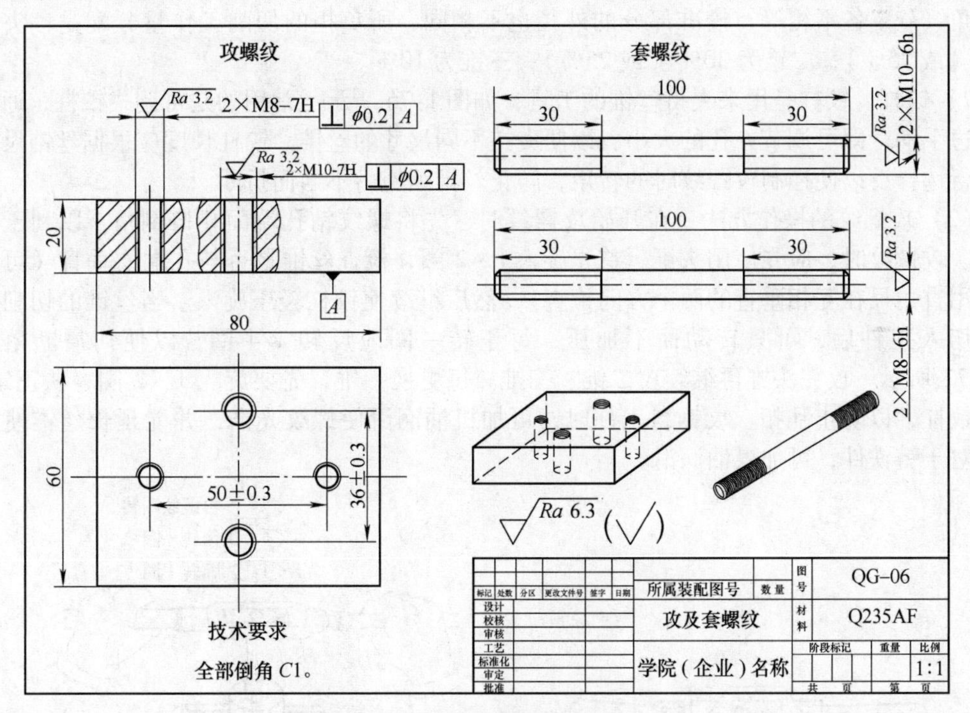

图1-74　攻螺纹及套螺纹零件图

1.5.2 项目分析

掌握攻螺纹和套螺纹的方法，并通过练习进一步熟练钻孔方法；会分析和处理螺纹加工中常见问题的原因和处理方法，保证螺纹加工尺寸精度、表面粗糙度和几何公差要求；学会攻螺纹底孔直径和套螺纹圆杆直径的确定方法。

1.5.3 相关知识——攻螺纹；套螺纹

1. 攻螺纹

（1）丝锥和铰杠

1）丝锥。丝锥是专门用来加工小直径内螺纹的成形刀具，外形如图1-75所示。一般用合金工具钢9SiCr制造，并经热处理淬硬。丝锥的基本形状结构像一个螺钉，轴向有几条容屑槽，相应地形成几瓣切削刃。丝锥由工作部分和柄部组成，其中工作部分由切削部分与校准部分组成。

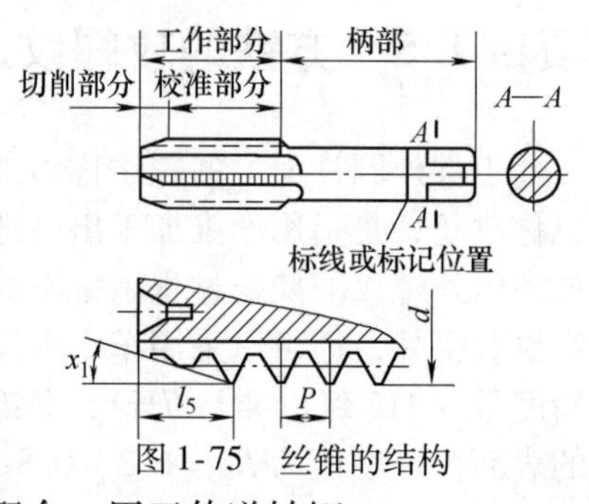

图1-75　丝锥的结构

丝锥的切削部分常磨成圆锥形，以便使切削负荷分配在几个刀齿上，切去孔内螺纹牙间的金属，而其校准部分的作用是修光螺纹和引导丝锥。丝锥上有3~4条容屑槽，用于容屑和排屑。丝锥的柄部为方头，其作用是与铰杠相配合，用于传递转矩。

丝锥分手用丝锥和机用丝锥两类。为了减少切削力和提高丝锥的使用寿命，常将整个切削量分配给几支丝锥来完成。一般是两支或三支组成一套，分头锥、二锥或三锥，它们的圆锥斜角（*kr*）各不相等，校准部分的外径也不相同，所负担的切削工作量分配是：头锥为60%（或75%），二锥为30%（或25%），三锥为10%。

2）铰杠。铰杠是用来夹持丝锥的工具，如图1-76所示。常用的是可调式铰杠，通过旋动右边手柄，即可调节方孔的大小，以便夹持不同尺寸的丝锥。铰杠长度应根据丝锥尺寸大小进行选择，以便控制攻螺纹时的转矩，防止丝锥因施力不当而折断。

（2）攻螺纹的操作方法　在开始攻螺纹时，先将螺纹钻孔端面孔口倒角，以利于丝锥切入。攻螺纹时，应先使用头锥。首先旋入1~2圈，检查丝锥是否与孔端面垂直（可用目测或用直角尺在互相垂直的两个方向检查），然后继续使铰杠轻压旋入。当丝锥的切削部分已经切入工件后，可只转动而不加压，每正转一圈应反转1/4圈，以便切屑断落，如图1-77所示。攻完头锥再继续攻二锥、三锥。每更换一锥，先要旋入1~2圈，扶正定位，再用铰杠，以防止乱扣。攻钢料工件时，可加机油润滑使螺纹光洁，并能延长丝锥使用寿命；对于铸铁件，可加煤油润滑。

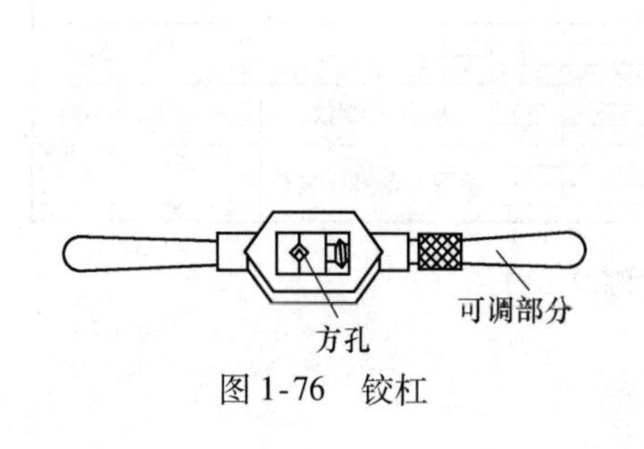

图1-76　铰杠

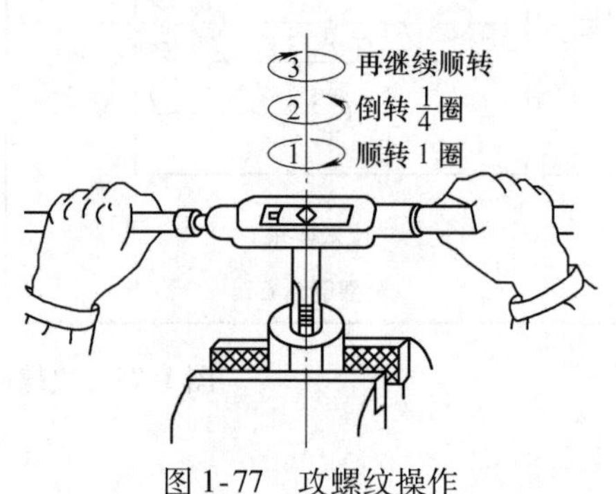

图1-77　攻螺纹操作

2. 套螺纹

（1）板牙和板牙架

1）板牙。板牙是加工外螺纹的刀具，由合金工具钢 9SiCr 制成并经热处理淬硬，其外形像一个圆螺母，只是上面钻有几个排屑孔，并形成刀刃，外形如图 1-78a 所示。

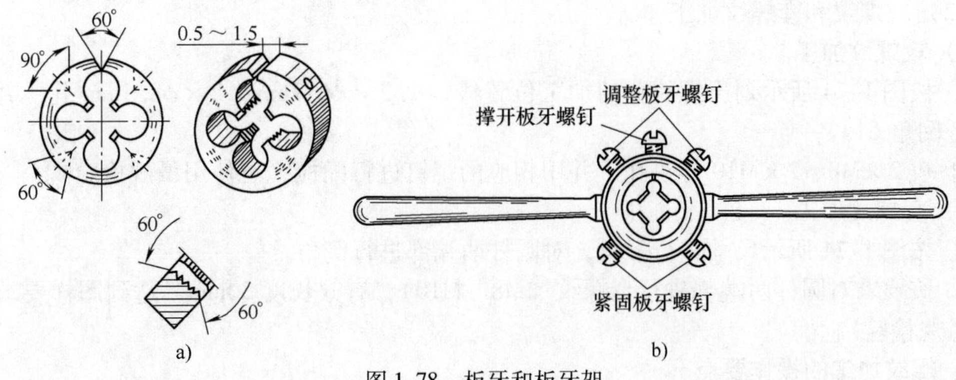

图 1-78　板牙和板牙架

a）板牙　b）板牙架

板牙由切削部分、定径部分、排屑孔（一般有 3 ~ 4 个）组成。排屑孔的两端有 60°的锥度，起主要的切削作用。定径部分起修光作用。板牙的外圆有一条深槽和四个锥坑，锥坑用于定位和紧固板牙。

2）板牙架。板牙架是用于安装板牙的工具，起到夹持板牙、传递转矩的作用，如图 1-78b 所示。工具厂按板牙外径规格制造了各种配套的板牙架以供选用。

（2）套螺纹的操作方法

套螺纹的圆杆端部应倒角，外形如图 1-79a 所示，使板牙容易对准工件中心，同时也容易切入。工件伸出钳口的长度，在不影响螺纹要求长度的前提下，应尽量短些。套螺纹过程与攻螺纹相似，应按图 1-79b 所示方法进行：板牙端面应与圆杆垂直，操作时用力要均匀；开始转动板牙时，要稍加压力；在套入 3 ~ 4 扣后，可只转动不加压，并经常反转，以便断屑。

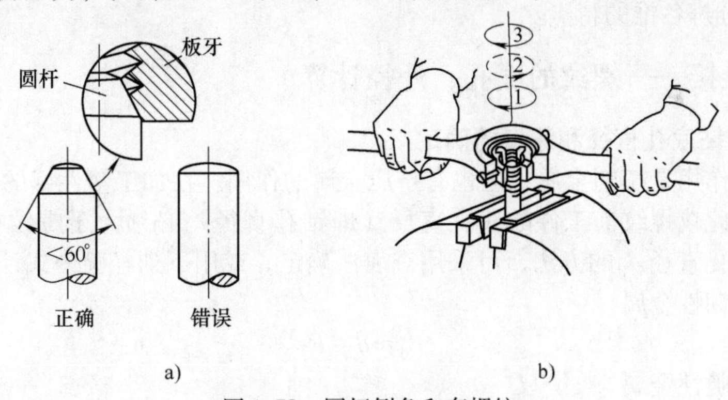

图 1-79　圆杆倒角和套螺纹

a）圆杆倒角　b）套螺纹

1.5.4　项目实施

1. 方铁的攻螺纹、螺杆的套螺纹加工

（1）准备工作

1）工件毛坯。攻螺纹的方铁外形为80mm×60mm×20mm，材料为Q235AF；套螺纹的圆棒料尺寸为ϕ8mm×100mm、ϕ10mm×100mm，材料为Q235AF。

2）工艺装备。台钻、钢直尺、游标卡尺、高度游标卡尺、长柄刷、麻花钻（ϕ8.5mm、ϕ6.7mm）、丝锥（M8、M10）、板牙（M8、M10）、铰杠、板牙架等。

（2）攻螺纹和套螺纹加工

1）攻螺纹加工。

① 按图1-74所示划出螺纹孔的加工位置线，钻2×ϕ6.7mm、2×ϕ8.5mm孔，并对孔口进行倒角$C1$。

② 攻2×M8、2×M10螺纹孔，并用相应的螺钉进行配检（可使用量规检验）。

2）套螺纹加工。

① 按图1-74所示尺寸进行下料，对圆杆两端部进行倒角。

② 按要求对圆杆两端部进行套螺纹（M8、M10），有效长度30mm，达到图样要求（可使用量规检验）。

2. 螺纹加工的操作要点

起攻、起套要从前后、左右两个方向观察与检查，及时进行垂直度的找正，这是保证攻螺纹、套螺纹质量的重要操作步骤。特别是对于套螺纹，由于板牙切削部分圆锥角较大，起套的导向性差，容易产生板牙端面与圆杆轴心线不垂直的情况，产生乱扣现象，甚至不能继续套螺纹。起攻、起套操作姿势正确、两手用力均匀以及掌握好最大用力限度是攻螺纹、套螺纹的基本功之一。

攻螺纹、套螺纹的注意事项：

1）攻螺纹（套螺纹）已经感到很费力时，不可强行转动，应将丝锥（板牙）倒退出，清理切屑后再攻（套）。

2）攻制不通的螺纹孔时，应注意丝锥是否已经接触到孔底。此时如继续用力攻，会折断丝锥。

3）使用成组丝锥时，要按头锥、二锥、三锥的次序取用（较小直径的丝锥没有三锥或二锥），应注意分辨各锥的特点。

1.5.5 知识链接——螺纹的底孔、外径计算

1. 攻螺纹前钻底孔直径和深度的确定

丝锥的主要作用是切削金属，但也有挤压金属的作用。在加工塑性好的材料时，挤压作用尤其显著，因此攻螺纹前工件的底孔直径（即钻孔直径）必须大于螺纹标准中规定的螺纹小径。确定底孔直径d_0的方法，可采用查表法确定，或用下列经验公式计算：

对于钢料及韧性金属

$$d_0 \approx d - P \tag{1-1}$$

对于铸铁及脆性金属

$$d_0 \approx d - (1.05 \sim 1.1)P \tag{1-2}$$

式中 d_0——底孔直径（mm）；

d——螺纹公称直径（mm）；

P——螺距（mm）。

攻不通孔（盲孔）螺纹时，因丝锥顶部带有锥度而不能形成完整的螺纹，所以为了得到所需的螺纹长度，钻孔的深度h要大于螺纹长度L，不通孔深度可按下列公式计算

$$钻孔的深度 h=所需螺孔深度 L+0.7d \quad (1\text{-}3)$$

2. 套螺纹前圆杆直径的确定

圆杆的外径太大，会使板牙难以套入，而圆杆的外径太小，套出的螺纹牙形又不完整。因此，圆杆直径应略小于螺纹的公称尺寸。

计算圆杆直径的经验公式为

$$圆杆直径 d \approx 螺纹外径 D-0.13P \quad (1\text{-}4)$$

1.5.6 拓展操作及思考题

1. 拓展操作——攻 M20 以下螺纹

螺纹加工要求如图 1-80 所示，材料为钻削考核加工后转下，准备 M6、M8、M10 和 M16 的丝锥（两只为一套），考核项目及参考评分标准见表 1-8。

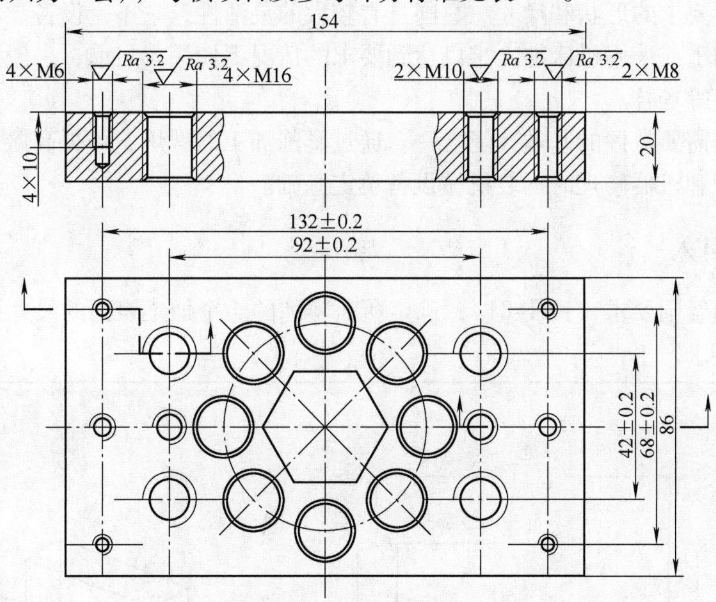

图 1-80　攻螺纹加工要求

表 1-8　攻螺纹加工的考核项目及参考评分标准

序号	项目		考核内容	参考分值	检测结果（实得分）
1	外形尺寸	主要	M6(4 处)、M8(2 处)、M10(2 处)、M16(4 处)	3×12	
		一般	(92±0.2)mm、(42±0.2)mm、(132±0.2)mm、(68±0.2)mm、10mm（4 处）	3×4+2×4	
2	几何公差		螺纹轴线不准有明显的偏斜（12 处）	1×12	
3	表面粗糙度		Ra3.2μm（12 处）	1×12	
4	操作调整和测量		攻螺纹的操作方法（攻螺纹时要按头锥、二锥的先后次序），量具的使用及其测量方法	10	
5	其他考核项		安全文明实习，各种量具、夹具、麻花钻、丝锥等应妥善保管（丝锥使用完后，应用防锈油擦拭干净），切勿碰撞，并注意对钻床的维护和保养	10	
合计				100	

2. 思考题

1）内螺纹和外螺纹分别指什么？攻螺纹和套螺纹是如何定义的？

2）试简述丝锥和板牙的构造。

3）攻螺纹前的底孔直径如何计算？

4）套螺纹前的圆杆直径怎样确定？

5）攻螺纹、套螺纹操作中应注意哪些问题？

项目 1.6　方铁的錾削

錾削是指用锤子击打錾子，对金属进行切削加工的操作。錾削的作用就是錾掉或錾断金属，使其达到所要求的形状和尺寸。錾削具有较大的灵活性，它不受设备、场地的限制，多在机床上无法加工或采用机床加工难以达到要求的情况下使用。目前，一般用在凿油槽、刻模具及錾断板料等场合。

錾削是钳工需要掌握的基本技能之一。通过錾削加工的锻炼，可提高敲击的准确性，为以后在钳工装配和机器修理时拆装机械设备奠定基础。

1.6.1　项目引入

识读狭平面錾削要求（图 1-81），确定所需錾削的 4 个加工表面的尺寸公差、几何公差和表面粗糙度要求。

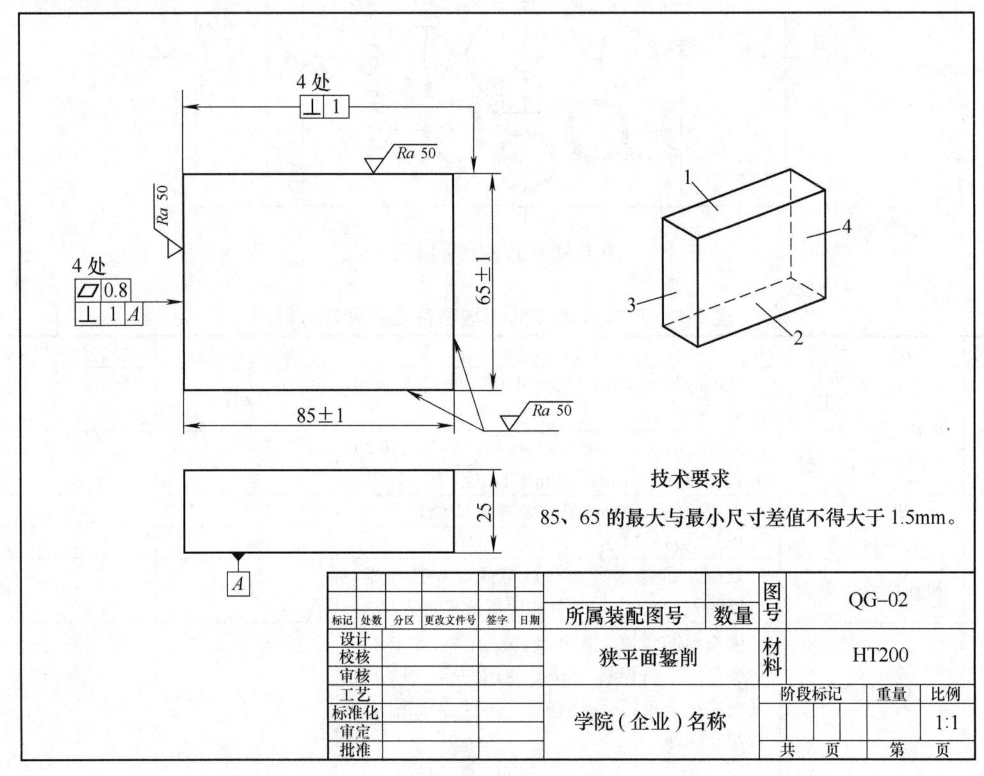

图 1-81　狭平面錾削零件图

1.6.2 项目分析

要求按图1-81中的1、2、3、4面依次完成錾削任务，保证各项精度要求，并注意以下几点：

1）控制狭平面錾削的尺寸、几何精度和表面粗糙度，掌握平面錾削的方法、控制錾削余量。

2）确定錾削加工的方法，掌握正确的錾削姿势，控制合适的锤击速度，提高锤击力。

3）确定所需的工艺装备，并掌握其应用方法。

1.6.3 相关知识——錾削的加工范围、工具和方法

1. 錾削加工范围

（1）錾平面　较窄的平面可以用平錾錾削，每次錾削厚度约0.5~2mm。对宽平面，应先用窄錾开槽，然后用平錾錾平，如图1-82所示。

（2）錾油槽　在錾削油槽时，应选用与油槽宽度相同的油槽錾錾削，如图1-83所示。必须使油槽錾得深浅均匀，表面光滑。在曲面上錾油槽时，錾子的倾斜角要灵活掌握，应随曲面而变动，并保持錾削时后角不变，以使油槽的尺寸、深度和表面粗糙度达到要求。錾削后还需用刮刀裹以砂布修光。

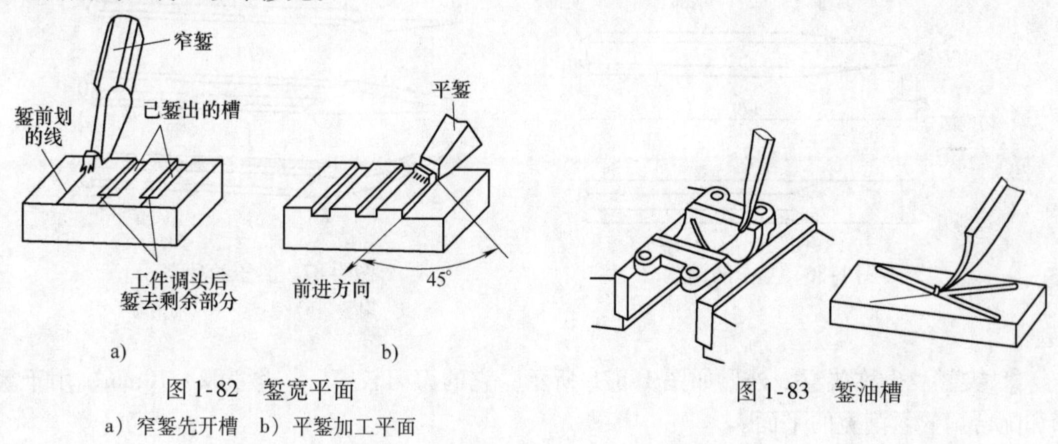

图1-82　錾宽平面

a）窄錾先开槽　b）平錾加工平面

图1-83　錾油槽

（3）錾断　錾断厚度在4mm以下的薄板、直径在ϕ13mm以下的小直径棒料时，可在台虎钳上进行，分别如图1-84a、b所示。用扁錾沿着钳口并斜对着板料约成45°角自右向左錾削。对于较长或大型板料，当不能在台虎钳上进行时，可以在铁砧上錾断，如图1-84c所示。用扁錾在台虎钳上錾断工件，要求錾痕齐整，尺寸准确。

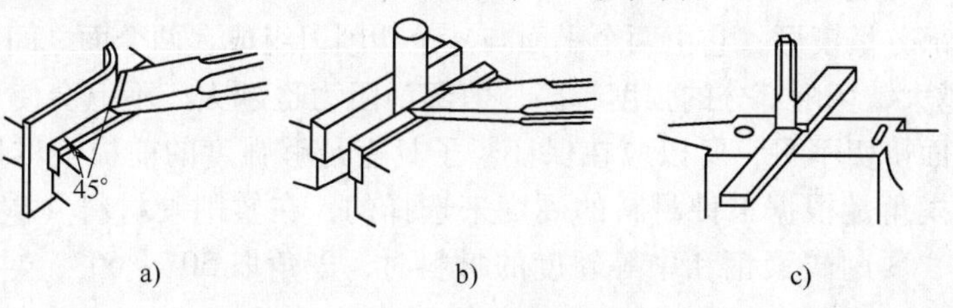

图1-84　錾断

a）錾薄板料　b）錾小直径棒料　c）较长或大型板料的錾断

当錾断形状复杂的板料时，最好在工件轮廓周围钻出密集的排孔，然后再錾断。对于轮廓的圆弧部分，宜用狭錾錾断；轮廓的直线部分，宜用扁錾錾削，如图1-85所示。

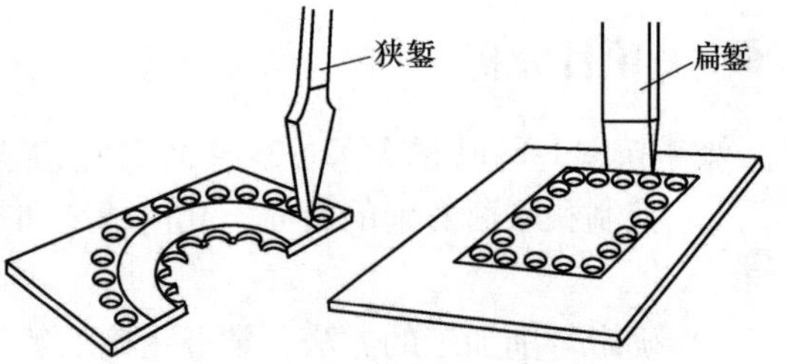

狭錾

扁錾

图1-85 沿轮廓錾断

2. 錾削工具

錾削工具主要有錾子与锤子。

（1）錾子

1）錾子的特点。錾子刃部的硬度必须大于工件材料的硬度，并且必须制成楔形，才能顺利地削金属，达到錾削加工的目的。

2）錾子的构造。錾子由切削刃、斜面、柄部和头部四个部分组成，如图1-86所示。柄部一般制成棱形，全长170mm左右，直径ϕ8～ϕ20mm。

3）錾子的种类。根据工件加工的需要，一般常用的錾子有以下几种：

① 扁錾。也称平口錾，外形如图1-87a所示，它有较宽的切削刃，刃宽一般为15～20mm，用于錾大平面、较薄的板料、直径较细的棒料，清理焊件边缘及铸、锻件上的毛刺、飞边等。

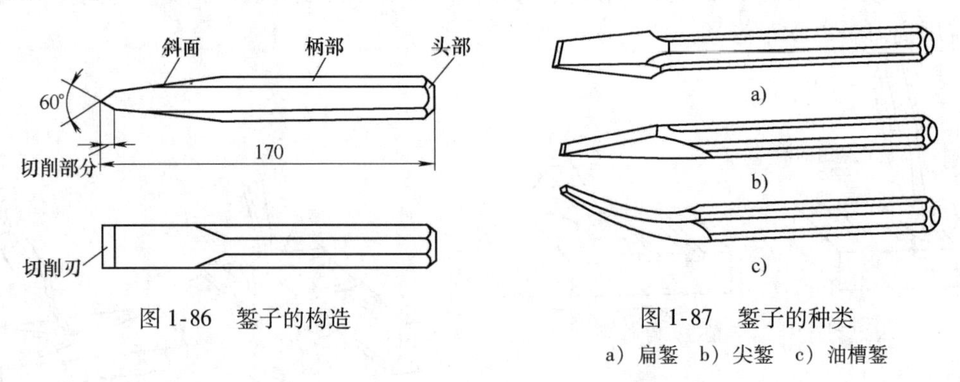

图1-86 錾子的构造

图1-87 錾子的种类

a）扁錾 b）尖錾 c）油槽錾

② 尖錾。也称狭錾，外形如图1-87b所示，它的刀刃较窄，一般为2～10mm，用于錾槽和配合扁錾錾削宽的平面。

③ 油槽錾。外形如图1-87c所示，它的刀刃很短，并呈圆弧状，其斜面做成弯曲形状，用于錾削轴瓦和机床润滑面上的油槽等。

在制造模具或其他特殊场合时，可根据实际需要锻制特殊形状的錾子。

錾子的材料通常采用碳素工具钢T7、T8，经锻造并进行热处理，其硬度要求是：切削部分52～57HRC，头部32～42HRC。

錾子的切削部分呈楔形，它由两个平面与一个切削刃组成，两个面之间的夹角称为楔角β。錾子的楔角越大，切削部分的强度越高，但錾削阻力也越大，不但会使切削困难，而且会将材料的被切面挤切不平，所以应在保证錾子具有足够强度的前提下尽量选取小的楔角值。通常，錾子楔角是根据工件材料的硬度来选择的，在錾削硬材料（碳素工具钢）时，楔角取60°～70°；錾削碳素钢和中等硬度的材料时，楔角取50°～60°；錾削软材料（铜、铝）时，楔角取30°～50°。

（2）锤子　锤子是錾削工作中不可缺少的工具，用錾子錾削工件时，必须靠锤子的锤击力敲打才能完成。

锤子的外形如图1-88所示，由锤头和木柄两部分组成。锤头用碳素工具钢制成，两端经淬火硬化、磨光等处理，顶面有少量凸起。锤头的另一端形状可根据需要制成圆头、扁头、鸭嘴或其他形状。锤子的规格以锤头的质量大小来表示，有0.25kg、0.5kg、0.75kg、1kg等几种。木柄用坚韧的木质材料制成，截面形状一般呈椭圆形，木柄的长度要合适，过长不便于操作，过短则不能发挥锤击力量。木柄长度一般以操作者手握锤头，手柄与肘长相等为宜。木柄装入锤孔中必须打入楔子，如图1-89所示，以防锤头脱落伤人。

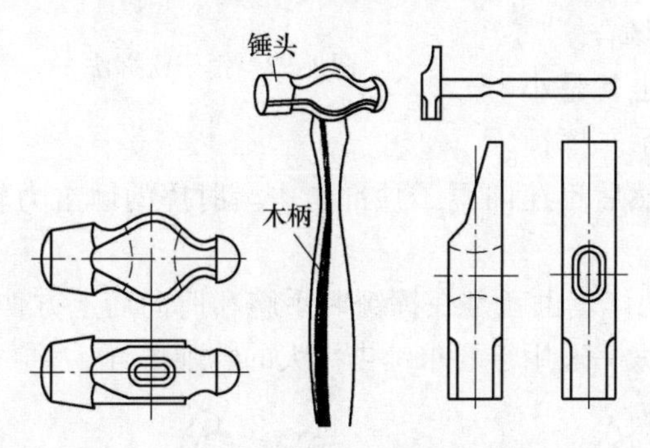

图1-88　钳工用锤子

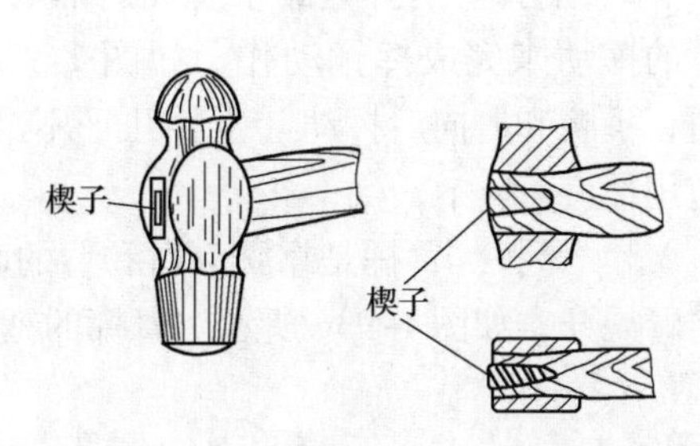

图1-89　锤柄端部打入楔子

3. 錾削操作

（1）錾子的握法　握錾的方法随工作条件不同而变化，常用的方法有以下几种：

1）正握法。正握法如图1-90a所示，手心向下，用虎口夹住錾柄，拇指与食指自然伸开，其余三指自然弯曲靠拢，并握住錾柄。这种握法适于在平面上进行錾削。

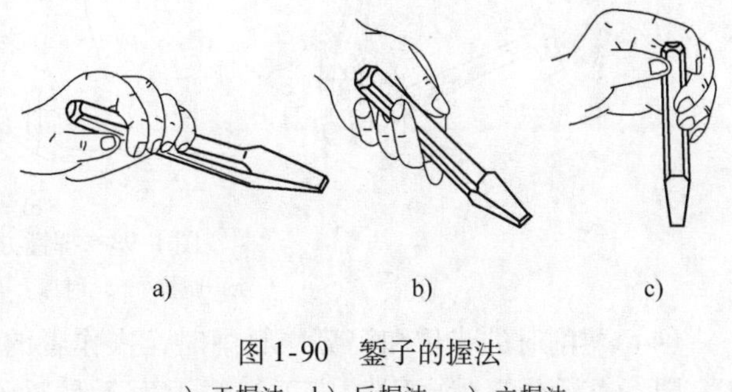

图1-90　錾子的握法

a）正握法　b）反握法　c）立握法

2）反握法。反握法如图1-90b所示，手心向上，手指自然捏住錾柄，手心悬空。这种握法适用于小的平面或侧面錾削。

3）立握法。立握法如图1-90c所示，虎口向上，拇指放在錾柄一侧，其余四指放在另一侧捏住錾子。这种握法用于垂直錾切工件，如在铁砧上錾断材料等。

（2）锤子的握法　锤子的握法分为紧握法和松握法两种。

1）紧握法。紧握法如图1-91所示，右手五指紧握锤柄，大拇指合在食指上，虎口对准锤头方向，木柄尾端露出15～30mm，在锤击过程中五指始终紧握。这种方法因始终紧握锤子，所以容易疲劳或将手磨破，所以尽量少用。

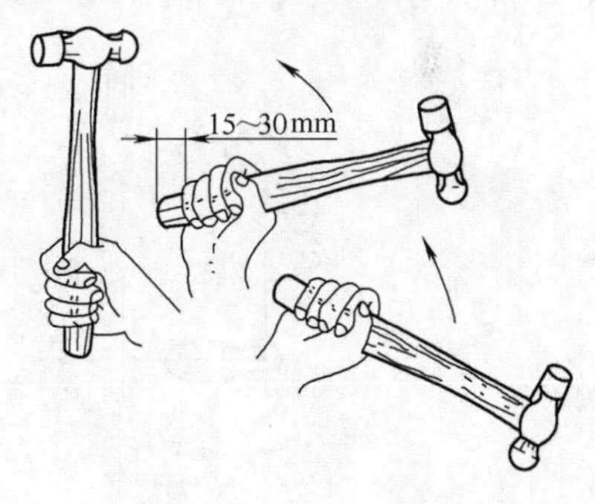

图1-91　锤子紧握法

2）松握法。松握法如图1-92所示，在锤击过程中，拇指与食指仍卡住锤柄，其余三指自然松动并压着锤柄，锤击时三指随冲击逐渐收拢握紧。这种握法的优点是轻便自如、锤击有力、减轻疲劳，所以操作中常用。

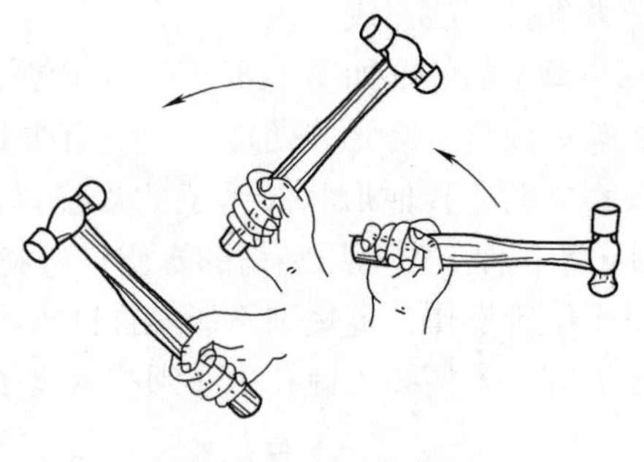
图 1-92　锤子松握法

（3）挥锤方法　挥锤的方法有腕挥、肘挥和臂挥三种。

1）腕挥。腕挥是单凭腕部的动作，挥锤敲击，如图 1-93a 所示。此方法锤击力小，适用錾削的开始和收尾，或錾油槽、打样冲点等用力不大的场合。

2）肘挥。肘挥是靠手腕和肘的活动，也就是小臂的挥动来完成挥锤动作，如图 1-93b 所示。挥锤时，手腕和肘向后挥动（上臂几乎不动），然后迅速向錾子顶部击去。肘挥的锤击力较大，应用最广。

3）臂挥。臂挥是靠腕、肘和臂的联合动作，也就是在挥锤时手腕和肘向后上方伸，并将臂展开，如图 1-93c 所示。臂挥的锤击力大，适用于要求锤击力大的錾削场合。

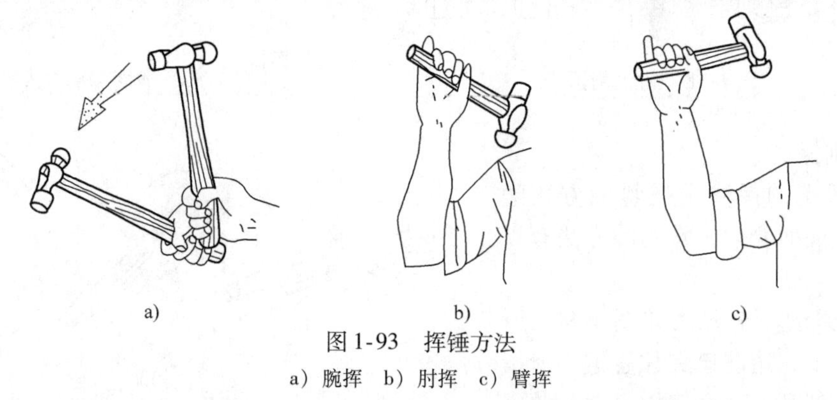

图 1-93　挥锤方法
a）腕挥　b）肘挥　c）臂挥

（4）錾削时的步位和姿势　錾削时，操作者的步位和姿势应便于用力。身体的重心偏于右腿，挥锤要自然，眼睛应正视錾刃而不是錾子的头部。錾削时的步位和正确姿势如图 1-94 所示。

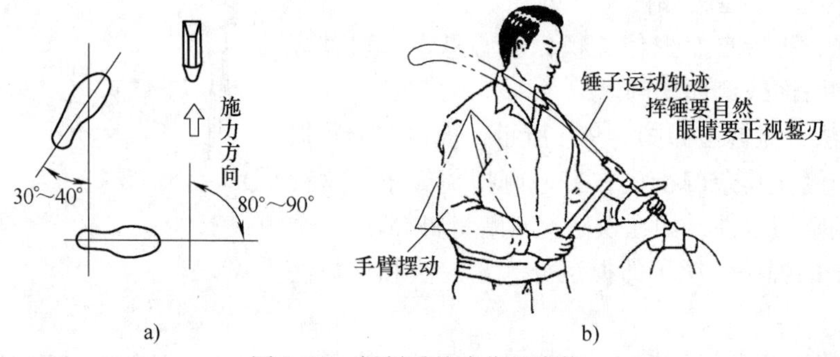

图 1-94　錾削时的步位和姿势

（5）錾削的操作要领　起錾时，錾子尽可能向右倾斜约 45°，如图 1-95a 所示。从工件尖角处向下倾斜 30°，轻打錾子，这样錾子便容易切入材料。然后按正常的錾削角度（錾削的后角宜取 5°~8°），逐步向中间錾削。

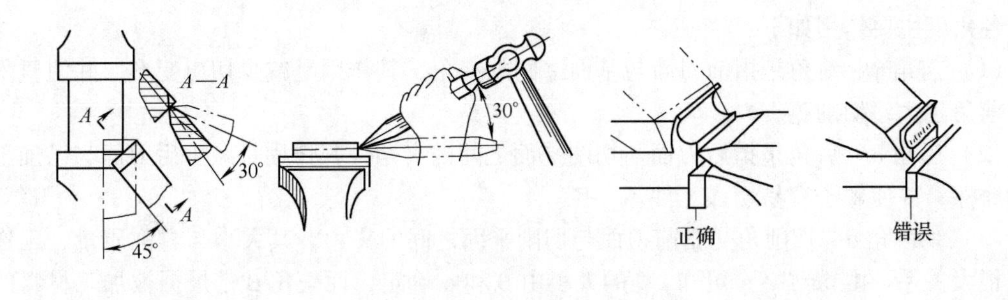

图 1-95 起錾和结束錾削的方法

a）起錾方法 b）结束錾削的方法

当錾削到距工件末端部位约 10mm 时，应调转錾子方向，从反向来錾掉余下的部分，如图 1-95b 所示。这样，可以避免单向錾削到末端部位时边角崩裂，保证錾削质量，在錾削脆性材料时尤其应该注意这一点。在錾削过程中每分钟锤击次数通常在 40 次左右。刃口不要一直顶住工件，每錾两三次后，可将錾子退回一些，这样即可观察錾削刃口的平整度，又能使紧张的手臂肌肉稍作放松。

1.6.4 项目实施

1. 方铁的錾削加工

（1）准备工作

1）工件毛坯。材料为 HT200，外形尺寸为 88mm×68mm×25mm 的方铁。

2）工艺装备。扁錾两把、锤子、垫木、钢直尺、角尺等。

（2）錾削加工

根据图 1-81 要求，先划出 85mm×65mm 的尺寸线，按图中所示的錾削表面 1、2、3、4 依次进行錾削。

1）狭平面錾削时，重点掌握正确的动作姿势、合适的锤击速度和一定的锤击力量。

2）粗錾时每次錾削量应在 1.5mm 左右。

3）錾子头上的毛刺，应及时磨去；如錾子头部硬度不足，应再次进行热处理并刃磨。

錾削中常见的质量问题有三种，即錾过了尺寸界线、錾崩了棱角或棱边、夹坏了工件的表面。这三种质量问题产生的主要原因是操作时不认真和操作技术还不完善。

2. 錾削的操作要点

1）工件装夹必须牢固，伸出宽度一般以离钳口 10～15mm 为宜。同时，在工件下面应加垫木衬垫。

2）应及时修复打毛的錾子头部和松动的锤头，以免伤手和锤头飞出伤人。

3）锤子头部、柄部和錾子头部不准有油，以免锤击时滑脱伤人。

4）操作者感到疲劳时应适当休息，因手臂在过度疲劳时容易击偏伤手。

1.6.5 知识链接——錾削角度；錾子刃磨

1. 錾削的主要角度影响

在錾削过程中錾子应与錾削平面形成一定的角度，如图 1-96 所示。

各角度主要作用如下：

（1）前角γ　前角是指前刀面与基面之间的夹角，其作用是减少切屑变形，并使錾削轻快。前角越大，切削越省力。

（2）后角α　后角是指后刀面与切削平面之间的夹角，其作用是减少后刀面与已加工面间的摩擦，并使錾子容易切入工件。

（3）切削角δ　切削角是指前刀面与切削平面之间的夹角，其大小与錾削质量、工作效率有很大关系。由$\delta=\beta+\alpha$可知，δ的大小由β和α确定，而楔角β是根据被加工材料的软硬程度选定的，在工作中是不变的，所以切削角的大小取决于后角α。后角过大，易使錾子切入工件太深，錾削困难，甚至损坏錾子刃口和工件，如图1-97a所示。后角太小，錾子容易从材料表面滑出，或切入很浅，效率不高，如图1-97b所示。所以，錾削时后角是关键角度，α宜取5°~8°。在錾削过程中，应握好錾子，以使后角保持稳定不变，否则工件表面将錾得高低不平。

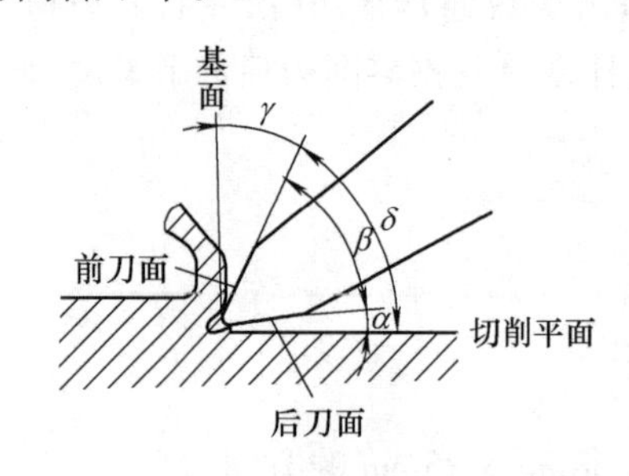

图1-96　錾削时的角度

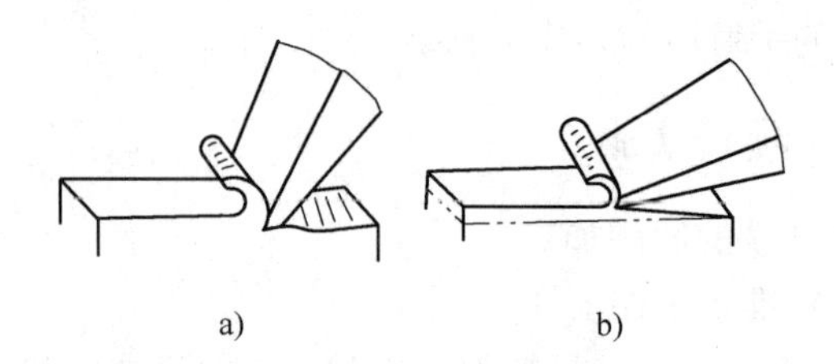

图1-97　后角大小对錾削的影响

a）后角太大　b）后角太小

2. 刃磨錾子的要求

錾子切削部分的好坏，直接影响到錾削的质量和工作的效率，因此在使用过程中要经常刃磨錾子。錾子刃磨的要求是：楔角的大小要与工件材料相适应，且两边对称于中心线，锋口两面一样宽，刃口成一直线。

1.6.6　拓展操作及思考题

1. 拓展操作——直槽的錾削

直槽錾削工件如图1-98所示，槽宽$8^{+0.5}_{0}$ mm，主要通过狭錾的刃宽尺寸保证，因此刃磨錾子对保证槽宽非常重要。直槽槽侧、槽底直线度的保证，与第一次起錾及锤击力度的一致性有较大关系，掌握正确的直槽錾削方法是本次训练的重点。

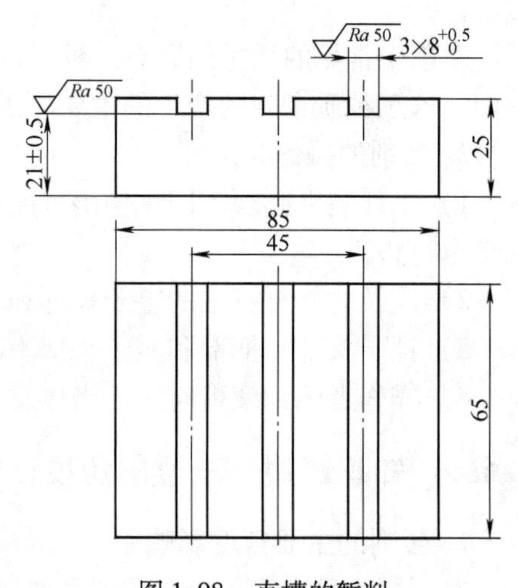

图1-98　直槽的錾削

具体操作过程：在检查毛坯尺寸及外观后，上涂料；根据图样要求，划出所有直槽加工线；检查狭錾刃口宽度是否符合槽宽要求；依次錾槽，达到錾削要求。

第一遍錾削是关键，对整个槽的质量起先导作用；錾削时錾子要挡正、挡稳，其刃口不能倾斜，锤击力要均匀适当，使錾痕整齐、槽形正确，这样錾子也不易损坏。

2. 思考题

1）錾子采用哪些材料制成？刃口与头部硬度为什么不一样？

2）錾子在切削时有哪些角度？其作用如何？

3）如何根据工件材料的硬度值来选择錾子的楔角？

4）錾子的种类有哪些？其应用范围如何？

5）影响錾削质量和錾削效率的主要因素是什么？

6）錾削的安全注意事项有哪些？

项目1.7　平台的刮削

刮削是指用刮刀在工件已加工表面上刮去一层很薄金属的操作过程。在刮削时，刮刀对工件既有切削作用，又有压光作用。经刮削表面留下的微浅刀痕，形成了存油空隙，有利于减小摩擦阻力，改善表面质量，降低表面粗糙度，提高工件的耐磨性，还能使工件表面美观。刮削是一种精加工方法，常用于零件上互相配合的重要滑动表面，如机床导轨、滑动轴承等，以使其均匀接触，在机械制造，工具、量具制造和修理工作中占有重要地位，得到了广泛的应用。刮削的缺点是生产效率低，劳动强度大。刮削的平面度可达0.01mm以上，表面粗糙度值可达 $Ra=0.8\sim0.2\mu m$。

1.7.1　项目引入

平台刮削要求如图1-99所示，平台多作为划线平台和研磨平台使用，对平面度和表面粗糙度要求较高。

1.7.2　项目分析

通过刮削练习，学会手刮和挺刮方法，理解平板刮削的原理和步骤。刮削姿势的正确性是工作的重点，只有不断练习，才能掌握正确的动作要领。要重视刮刀的刃磨、修磨，刮刀的正确刃磨是提高刮削速度、保证刮削精度的重要条件。

在刮削中要掌握粗刮、细刮、精刮的方法和要领，并能解决平面刮削中产生的问题，接触点保证每25mm×25mm面积达18点以上。

1.7.3　相关知识——平面、曲面刮削；刮削质量检验

1. 平面刮削

（1）刮削方式　刮削方式分为挺刮式和手刮式两种。

1）挺刮式。挺刮式（图1-100a）是将刮刀柄顶在小腹右下侧，双手握住距刀刃约80～100mm的刀身处，用腿部和臂部的力量使刮刀向前挤刮。当刮刀开始向前挤刮时，双手要加压力。在挤刮的瞬时，右手引导刮刀的方向，左手控制刮削，至所需位置时将刮刀提起。

2）手刮式。手刮式（图1-100b）是右手握刀柄，左手握住距刀刃约50mm的刀身处，刮刀与刮削平面约成25°～30°角。刮削时右臂向前推，左手向下压并引导刮刀方向，双手动作参见挺刮式。

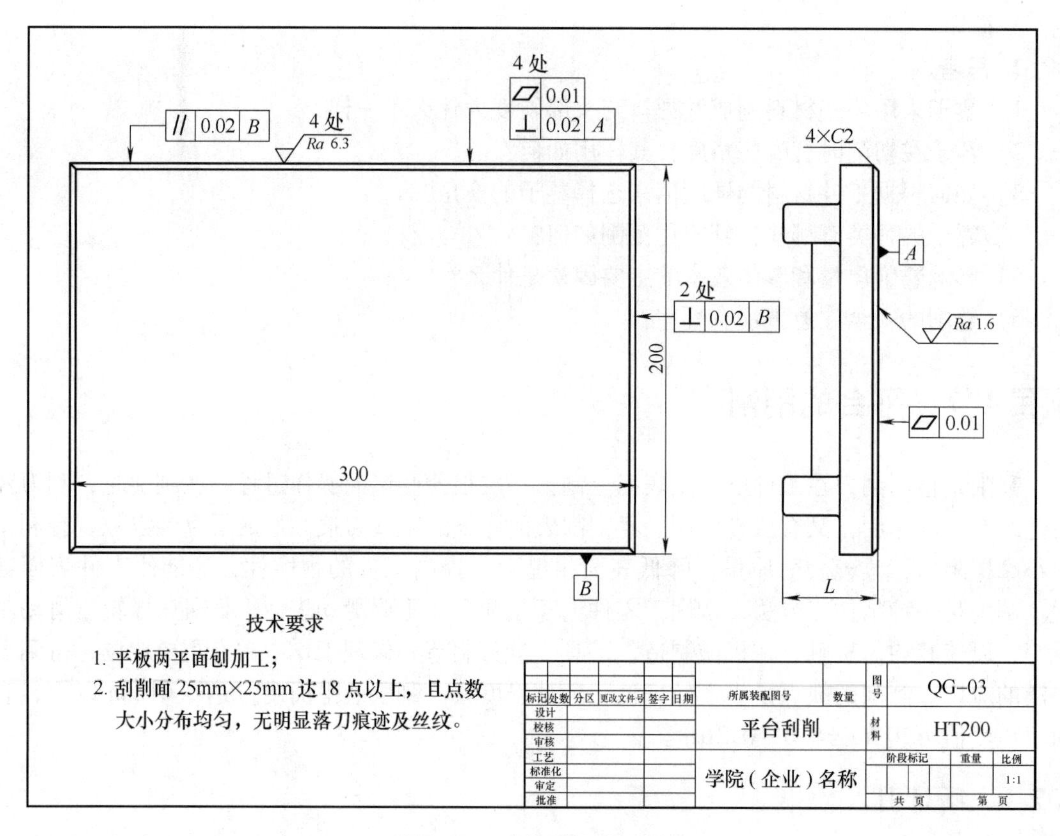

图1-99　平台刮削零件图

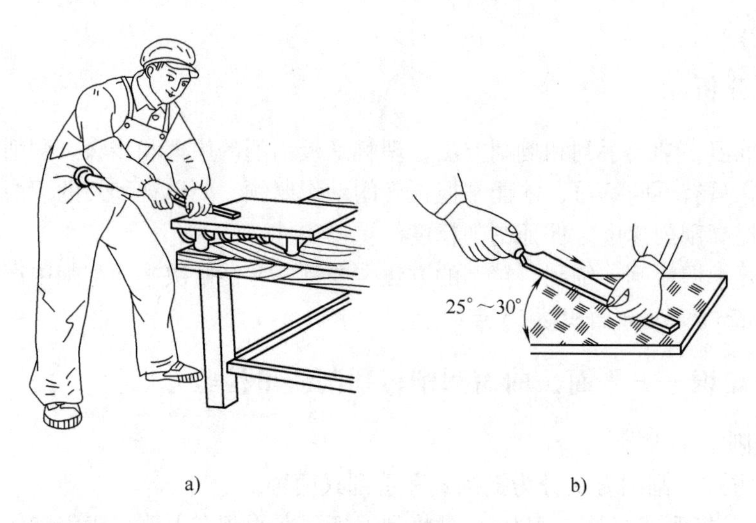

图1-100　平面刮削方式

a）挺刮式　b）手刮式

（2）刮削步骤　刮削按次序分为粗刮、细刮、精刮和刮花。

1）粗刮。若工件表面比较粗糙，加工痕迹较深或表面严重锈蚀、不平或扭曲，刮削余量在0.05mm以上时，应先进行粗刮，如图1-101a所示。其特点是采用长刮刀，行程较长

a)

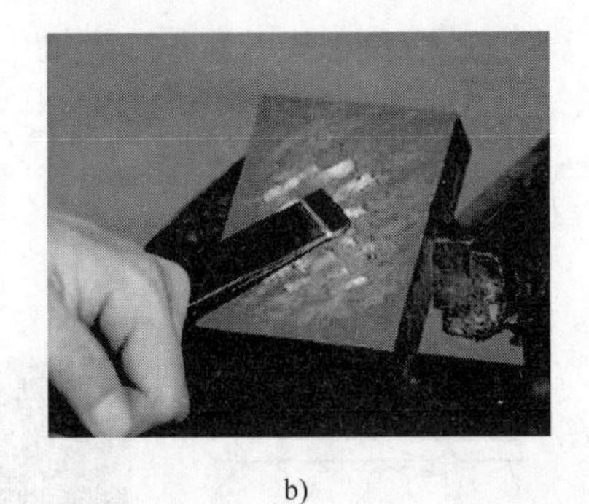

b)

c)

图 1-101　平面刮削步骤

a）粗刮　b）细刮　c）精刮

（10～15mm），刀痕较宽（10mm），刮刀痕迹顺向，成片不重复。机械加工的刀痕刮除后，即可研点，并按显出的高点刮削。当工件表面研点达到每 25mm×25mm 上有 4～6 个点时，可开始细刮。在粗刮时，应注意保留细刮的加工余量。

2）细刮。细刮就是将粗刮后的高点刮去，其特点是采用短刮法（刀痕宽约 6mm，长5～10mm），研点分散快，如图 1-101b 所示。细刮时要朝着一定方向刮，刮完一遍，刮第二遍时要成 45°或 60°方向交叉刮出网纹。当平均研点每 25mm×25mm 上有 10～14 个点时，即可结束。

3）精刮。精刮是在细刮的基础上进行的，采用小刮刀或带圆弧的精刮刀，刀痕宽约 4mm，如图 1-101c 所示。平面研点每 25mm×25mm 上应达 20～25 点。精刮常用于对检验工具、精密导轨面、精密工具接触面的刮削。

4）刮花。刮花的作用是增加刮削面的美观并具有积存润滑油的功能。一般常见的花纹有斜花纹、鱼鳞花和半月花等，分别如图 1-102a、b、c 所示。此外，还可通过观察原花纹的完整性和消失的情况，来判断平面工作后的磨损程度。

a)

b)

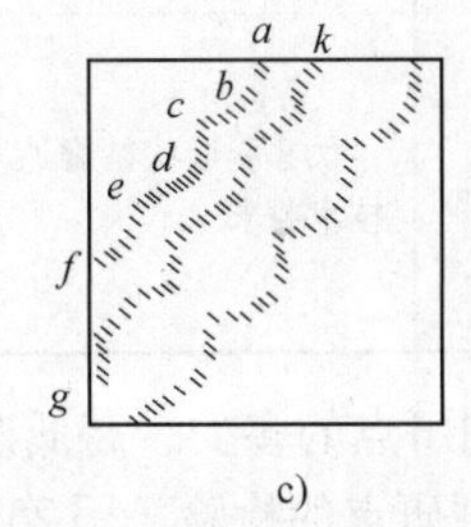

c)

图 1-102　刮花的花纹种类

a）斜花纹　b）鱼鳞花　c）半月花

2. 曲面刮削

对于要求较高的滑动轴承轴瓦，通过刮削可以获得良好的配合性能。刮削轴瓦时一般使用三角刮刀，操作方法是：在轴上涂上显示剂（常用蓝油），然后与轴瓦配研。曲面刮削原理和平面刮削相同，只是曲面刮削使用的刀具和掌握刀具的方法与平面刮削不同，如图 1-103 所示。

3. 刮削质量的检验

刮削中常见的质量问题有：深凹痕、振痕、丝纹和表面形状不精确等，其产生原因见表 1-9。

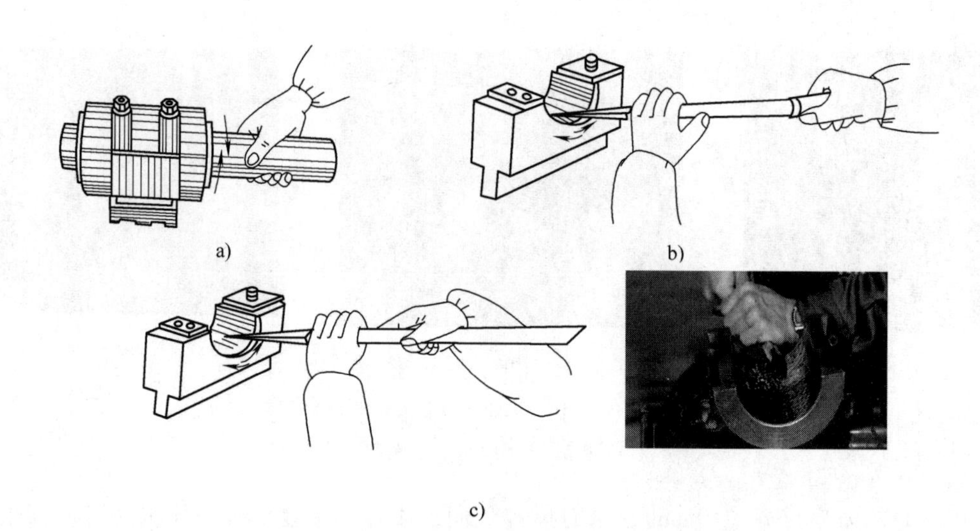

图 1-103　内曲面的显示方法与刮削姿势

a）显示方法　b）短刀柄刮削姿势　c）长刀柄刮削姿势

表 1-9　刮削中常见质量问题及产生原因

常见质量问题	具体表现	产生原因
深凹痕	刮削表面有很深的凹坑	1. 在刮削时发生刮刀倾斜 2. 刮削用力过大 3. 刃口弧形刃磨得过小
振痕	刮削表面有一种连续性波浪纹	1. 刮削方向单一 2. 表面阻力不均匀 3. 推刮行程太长，引起刀杆颤动
丝纹	刮削表面有粗糙纹路	1. 刃口不锋利 2. 刃口部分较粗糙
表面形状不精确	尺寸和形状精度达不到技术要求	1. 研点检验时推磨压力不均匀，校准工具悬空或伸出工件太多 2. 校准工具偏小，与研刮平面相差太大，致使所显点不真实，造成错刮 3. 检验工具本身有质量问题 4. 工件放置不稳，工作时有晃动现象

根据刮削研点的多少、高低误差、分布情况及表面粗糙度来确定刮削质量。

（1）刮削研点的检验　用 25mm × 25mm 的方框来检验，刮削精度以方框内的研点数目表示，如图 1-104a 所示。

（2）刮削平面度、直线度的检验　机床导轨等较长的工件及大平面工件的平面度和直线度，可用水平仪检验，如图 1-104b 所示。

（3）研点高低误差的检验　可在平台上用百分表检验。小工件可以固定百分表，移动工件检验；大工件则固定工件，移动百分表来检验，如图 1-104c 所示。

1.7.4　项目实施

1. 平台的平面刮削与检验

（1）准备工作

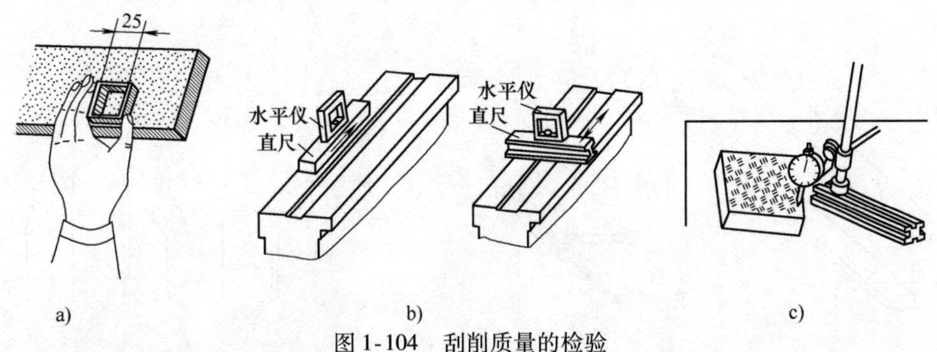

图 1-104　刮削质量的检验

a）用方框检验研点数目　b）用水平仪检验直线度和平面度　c）用百分表检验研点高低误差

1）工件毛坯。台面外形为 300mm × 200mm，材料为 HT200，要求去除毛刺，外观如图 1-99 所示（工件毛坯也可根据实训条件选定）。

2）工艺装备。平面刮刀（粗、细、精）、油石、全损耗系统用油、显示剂、毛刷等。

（2）刮削加工

1）教师完成平面刮削和相应检验示范操作过程。

2）学生按刮削要求，合理选用刮削工具和检验工具，独立、正确完成平面刮削操作，边刮削边检验，重点掌握平面刮削的动作要领和操作要点。刮削后进行精度检验，刮点为 18 点/25mm × 25mm。完成工作任务后，要合理保管工具和工件。

2. 刮削的操作要点

1）工件安放的高度应适当，一般低于腰部。

2）刮削姿势应正确，力量发挥要好，刀迹控制要正确，刮点准确合理，不产生明显的振痕和起刀、落刀痕迹。

3）用力应均匀，刮刀的角度、位置要准确。刮削方向要常调换，应成网纹形进行，避免产生振痕。

4）涂抹显示剂要薄而均匀。厚薄不匀会影响工件表面显示研点的正确性。

5）推磨研具时，推研力量应均匀。工件的悬空部分不应超过研具本身长度的 1/4，以防失去重心而掉落伤人。

1.7.5　知识链接——刮刀；校准工具；研磨

1. 刮刀

刮刀一般是用碳素工具钢 T10A ~ T12A 或轴承钢锻成，也有在刮刀头部焊上硬质合金用以刮削硬金属的。刮刀分为平面刮刀和曲面刮刀两类。

（1）平面刮刀　平面刮刀用于刮削平面，分为普通刮刀和活头刮刀两种，分别如图 1-105a、b所示。活头刮刀除了机械装夹外，还可用焊接方法将刀头焊接在刀杆上。

平面刮刀按所刮表面精度又可分为粗刮刀、细刮刀和精刮刀三种，其头部形状（刮削刃的角度）分别如图 1-106a、b、c 所示。

（2）曲面刮刀　曲面刮刀用来刮削内弧面，如刮削滑动轴承的轴瓦内表面。曲面刮刀的种类如图 1-107 所示，其中以三角刮刀最为常见。

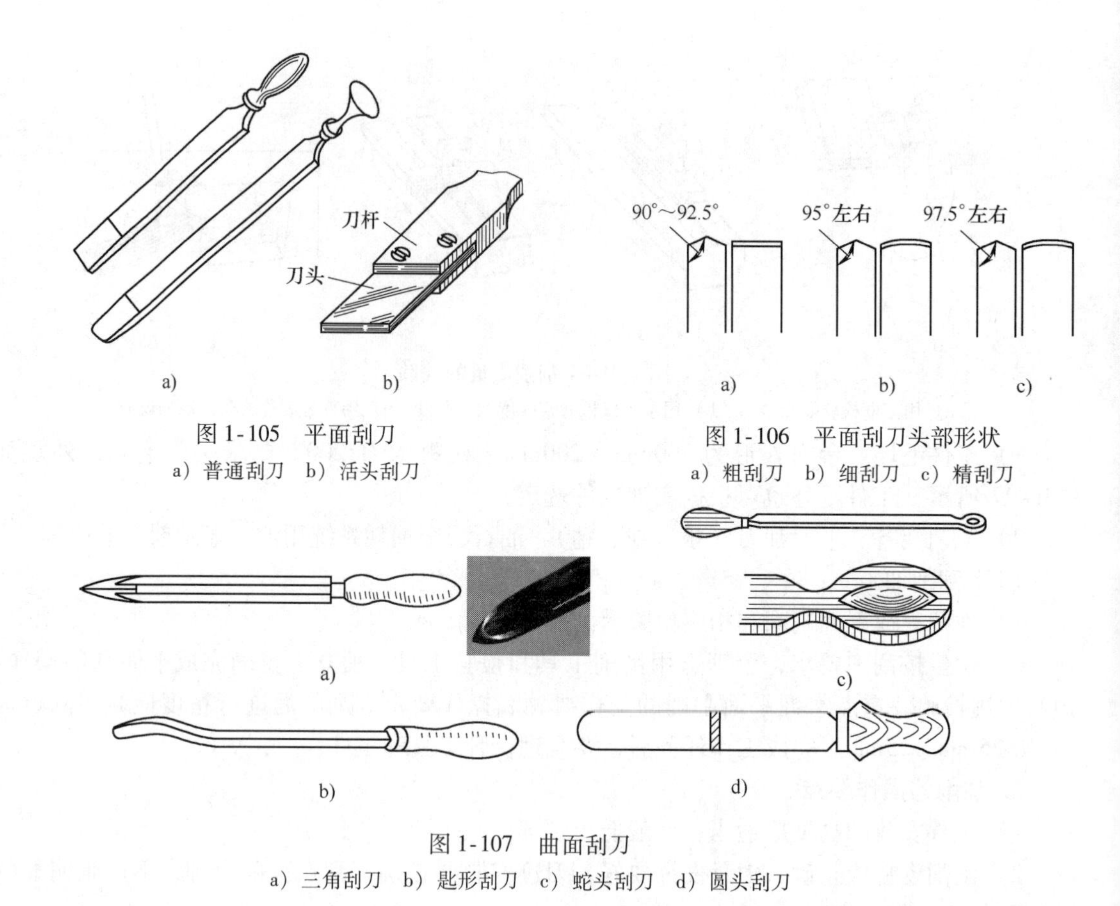

图 1-105　平面刮刀

a）普通刮刀　b）活头刮刀

图 1-106　平面刮刀头部形状

a）粗刮刀　b）细刮刀　c）精刮刀

图 1-107　曲面刮刀

a）三角刮刀　b）匙形刮刀　c）蛇头刮刀　d）圆头刮刀

2. 校准工具

校准工具有两个作用：一是用来与刮削表面磨合，以接触点的多少和分布的疏密程度来显示刮削表面的平整程度，提供刮削的依据；二是用来检验刮削表面的精度。

平面刮削用的校准工具如图 1-108 所示：校准平板是检验和磨合宽平面用的工具；桥形平尺、I 字形平尺是检验和磨合长而窄平面用的工具；角度平尺是用来检验和磨合燕尾形或 V 形面的工具。

刮削内圆弧面时，常采用与之相配合的轴作为校准工具。如无相配合轴时，可自制一根标准心轴作为校准工具。

3. 显示剂

显示剂是为了显示刮削表面与标准表面间贴合程度而涂抹的一种辅助材料。显示剂应具有色泽鲜明、颗粒极细、扩散容易、对工件没有磨损和无腐蚀性等特点。目前常用的显示剂及用途如下：

（1）红丹粉　红丹粉由氧化铁和氧化铅加机油调成，前者呈紫红色，后者呈橘黄色。多用于铸铁和钢的刮削，使用最为广泛。

（2）蓝油　蓝油由普鲁士蓝粉加蓖麻油调成，多用于铜、铝的刮削。

4. 红丹粉的涂抹

在推磨时，红丹粉可涂于标准工具上，也可涂于工件上，各有优缺点：当红丹粉涂于工件

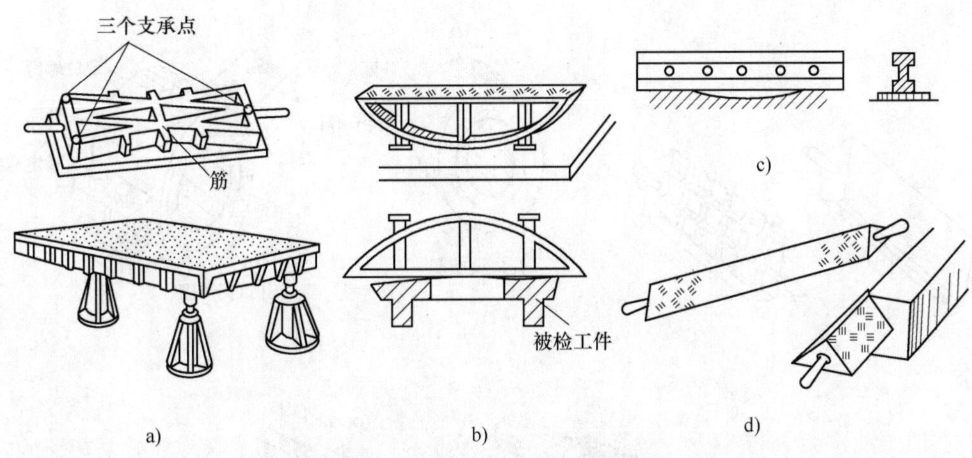

图 1-108　平面刮削用的校准工具

a）校准平板　b）桥形平尺　c）I 字形平尺　d）角度平尺

上，显示出的是红底黑点，没有闪光容易看清，但切屑易于粘在刀口上，且每磨一次必须擦清涂料；而当红丹粉涂于工具上，显示出的是白底红点，有闪光炫目不易看清，但切屑不易粘在刀口上，刮削比较方便，而且再次推磨时只须要把红丹粉抹匀，因此可节约显示剂。上面两种方法的使用，要看加工时的情况而决定。在初刮时，可涂于工具上，这样显示出的点子较大而便于刮削。在精刮时，则可涂于工件上，这样显示出的点子小，并可避免反光。

5. 研磨的原理和方法

（1）研磨原理

1）应用场合。研磨是指通过研具用研磨剂从工件表面磨掉一层极薄的金属，使工件具有精确的尺寸、准确的几何形状和较低的表面粗糙度值。当工件要求紧密结合、气密结合和精密的尺寸（尺寸精度可达 0.001～0.005mm 或更高）、形状或高级别表面粗糙度时（表面粗糙度可达 Ra0.8～0.05μm，或 Ra0.006μm），就必须进行研磨。

2）研磨原理。在研磨时，加在研具上的磨料，在受到工件和研具的压力后，部分磨料嵌入研具内。同时由于研具和工件做复杂的相对运动，磨料就在工件和研具之间滑动、滚动，产生切削、挤压作用，而每一颗磨粒不会重复自己的运动轨迹，这样磨料就在工件表面切去一层很薄的金属。

3）研磨余量。一般每研磨一遍所磨去的金属不超过 0.002mm，所以研磨余量一般应为 0.005～0.03mm。研磨余量也随研磨面积的增大而增加，有时研磨余量就留在工件的尺寸公差以内。

（2）研磨工具

研磨工具（简称研具）是在研磨过程中保证被研磨零件几何精度的重要因素，不同形状的工件应使用不同类型的研具。

1）研具类型。研具是研磨时决定工件表面几何形状的标准工具。一般有研磨平板、研磨环和研磨棒等，如图 1-109 所示。

2）研具材料。常用的研具材料有灰铸铁、低碳钢、紫铜和黄铜等。灰铸铁是最好的研具材料，因为其中含有石墨，所以耐磨性和润滑性好，研磨效率也高；低碳钢较灰铸铁强度高，不容易折断，所以有时用低碳钢做研具，通常研磨螺纹和小孔（一般为 8mm 以下）；

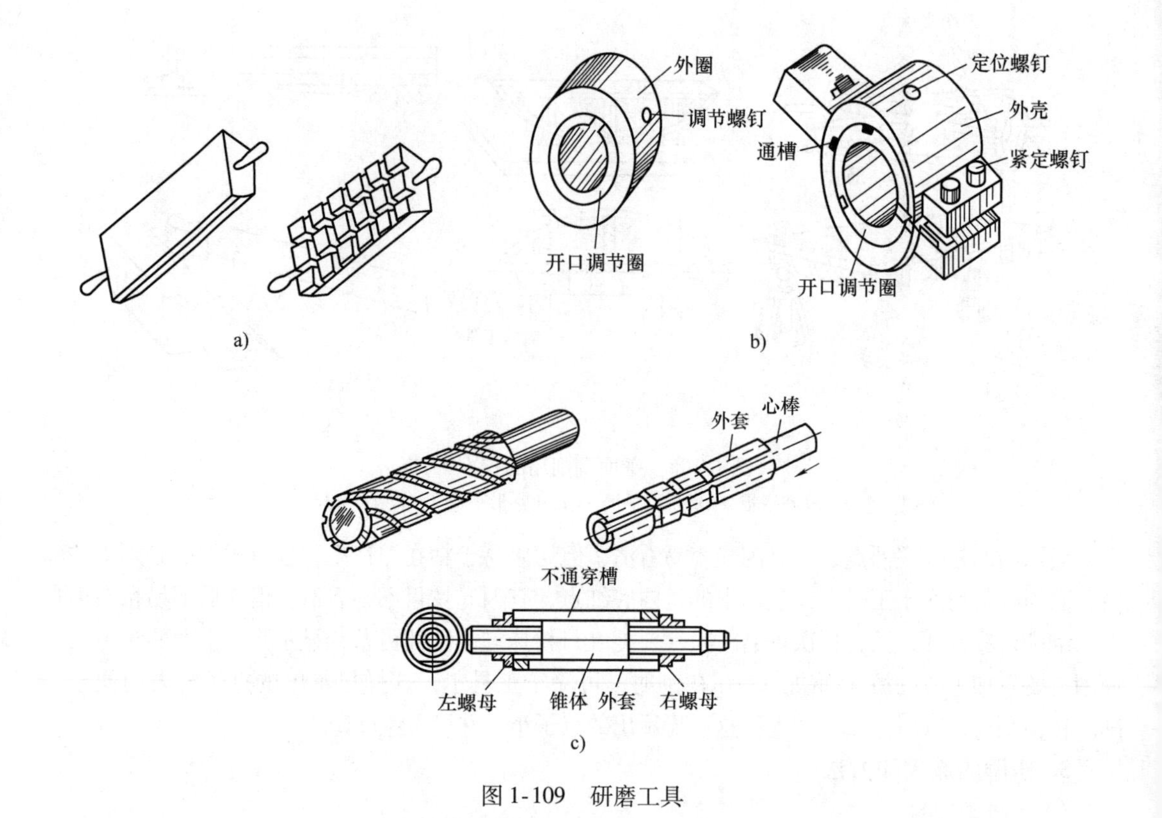

图 1-109　研磨工具

a）研磨平板　b）研磨环　c）研磨棒

紫铜或黄铜制作的研具，通常研磨余量大的工件以提高效率。由于用铜制作的研具不能得到很好的表面粗糙度，所以常用铜研具进行粗研，再用灰铸铁研具进行精研。

（3）研磨剂

研磨剂是由磨料和研磨液混合而成的一种混合剂。

1）磨料。磨料的种类有很多，应根据工件的材料和加工精度来选择。常用的磨料有普通刚玉、白刚玉、铬刚玉、单晶刚玉、黑碳化硅、绿碳化硅、碳化硼、人造金刚石和天然金刚石等。

磨料的粗细按粒度分为磨粉和微粉。磨粉采用过筛法取得，微粉采用沉淀法取得。在选用时，应根据精度高低来取用。一般来说，磨粉作粗研磨时，微粉作精研磨用。

2）研磨液。研磨时，不能干研，否则容易使研磨表面产生划伤，使研磨剂迅速变钝，并容易发热而影响研磨精度。在研磨过程中，研磨液能使磨粉均匀分布，并起润滑冷却作用。常用的研磨液有机油（应用较普遍）、煤油（粗研、精研均可采用）和猪油（其中含有油酸，可降低研磨粗糙度值，一般用于研磨精密零件）。

3）油石。除了用研磨剂研磨外，还可用各种形状的油石来进行研磨。例如许多刀具、模具、量规以及其他淬火的工件往往用油石进行研磨。油石常用在被研磨的工件形状比较复杂、没有适当研具的场合。

（4）研磨方法

研磨按操作方式分手工研磨和机械研磨两种。按研磨剂的使用情况分湿研、半干研和干研三种。

1）湿研。湿研又称敷砂研磨，是把液态研磨剂连续加注或涂敷在研磨表面，磨料在工件与研具间不断滑动和滚动，形成切削运动。湿研一般用于粗研磨，所用微粉磨料粒度较粗。

2）半干研。半干研类似湿研，其所用研磨剂为糊状。

3）干研。又称嵌砂研磨，是把磨料均匀压嵌在研具表面层中，研磨时只需要在研具表面涂以少量的硬脂酸混合脂等辅助材料。常用于精研，所用微粉磨料粒度较细。

工件在研磨前须先用其他加工方法获得较高的预加工精度，所留研磨余量一般为5～30μm。研磨前，应先做好平板表面的清洗工作，加上适当的研磨剂，把工件需研磨表面合在平板表面上，即可采用适当的运动轨迹进行研磨。

研磨中的压力和速度要适当，为了减少切削热，研磨一般在低压低速条件下进行。粗研的压力不超过0.3MPa，精研压力一般采用0.03～0.05MPa。一般手工粗研速度为40～60次/min，精研速度为20～40次/min。

手工研磨时，要使工件表面各处都受到均匀的切削，应合理选择运动轨迹，这对提高研磨效率、工件表面质量和研具的耐用度都有直接的影响。研磨运动轨迹有以下几种，如图1-110所示，其中直线往复式常用于研磨有台阶的狭长平面，直线摆动式用于研磨某些圆弧，螺旋式用于研磨圆片或圆柱形零件的端面，8字或仿8字常用于研磨小工件。

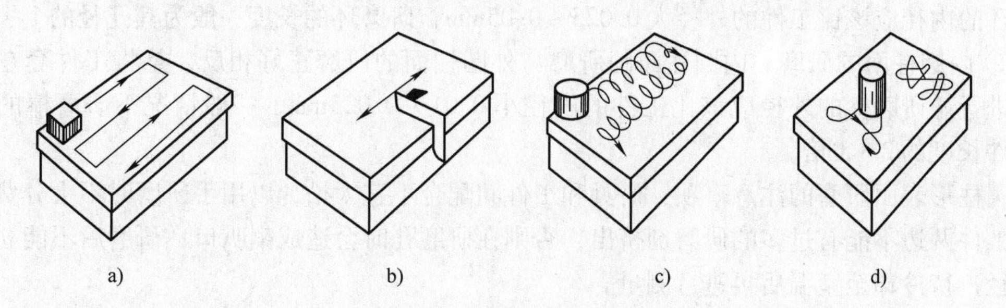

图1-110　研磨运动轨迹

a）直线往复式　b）直线摆动式　c）螺旋式　d）8字或仿8字

（5）平面研磨和圆柱形表面研磨

1）平面研磨。平面研磨是在研磨平板上进行，研磨分为粗研和精研。粗研时，为了使工件和研具之间直接接触，保证推动工件时用力均匀，以避免球面形状产生，所以，粗研时采用表面有沟槽的平板，而精研时用光滑平板。

平面研磨时，首先进行上料，然后把工件放在研具上轻轻下压进行研磨。研磨时工件运动方向成8字形，如图1-111所示，并且要很细心地把平板每一个角都研磨到，使平板均匀磨耗，以保持平板的准确性。每研磨0.5min左右，要把工件旋转90°，这样使工件研磨均匀，不会产生倾斜。研磨时压力和速度不宜过大，以免工件发热变形。在刚停止研磨时，不应立即测量尺寸。

狭窄平面在研磨时为防止研磨平面产生倾斜和圆角，研磨时用金属块做成导靠，采用直线轨迹，如图1-112所示。

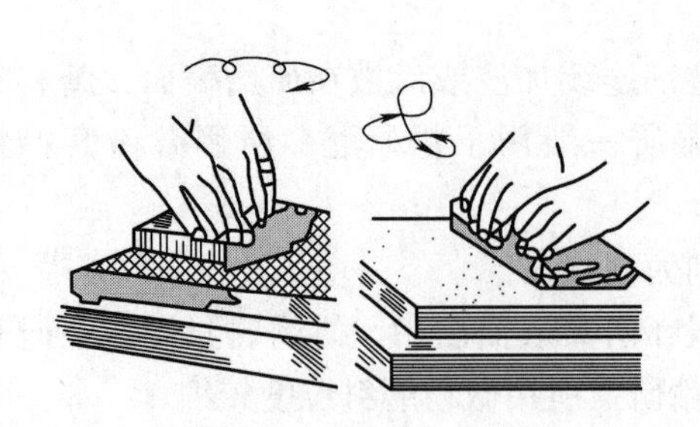

图 1-111　平面研磨方法

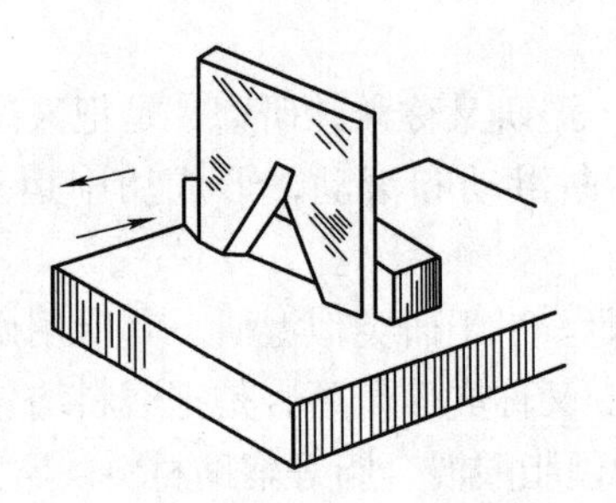

图 1-112　狭窄平面的研磨方法

平面研磨的注意事项：在研具上润滑剂不宜加得太多，应该是很薄的一层，过多的润滑剂会妨碍研磨表面的接触，降低研磨速度；工件相对研具的运动，要尽量保证工件上各点的研磨行程长度相近；工件运动轨迹均匀地遍及整个研具表面，以利于研具均匀磨损；运动轨迹的曲率变化要小，以保证工件运动平稳；工件上任意一点的运动轨迹尽量避免过早出现周期性重复。

2）圆柱形表面的研磨。圆柱面的研磨一般都采用手工和机床互相配合的方式进行研磨。

① 外圆柱面的研磨。研磨外圆柱面一般是在车床或钻床上用研磨环对工件进行研磨。研磨环的内径应该比工件的外径大 0.025～0.05mm，研磨环的长度一般为其孔径的 1～2 倍。

② 内圆柱面的研磨。内圆柱面的研磨与外圆柱面的研磨正好相反，是将工件套在研磨棒上进行。研磨棒的外径应该比工件的内径小 0.01～0.025mm，一般情况下研磨棒的长度是工件长度的 2～3 倍。

圆柱形表面研磨的注意事项：研具和工件间配合不宜太松，以用手研磨时不十分费力为宜；工件两边不能有过多的研磨剂挤出，否则在研磨孔时会造成喇叭口；研磨后不能立即测量直径，待冷却至室温后再进行测量。

1.7.6　拓展操作及思考题

1. 拓展操作——曲面刮削

曲面刮削任务如图 1-113 所示，应保证同轴度 $\phi0.01$mm、平行度 0.01mm 及 25mm × 25mm 内 8～10 点等要求。掌握曲面刮削姿势和操作要领。

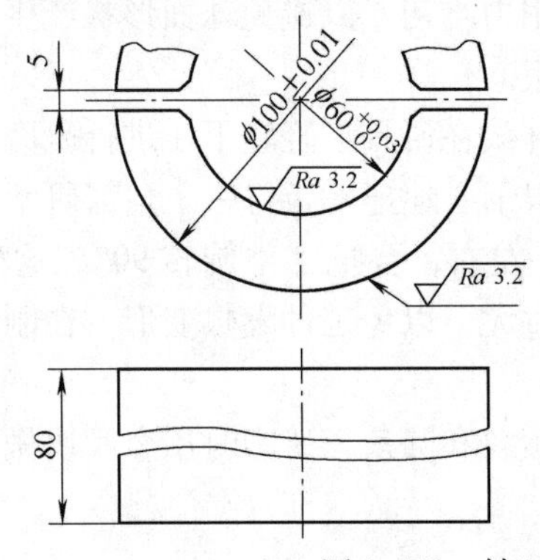

技术要求

1. 内外圆同轴度公差 $\phi0.01$mm；
2. 内外圆母线平行度 0.01mm；
3. 内圆与轴包容面达 160°以上，轴面接触达 90% 以上；
4. 刮研点在25mm×25mm内有8～10点。

材料：ZCuSn10Pb1

图 1-113　轴瓦曲面的刮削

具体操作过程：

（1）粗刮　选用合适的曲面刮刀，控制好刮刀与曲面接触的角度和压力，使刮刀在曲面内作前推或后拉的螺旋运动，刀迹与孔轴线成45°角。根据标准轴或配合轴颈研点，作大切削量的刮削，使接触点均匀。

（2）细刮　选择标准轴或零件作标准工具进行配研，显示剂涂在轴上，根据研点练习挑点，控制刀迹的长度、宽度和刮点的准确性。

（3）精刮、配研、挑点　达到几何精度和尺寸精度要求，配合接触点达到要求。

2. 思考题

1）简述刮削的特点和用途。

2）刮削工具有哪些？如何正确使用？

3）粗刮、精刮、细刮有什么区别？

4）刮花的作用是什么？刮花有哪些常见花纹？

5）刮削后的表面精度如何进行检验？

项目 1.8　薄板的矫正

矫正是指消除条料、棒料或板料的弯曲或翘曲等缺陷的操作方法。矫正的方法很多，钳工一般以手工矫正为主。手工矫正由钳工用锤子在平台、铁砧或在台虎钳等工具上进行，包括扭转、弯曲、延伸和伸张四种操作。根据工件变形情况，有时单独用一种方法，有时几种方法并用，使工件恢复或改善其平整度。

矫正是使工件材料发生塑性变形，将原来不平直的变为平直。因此，只有塑性好的材料才能进行矫正。而塑性差的材料，如铸铁、淬硬钢等就不能矫正，否则工件会出现断裂现象。在矫正过程中，材料受到捶打，使其表面硬度增加，材质变脆，会产生冷硬现象，这种现象称为冷作硬化。冷硬后的材料，使得冷作加工困难，所以在矫正工作中，要特别注意防止或减少出现冷硬现象，必要时可进行退火处理，使材料恢复原有的机械性能。

1.8.1　项目引入

带有中凸现象的薄板矫正要求如图 1-114 所示，主要满足平面度 0.15 ~ 0.2mm 的工作要求。

1.8.2　项目分析

通过矫正练习，学会矫正板料的方法，保证达到矫正要求。会分析和处理矫正中常见问题的原因和处理方法，理解矫正时力量的变化；会根据材料的不同，适当选择锤子的材质。

1.8.3　相关知识——矫正工具和方法

1. 矫正工具

（1）矫正平板　用来矫正工件的平板，允许锤击。

（2）软、硬锤子和压力机　手工矫正，一般用圆头硬锤子。矫正已经加工过的表面、矫正薄钢件或有色金属制件，应该采用软锤子（如铜锤、铅锤和木锤）。另外，还可以使用

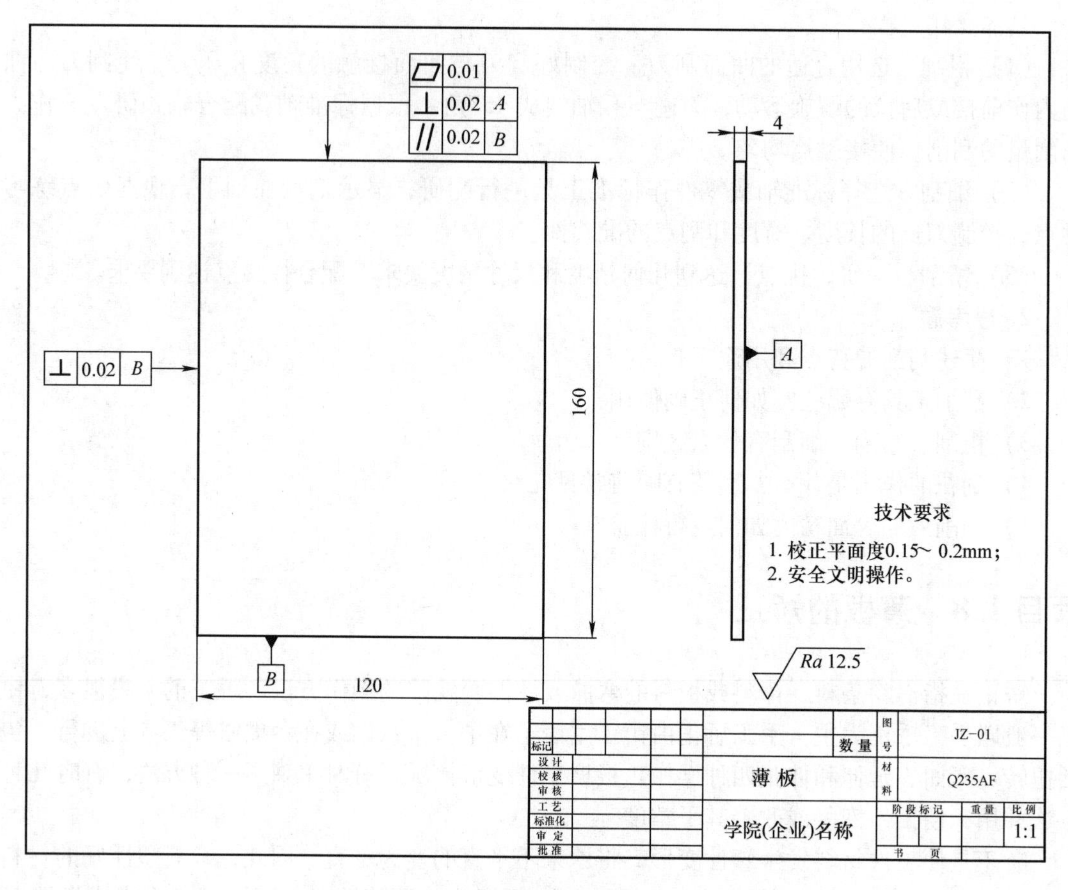

图 1-114　中凸现象的薄板矫正

压力机进行机器矫正。

2. 矫正方法

矫正板料是一种较复杂的操作。在板料矫正时，若直接锤击凸起部位，不但不能矫正，反而会增加翘曲度，如图 1-115a 所示；对于中间凸起的板料矫正时，必须使材料的边缘适当地加以延展，如图 1-115b 所示。这样凸起部分就会渐渐消除。当板料放在平板上矫正时，应左手扶着板料，右手挥锤，先锤击板料边缘，逐渐向凸起部位锤击，而且要快锤、轻敲，即越靠近凸起部位，越要锤得快而轻。这样，平坦部分慢慢伸长，就能使凸起部分逐渐矫正。

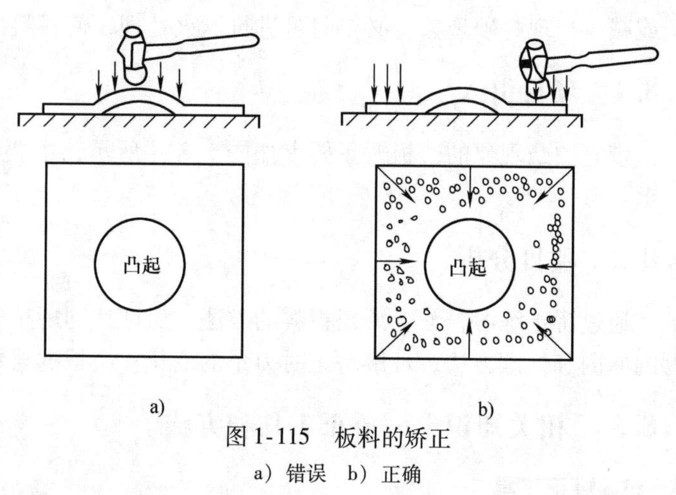

图 1-115　板料的矫正

a）错误　b）正确

当板料有一对角向上翘，另一对角向下翘，它的实质还是板料中部凸起，也可以用上述矫正方法。对表面上有几处凸起的板料，则应先锤击凸起部位之间的地方，使所有分散的凸起部分聚集成一个总的凸起部分。再用延展法使总的凸起部分逐渐变平直。

1.8.4 项目实施

1. 薄板矫正

（1）准备工作

1）薄板工件。需要矫正的薄板工件。

2）矫正工具。矫正平板、标准平板、锤子、钢板尺、塞尺。

（2）矫正操作

通过观察板料凸起部位，按要求完成矫正工作。

1）若板料中部凸起，锤击凸起部分的四周，使材料延展，凸起部位自然消除。

2）若板料有多处凸起，先锤击几个凸起之间的部位，在形成一个大的凸起后，再用延展法使总的凸起部位消除。

在矫正时，用钢板尺检查缝隙，或在标准平板上用塞尺检查贴合状态。

2. 操作要点

矫正时应注意锤击姿势，动作要正确；锤击用力大小、部位变化要正确、熟练。在锤击时，要经常检查板料的平面度情况，并以此来判断矫正时的用力变化，逐步掌握矫正薄板的技能。

矫正操作的注意事项如下：

1）锤击时，用锤顶球面锤击材料，防止锤边接触材料而打出麻点。

2）锤击时，要不断翻转板料，反正两面进行锤击。

3）需要材料延展多的地方，锤击要重，次数要多，锤击点要密。

1.8.5 知识链接——弯曲方法；毛坯长度计算

1. 弯曲的操作方法

弯曲的方法有两种：冷弯和热弯。冷弯是指在常温下进行弯曲工作；热弯是指将工件的弯曲部分加热，呈樱红色，然后进行弯曲。一般厚度在5mm以上的板料须进行热弯，热弯一般都由锻工完成。通常情况下钳工只进行冷弯的操作。

（1）冷弯直角

薄板和扁钢，可以不用特殊的器具，就可在台虎钳上弯成直角。弯曲部位事前要划好线，并把它夹持在台虎钳上。夹持时，使划线处恰好与钳口（或衬铁）对齐，两侧边要与钳口垂直。如果钳口的宽度比工件短或深度不够时，可用角铁做的夹持工具或直接用两根角铁来夹持工件。

如图1-116所示，当弯曲的工件在钳口以上较长时，应用左手压在工件上部，用木锤在靠近弯曲部位的全长上轻轻敲打，就可以逐渐弯成很整齐的角度。而不应错误地敲打板料上端进行弯曲。

如图1-117所示，当弯曲的工件在钳口以上较短时，可用硬木块垫在弯角处，再用力敲打，弯成直角。而不能用锤子直接敲打，否则会使工件弯得不平整。

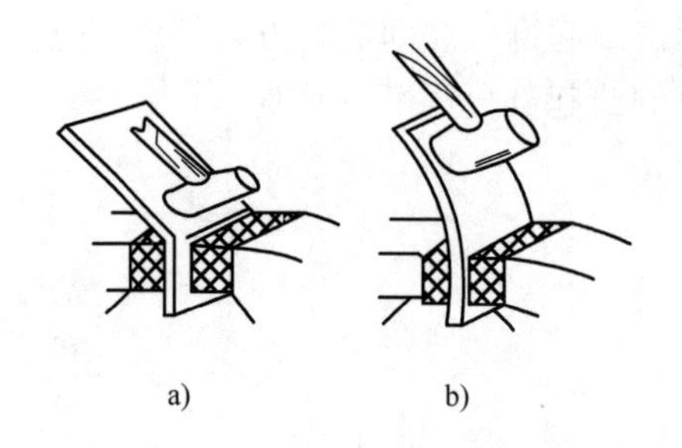

图 1-116　工件在钳口以上较长时的操作

a）正确　b）错误

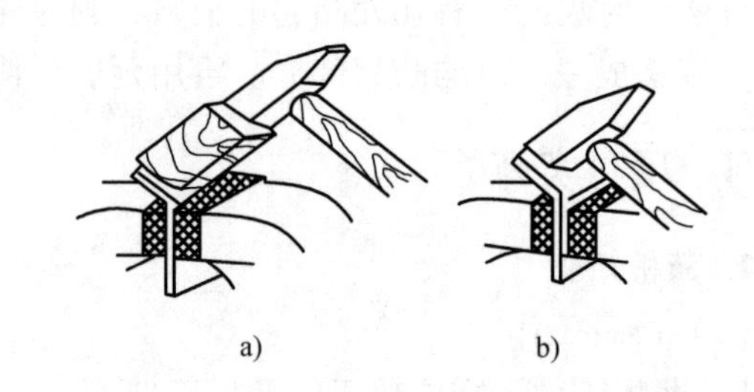

图 1-117　工件在钳口以上较短时的操作

a）正确　b）错误

弯制各种成形工件时，可用木垫或金属垫作为辅助工具，辅助工具的用法和弯曲步骤如图 1-118 所示。

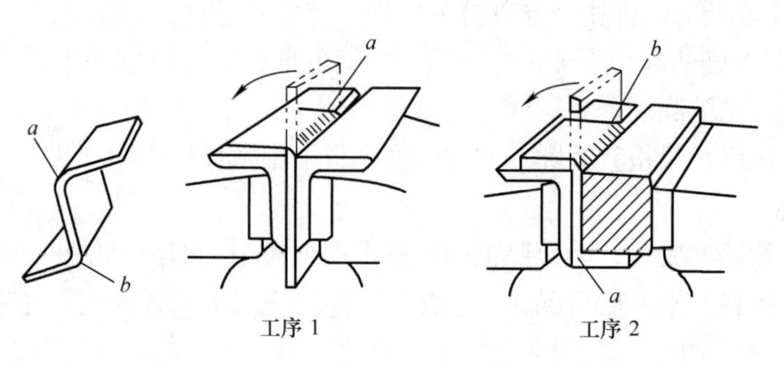

图 1-118　正确使用辅助工具和弯曲步骤

（2）弯管子

当管子的直径在 13mm 或以下时，一般采用冷弯；而直径超过 13mm 的管子，则应采用热弯。但必须保证管子弯曲的最小曲率半径，即大于管子直径的 4 倍。

当弯曲的管子内径在 10mm 以下时，不用灌砂。而内径大于 10mm 的管子弯曲时，则一定要灌满干砂，灌砂时可用木棒敲击管子，使砂子能灌紧，两端用木塞塞紧，如图 1-119 所示。这样弯曲时管子才不会出现凹陷。而对于有焊缝的管子的弯曲，焊缝必须放在中性层的位置上，否则会使焊缝裂开，如图 1-120 所示。

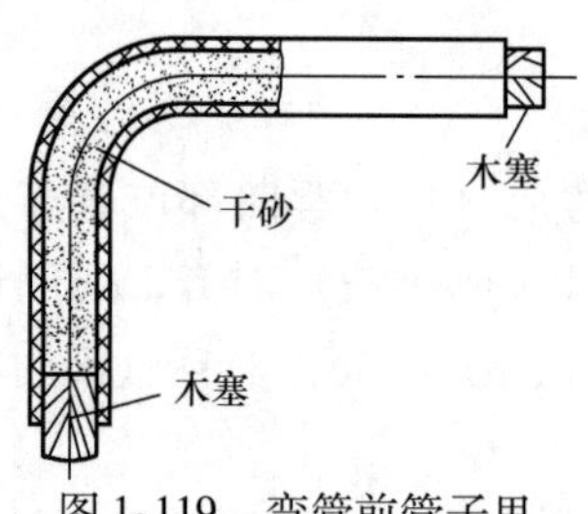

图 1-119　弯管前管子里灌满干砂并塞上木塞

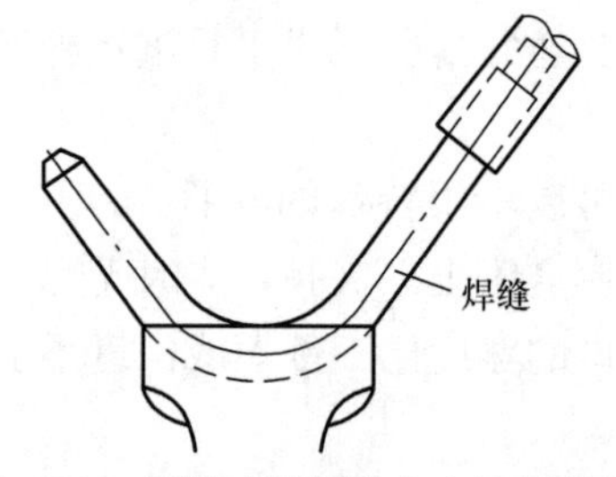

图 1-120　弯管时焊缝放在中性层的位置

热弯大直径的管子时，应在弯曲处事先画好线，在弯曲处边加热边弯曲。加热长度可按经验公式来计算。例如，曲率半径为 5 倍管子直径时，加热长度 = 弯曲角度/15 × 管子直径。

将管子弯曲处加热，一般弯钢管应加热到 700℃ 以上，取出后放在钉好的铁桩上，按规定的角度弯曲。若加热的部位过长，可局部浇水冷却，使弯曲部分缩短到需要的长度。

以上手工操作适用于单件生产，而在成批或大量生产中，弯管工作多用冲床、弯管机等设备来完成。

2. 弯曲前毛坯长度的计算

如果毛坯的展开长度在图样上未注明，则必须以计算的方法求出，然后才能下料和弯曲。在计算时，可将图样上工件形状分为几段最简单的几何形状，由于弯曲时中性层长度不变化，所以分别计算各段中性层的长度，相加后的值即为毛坯的总长度。下面是计算毛坯长度的例子。

（1）设有厚度 $t=4\text{mm}$、宽 $b=12\text{mm}$ 的扁钢，用以制成外径 $d=120\text{mm}$ 的环圈，如图1-121a所示。此时环圈的中圆直径 $d_1=d-t=120-4=116$（mm），则毛坯长度 $L=\pi\times d_1\approx 3.14\times116=364.24$（mm）。

（2）如图1-121b所示，当 $a=30\text{mm}$、$b=90\text{mm}$、$c=80\text{mm}$、$t=5\text{mm}$、$r=2\text{mm}$ 时，毛坯长度 $L=a+b+c+\pi(r+t/2)=30+90+80+(2+5/2)\pi\approx214.14(\text{mm})$。

（3）如果把工件弯成内边不带圆角的直角，则每个角的展开长度相当于 $0.5t$，如图1-121c所示。当 $a=55\text{mm}$、$b=90\text{mm}$、$t=3\text{mm}$ 时，毛坯长度 $L=a+b+0.5t=55+90+1.5=146.5$（mm）。

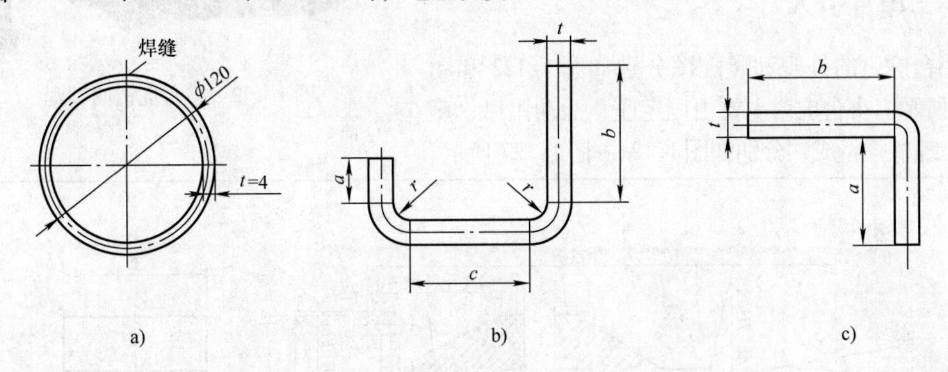

图1-121　弯曲件的外形

a）环圈件　b）内边带圆角折弯　c）内边不带圆角折弯

1.8.6　拓展操作及思考题

1. 拓展操作——矫正薄板

要求矫正中间平整、四周呈波浪形的薄板。薄板的矫正要求如图1-114所示，考核项目及参考评分标准见表1-10。

表1-10　矫正薄板的考核项目及参考评分标准

序号	考核内容	参考分值	评定方法	检测结果
1	矫正平面度为0.15～0.2mm，超差0.05mm扣2分	35	符合质量要求	
2	正确掌握矫正方法和步骤	20	矫正方法和步骤正确	
3	测量方法正确	25	方法正确	
4	安全文明操作	12	无违规操作现象	
5	考核时间（40min）	8	操作时间	
	合计	100		

2. 思考题

1）什么是矫正？

2）矫正的目的是什么？常用的有哪几种矫正方法？

3）怎样矫正薄板中间凸起的变形？

4）什么叫弯曲？

5）材料弯曲变形的大小与哪些因素有关？

6）如何检验钢板的矫正质量？

项目1.9　小台虎钳的钳工综合加工

钳工综合加工是对某一产品进行的综合实践操作，有利于全面提高并检验学生的实际操作能力，并以此作为评定学生钳工实习操作考核成绩的主要依据。此任务选取小台虎钳和钻模作为综合实训项目，以零件的加工质量和装配质量作为得分的依据。

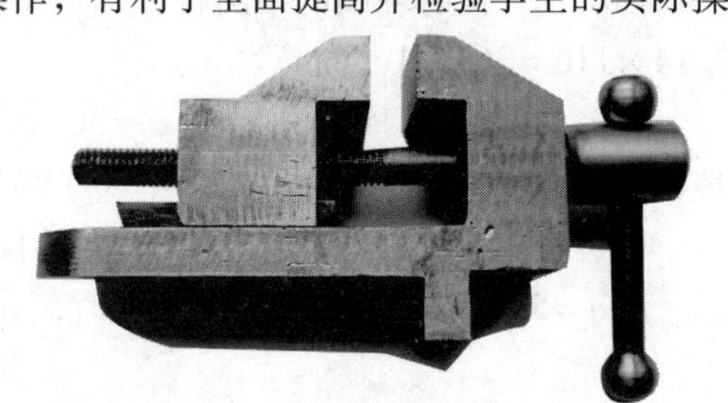

图1-122　小台虎钳的外观

1.9.1　项目引入

小台虎钳的外观和装配图分别如图1-122和图1-123所示。小台虎钳主要由固定座、活动钳口、燕尾键、螺杆等组成，分别如图1-124～图1-127所示。

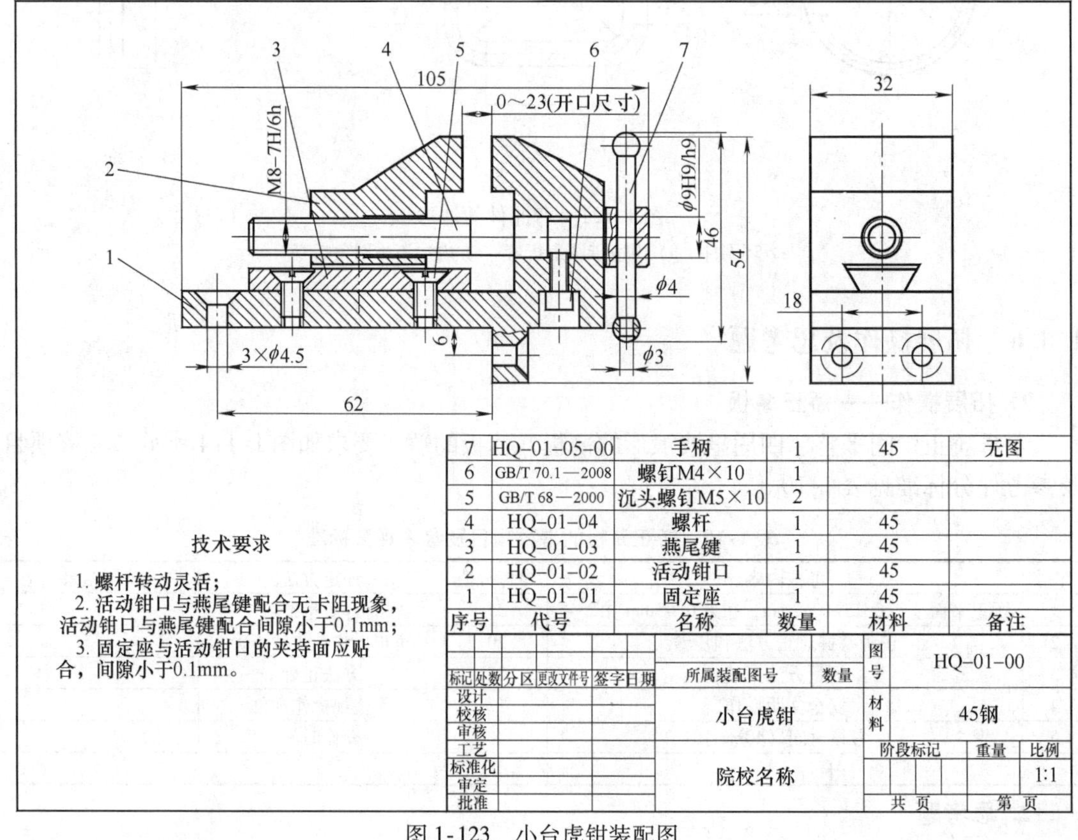

序号	代号	名称	数量	材料	备注
7	HQ–01–05–00	手柄	1	45	无图
6	GB/T 70.1—2008	螺钉M4×10	1		
5	GB/T 68—2000	沉头螺钉M5×10	2		
4	HQ–01–04	螺杆	1	45	
3	HQ–01–03	燕尾键	1	45	
2	HQ–01–02	活动钳口	1	45	
1	HQ–01–01	固定座	1	45	

图1-123　小台虎钳装配图

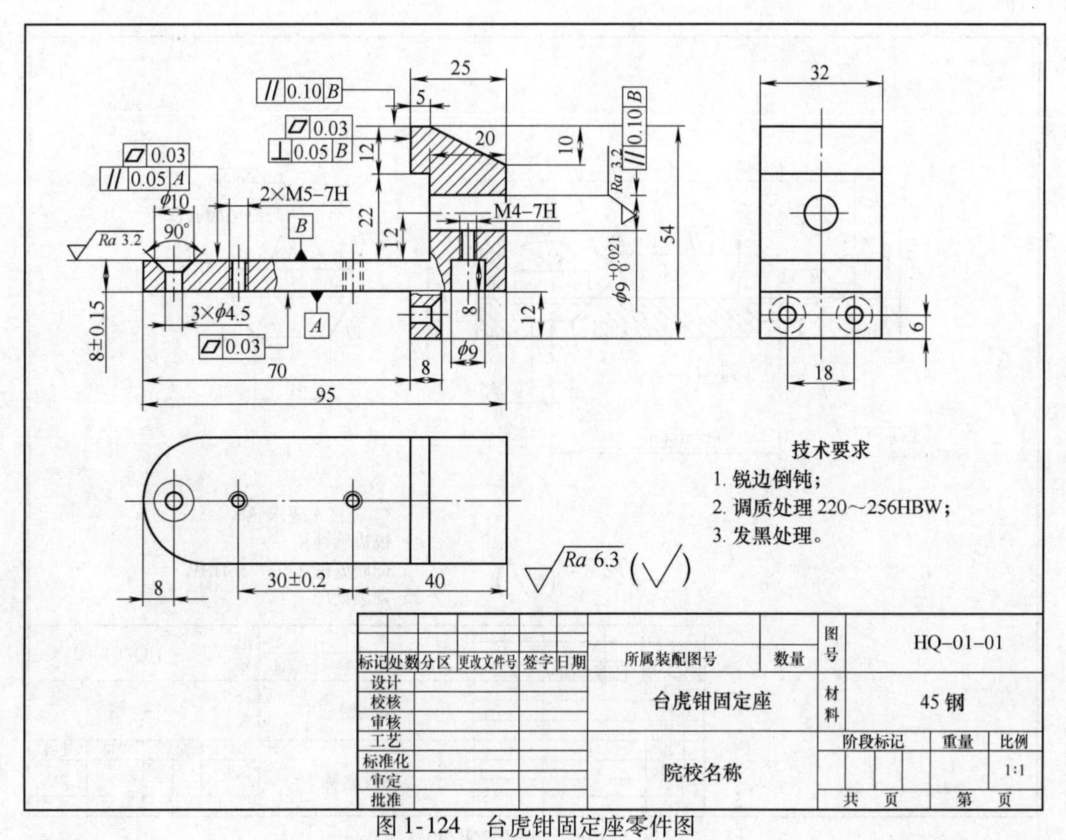

图 1-124　台虎钳固定座零件图

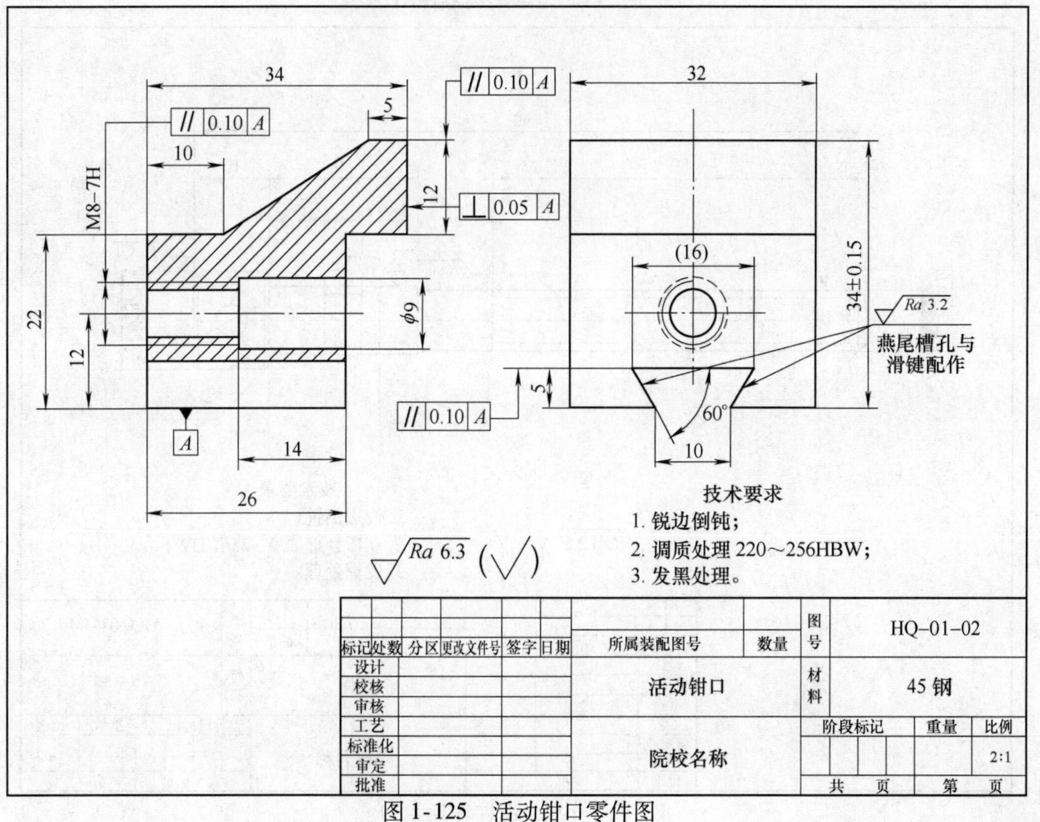

图 1-125　活动钳口零件图

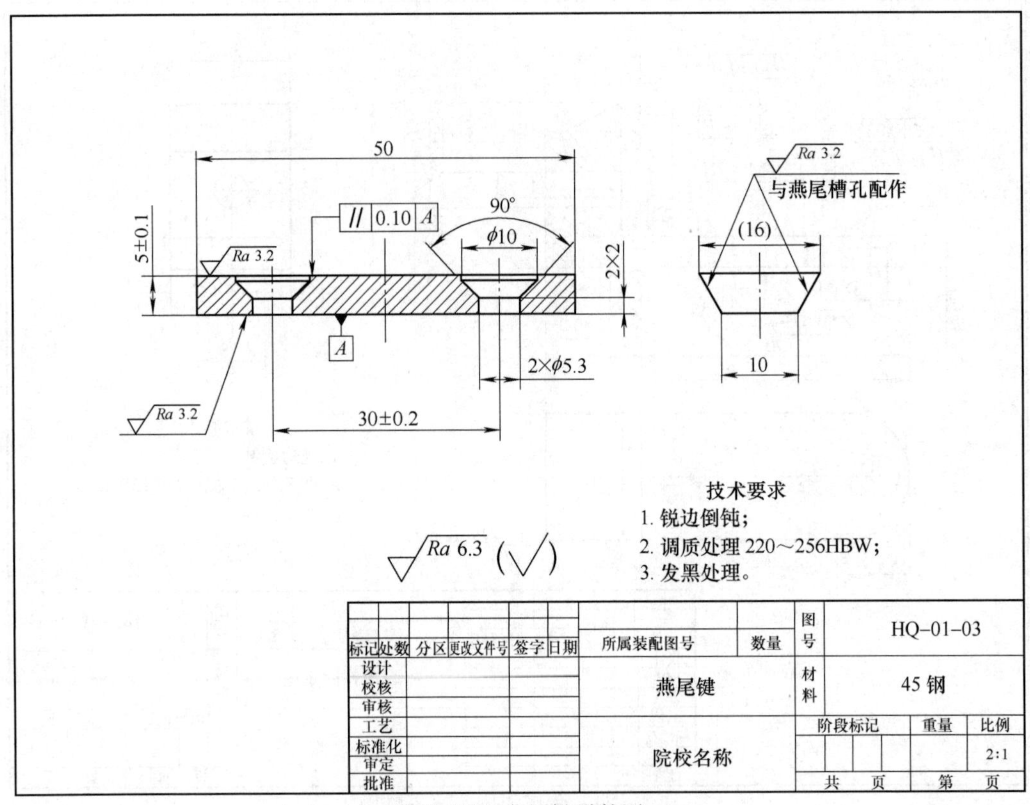

图 1-126　燕尾键零件图

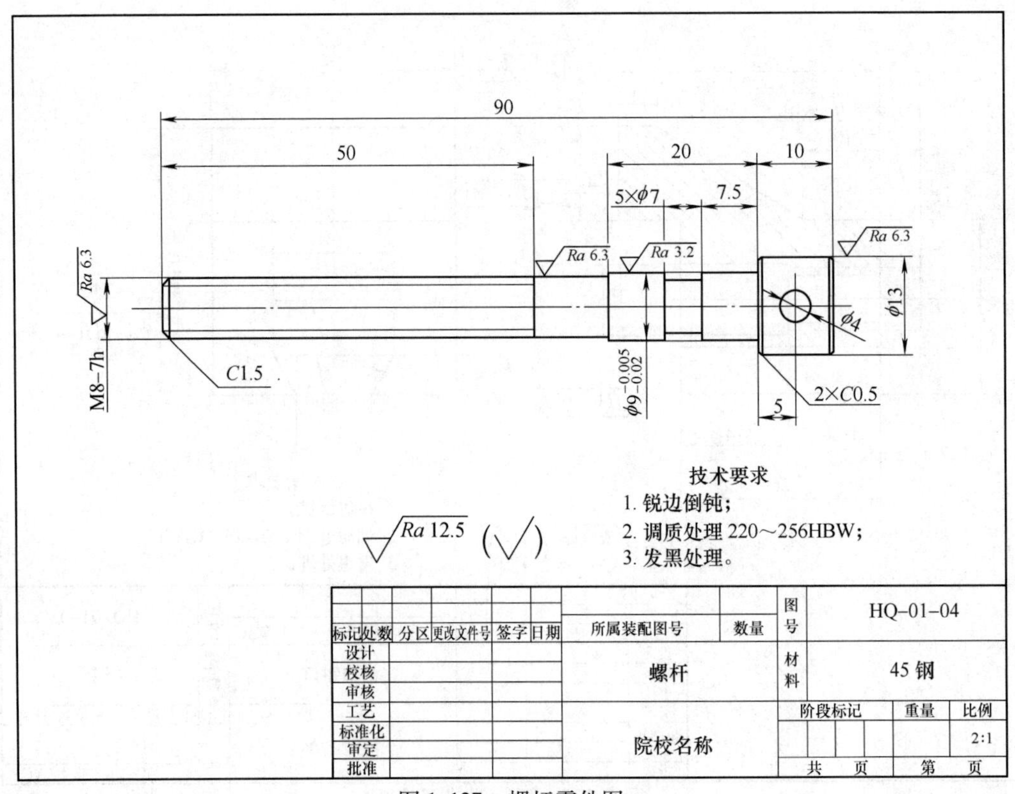

图 1-127　螺杆零件图

1.9.2 项目分析

在本项目中，主要训练立体划线、锉配、孔类加工和简单装配的能力等。具体内容包括：准备并检查工艺装备及毛坯；安排小台虎钳各零件的加工及整体装配工艺，提出立体划线、锯削、锉削各阶段加工所达到的技术要求和指标；按要求完成划线和锯削加工工作；完成锉削加工和燕尾槽与燕尾键的配制加工，达到配合要求；按操作要求完成钻孔、铰孔和攻螺纹等加工；对各组成零件及装配后的小台虎钳进行测量和检验，确定完成的工作质量，讨论并总结经验，提出改进意见。

1.9.3 相关知识——钳工工艺的安排

根据不同类型的工件，编排出合理的加工工艺，主要研究以下几个方面内容：

（1）确定毛坯尺寸　工件毛坯尺寸的确定需要综合考虑零件的结构尺寸，保证足够的加工余量和加工经济性等因素。

（2）拟定工艺路线　在钳工技能实训中，拟定工艺路线主要是根据工件精度要求和表面质量要求选择加工基准，确定各表面的加工方法和加工顺序，拟定加工工艺过程。

（3）确定各工序所用的工具、量具和测量方法　根据实际需要选择相应工具、量具种类和型号，测量方法要适应工具、量具的特点和需要。例如：粗加工时用齿纹号小（1号、2号）的锉刀，精加工时用齿纹号大（3号、4号、5号）的锉刀；使用塞尺测量配合间隙；通过正确使用游标万能角度尺和宽座角尺保证角度要求；通过正确使用90°角尺保证垂直度和平面度要求。

（4）确定各工序所用时间　要在规定的时间内，加工好工件，除了要有熟练的基本操作技能，还要合理分配各工序的时间。根据所划分的工序，综合考虑各工序的加工余量、难易程度，把定额工时合理分配到各工序。

1.9.4 项目实施

1. 准备工作

（1）工件毛坯　外形尺寸为100mm×56mm×32mm的45钢（可根据实训情况改用Q235AF材料），用于加工成小台虎钳的固定座和活动钳口；外形尺寸为16mm×6mm×50mm（可用45钢的16mm×10mm×50mm键条改制），用于加工成燕尾键。

（2）标准件　沉头螺钉M5×10mm（2件）、内六角螺钉M4×20mm（1件）。

（3）工艺装备　台虎钳、台钻、划线平台、方箱、V形铁、游标卡尺、千分尺、钢直尺、高度游标卡尺、刀口尺、直角尺、游标万能角度尺、R规、划针、样冲、手锯、锉刀、钢丝刷、钻头（ϕ3.5mm、ϕ4mm、ϕ4.2mm、ϕ4.5mm、ϕ5.3mm、ϕ6.7mm、ϕ8.8mm）、ϕ9mm铰刀、锪孔钻、丝锥（M4、M5、M8）、板牙（M8）、锤子等。

2. 钳工加工和装配

进行钳身和钳口的划线，如图1-128所示，形成钳身和钳口（含一件备用）的毛坯。

（1）加工钳身

1）加工钳身毛坯。完成钳身毛坯*A*、*B*面的锯削分割（保留锉削余量）和锉削，钳身毛坯外形如图1-129所示。在加工过程中重点保证*A*面对底面（*A*面的相对表面）的平行

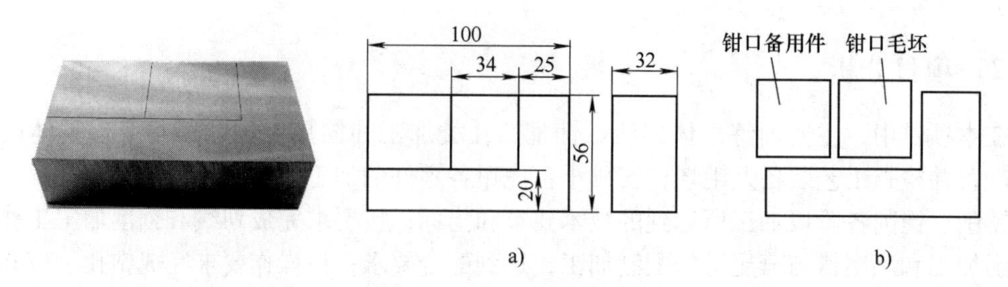

图 1-128　四方形的划线和分割

a）划线图　b）分割图

度、A 面平面度、B 面对 A 面的垂直度要求。

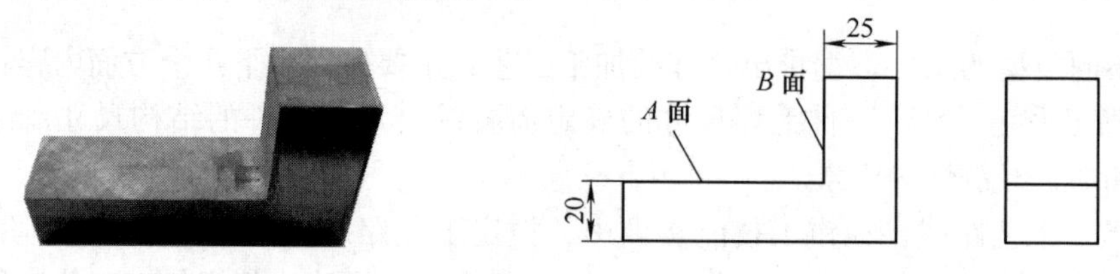

图 1-129　钳身毛坯

2）划线。在划线平台上用高度游标卡尺和方箱配合，按零件图 1-124 进行立体划线，并打样冲点。

3）加工钳身凹槽。钻削、錾削、锉削加工 1、2、3 面，如图 1-130 所示。按 1、2、3 面边界线，通过排孔的方法钻削凹槽部分，钻孔外圆尽量相切；錾削去除凹槽部分；锉削保证加工尺寸。

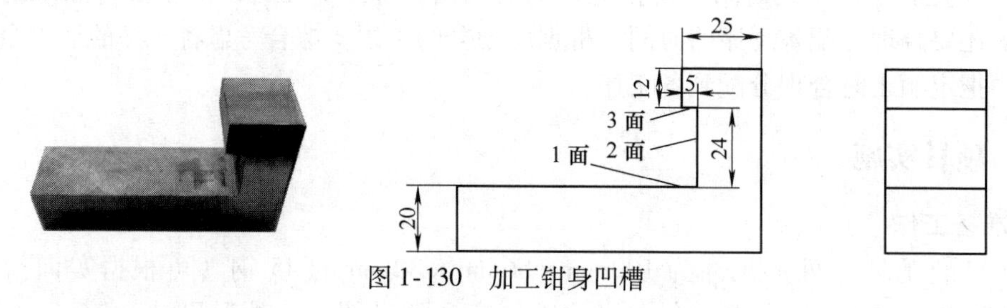

图 1-130　加工钳身凹槽

4）加工钳身底面。锯削、锉削加工 4、5 面，如图 1-131 所示。按 4、5 面边界线，锯削并留有锉削余量；锉削保证加工尺寸精度、4 面对 A 面的平行度，以及 4、5 面的平面度等。

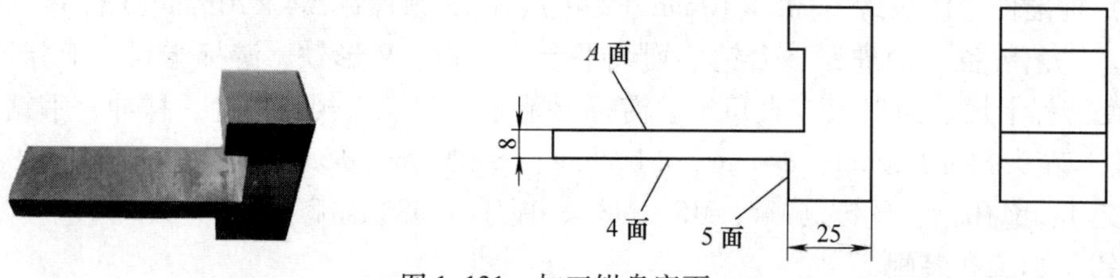

图 1-131　加工钳身底面

5）加工螺钉侧安装面。锯削、锉削加工 6、7 面，如图 1-132 所示，方法同上。

6）加工钳身斜面。锯削、锉削加工 8 面，如图 1-133 所示，方法同上。

7）划钻孔位置、打样冲点。按各拟加工孔的位置进行划线，确定各孔中心位置，并打

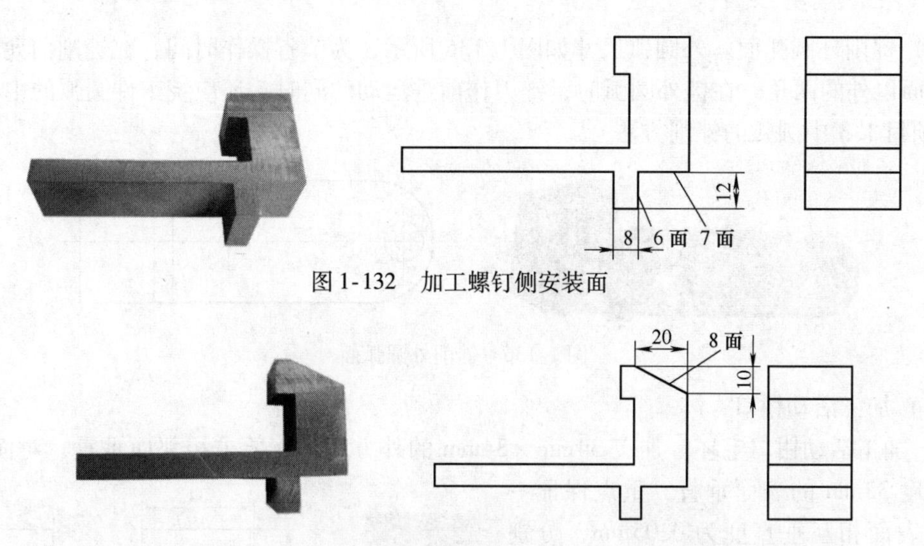

图 1-132　加工螺钉侧安装面

图 1-133　加工钳身斜面

样冲点（钻孔中心应打深些）。

8）钻孔。按图 1-134 所示孔的位置及尺寸进行钻孔。使用台钻进行钻孔时，手动进给力不宜过大，以防止钻头弯斜，使孔轴线歪斜。孔快钻通时尽量减小进给力，钻深孔时应退钻排屑。重点保证 ϕ9mm 孔对 *A* 面的平行度和位置要求，否则将造成装配后螺杆不能自由旋转的后果（实训时也可配作加工此孔）。

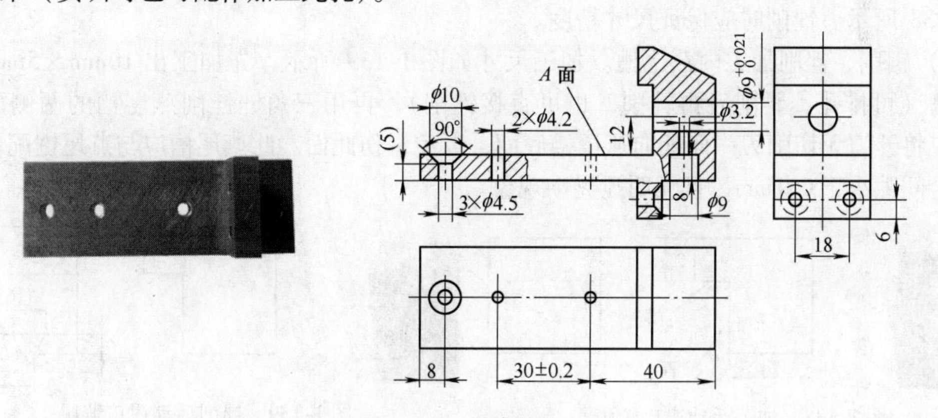

图 1-134　钳身钻孔

9）攻螺纹。攻 2 × M5 和 M4 螺纹的位置如图 1-135 所示。用头锥攻螺纹时，尽量将丝锥放正（参见项目 1.5 中攻螺纹的方法）。

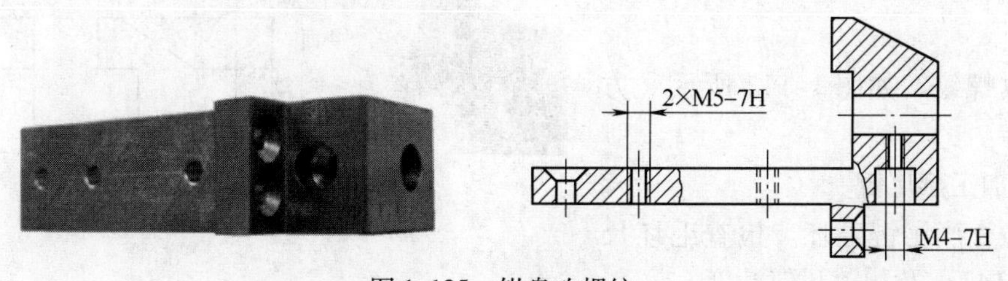

图 1-135　钳身攻螺纹

10）锉削外圆弧面。外圆弧尺寸如图 1-136 所示，为节省操作时间，在锉削前允许先锯去圆弧面以外的两角。在锉外圆弧时，锉刀作前进运动的同时，还应绕工件圆弧的中心摆动（参见项目 1.3 中圆弧的锉削方法）。

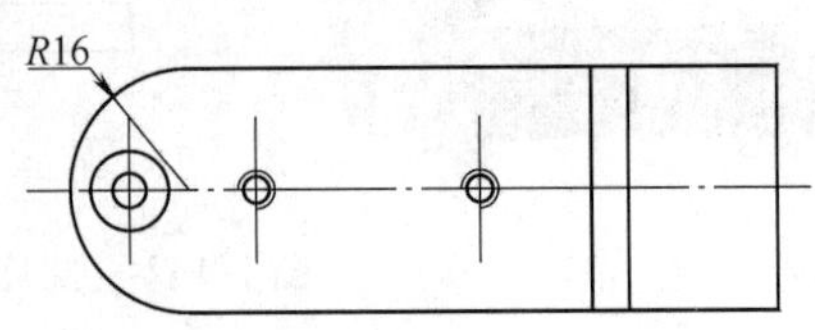

图 1-136　锉削外圆弧面

（2）加工活动钳口

1）加工活动钳口毛坯。加工 34mm×34mm 的外方毛坯，要求相邻面垂直、对面平行，并与厚度 32mm 的表面垂直，重点保证一对相邻表面相互垂直度为 0.05mm，分别作为底面和钳口面，并作标记。钳口毛坯外形如图 1-137 所示。

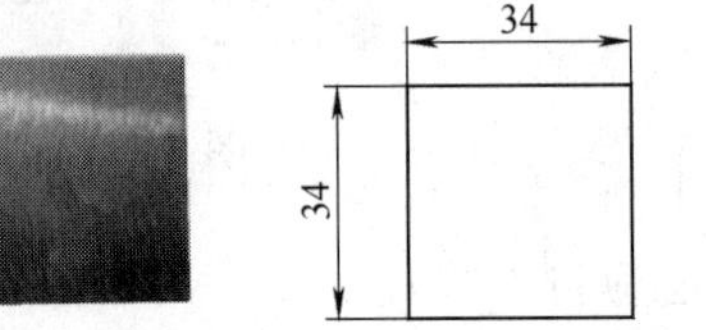

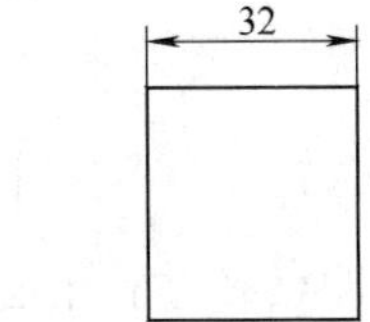

图 1-137　活动钳口毛坯

2）划线。按零件图 1-125 进行立体划线，打样冲点，ϕ9mm 孔心的样冲点应深些。

3）加工活动钳口轮廓。按划线进行 1、2 面边界锯削，并留有锉削加工余量，如图 1-138 所示。锉削时应保证尺寸精度。

4）锯削、锉削加工内燕尾槽。加工尺寸如图 1-139 所示，先加工出 10mm×5mm 尺寸的方槽（可排孔、錾削后再锉削，也可直接锉削），再用三角锉锉削燕尾槽的两侧面及底面，应将锉刀无切削刃一面朝向燕尾槽底面，以免划伤此面。此燕尾槽应与燕尾键配作，保证配合间隙小于 0.1mm，且无明显晃动现象。

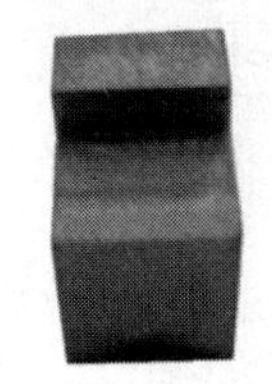

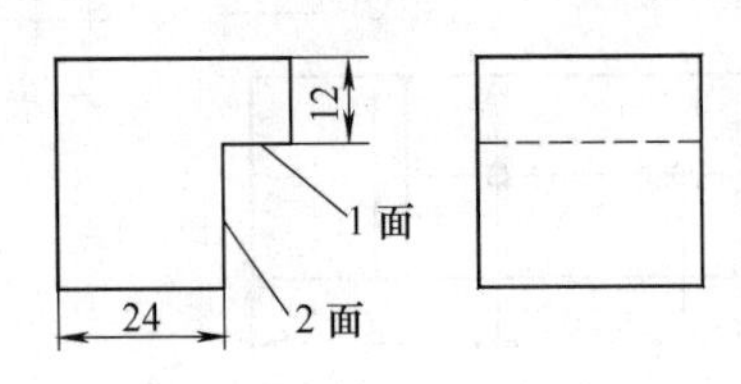

图 1-138　加工活动钳口轮廓

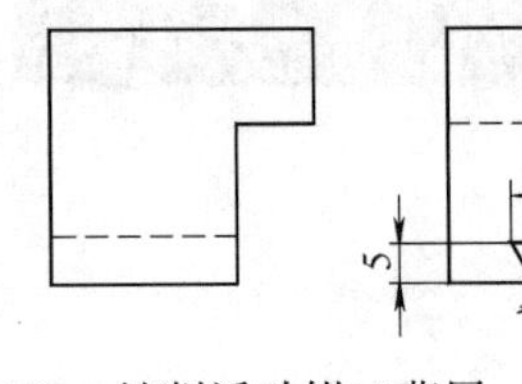

图 1-139　锉削活动钳口燕尾

5）按划线锯削、锉削加工 3、4 面。工件如图 1-140 所示（方法同前）。

6）钻孔。如图 1-141 所示（方法同前）。

7）攻螺纹。如图 1-142 所示（方法同前）。

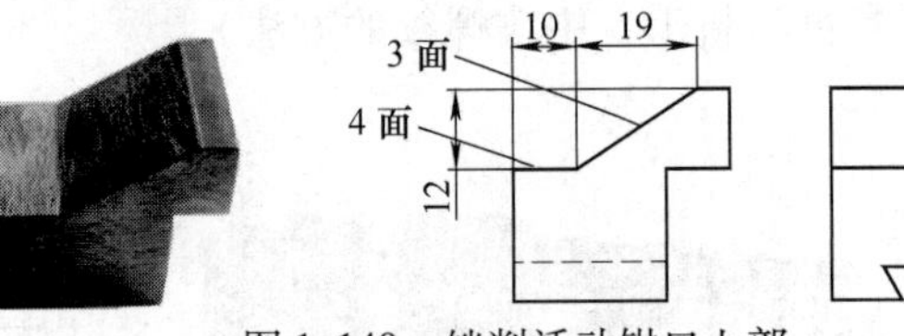

图 1-140　锉削活动钳口上部

（3）加工燕尾键

1）检查燕尾键毛坯。检查毛坯尺寸（图 1-143）及相关几何精度。

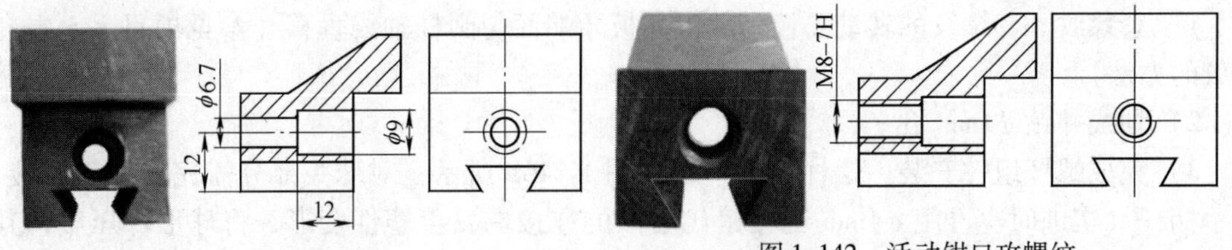

图 1-141 活动钳口钻孔

图 1-142 活动钳口攻螺纹

2）划线。按零件图 1-126 所示，划线并打样冲点，孔心的样冲点应深些。

3）锉削燕尾键。按照燕尾形工件加工方法加工燕尾键，尺寸如图 1-144 所示。燕尾键要求与活动钳口燕尾槽配作。

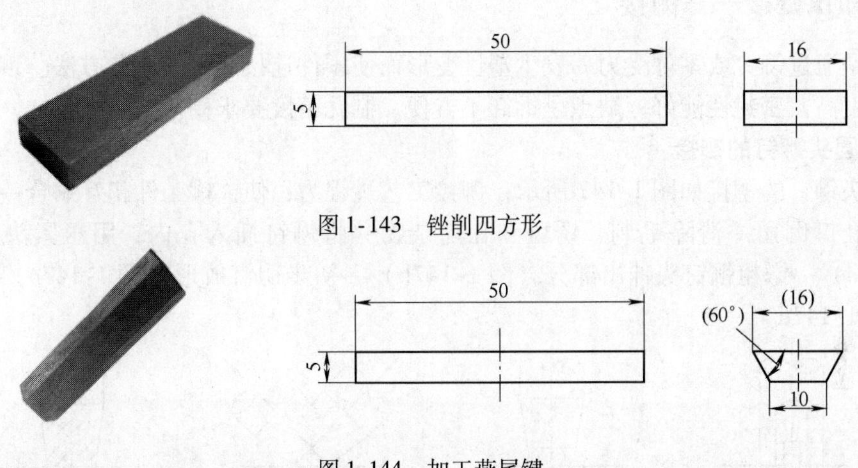

图 1-143 锉削四方形

图 1-144 加工燕尾键

4）钻孔。位置及尺寸如图 1-145 所示。

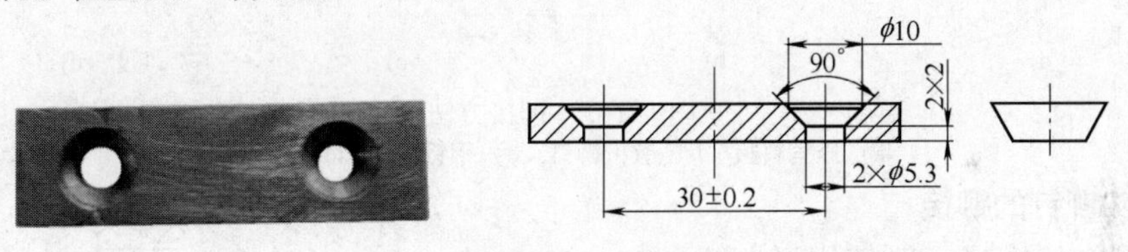

图 1-145 燕尾键钻孔

（4）加工螺杆 螺杆部分的车削工作可在车削实训中完成，此工序仅按图 1-127 所示完成 M8-7h 的套螺纹和 ϕ4mm 孔的钻削工作，螺杆外形如图 1-146a 所示。

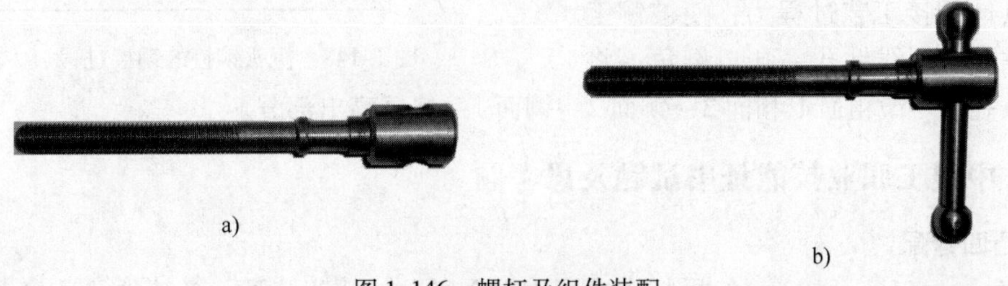

图 1-146 螺杆及组件装配

a）螺杆 b）螺杆组件

1）套螺纹。套螺纹的转动要慢，并保证板牙端面与圆杆轴线垂直（参见项目1.5中套螺纹的方法）。

2）划线并钻 ϕ4mm 孔。

3）完成螺杆组件安装。螺杆组件外形如图1-146b所示，对球头部分需完成手工铆接，使手柄杆（实训时也可用 ϕ4mm 圆柱销代用）的连接端发生塑性变形，将球形件压牢，其铆接部分外形为球面（圆弦型），应保证外观质量和连接强度要求。

（5）装配　按照装配图（图1-123）的要求将钳身、活动钳口、燕尾键和螺杆组件装配成小台虎钳。装配要求：保证螺杆转动灵活，并带动活动钳口移动自如；燕尾键与活动钳口燕尾槽的间隙符合图样要求；钳身与活动钳口的夹持工件部位平直，并能可靠贴合。

1.9.5　知识链接——铆接

铆接是通过铆钉或零件受力后发生塑性变形而使零件连接起来的工艺方法。铆接的优点是连接强度高，密封性能好；缺点是拆卸不方便，制孔精度要求高。

1. 半圆头铆钉的铆接

半圆头铆钉的铆接如图1-147所示，铆接工艺过程为：使被铆工件相互贴合→依照划线钻孔→在孔口倒角→清除毛刺、锈斑和孔内杂物→将铆钉插入孔内，用压紧头压紧料板（图1-147a）→镦粗铆钉头伸出部分（图1-147b）→初步铆钉成形（图1-147c）→用罩模整形（图1-147d）。

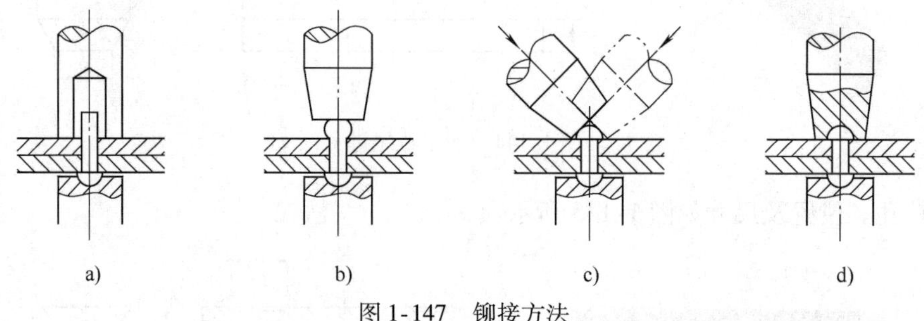

图1-147　铆接方法

a）压紧料板　b）镦粗铆钉　c）铆钉成形　d）整形

2. 沉头铆钉的铆接

沉头铆钉的铆接一般使用已制成的沉头铆钉铆接，此时只需将铆合头一端的材料填平沉头座即可；有时也用直径和材料合适的圆钢截断后代用，如图1-148所示，具体铆接工艺过程为：使被铆工件相互贴合→划线钻孔→孔口倒角→将铆钉插入孔内→镦粗面1和面2→铆面2→铆面1→修平高出部分。

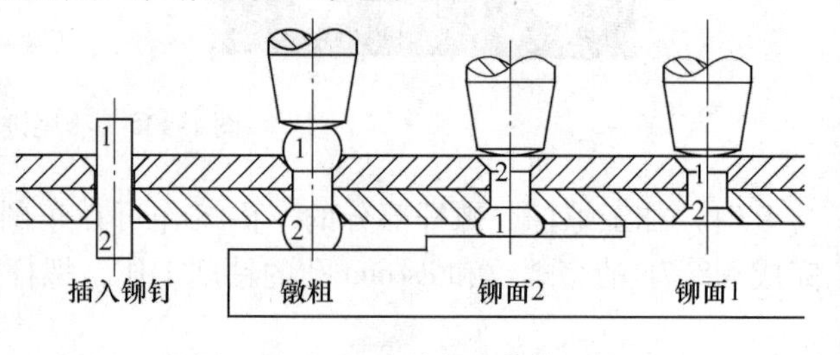

图1-148　沉头铆钉的铆接过程

1.9.6　中级工职业技能证书试题及思考题

1. 凸凹锉配

用85mm×65mm×8mm的板料完成图1-149所示的凸凹锉配。考核项目及参考评分标准见表1-11。

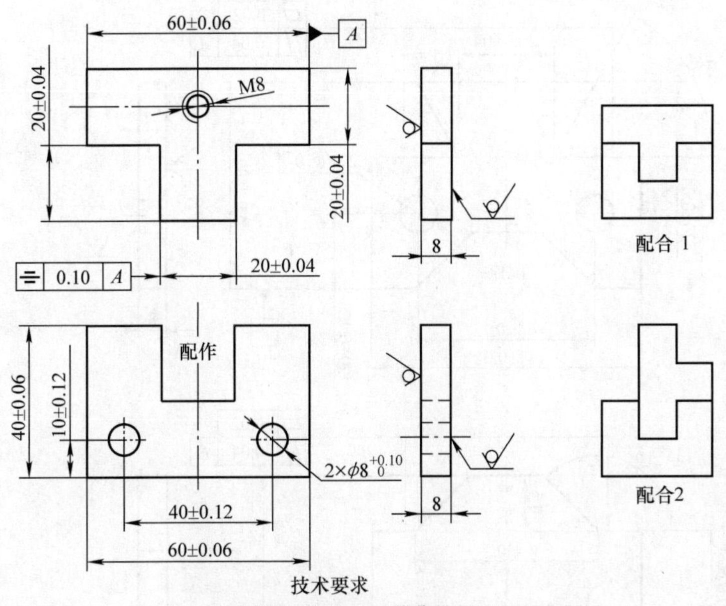

技术要求

1. 配合间隙≤0.08mm，错位量≤0.16mm；
2. 配合面不允许有喇叭口；
3. 配合内角处用手锯锯削1mm×1mm的消气槽；
4. ϕ8孔对零件中心对称度0.20mm。

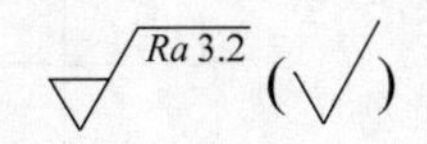

图 1-149　凸凹锉配

表 1-11　凸凹锉配的考核项目及参考评分标准

序号	考核项目		配分	评分标准	检测结果
1	10 ±0. 12mm（2 处）		3 ×2	超差 0. 02mm 扣 1 分	
2	60 ±0. 06mm（2 处）		4 ×2	超差 0. 02mm 扣 1 分	
3	20 ±0. 04mm（3 处）		5 ×3	超差 0. 02mm 扣 1 分	
4	40 ±0. 06mm		4	超差 0. 02mm 扣 1 分	
5	40 ±0. 12mm		3	超差 0. 02mm 扣 1 分	
6	$\phi 8^{+0.10}_{0}$（2 处）		3 ×2	超差 0. 02mm 扣 1 分	
7	M8		3	精度差不得分	
8	对称度 0. 10mm		3	超差 0. 04mm 扣 1 分	
9	*Ra*3. 2μm（16 处）		0. 5 ×16	降级不得分	
10	孔对零件中心对称度 0. 20mm		3 ×2	超差 0. 04mm 扣 1 分	
11	配合 1	间隙≤0. 08mm（5 处）	4 ×5	超差 0. 02mm 扣 1 分	
		错位量≤0. 16mm（2 处）	3 ×2	超差 0. 04mm 扣 1 分	
12	配合 2	间隙≤0. 08mm（4 处）	2 ×4	超差 0. 02mm 扣 1 分	
		错位量≤0. 16mm（2 处）	2 ×2	超差 0. 04mm 扣 1 分	
13	安全文明生产		违者视情节每次扣 2 ~10 分		

2. 燕尾、梯形锉配

用 110mm ×78mm ×8mm 的板料完成图 1-150 所示的燕尾、梯形锉配。考核项目及参考评分标准见表 1-12。

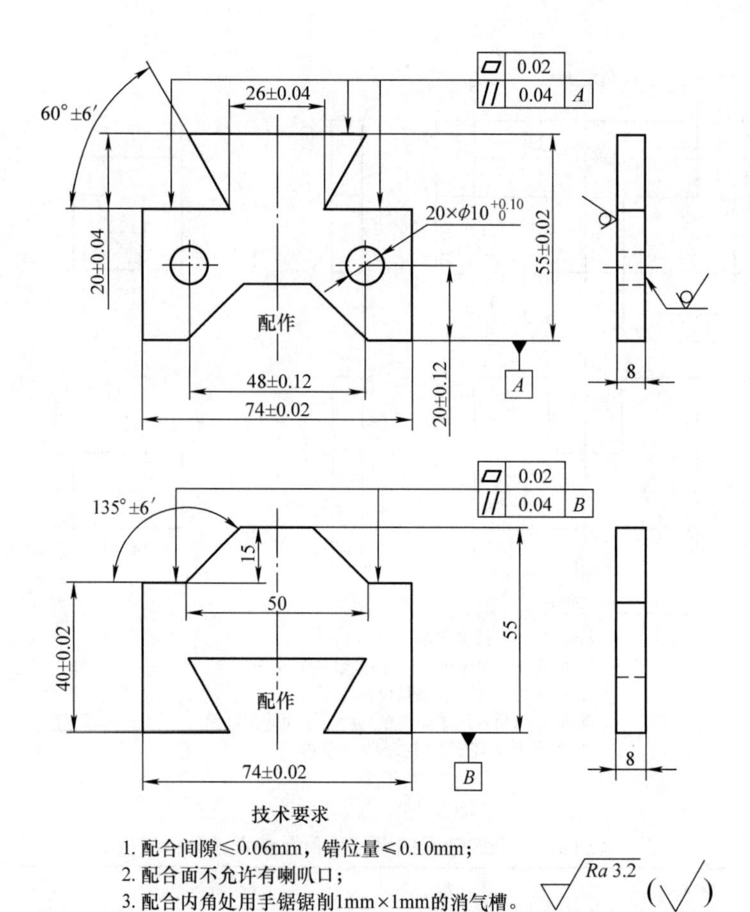

图 1-150　燕尾、梯形锉配

表 1-12　燕尾、梯形锉配的考核项目及参考评分标准

序号	考核项目		配分	评分标准	检测结果
1	20 ±0. 04mm（2 处）		2×2	超差 0. 02mm 扣 1 分	
2	26 ±0. 04mm		3	超差 0. 02mm 扣 1 分	
3	55 ±0. 02mm		4	超差 0. 01mm 扣 1 分	
4	74 ±0. 02mm（2 处）		3×2	超差 0. 01mm 扣 1 分	
5	40 ±0. 02mm（2 处）		2×2	超差 0. 01mm 扣 1 分	
6	60° ±6′（2 处）		3×2	超差 2′扣 1 分	
7	135° ±6′（2 处）		3×2	超差 2′扣 1 分	
8	20 ±0. 12mm（2 处）		1×2	超差 0. 02mm 扣 1 分	
9	48 ±0. 12mm		2	超差 0. 02mm 扣 1 分	
10	▱ 0. 02mm（5 处）		2×5	超差不得分	
11	// 0. 04mm（5 处）		2×5	超差不得分	
12	$\phi10^{+0.10}_{0}$（2 处）		2×2	超差 0. 02mm 扣 1 分	
13	*Ra*3. 2μm（26 处）		0. 5×26	降级不得分	
14	燕尾配合	间隙≤0. 06mm（5 处）	2×5	超差 0. 02mm 扣 1 分	
		错位量≤0. 10mm（2 处）	1×2	超差 0. 05mm 扣 1 分	
15	梯形配合	间隙≤0. 06mm（5 处）	2×5	超差 0. 02mm 扣 1 分	
		错位量≤0. 10mm（2 处）	1×2	超差 0. 05mm 扣 1 分	
16	孔口倒角、锐边倒钝		2	不符合要求不得分	
17	安全文明生产		违者视情节每次扣 2～10 分		

3. 多用扳手加工

用 103mm × 35mm × 9mm 的板料通过钳工加工成图 1-151 所示的多用扳手。考核项目及参考评分标准见表 1-13。

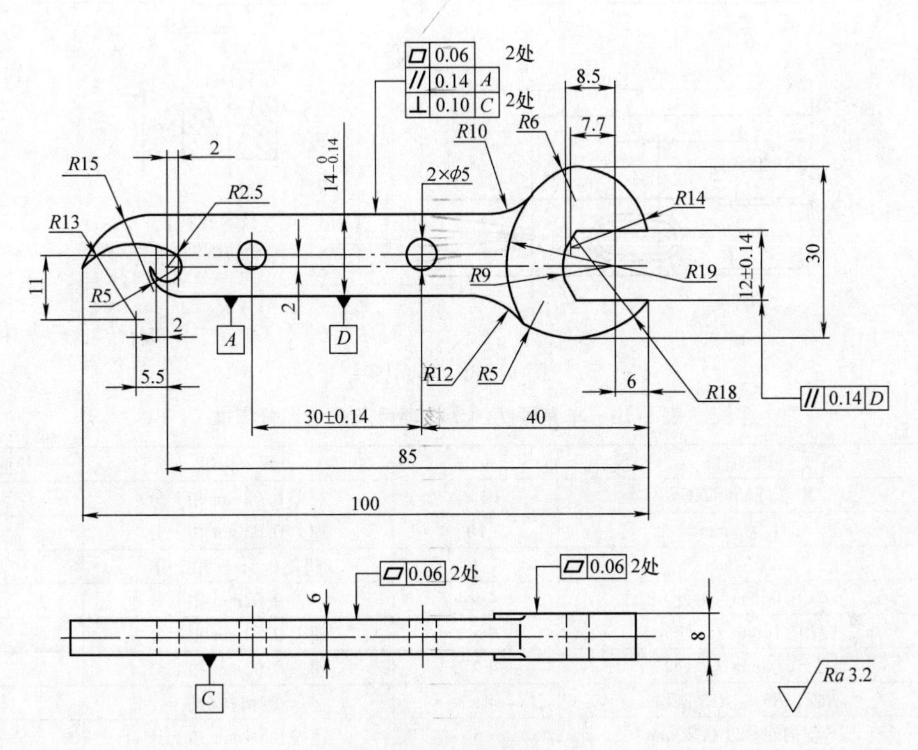

图 1-151　多用扳手

表 1-13　多用扳手的考核项目及参考评分标准

序号	考核项目	配分	评分标准	检测结果
1	$14_{-0.14}^{0}$mm	15	超差 0.02mm 扣 1 分	
2	12 ±0.14mm	15	超差 0.02mm 扣 1 分	
3	30 ±0.14mm	5	超差 0.02mm 扣 1 分	
4	//0.14mm（2 处）	5 ×2	超差 0.04mm 扣 1 分	
5	⊥0.10mm（2 处）	4 ×2	超差 0.04mm 扣 1 分	
6	▱0.06mm（6 处）	2 ×6	超差 0.02mm 扣 1 分	
7	Ra3.2μm（15 处）	1 ×15	降级不得分	
8	各处圆弧圆滑，外形协调美观	20	视情况扣分	
9	安全文明生产	违者视情节每次扣 2 ~ 10 分		

4. 羊角锤头加工

将 φ40mm × 123mm 的棒料通过钳工加工成图 1-152 所示的羊角锤头。考核项目及参考评分标准见表 1-14。

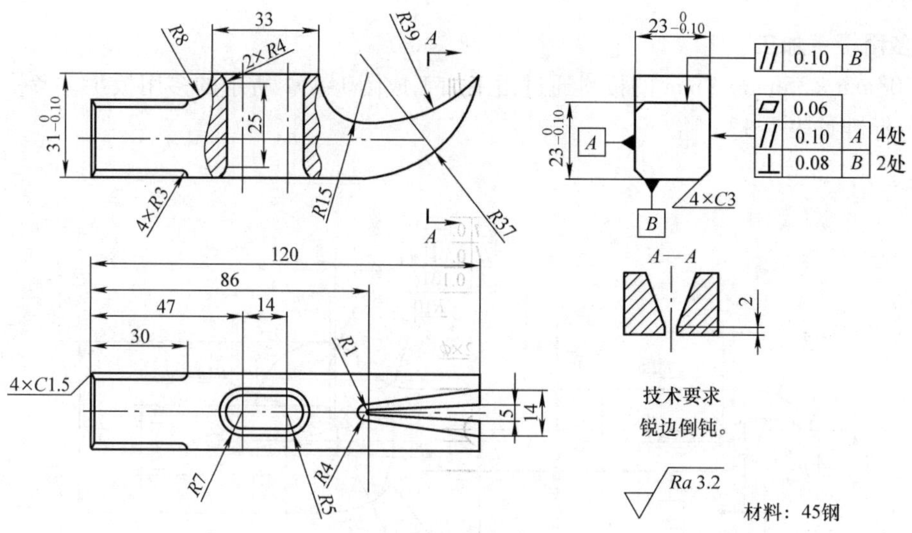

图 1-152 羊角锤头

表 1-14 羊角锤头的考核项目及参考评分标准

序号	考核项目	配分	评分标准	检测结果
1	$23_{-0.10}^{\ 0}$mm（2 处）	10×2	超差 0.02mm 扣 1 分	
2	$31_{-0.10}^{\ 0}$mm	10	超差 0.02mm 扣 1 分	
3	120_{-2}^{+1}mm	3	超差 0.5mm 扣 2 分	
4	⏥ 0.06mm（4 处）	4×4	超差 0.02mm 扣 1 分	
5	// 0.10mm（2 处）	4×2	超差 0.02mm 扣 1 分	
6	⊥ 0.08mm（2 处）	4×2	超差 0.02mm 扣 1 分	
7	*R*42、*R*37、*R*15 圆滑	4×3	酌情扣分	
8	羊角槽对称度 0.20mm	5	超差 0.04mm 扣 1 分	
9	*Ra*3.2μm	8	一处降级扣 1 分	
10	点线面的准确性、外观对称协调性	10	酌情扣分	
11	安全文明生产	违者视情节每次扣 2～10 分		

5. 平板刮削

完成图 1-153 所示的平板刮削。考核项目及参考评分标准见表 1-15。

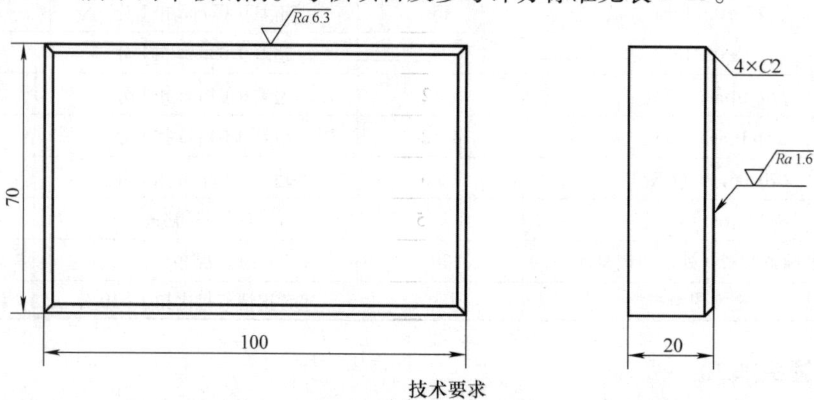

图 1-153 平板刮削

表 1-15　平板刮削的考核项目及参考评分标准

序号	考核项目	配分	评分标准	检测结果
1	站立姿势正确	10	总体评分视情况而定	
2	刮刀握法正确	10	总体评分视情况而定	
3	刀迹整齐、美观	15	不符合要求酌情扣分	
4	接触点 25mm×25mm 内达到 12 个	30	不符合要求酌情扣分	
5	刮点清晰、均匀、25mm×25mm 范围内允许差 5 个点	20	不符合要求酌情扣分	
6	无明显落刀痕、丝纹和振痕	15	不符合要求酌情扣分	
7	安全文明生产	违者视情节每次扣 2～10 分		

6. 思考题

1）简述钳工工艺的制定方法和步骤。

2）说明小台虎钳的加工方法和步骤，如何保证其装配精度。

3）小台虎钳如使用其他机床进行加工，应如何安排加工工艺？试举例说明。

4）分析二维码所示钻模夹具的结构，试说明其是如何适合定位和夹紧的。

项目 1.10　减速器的装配

机械装配是指按规定的技术要求，将若干零件组合成组件、部件，再把若干零件、组件和部件组合成机器的工艺过程。装配完成的机器，必须满足规定的装配精度，同时还要满足一些特殊工艺技术要求，如静平衡、动平衡、打压试验、密封性、摩擦要求等。机械装配是机器制造中的最后一个工序，因此它是保证机器达到技术要求的关键，装配工作直接决定了产品的质量。

1.10.1　项目引入

1. 识读装配结构

如图 1-154a、b 所示为一级圆柱齿轮减速器的实物图和爆炸图。

a)

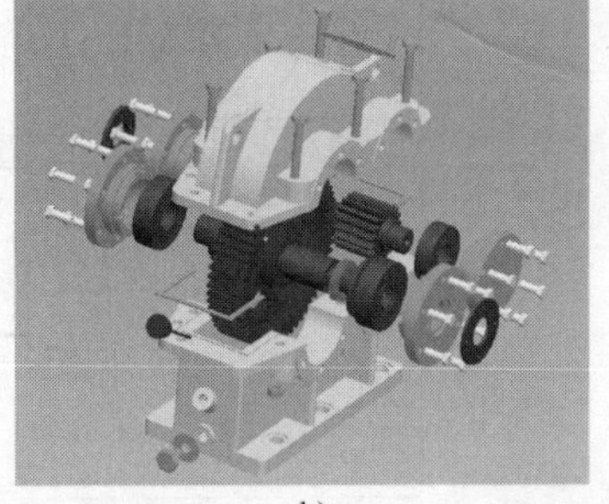

b)

图 1-154　一级圆柱齿轮减速器的实物图和爆炸图

a）实物图　b）爆炸图

在机械装配前需认真研究机械装配图（总装图和部装图）的内容，分析装配精度和装配技术要求等。在图 1-155 所示的一级圆柱齿轮减速器的装配图中，对减速器的装配和调试

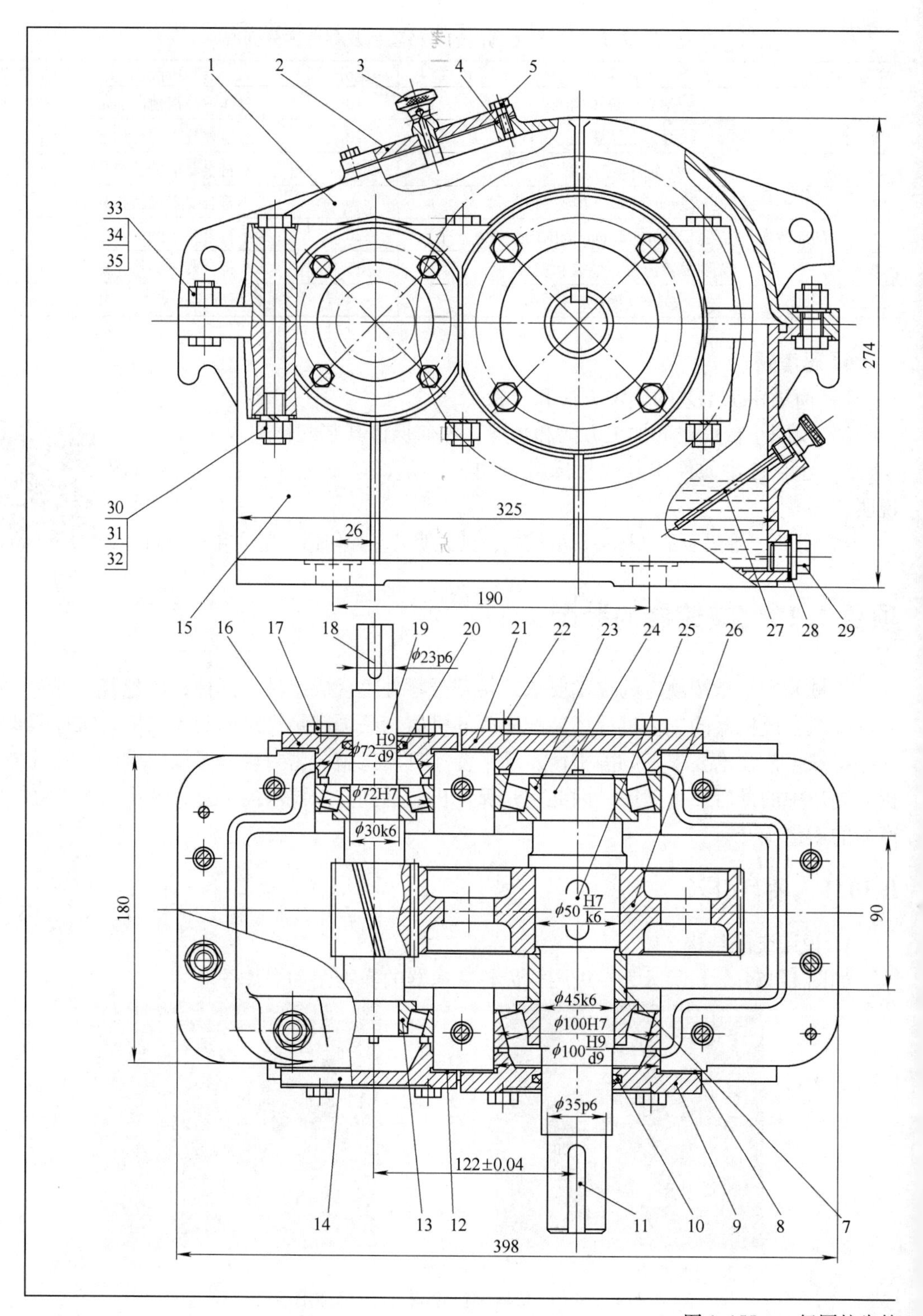

图 1-155 一级圆柱齿轮

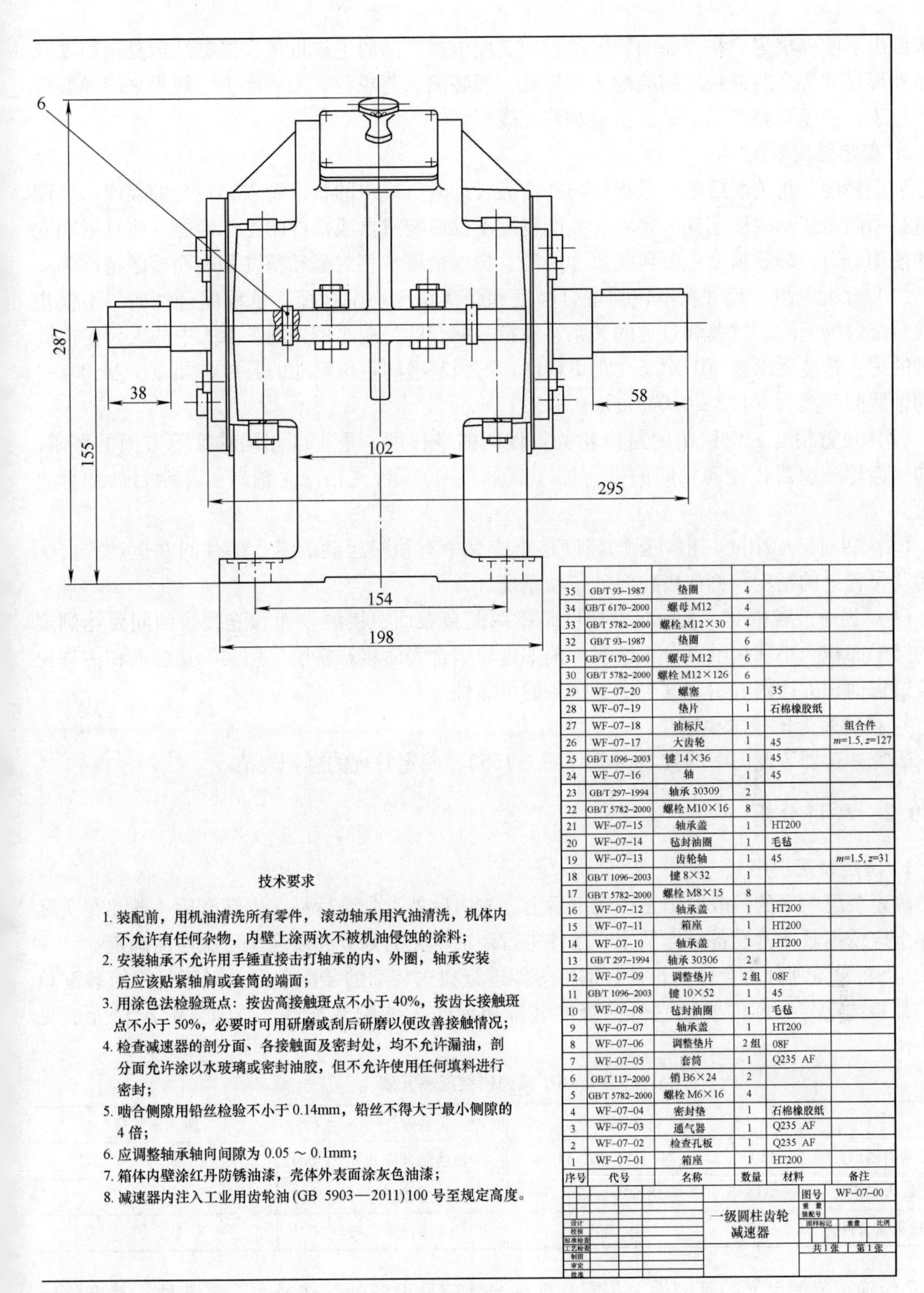

序号	代号	名称	数量	材料	备注
35	GB/T 93-1987	垫圈	4		
34	GB/T 6170-2000	螺母 M12	4		
33	GB/T 5782-2000	螺栓 M12×30	4		
32	GB/T 93-1987	垫圈	6		
31	GB/T 6170-2000	螺母 M12	6		
30	GB/T 5782-2000	螺栓 M12×126	6		
29	WF-07-20	螺塞	1	35	
28	WF-07-19	垫片	1	石棉橡胶纸	
27	WF-07-18	油标尺	1		组合件
26	WF-07-17	大齿轮	1	45	m=1.5, z=127
25	GB/T 1096-2003	键 14×36	1	45	
24	WF-07-16	轴	1	45	
23	GB/T 297-1994	轴承 30309	2		
22	GB/T 5782-2000	螺栓 M10×16	8		
21	WF-07-15	轴承盖	1	HT200	
20	WF-07-14	毡封油圈	1	毛毡	
19	WF-07-13	齿轮轴	1	45	m=1.5, z=31
18	GB/T 1096-2003	键 8×32	1		
17	GB/T 5782-2000	螺栓 M8×15	8		
16	WF-07-12	轴承盖	1	HT200	
15	WF-07-11	箱座	1	HT200	
14	WF-07-10	轴承盖	1	HT200	
13	GB/T 297-1994	轴承 30306	2		
12	WF-07-09	调整垫片	2 组	08F	
11	GB/T 1096-2003	键 10×52	1	45	
10	WF-07-08	毡封油圈	1	毛毡	
9	WF-07-07	轴承盖	1	HT200	
8	WF-07-06	调整垫片	2 组	08F	
7	WF-07-05	套筒	1	Q235 AF	
6	GB/T 117-2000	销 B6×24	2		
5	GB/T 5782-2000	螺栓 M6×16	4		
4	WF-07-04	密封垫	1	石棉橡胶纸	
3	WF-07-03	通气器	1	Q235 AF	
2	WF-07-02	检查孔板	1	Q235 AF	
1	WF-07-01	箱座	1	HT200	

技术要求

1. 装配前，用机油清洗所有零件，滚动轴承用汽油清洗，机体内不允许有任何杂物，内壁上涂两次不被机油侵蚀的涂料；
2. 安装轴承不允许用手锤直接击打轴承的内、外圈，轴承安装后应该贴紧轴肩或套筒的端面；
3. 用涂色法检验斑点：按齿高接触斑点不小于 40%，按齿长接触斑点不小于 50%，必要时可用研磨或刮后研磨以便改善接触情况；
4. 检查减速器的剖分面、各接触面及密封处，均不允许漏油，剖分面允许涂以水玻璃或密封油胶，但不允许使用任何填料进行密封；
5. 啮合侧隙用铅丝检验不小于 0.14mm，铅丝不得大于最小侧隙的 4 倍；
6. 应调整轴承轴向间隙为 0.05 ～ 0.1mm；
7. 箱体内壁涂红丹防锈油漆，壳体外表面涂灰色油漆；
8. 减速器内注入工业用齿轮油 (GB 5903—2011) 100 号至规定高度。

减速器的装配图

要求做出了明确规定。在产品的装配过程中，应根据产品的生产批量、机械结构复杂程度及产品外形尺寸等来制订相应的装配工艺规范，即装配工艺规程。用装配工艺规程来指导装配生产过程，便于提高产品的装配质量和装配效率。

2. 确定装配精度

装配精度是指装配后的质量指标与在产品设计时所规定的技术要求相符合的程度，装配质量必须满足产品的使用性能要求。装配精度不仅影响机器或部件的工作性能，而且影响它们的使用寿命。装配精度主要包括尺寸精度、位置精度、相对运动精度和表面接触精度等。

（1）尺寸精度　尺寸精度包括配合精度和距离精度。配合精度也称配合性质，不仅指零件装配时的间隙、过渡和过盈的关系，还指其配合的公差。例如图1-155中的大齿轮内孔与轴的配合精度要求为50H7/k6。距离精度指不同基准间定位尺寸的公差，如减速器相互平行的轴线间距离为（122±0.04）mm。

（2）位置精度　位置精度是指相关零件间的平行度、垂直度和同轴度等方面的要求。例如：齿轮减速器各传动轴间的平行度（或垂直度），台式钻床主轴对工作台台面的垂直度等。

（3）相对运动精度　相对运动精度是指产品中有相对运动的零、部件间在运动方向上和运动位置上的精度。例如齿轮间的传动精度。

（4）表面接触精度　表面接触精度是指两配合表面、接触表面和连接表面间要达到规定的接触面积大小和接触点分布情况。例如齿轮啮合表面接触精度可用实际接触面积占理论上应接触面积的比例表示，其表示了接触的可靠性。

3. 确定装配的技术要求

研究减速器装配图中的技术要求（图1-155），确定常规的操作规范。

1.10.2　项目分析

1. 确定装配次序

确定装配顺序的一般原则是：先下后上，先内后外，先难后易，先精密后一般。在实际工作中应依据具体的设备特点及生产条件进行装配单元的划分和装配先后次序的确定。

1）将设备划分为合件、组件、部件等能进行独立装配的装配单元。对于每一级装配单元，都要选定某一零件或比它低一级的装配单元作为装配基准件。减速器装配单元表见表1-16。

表1-16　减速器装配单元表

名称	代号	所含零件号	名称	代号	所含零件号
输出轴组件	001	23、24、25、26、11、7	轴承盖合件Ⅱ	004	9、10
输入轴组件	002	18、19、13	检查孔组件	005	2、3、4
轴承盖合件Ⅰ	003	16、20	油塞合件	006	28、29

2）确定装配单元的基准件。装配基准件通常应是设备的基体或主干零部件，基准件应有较大的体积和质量，应有足够大的承压面。

3）根据基准零件确定装配单元的装配顺序。在划分装配单元和确定装配基准件之后，即可编排装配顺序，并以装配单元系统图的形式表示出来，形式如图1-156所示。图1-157

所示为一级圆柱齿轮减速器的装配单元系统图，以左侧所示的箱座为基础，依次向右，完成减速器整体装配。

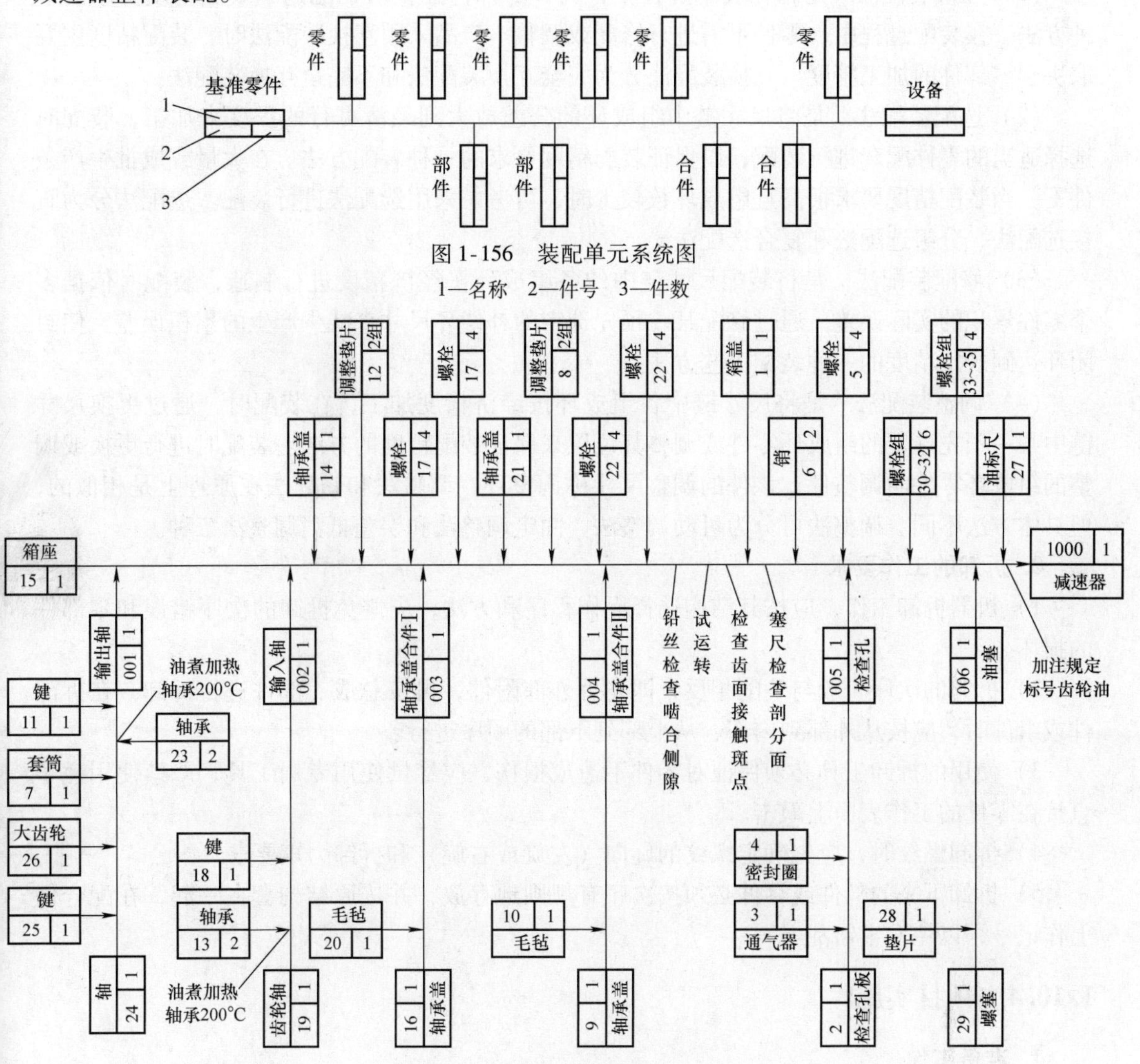

图 1-156　装配单元系统图

1—名称　2—件号　3—件数

图 1-157　一级圆柱齿轮减速器的装配单元系统图

2. 确定装配方法

在机械产品装配中，减速器的装配工艺具有典型性。圆柱齿轮减速器的装配工艺包括：机体（包括机座组件和机盖组件）的装配，高速轴组件的装配，低速轴组件的装配，减速器的总装配、研齿、试车、装联轴器和涂装等工序。

通过制订合理的装配工艺规程，可以确定合理的装配方法，以较低的零件精度和较少的劳动量达到规定的装配精度。

1.10.3　相关知识——装配方法；拆卸要求

1. 装配的方法

在满足装配要求和工艺条件的前提下，考虑机械装配的经济性和可行性，选择以下装配方法。

（1）互换装配法　是指在装配过程中，同种零部件互换后仍能达到装配精度要求的一种方法。在装配过程中，零件不需进行修配或调整。产品采用互换装配法时，装配精度主要取决于零部件的加工精度。互换装配法分为完全互换装配法和不完全互换装配法。

（2）选配装配法　是将尺寸链中组成环的公差放大到经济可行的程度来加工，装配时选择适当的零件配套进行装配，以保证装配精度要求的一种装配方法。在大量或成批生产条件下，当装配精度要求很高且组成环数较少时，可考虑采用选配法进行装配。选配法分为直接选配法、分组选配法和复合选配法。

（3）修配装配法　是将装配尺寸链中的各组成环按经济精度进行制造，装配时依据多个零件累积的实际误差，通过修配某一预先选定的补偿环尺寸来减少产生的累积误差，使封闭环达到规定精度的一种装配工艺方法。

（4）调整装配法　是将尺寸链中各组成环按经济精度加工，在装配时，通过更换尺寸链中某一预先选定的组成环零件或调整其位置来保证装配精度的方法。装配时进行更换或调整的组成环零件叫调整件，该件的调整尺寸称调整环。调整法和修配法在原理上是相似的，但具体方法不同。调整法可分为可动调整法、固定调整法和误差抵消调整法三种。

2. 拆卸的工作要求

1）机器拆卸工作，应按其结构选择操作程序和方法，应避免拆卸的次序错误和零部件的损坏。

2）拆卸的次序一般与装配相反，即先拆外部附件，再按总成、部件进行拆卸。在拆部件或组件时，应按从外部到内部、从上部到下部的顺序进行。

3）使用的拆卸工具必须保证对零件不造成损伤，应尽量使用专用工具，严禁使用锤子直接在零件的工作表面上敲击。

4）拆卸螺纹时，应先确定螺纹的旋向（左旋或右旋）和拆卸力矩要求。

5）拆卸下来的部件或零件必须按次序有规则地存放，并按原结构套在一起，在配合件上作记号，以免发生错乱。

1.10.4　项目实施

1. 准备工作

（1）减速器　结构及尺寸参考图 1-155 选用，齿轮中心距在 1000mm 之内。

（2）操作工具　内六角扳手、螺钉旋具、铜棒、锤子、钩头扳手、盛容器等。

（3）量具　游标卡尺、百分表及表座、千分尺、塞尺等。

2. 圆柱齿轮减速器的装配

（1）机体的装配

1）结合面的装配。为了防止减速器漏油，除轴端密封结构要合理外，机座与机盖结合面也应精刨或刮研，其间隙要求见表 1-17。

表 1-17　机座与机盖结合面间隙　（单位：mm）

机座与机盖外形长度	≤1000	1000 ~ 2000	2000 ~ 3000	3000 ~ 4000
间隙	0.05	0.08	0.12	0.15

用塞尺检查机座与机盖的结合面，允许局部塞进，但不得超过联接螺孔中心。所有减速器装配连接后，0.03mm 的塞尺不得通过，局部通过深度允许为边缘的1/2。

2）滚动轴承试装。清洗轴承，并将已清洗的轴承外圈在减速器的轴承孔内试装，不合适时要在公差范围内修刮轴承孔的两侧，轴承座孔和轴承盖孔两侧的间隙尺寸见表1-18。

表1-18　轴承座孔和轴承盖孔两侧的间隙尺寸　（单位：mm）

轴承外径	b	h	简　图
≤120	≤0.10	≤10	
>120～260	≤0.15	≤15	
>260～400	≤0.20	≤20	
>400	≤0.25	≤30	

轴承外环与轴承座的接触面积应达到配合面的2/3（即120°范围），并与中心线对称。轴承外环与上盖接触面积不应小于配合面的1/2（即90°范围），并与中心线对称。检查方法为：0.03～0.05mm 的塞尺不得塞入轴承外圈宽度的1/3。

3）漏水试验。减速器的底座按技术要求进行漏水试验，水放入机座后存留10min，检查是否有漏水和渗水现象，发现有漏水和渗水部位要及时进行处理或报废。将水放出后，用压缩空气吹干底座。

4）涂装。对非加工表面涂以耐用油漆，通常采用酱色底漆红色外漆，其中包括机座、机盖内部不加工表面，齿轮不加工表面，端盖内部非配合表面等。

5）其他工作。装配通气器、油标尺、放油用螺塞（包括密封用垫片），并进行检验。

（2）高速轴组件的装配

1）检查齿轮轴与滚动轴承的尺寸、轴承牌号、两者尺寸及公差是否相符，将检查合格的轴承放在油箱内加热，用80%的气缸油、20%的45号机油，油温在80～100℃，加热时间不少于15min。轴承内孔加热后线膨胀误差可用下式计算

$$\Delta D=\alpha D\Delta t \tag{1-5}$$

式中　ΔD——轴承加热后内径变形量（mm）；

α——轴承材料的线膨胀系数；

D——轴承内径（mm）；

Δt——轴承加热前与加热后的温差（℃）。

2）将轴承装在齿轮轴上之前，应先装入挡油板及定距环等件（本例中无此件）。

3）轴承内孔与轴的配合大多采用过渡配合，如k6、m6、js6等，轴承在轴上装配时可采用热装或压装，压装时可用压力机和辅助工具。在装配时不应使滚动体受力，轴承的内圈、外圈和内外圈同时安装的方法分别如图1-158a、b、c所示。

当要将轴承内圈压装在轴上，而轴和孔之间存在一定的过盈量时，其装配压力P可按下式确定

$$P=\frac{T_{\mathrm{D}}\mu_{\mathrm{C}}E\pi B}{2N} \tag{1-6}$$

式中　P——将轴承内环压套在轴上所需压力（N）；

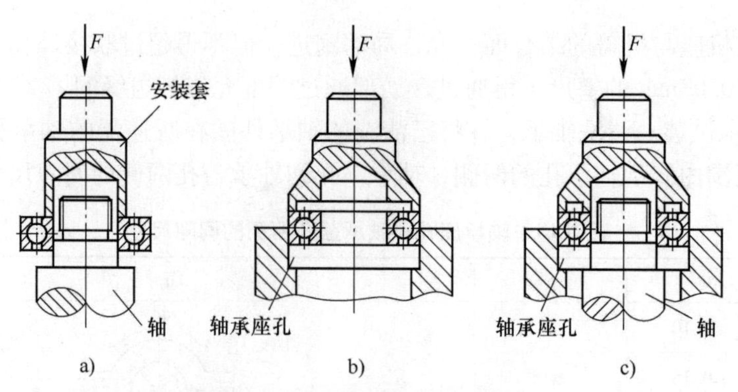

图 1-158 滚动轴承的安装

a）轴承的内圈安装 b）轴承的外圈安装 c）轴承的内、外圈同时安装

T_D——实际过盈量，通常取计算过盈的 90%（mm）；

μ_C——配合表面滑动摩擦因数；

E——弹性模量，滚珠轴承钢 $E=2.12\times10^5$（MPa）；

B——轴承内环宽度（mm）；

N——轴承系数，轻系列 $N_{轻}=2.78$，中系列 $N_{中}=2.27$，重系列 $N_{重}=1.96$。

4）装配轴承端盖。

（3）低速轴组件的装配

1）检查轴、齿轮及轴承的配合尺寸，并根据轴和齿轮的键槽修配键，将键装在轴槽内。

2）用感应加热法将齿轮预热到 250~300℃，用压力机将轴压入齿轮孔，并至装配位置。

3）根据图样技术要求对齿轮轴组件进行静平衡试验。

4）将滚动轴承在电加热油槽内加热到 90℃，把轴承压装到装配位置。

5）装配轴承端盖，交检。

（4）减速器的总装配

1）将机座置于装配工作台上，用平尺及水平仪在结合面上找平，纵、横方向与水平的误差不得大于 0.3mm/1000mm，找正后将机座固定在工作台上。

2）修配联接用的键，将研齿时所用的带轮装在减速器的主动轴上。

3）按图样准备垫片组（0.1mm、0.2mm、0.3mm、0.5mm 为一组）。

4）装端盖，调整轴承的轴向间隙，因减速器工作时轴的温度变化，轴承会产生轴向移动，所以将轴承端面和压盖之间留有一间隙 C_m，如图 1-159 所示，其值可用下式确定

$$C_m=\alpha L\Delta t+X \tag{1-7}$$

式中 C_m——轴承的轴向间隙（mm）；

L——两轴承间的距离（mm）；

Δt——轴工作温度与环境温度之差（℃）；

α——轴材料的线膨胀系数（钢铁的线膨胀系数为 0.000 011）；

X——预设间隙量（按技术要求取 0.1mm）。

5）检查齿侧间隙。齿侧间隙可用塞尺、铅丝或百分表检查。用铅丝检查时，铅丝直径不宜超过间隙的 3 倍，侧隙的大小等于齿形挤压后的铅丝厚度，可用千分尺测量。用百分表测量齿轮副间隙方法如图 1-160 所示，间隙值为表针的最大摆动量。对于精密齿轮采用光隙法检查。

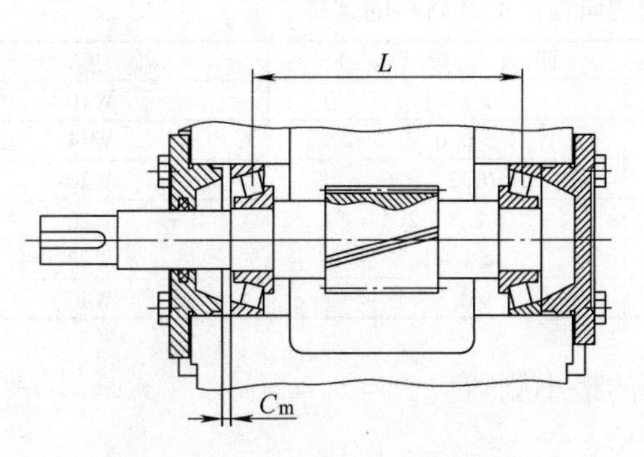

图 1-159　调正轴承的轴向间隙

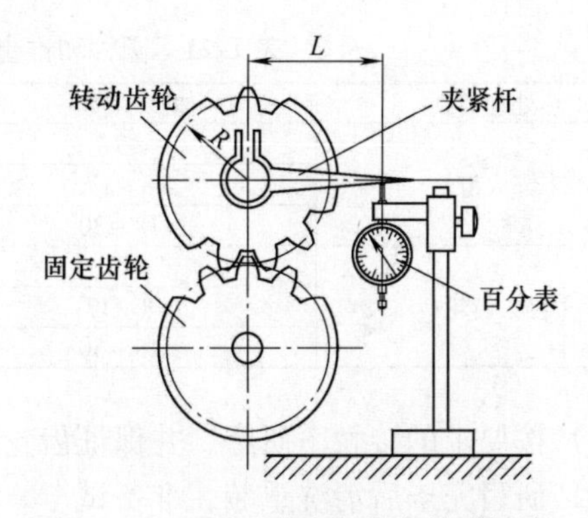

图 1-160　用百分表测量齿轮副间隙

圆柱齿轮副的侧隙要求见表 1-19，选择侧隙大小主要考虑工作条件和使用要求。一般情况下，闭式传动（如减速器）取标准侧隙，开式传动或高速重载取较大侧隙。

表 1-19　圆柱齿轮副的侧隙　（单位：μm）

中心距/mm	≤50	>50~80	>80~120	>120~200	>200~320	>320~500	>500~800	>800~1250	>1250~2000	>2000~3150	>3150~5000
标准侧隙	85	105	130	170	210	260	340	420	530	710	850
较大侧隙	170	210	260	340	420	530	670	850	1060	1400	1700

6）检查齿面接触率。圆柱齿轮的齿面接触率见表 1-20。在检查接触面积时，用紫色和红铅油着色，当两齿轮大小不同时，应涂在小齿轮上，蜗轮副涂在蜗杆上。修齿时不能将相互啮合的齿轮都进行修整，通常只修大齿轮，蜗轮副修蜗轮。因为大齿轮和蜗轮磨损的慢，修刮后影响不大。但在实际工作中，因小齿轮齿数少好修刮，也会修小齿轮。

表 1-20　圆柱齿轮的齿面接触率

精 度 等 级	沿齿高不小于/%	沿齿长不小于/%
7	45	60
8	40	50
9	30	40

7）当啮合齿轮的速比为整数时，如 1∶1、1∶2、1∶3 等应在两齿轮上打上标记，以便卸后重装仍能保持良好的啮合关系。交检。

（5）研齿

1）准备电动机及带轮，将带轮装于电动机轴上，并将电动机与减速器用传动带连接。

2）为了防止在研齿时，研磨剂溅入轴承中，可做一圆纸垫装于轴承侧面的轴径上。

3）在齿面均匀涂上研磨剂，并在从动轴端装上制动器。

4）在研齿时，空载研磨 5min 后停车检查，无齿面擦伤时可逐渐加载研磨，发现有擦伤要立即换上细粒度的研磨剂研磨，每隔 0.5~1h 停车检查一次。在研齿过程中，如发现研磨剂有堆积和凝结现象，可在研磨剂中加入少量机油，在使用氧化铬（CrO）研磨时应加入煤油，需淬火的齿轮应在淬火前研齿，淬火后有微量变形应再研磨，研齿速度及研料选择见表 1-21。

表 1-21　圆柱和锥齿轮的研齿速度及研料的选择

热处理类别	模　　数	研 齿 速 度/(m/s)	粒　度　号
末淬火齿轮	≤7	>1～1.5	W10
	≥8～17	>0.6～1	W14
	≥18～30	>0.2～0.6	W20
淬火齿轮	≤7	>1.8～2.4	W20
	≥8～17	>1～1.8	W28
	≥18～30	>0.3～1	W40

5）按要求的接触率研磨，并保证齿轮副的最小侧隙。

6）研齿完毕后清洗重装，准备试车。交检。

（6）试车

1）根据图样要求的转速准备工具，空载试车 2h，负载试车根据减速器工作情况，加一定的负载试车，高速轴转速不得高于 750r/min，低速轴转速不得低于 250r/min，试车的单向或双向根据图样技术要求而定。

2）试车时在减速器内注入润滑油，试车时油温不能超过 35℃，轴承温度不能超过 40℃。

3）按图样要求试车后，检查齿面的表面粗糙度，有无拉伤现象，噪声如何，传动是否平稳，有无漏油现象，直至达到要求，卸开清洗，从电动机和主动轴上取下带轮。交检。

（7）装联轴器

1）检查联轴器和主动轴之间的配合尺寸，并按键槽修配键。

2）在压力机上把轴压入联轴器。交检。

（8）涂油　各件涂防锈油，清洗后总装，交检。

（9）涂装　减速器外表面涂灰色油漆两次，装标牌，交检。

1.10.5　知识链接——螺纹、键和销的装配

齿轮和滚动轴承的装配已在上述项目实施中做了介绍，以下仅对螺纹、键、销的装配方法进行介绍。

1. 螺纹的装配

普通螺纹用于两个或两个以上零件的固定联接，要求可旋合性和联接的可靠性。普通螺纹联接的常用联接件如图 1-161 所示。

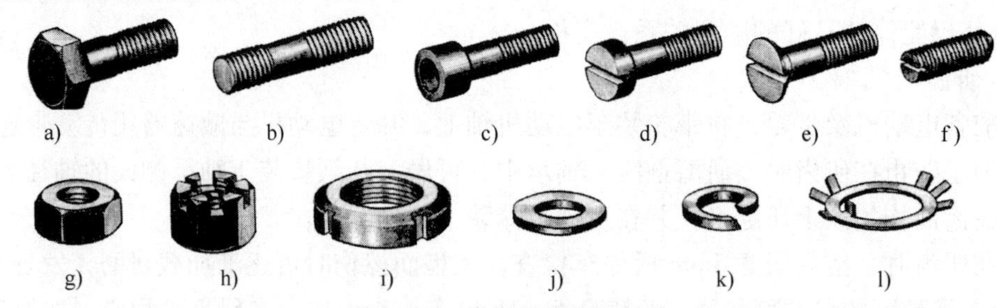

图 1-161　常用的螺纹联接件

a）螺栓　b）双头螺柱　c）内六角螺钉　d）圆柱头螺钉　e）沉头螺钉　f）紧定螺钉
g）六角螺母　h）带槽螺母　i）圆螺母　j）平垫圈　k）弹簧垫圈　l）圆螺母用止动垫圈

螺纹联接的装配要求如下：

1）螺栓、螺钉或螺母与其贴合的表面要光洁、平整，贴合处的表面应为机械加工表面，否则容易使联接件受力面积过小或使螺栓发生弯曲。

2）螺栓应露出螺母2~3个螺距，螺栓、螺钉或螺母和接触表面之间应保持清洁，螺纹表面的脏物应当清理干净，并注意不要使螺纹部分接触油类物质，以免影响防松的摩擦力。

3）螺栓联接时应注意拧紧力的控制。螺栓紧固时，宜采用呆扳手（尽量不用活扳手），不得打击，不得超过螺栓的许用应力。拧紧力矩的控制除依靠装配者的经验控制呆扳手以外，还可使用指针式扭力扳手、定力矩扳手，或测量螺杆伸长量、螺母扭角，使预紧力达到给定值。

4）拧紧成组多点螺纹时，必须按一定的次序进行，并做到分次逐步拧紧（重要联接一般分三次拧紧），否则会使零件或螺杆产生松紧不一致现象，甚至变形。

例如，拧紧长方形布置的成组螺纹联接时，应从中间开始，逐渐向两边对称地扩展，按如图1-162a的标号次序进行；在拧紧方形或圆形布置的成组螺母时，也必须对称进行拧紧，分别如图1-162b、c所示；当有定位销时，应从靠近定位销的螺栓或螺钉开始拧紧。

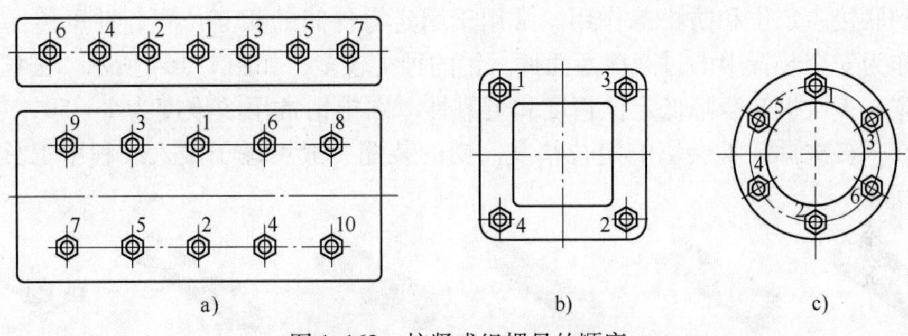

图1-162　拧紧成组螺母的顺序

a）长方形布置　b）方形布置　c）圆形布置

5）在工作中有振动、冲击，或有其他防松或锁紧要求时，为了防止螺钉和螺母松动，必须采用可靠的防松装置。常用的螺纹防松装置有双螺母防松（见图1-163a）、弹簧垫圈防松（见图1-163b）、圆螺母和止动垫圈防松（见图1-163c）、开槽螺母与开口销防松（见图1-163d）等。

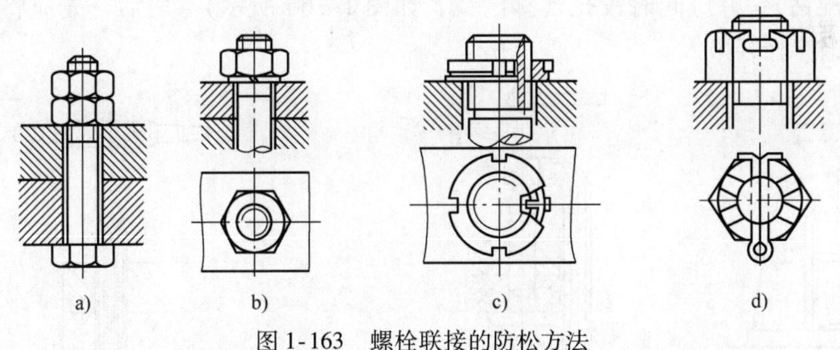

图1-163　螺栓联接的防松方法

a）双螺母　b）弹簧垫圈　c）圆螺母和止动垫圈　d）开槽螺母与开口销

6）螺栓联接应该保证安装的可能性和拆装方便，注意留有足够的拆装工具操作空间。

2. 键的装配

键在机械装配中，用于将轴和轴上的零件（如齿轮、带轮、联轴器等）进行联接，以传递力和力矩，一些类型的键也可以用于轴上零件的轴向固定或轴向移动的导向。

键联接的装配要求如下：

1）键在装配前，需检查键和键槽的平面度、表面粗糙度等指标，重点检查键和键槽工作表面的质量，如松健联接的键侧面，紧键联接的上、下表面。在装配时，轴键槽及轮毂键槽相对轴心线的对称度，应按图样的设计要求。键在装配时，应用较软金属（如紫铜棒）将键打入，避免在装配过程中零件发生塑性变形。

2）平键联接时，平键一般与轴联接相对较紧，与毂联接较松。在装配时，先将平键用铜棒打入轴的键槽孔中，确认键与键槽底部接触可靠后，再将毂用力打入，保证毂的底部与键的上表面间留有间隙；半圆键的两侧面应与键槽紧密接触，与轮毂键槽底面留有间隙；楔键联接时，楔键上、下面是工作表面，其与轮毂和轴上的键槽底面压紧。楔键的上、下表面与轴和毂的键槽底面接触面积不应小于 70%，且接触部分不得集中于一段。楔键的外露部分的长度应为斜面总长度的 10% ~15%。

3. 销的装配

销起到联接、定位和防松等作用。常用于固定零件间的相互位置，并可传递不大的转矩，也可作为安全装置中的过载剪断元件。销的种类较多，如图 1-164 所示。圆柱销利用过盈配合固定，多次拆卸会降低定位精度和可靠性。圆锥销常用的锥度为 1 ∶50，装配方便，定位精度高，多次拆卸不会影响定位精度。销的装配一般用锤子敲入或利用工具压入，如图 1-165 所示。

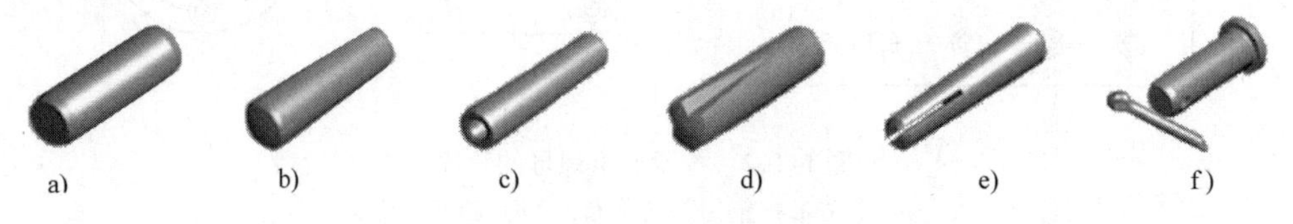

图 1-164　销的种类

a）圆柱销　b）圆锥销　c）内螺纹圆锥销　d）槽销　e）开尾圆锥销　f）销轴和开口销

销联接的装配要求如下：

1）销在进行定位装配前，应调整好两个被联接件的相对位置，然后将两个配合件同时钻孔（称为配钻），并应同时铰孔（称配铰，如图 1-166 所示）。之后，先应将销用手推入孔中，并用铜棒轻轻敲入。

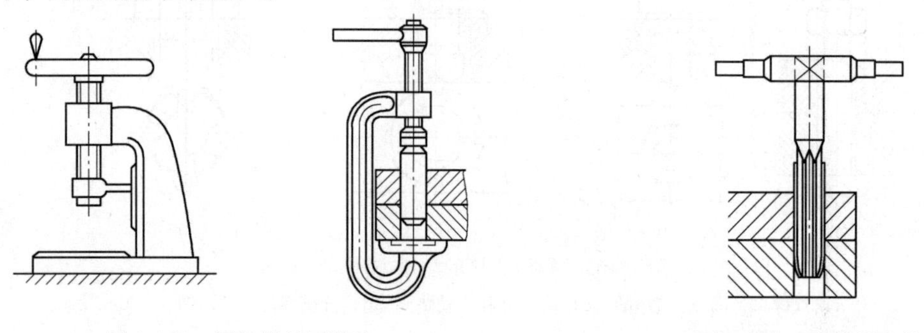

图 1-165　圆柱销的压装法　　图 1-166　销孔的配铰

2）销的型号、规格应符合装配图要求，为了保证销与销孔的过盈量，装配前应检查销及销孔的几何精度和表面质量，表面粗糙度要小。

3）销和销孔在装配前，应涂抹润滑油脂或防咬合剂。

4）装配定位销时，不宜使销承受载荷，应根据不同销的特点和具体联接情况选择装配方法，并保证销孔的正确位置。

5）圆锥销装配时，应与孔进行涂色检查，其接触率不应小于配合长度的60%，并应分布均匀。

6）螺尾圆锥销装配后，大端应沉入孔内；一般圆锥销在装配时，销的大端应露出零件表面或与零件表面平齐，小端则应缩进零件表面或平齐，如图1-167所示。一般来说，在圆锥孔铰孔后，如用手能将圆锥销推入80%～85%，则在正常过盈情况下，可保证联接的合理位置。

7）在不通孔安装销钉或不便于拆卸时，应选用和装配带有螺纹的销。如果选用带有内螺纹的销，可使用专用工具——拔销器（图1-168）完成销的拆卸工作；如果选用带有外螺纹的销，则可以通过顺时针（螺尾一般为右旋螺纹）旋转螺母的方法将销拉出，完成拆卸。

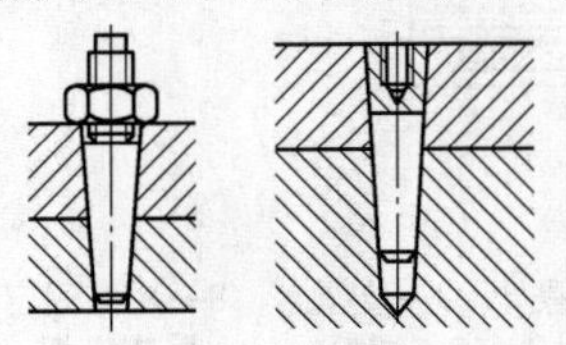

图1-167　带螺纹圆锥销的装配结构

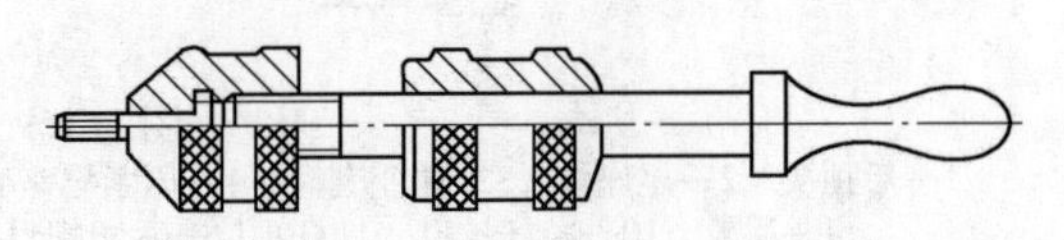

图1-168　拔销器

8）在装配时如果发现销和销孔位置存在偏差等情况时，应再铰孔，并应另配新销；对配制定位精度较高的销，应进行现场配作，即在机电设备的几何精度符合要求或空载试车合格后进行。

1.10.6　中级工职业技能证书试题及思考题

1. 卧式车床尾座的装配

1）考前准备。

① 识读图样。仔细分析车床尾座装配图，如图1-169所示，熟悉其各项装配技术要求。

② 准备工、夹、量具。百分表、磁力百分表座、检验棒、装配工具等。

2）考核项目。

① 操作技能。

（a）拖板移动对尾座套筒3伸出长度的平行度误差。在垂直平面内100mm的测量长度上，公差为0.015mm，只允许检验心轴外端上翘（俗称“抬头”）；在水平面内100mm的测量长度上公差为0.01mm，只允许检验心轴偏向操作者（俗称“里勾”）。

（b）拖板移动对尾座套筒锥孔轴心线的平行度误差。在垂直平面内300mm的测量长度上，公差为0.03mm，只允许检验心轴外端上翘；在水平面内300mm的测量长度上公差为0.03mm，只允许检验心轴偏向操作者。

（c）轴心线对机床床身导轨的等高差。主轴轴孔轴心线和尾座套筒锥孔轴心线对机床床身导轨的等高误差为0.06mm，只允许尾座高。

（d）接触精度。尾座底板16与机床导轨面（*C*、*D*处）的接触精度为12～16点/

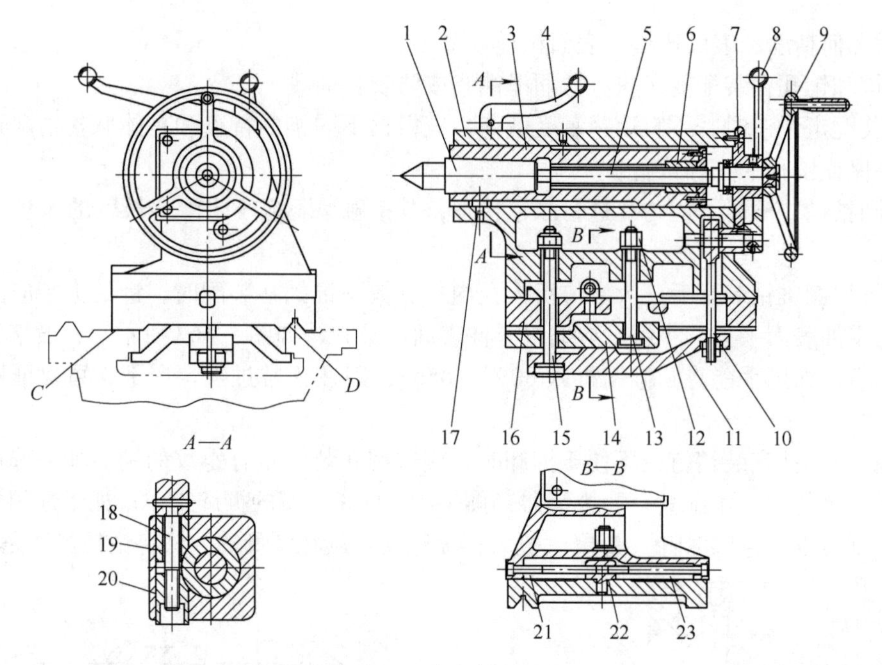

图 1-169　卧式车床尾座

1—后顶尖　2—尾座体　3—尾座套筒　4—压紧尾座套筒手柄　5—丝杠　6—螺母　7—支承盖　8—尾座固定手柄　9—手轮　10—拉杆　11—杠杆　12—六角螺母　13—T 形螺栓　14—压板　15—螺栓　16—尾座底板　17—平键　18—螺杆　19、20—压紧块　21、23—调整螺钉　22—T 形螺母

25mm × 25mm。

（e）装配工艺的正确标准。丝杠 5 无明显轴向窜动，手轮 9 转动丝杠 5 时应轻快灵活；压紧块 19、20 与尾座套筒 3 接触良好，接触位置正确；压紧尾座套筒手柄 4 的正确夹紧位置，在以轴线为基准的 ±15°范围内。

（f）油路畅通，润滑良好。

② 工具设备的使用与维护。百分表、检验棒等精密量具应放在不易碰撞的地方，妥善保管。

③ 安全及其他。执行企业有关安全文明生产的规定，做到工作场地整洁，工件、工具摆放整齐。

3）操作要领。

① 调正尾座的安装位置。以床身上尾座导轨为基准，配刮尾座底板，使其达到精度要求。

② 测量拖板移动对尾座套筒伸出长度的平行度误差。测量方法如图 1-170 所示，尾座套筒伸出尾座体 100mm 并锁紧。移动拖板，使装在上面的百分表分别触及尾座套筒的上素线与侧素线。在 100mm 内进行读数，即为尾座套筒伸出长度的平行度误差。

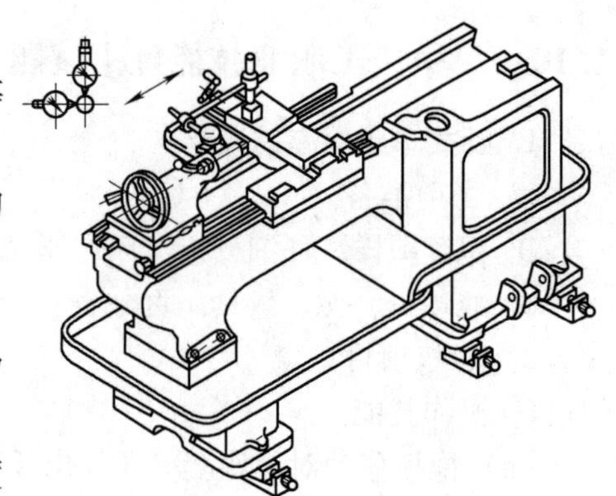

图 1-170　测量拖板移动对尾座尾座套筒伸出方向的不平行度

③ 测量拖板移动对尾座套筒锥孔中心线的平行度误差。测量方法如图 1-171 所示，将莫氏锥度检验心轴装入尾座套筒锥孔，将尾座套筒退回尾座体并锁紧。移动溜板箱，使装在上面的百分表触及检验心轴的上素线和侧素线。百分表在 300mm 长度上的读数差，即为尾座套筒锥孔中心线与床身导轨的平行度误差。

④ 校正主轴锥孔中心线和尾座套筒锥孔中心线，对床身导轨的等高度。测量方法如图 1-172 所示，在主轴锥孔安装一个顶尖，并校正主轴锥孔与顶尖的同轴度。另在尾座套筒内安装一个顶尖，在两顶尖之间顶一个标准检验棒。将百分表置于溜板箱上，先将百分表触及检验棒的侧素线，校正心轴在水平面内与床身导轨的平行度要求；再将百分表触及检验棒的上素线，百分表在检验棒两端的读数差，即为主轴锥孔轴心线与尾座套筒锥孔中心线，对床身导轨的等高度误差。

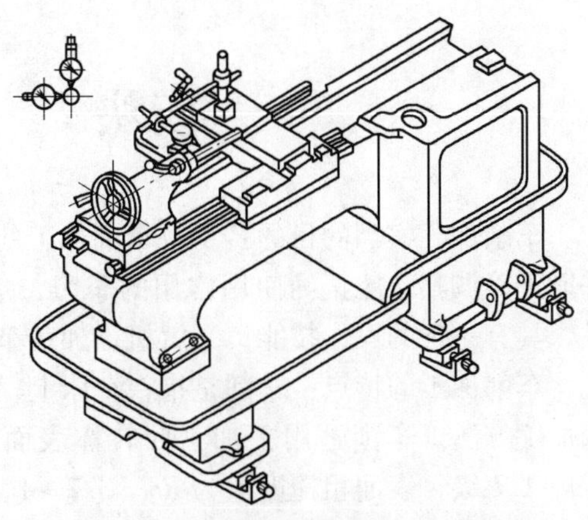

图 1-171　测量拖板移动对尾座套筒锥孔中心线的平行度误差

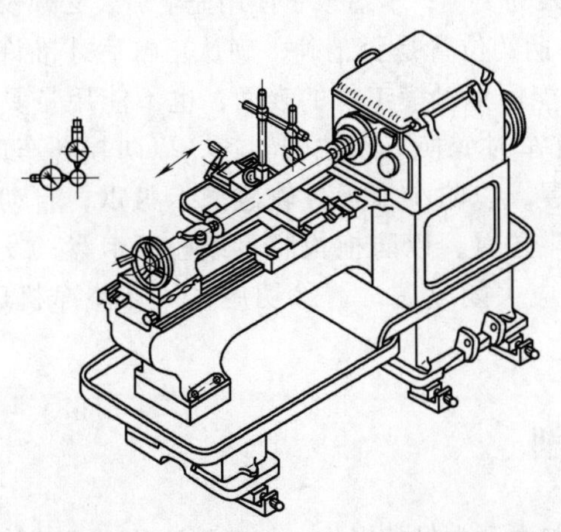

图 1-172　测量主轴和尾座中心线对床身导轨的不平等高度

以上测量应考虑消除检验心轴的误差，可取其相对回转 180°，两次测量取误差的平均值。

4）注意事项。若主轴和尾座的锥孔有研伤损坏或磕碰痕迹，应修整后再进行检验。需要起吊尾座时，切勿将绳索套在检验棒上。

2. 思考题

1）什么是机械装配？机械装配的作用如何？

2）保证装配精度的方法有哪几种？各应用在什么装配场合？

3）何为装配单元？如何理解装配单元系统图的作用？

4）齿轮传动的装配方法和要求是什么？

5）轴承在装配时应注意哪些问题？

6）螺纹、销和键联接的装配要点各是什么？

7）卧式车床尾座的装配精度是如何保证的？

8）分析二维码所示的 CA6140 车床的整体装配方法和步骤，如何通过测量保证各部位的装配精度要求？

模块2　车 削 加 工

车削加工实训的目的：了解车削加工的工艺特点及加工范围；了解车床的型号、结构，并能正确调整；能正确使用常用的车刀、量具及夹具；能独立加工一般中等复杂程度的零件，具有一定的操作技能；了解机械加工车间的生产安全技术。

车削加工的特点：车削是指在车床上，工件旋转，车刀在平面内作直线或曲线移动的切削加工方法。车削适用于加工回转体表面的工件。车削加工工件的尺寸公差等级一般为IT9～IT7级，表面粗糙度值为 $Ra=3.2\sim1.6\mu m$。

车削加工的安全要求：要穿戴合适的工作服，长头发应压入帽内，不允许戴手套操作；两人共用一台车床时，只能一人操作，并注意他人的安全；卡盘扳手使用完毕后，必须及时取下，否则不能起动车床；开车前，应检查各手柄的位置是否正确，确认正常后才准许开车；开车后，人不能靠近正在旋转的工件，更不能用手触摸工件的表面，也不能用量具测量工件的尺寸，以防发生人身安全事故；严禁开车时变换车床主轴转速，以防损坏车床；车削时，小拖板（小刀架）应调整至合适的位置，以防小拖板导轨碰撞卡盘爪；自动纵向或横向进给时，严禁大拖板或中拖板超过极限位置，以防拖板脱落或碰撞卡盘；发生事故时，应立即关闭车床电源；工作结束后，应关闭电源，清除切屑，认真擦净机床，并加油润滑。

项目2.1　轴的外圆、端面和台阶车削

工件的外圆、端面和台阶面加工是车削中最基本和常见的操作，加工精度相对于其他表面的车削加工更容易保证。车削外圆、端面和台阶分别是指车成零件的外圆柱面、一侧的端平面和圆柱形阶梯面的方法。

2.1.1　项目引入

所需车削的空心轴零件如图2-1所示，其所属装配部件如图2-2所示。识读零件的尺寸精度、几何公差和表面粗糙度要求，并分析其适于车削的外形结构特点。

2.1.2　项目分析

1）熟练掌握CA6140车床的操纵方法，进行停车、低速开车操作练习。

2）识读空心轴零件的尺寸、形状及公差等，确定具体加工方法及工艺装备，并按要求完成车削加工操作。加工过程图解见表2-1，本项目只需完成表中1～8项的所列内容即可。确定具体的外圆、端面、台阶加工方法及操作步骤，掌握相应的测量方法。空心轴车削的考核项目及参考评分标准见表2-2。

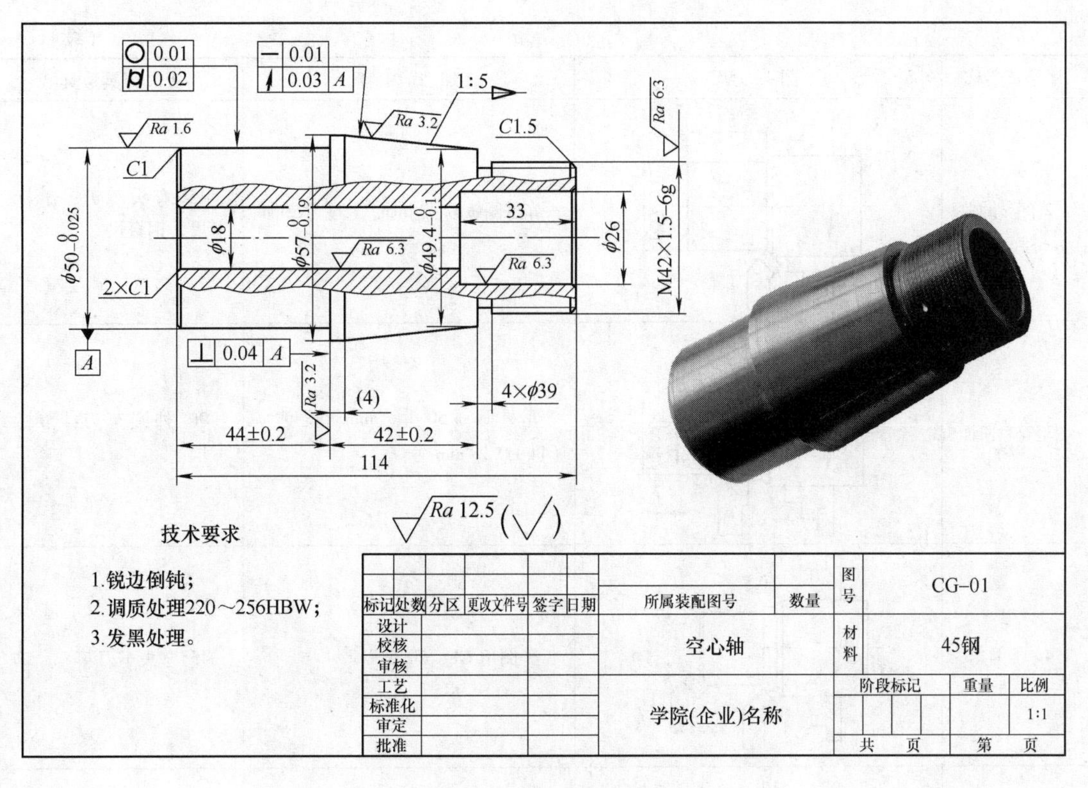

图 2-1　空心轴的零件图

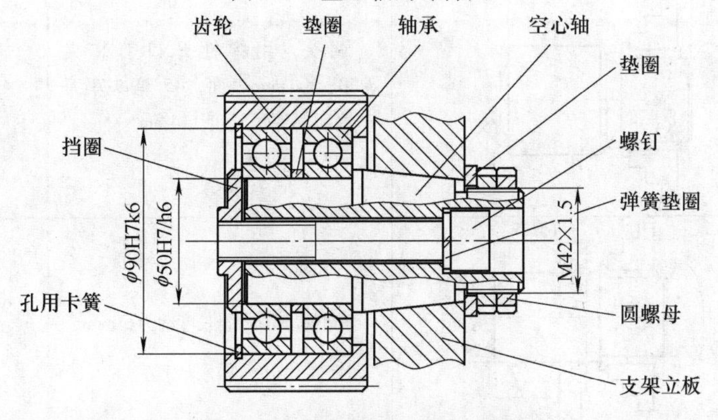

图 2-2　空心轴的所属装配图

表 2-1　空心轴的车削加工过程图解

序号及名称	图　解	加 工 内 容	工具刃具量具
1. 车端面		用自定心卡盘装夹，伸出长度≥58mm，端面车平即可	45°弯头车刀；钢直尺

（续）

序号及名称	图　解	加 工 内 容	工具刃具量具
2. 车外圆	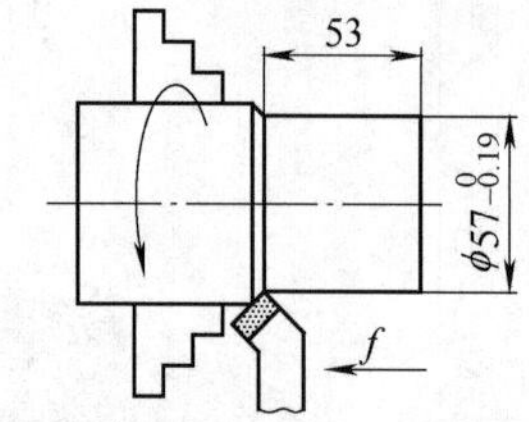	车外圆 $\phi 57_{-0.19}^{\ 0}$mm，长度为53mm	45°弯头车刀；游标卡尺，钢直尺
3. 车台阶面	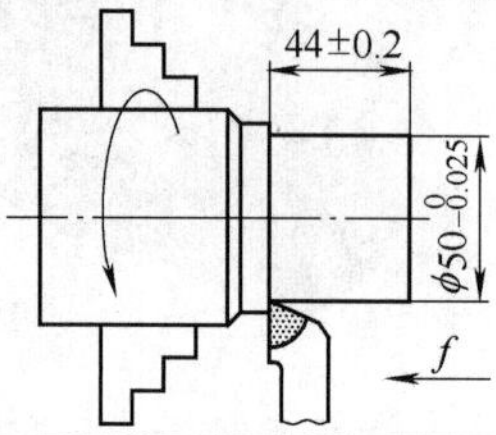	车外圆 $\phi 50_{-0.025}^{\ 0}$mm，长度为(44±0.2)mm	90°外圆车刀；游标卡尺
4. 车倒角	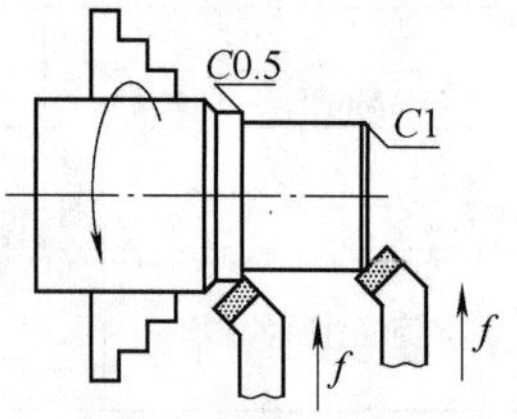	车倒角 $C1$、$C0.5$	45°弯头车刀
5. 车端面	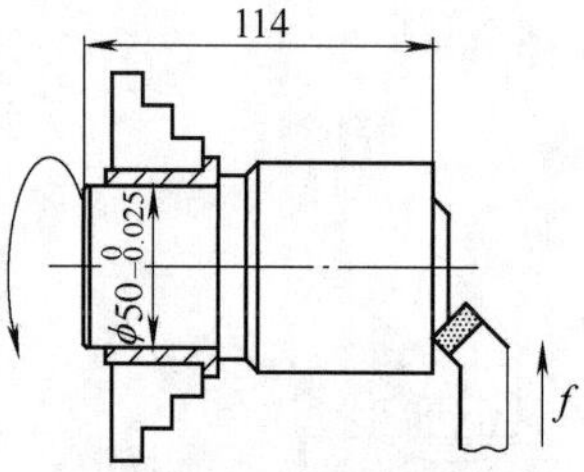	调头，用弹性开口套装夹 $\phi 50_{-0.025}^{\ 0}$mm 表面，45°弯头车刀车端面，保证长度114mm	弹性开口套；45°弯头车刀；游标卡尺
6. 车台阶面	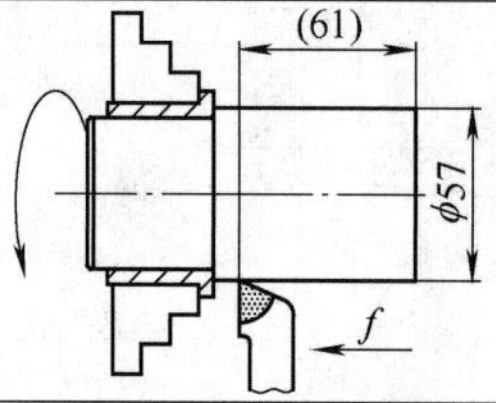	车外圆 $\phi 57$mm，长度约为61mm	90°外圆车刀；游标卡尺
7. 车台阶面	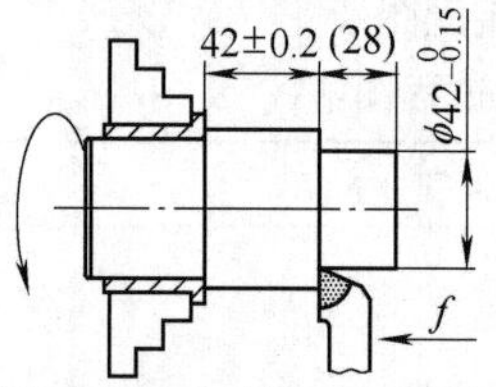	车外圆 $\phi 42_{-0.15}^{\ 0}$mm（长度约为28mm），保证长度（42±0.2）mm	90°外圆车刀；游标卡尺
8. 车倒角	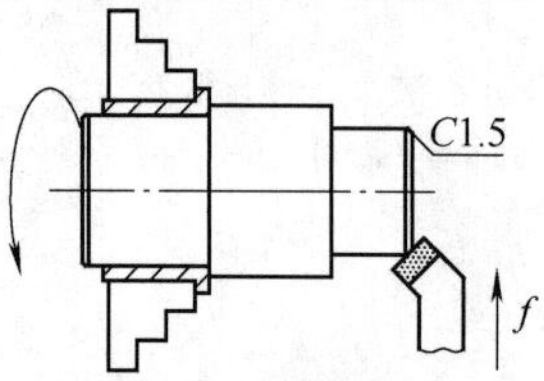	车倒角 $C1.5$	45°弯头车刀

（续）

序号及名称	图　　解	加 工 内 容	工具刃具量具
9. 切槽	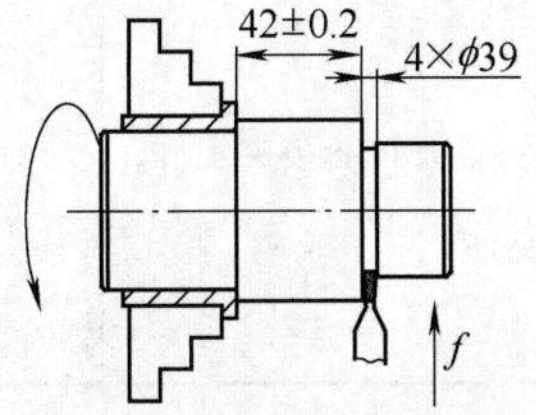	切槽 4 × ϕ39mm，并保证 (42 ± 0.2) mm 尺寸	切槽刀；游标卡尺
10. 车锥面	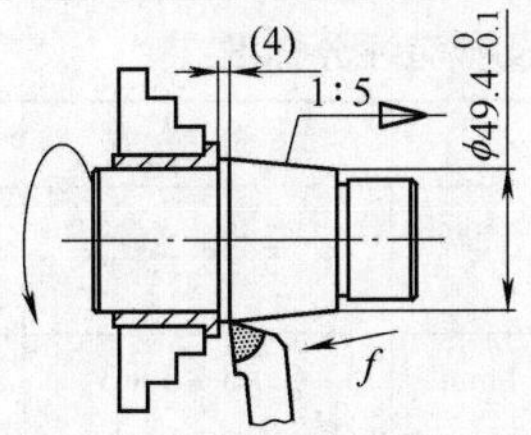	90°外圆车刀车锥面锥度 1 ∶ 5 ($\alpha/2 = 5°43'$)，保证小端直径 $\phi 49.4_{-0.1}^{\ 0}$ mm	90°外圆车刀；游标卡尺，锥形套规或万能游标量角器
11. 车螺纹	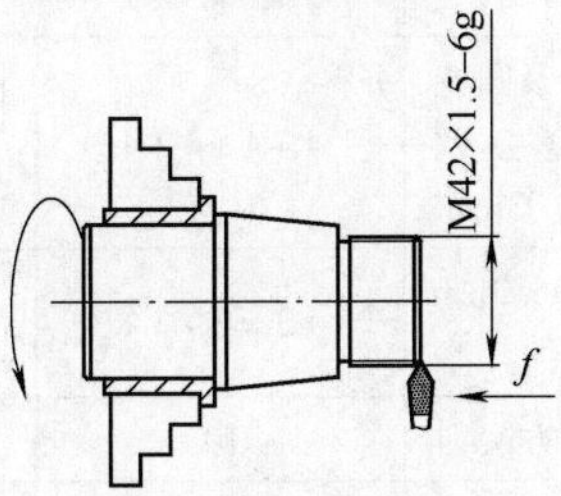	螺纹车刀车外螺纹 M42 × 1.5—6g，用螺纹环规检测	螺纹车刀；螺纹环规，螺纹千分尺
12. 钻中心孔	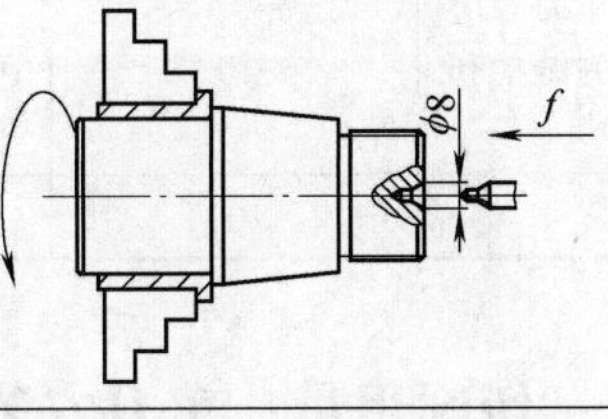	钻中心孔 A4/8	ϕ4mm 中心钻
13. 钻通孔	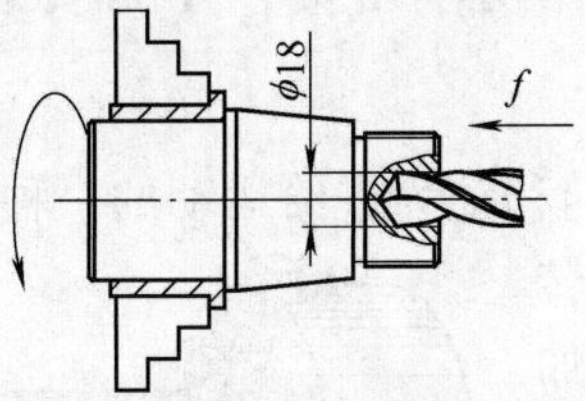	钻通孔 ϕ18mm	ϕ18mm 麻花钻
14. 车内圆	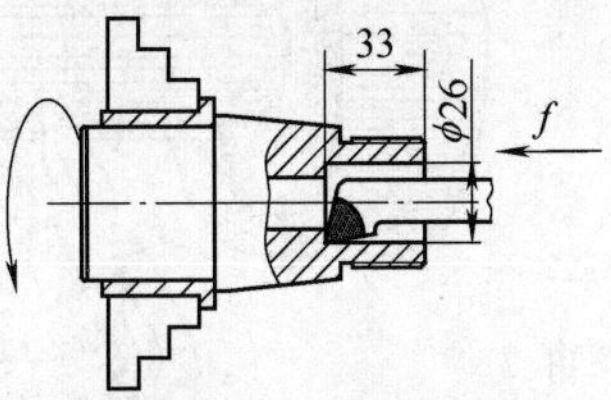	车内圆 ϕ26mm，孔深为 33mm	不通孔内圆车刀；游标卡尺
15. 车内圆倒角	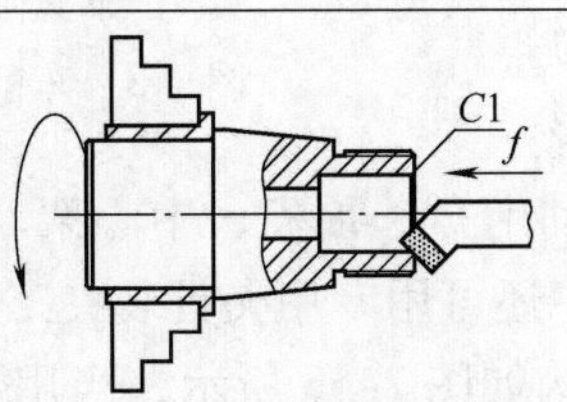	车内圆倒角 C1	45°弯头车刀

（续）

序号及名称	图　解	加 工 内 容	工具刃具量具
16. 车内圆倒角		调头，用弹性开口套装夹工件，车内倒角 $C1$	弹性开口套；45°弯头车刀

表 2-2　空心轴车削的考核项目及参考评分标准

序　号	项　　目		考 核 内 容	参 考 分 值	检测结果（实得分）
1	外形尺寸	主要	$\phi 50_{-0.025}^{\ 0}$ mm、$\phi 57_{-0.19}^{\ 0}$ mm、$\phi 49.4_{-0.1}^{\ 0}$ mm、锥度 1∶5 和 M24×1.5—6g	5+5+5+5+5	
		一般	33×ϕ26、4×ϕ39、ϕ18、(44±0.2)mm、(42±0.2)mm、114mm、$C1$（3处）、$C1.5$	5+3+3+3+3+3+1×3+1	
2	几何公差		ϕ50mm 外圆表面的圆度公差 0.01mm 及圆柱度公差 0.02mm、圆锥面的直线度公差 0.01mm 及对 ϕ50mm 轴线的跳动公差 0.03mm	4+4+4+4	
3	表面粗糙度		$Ra1.6\mu m$、$Ra3.2\mu m$（2 处）、$Ra6.3\mu m$ 及 $Ra12.5\mu m$	3+3×2+3+3	
4	操作调整和测量		各种车削方法，量具的使用及其测量方法	10	
5	其他考核项		安全文明实习，各种量具、夹具、车刀等应妥善保管，切勿碰撞，并注意对车床的维护和保养	10	
	合计			100	

2.1.3　相关知识——工件的装夹；车削方法；切削用量；车刀安装

1. 车削加工范围

车削是以工件旋转为主运动，车刀的纵向或横向移动为进给运动的一种切削加工方法。车外圆时各种运动的情况如图 2-3 所示。凡具有回转体表面的工件，都可以在车床上用车削的方法进行加工。卧式车床的加工范围如图 2-4 所示。

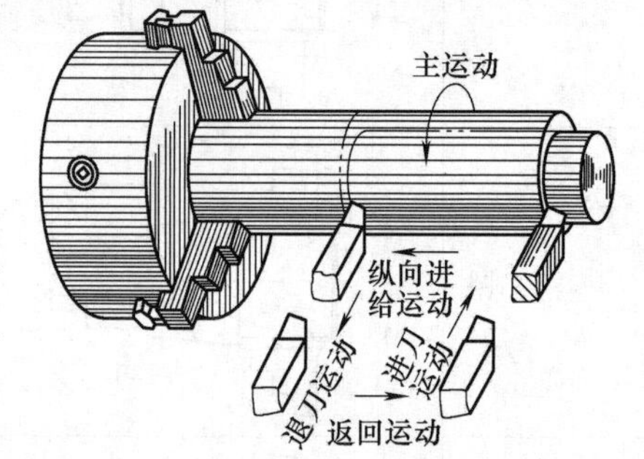

图 2-3　车削运动

2. 车床夹具及装夹方法

在车床上装夹工件的基本要求是定位准确、夹紧可靠。定位准确是指工件在机床或夹具中必须保持一个正确位置，即车削的回转体表面中心应与车床主轴中心重合。夹紧可靠是指工件夹紧后能承受切削力，不改变定位并保证安全，且夹紧力适度以防工件变形，保证加工工件质量。在车床上常用自定心卡盘、单动卡盘、顶尖、中心架、跟刀架、心轴、花盘和弯板等附件来装夹工件。在成批、大量生产中还可用专用夹具装夹工件。

（1）用自定心卡盘装夹工件　自定心卡盘的结构如图 2-5a 所示，当用卡盘扳手转动小

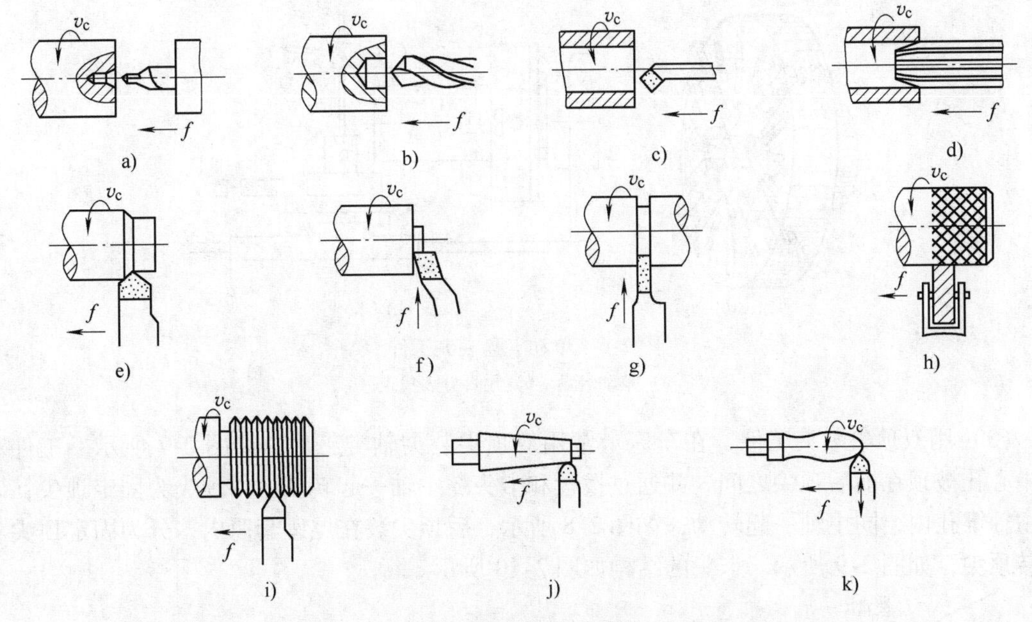

图 2-4　车削加工范围

a）钻中心孔　b）钻孔　c）车孔　d）铰孔　e）车外圆　f）车端面　g）切断
h）滚花　i）车螺纹　j）车锥体　k）车成形面

锥齿轮时，大锥齿轮随之转动，在大锥齿轮背面平面螺纹的作用下，使三个爪同时向中心移动或退出，以夹紧或松开工件。自定心卡盘的对中性好，自动定心准确度为 0.05 ~ 0.15mm。装夹直径较小的外圆表面情况如图 2-5b 所示，装夹较大直径的外圆表面时可用三个反爪进行，如图 2-5c 所示。

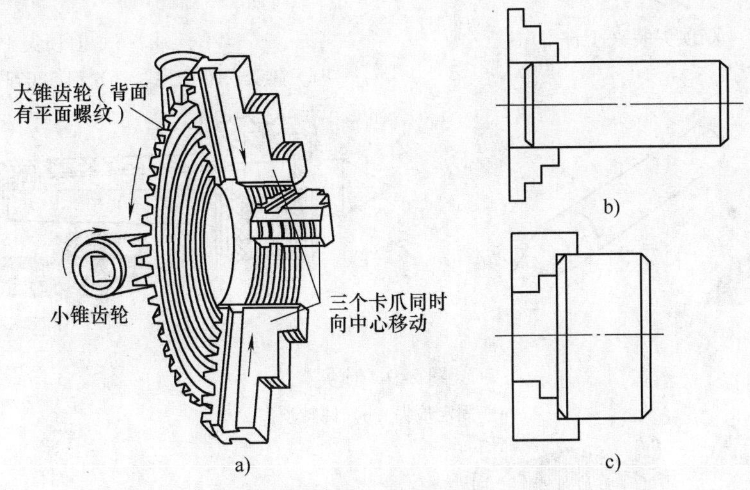

图 2-5　自定心卡盘装夹工件

a）自定心卡盘　b）正爪装夹　c）反爪装夹

（2）用单动卡盘装夹工件　单动卡盘外形如图 2-6a 所示，它的四个爪通过四个螺杆独立移动。其除装夹圆柱体工件外，还可以装夹方形、长方形、椭圆形、内外圆偏心或其他形状不规则的工件。装夹时，必须用百分表或划线盘进行找正，以使工件回转中心对准车床主轴中心。图 2-6b 所示为用百分表找正的方法，其精度可达 0.01mm。

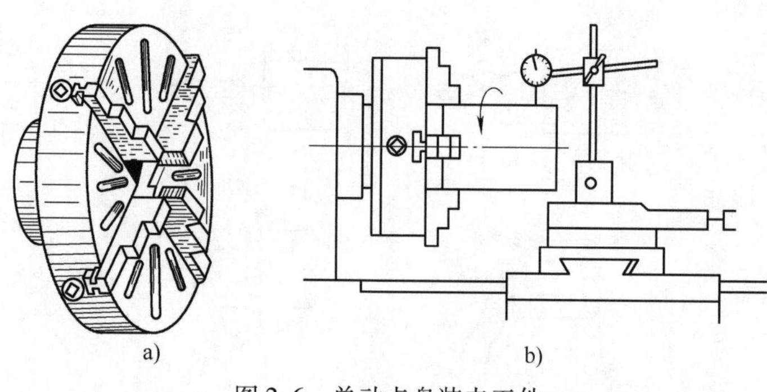

图 2-6　单动卡盘装夹工件

a）单动卡盘　b）用百分表找正

（3）用双顶尖装夹工件　在车床上常用双顶尖装夹轴类工件，如图 2-7 所示。工件利用中心孔被顶在前后顶尖之间，并通过拨盘和卡头随主轴一起转动。前顶尖为固定顶尖，装在主轴锥孔内，同主轴一起转动，如图 2-8 所示；后顶尖装在尾座套筒内，分为固定顶尖和回转顶尖，如图 2-9 所示。卡头的结构如图 2-10 所示。

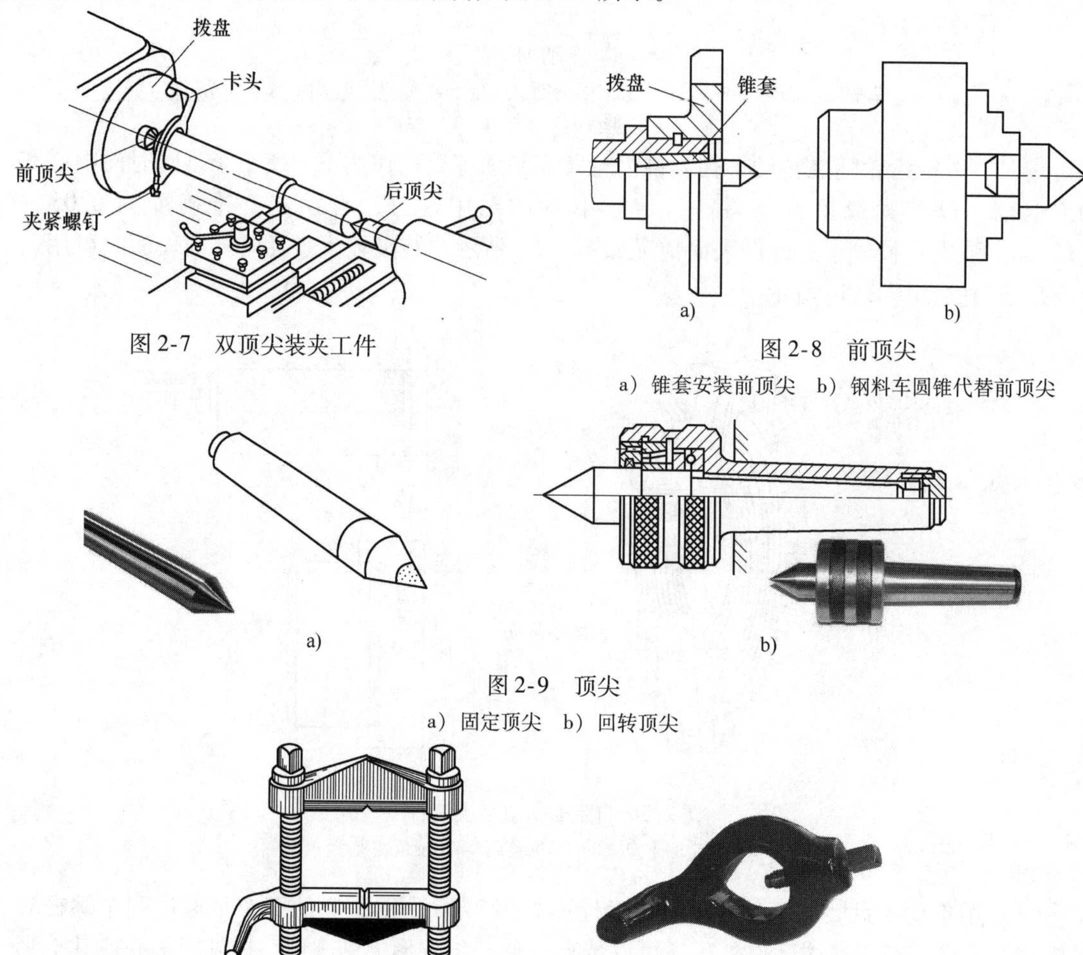

图 2-7　双顶尖装夹工件

图 2-8　前顶尖

a）锥套安装前顶尖　b）钢料车圆锥代替前顶尖

图 2-9　顶尖

a）固定顶尖　b）回转顶尖

图 2-10　卡头

用双顶尖装夹轴类工件的步骤如下：

1）车平两端面、钻中心孔。先用车刀将端面车平，再用中心钻钻中心孔。中心钻安装在尾座套筒内的钻夹头中，随套筒纵向移动钻削。中心钻和中心孔的形状如图 2-11 所示。中心孔 60°锥面与顶尖锥面配合支承，B 型的 120°锥面是保护锥面，防止碰坏 60°锥面而影响定位精度。

2）安装、校正顶尖。安装时，顶尖尾部锥面、主轴内锥孔和尾座套筒锥孔必须擦净，然后把顶尖用力推入锥孔内。校正时，可调整尾座横向位置，使前后顶尖对准为止，如图 2-12 所示。如前后顶尖不对准，轴将被车成锥体。

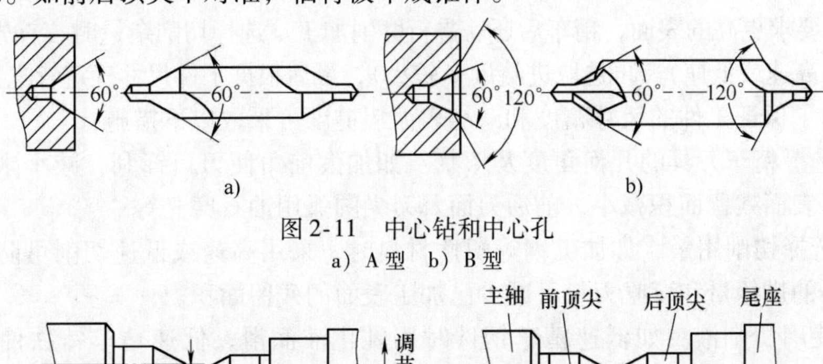

图 2-11　中心钻和中心孔

a）A 型　b）B 型

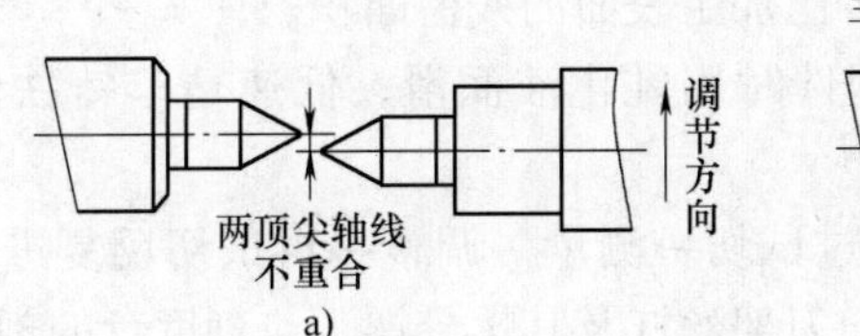

图 2-12　校正顶尖

a）调整双顶尖轴线　b）调整双顶尖轴线重合

3）安装拨盘和工件。首先擦净拨盘的内螺纹和主轴端的外螺纹，然后把拨盘拧在主轴上，再把轴的一端装上卡头并拧紧卡头螺钉，最后在双顶尖中安装工件，如图 2-13 所示。

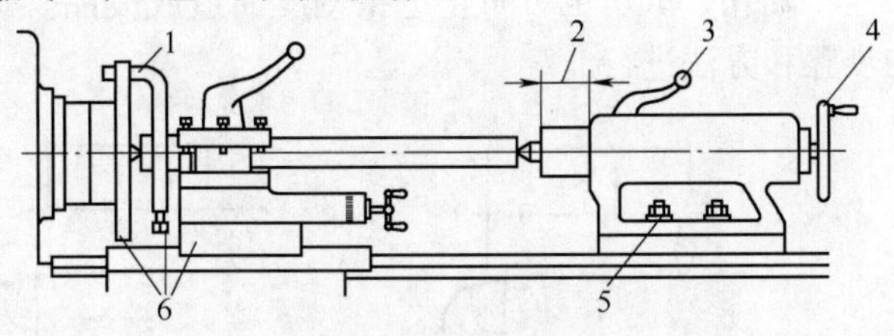

图 2-13　安装工件

1—拧紧卡头　2—调整套筒伸出长度　3—锁紧套筒　4—调节工件顶尖松紧　5—将尾座固定　6—刀架移至车削行程左端，用手转动拨盘，检查是否会碰撞

3. 外圆、端面及台阶的车削方法

（1）车外圆　将工件车削成圆柱形外表面的方法称车外圆。车外圆的几种情况如图 2-14 所示。

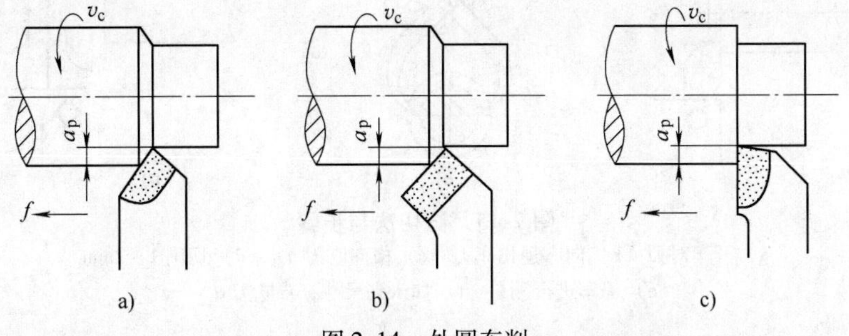

图 2-14　外圆车削

a）75°外圆车刀　b）45°弯头车刀　c）90°外圆车刀

车削一般采用粗车和精车两个步骤：

1）粗车。粗车的目的是尽快地从工件上切去大部分加工余量，使工件接近最后的形状和尺寸。粗车要给精车留有适当的加工余量，其精度和表面粗糙度要求并不高，因此粗车的目的是提高生产效率。为了保证刀具寿命和减少刃磨次数，粗车时，要先选用较大的背吃刀量，其次根据可能，适当加大进给量，最后选取合适的切削速度。粗车一般选用45°弯头车刀或75°外圆车刀。

2）精车。精车的目的是切去粗车给精车留下的加工余量，以保证零件的尺寸公差和表面粗糙度。精车后尺寸公差等级可达IT7级，表面粗糙度值可达$Ra=1.6\mu m$。对于尺寸公差等级和表面粗糙度要求更高的表面，精车后还需进行磨削加工。选择切削余量时，首先应选取合适的切削速度（高速或低速），再选取进给量（较小），最后根据工件尺寸确定背吃刀量。

精车时为了保证工件的尺寸精度和减小表面粗糙度可采取以下措施：

① 合理选择精车刀具的几何角度及形状。如加大前角使刃口锋利，减小副偏角和刀尖圆弧使已加工表面残留面积减小，前后刀面及刀尖圆弧用油石磨光等。

② 合理选择切削用量。如加工钢等塑性材料时，采用高速或低速切削可防止出现积屑瘤；采用较小的进给量和背吃刀量可减少已加工表面的残留面积。

③ 合理使用切削液。如低速精车钢件时用乳化液润滑，低速精车铸铁件时用煤油润滑等。

④ 采用试切法切削。试切法就是通过试切→测量→调整→再试切反复进行的方法，使工件尺寸达到要求的加工方法。由于横向刀架丝杠及其螺母螺距与刻度盘的刻线均有一定的制造误差，只按刻度盘定吃刀量难以保证精车的尺寸公差，因此，需要通过试切来准确控制尺寸。此外，试切也可防止进错刻度而造成废品。车削工件外圆的试切加工按图2-15所示的步骤和方法进行。

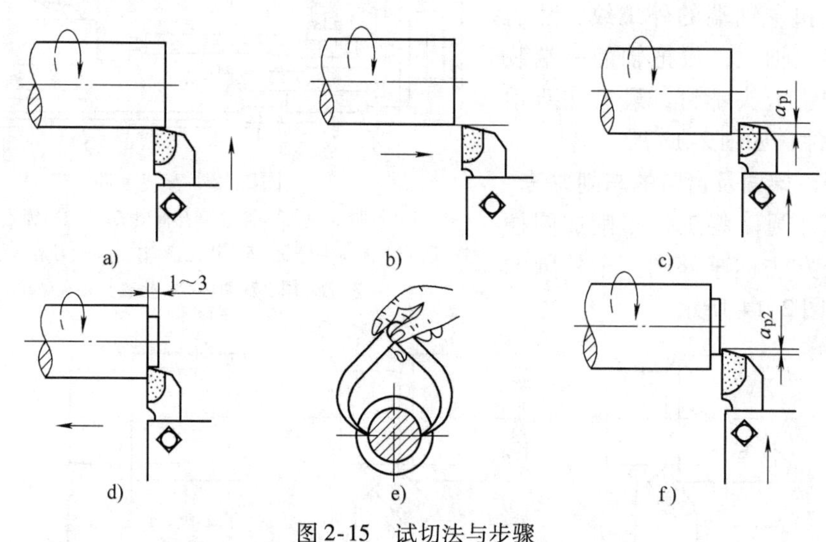

图2-15 试切法与步骤

a）开车对刀 b）向右退出车刀 c）横向吃刀a_{p1} d）切削1～3mm e）停车进行测量 f）如未到尺寸，再吃刀a_{p2}

（2）车端面 对工件的端面进行车削的方法称为车端面。车端面使用端面车刀，开动车床使工件旋转，移动大拖板（或小拖板）控制切深，中拖板横向走刀进行车削。图2-16所示为端面车削时的几种情形。

车端面时应注意：刀尖要对准工件中心，以免车出的端面留下小凸台。由于车削时被切部分的直径不断变化，从而引起切削速度的变化，所以车大端面时要适当调整转速，使车刀靠近工件中心处的转速高些，靠近工件外圆处的转速低些。车后的端面不平整是由于车刀磨损或背吃刀量过大导致拖板移动所造成的，因此要及时刃磨车刀并可将大拖板紧固在床身上。

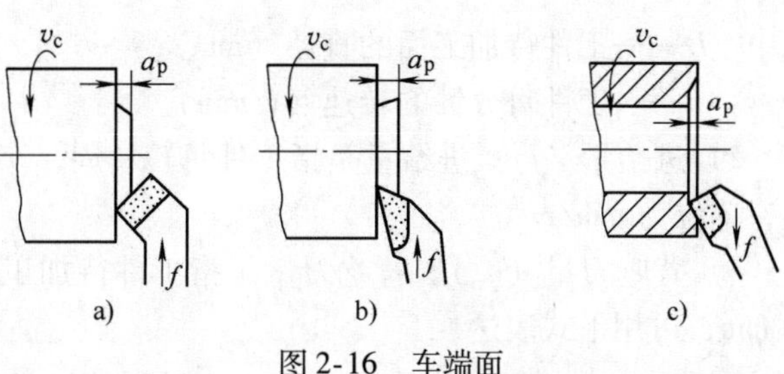

图 2-16　车端面

a）弯头车刀车端面　b）偏刀向中心走刀车端面　c）偏刀向外走刀车端面

（3）车台阶　车削台阶处外圆和端面的方法称为车台阶。车台阶常用主偏角 $\kappa_r \geqslant 90°$ 的偏刀车削，在车削外圆的同时车出台阶端面。台阶高度小于 5mm 时可用一次走刀切出，高度大于 5mm 的台阶可用分层法多次走刀后再横向切出，如图 2-17 所示。

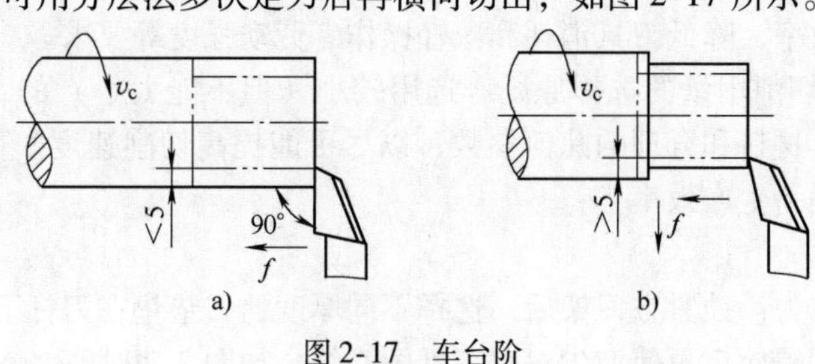

图 2-17　车台阶

a）一次走刀　b）多次走刀

台阶长度的控制和测量方法如图 2-18 所示。

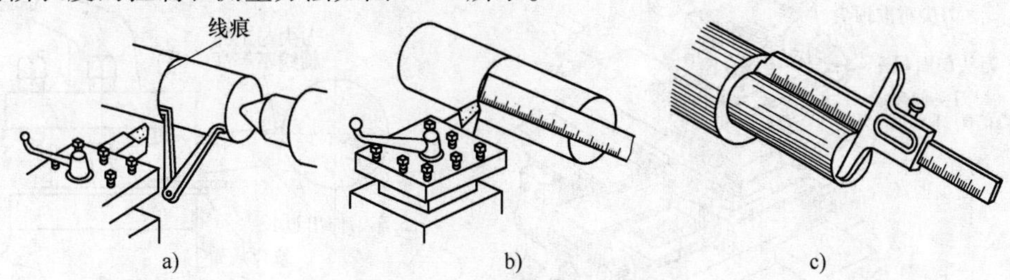

图 2-18　台阶长度的控制和测量

a）卡钳测量　b）钢直尺测量　c）深度尺测量

4. 切削用量及其选择

（1）切削用量三要素　切削用量三要素是指在切削加工过程中切削速度（v_c）、进给量（f）和背吃刀量（a_p）的总称。车削时的切削用量如图 2-19 所示，切削用量的合理选择对提高生产效率和切削质量有着重要的影响。

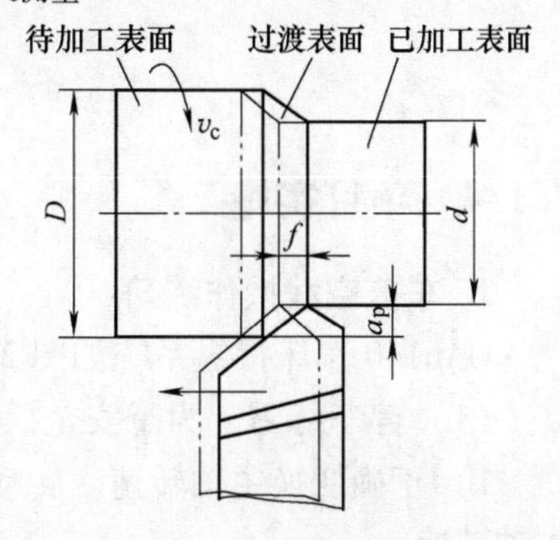

图 2-19　切削用量示意图

1）切削速度（v_c）。切削速度是指切削刃选定点相对于工件主运动的瞬时速度，单位为 m/min 或 m/s，可用下式计算

$$v_c = \frac{\pi D n}{1000}(\text{m/min}) = \frac{\pi D n}{1000 \times 60}(\text{m/s}) \tag{2-1}$$

式中　D——工件待加工面的直径（mm）；

n——工件每分钟的转速（r/min）。

2）进给量（f）。进给量是指工件每转一周，车刀沿进给运动方向上相对工件的移动距离，单位为 mm/r。

3）背吃刀量（a_p）。背吃刀量是指工件待加工表面与已加工表面间的垂直距离，单位为 mm，可用下式表达

$$a_p = \frac{D-d}{2} \tag{2-2}$$

式中　D——工件待加工表面的直径（mm）；

d——工件已加工表面的直径（mm）。

（2）切削用量的选择

1）粗车加工时切削用量的选择原则。应首先选取尽可能大的背吃刀量，其次根据机床动力和刚性的限制条件选取尽可能大的进给量，最后根据刀具寿命要求确定合适的切削速度。重点考虑提高效率，降低刀具消耗和减轻操作者劳动强度等要求。

2）精车加工时切削用量的选择原则。选用较小（但不能太小）的背吃刀量和进给量，并选用性能高的刀具材料和合理的几何参数，以尽可能提高切削速度。重点保证加工质量，并在此基础上尽量提高生产效率。

5. 车刀的安装

车刀的安装要求为：锁紧方刀架后，选择不同厚度的刀垫垫在刀杆下面，刀头伸出不能过长，拧紧刀杆紧固螺栓后再使刀尖对准工件中心线，如图 2-20 所示。

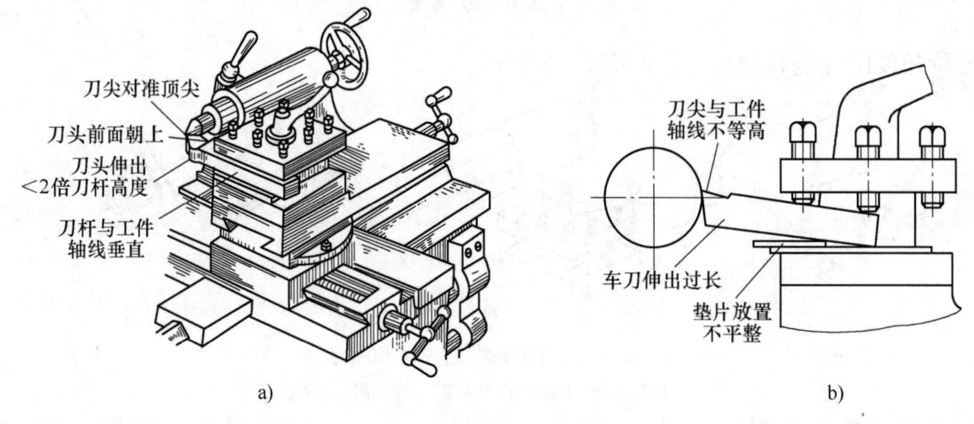

图 2-20　车刀的安装

a）正确　b）错误

2.1.4　项目实施

1. 车床空载操作练习

CA6140 车床操纵系统如图 2-21 所示。

（1）停车练习　为了安全操作，必须进行如下停车练习：

1）正确变换主轴转速。转动主轴箱上面的两个主轴变速手柄 5，可得到各种相对应的主轴转速。

图 2-21　CA6140 卧式车床操纵系统图

1—进给变速手柄　2—丝杠、光杠变换手柄　3—进给变速手轮　4—螺纹旋向变换手柄　5—主轴变速手柄　6—纵向进给手动手轮　7—横向进给手动手柄　8—小拖板手动手柄　9—压紧尾座套筒手柄　10—横、纵向自动进给手柄　11—尾座固定手柄　12—移动尾座套筒手柄　13—主轴起动操纵手柄　14—开合螺母手柄

2）正确变换进给量。按所选定的进给量查看进给箱上面的标牌，再按标牌上给出的进给变速手轮 3、进给变速手柄 1 的位置来变换其位置，即得到所选定的进给量。

3）熟练掌握纵向和横向手动进给手柄的转动方向。左手握纵向进给手动手轮 6，右手握横向进给手动手柄 7。逆时针转动纵向进给手动手轮 6，溜板箱左进（移向主轴箱）；顺时针转动纵向进给手动手轮 6，则溜板箱右退（退向床尾）。顺时针转动横向进给手动手柄 7，刀架前进；逆时针转动横向进给手动手柄 7，则刀架退回。

4）熟练掌握纵向、横向机动进给的操作。将横、纵向自动进给手柄 10 向左（右）拨动即可纵向左（右）机动进给，如将横、纵向自动进给手柄 10 向前（后）拨动即可横向前（后）机动进给。

5）尾座的操作。尾座靠手动移动，靠尾座固定手柄 11 固定。转动移动尾座套筒手柄 12，可使套筒在尾座内移动；转动压紧尾座套筒手柄 9，可将套筒固定在尾座内。

6）刻度盘的应用。转动横向进给手动手柄 7，可使横向进给丝杠转动，因丝杠轴向固定，与丝杠联接的螺母带动中拖板横向移动。丝杠的螺距是 5mm（单线），手柄转一周时中拖板横向移动 5mm。与手柄一起转动的刻度盘一周等分 100 格，因此手柄转过一格时，中拖板的移动量为 0.05mm。

（2）低速开车练习　首先检查各手柄是否处于正确位置，确认无误后再进行主轴起动和机动纵向和横向进给练习。

1）主轴起动与停止。电动机起动→操纵主轴转动→停止主轴转动→关闭电动机。

2）机动进给。电动机起动→操纵主轴转动→手动纵、横进给→机动纵向进给→手动退回→机动横向进给→手动退回→停止主轴转动→关闭电动机。

2. 空心轴的外圆、端面和台阶车削加工

（1）准备工作

1）工件毛坯。材料为 45 钢，毛坯为 ϕ65mm 棒料，长度为 118mm。

2）设备及刀具。CA6140 型车床，45°弯头车刀、90°外圆车刀。

3）夹具及工具。自定心卡盘，扳手。

4）量具。钢直尺、游标卡尺。

（2）外圆、端面和台阶车削加工

车削空心轴的外圆加工要求如图 2-22a 所示，锯床下料如图 2-22b 所示，车削加工次序和方法如图 2-22c、d、e、f、g、h、i、j 所示。按相关知识中的外圆、端面及台阶车削方法，完成本项目的车削过程，其加工工艺过程及步骤参照表 2-1，本项目需完成该表中序号 1 ~ 8 所列的车削内容。

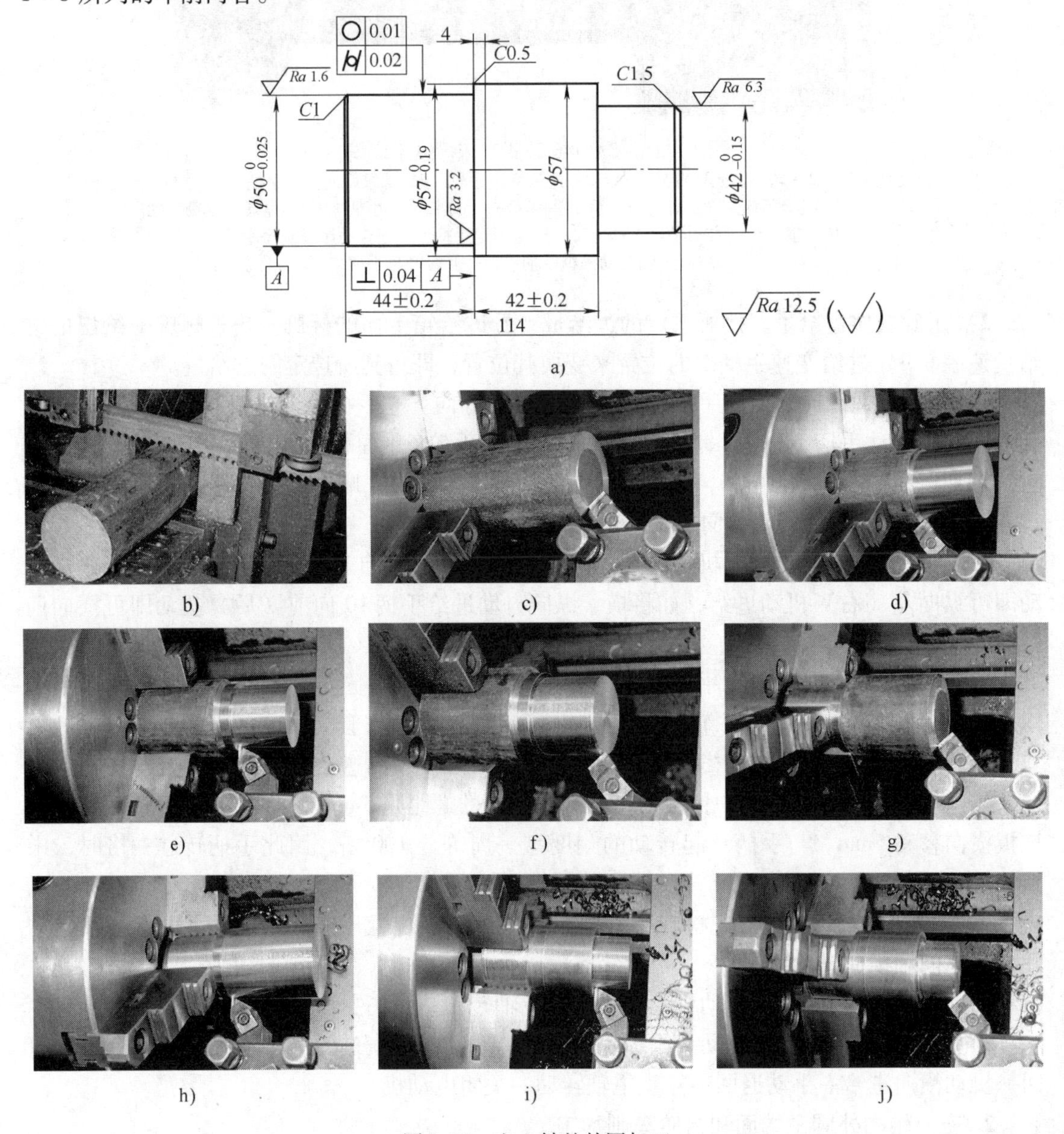

图 2-22　空心轴的外圆加工

a）车外圆要求　b）锯床下料　c）车端面　d）车外圆 $\phi57$　e）车台阶 $\phi50\times44$

f）车倒角 $C1$、$C0.5$　g）调头，车端面　h）车外圆 $\phi57$　i）车台阶 $\phi42\times28$　j）车倒角 $C1.5$

3. 车削外圆的操作要点

（1）尺寸的控制及测量

1）利用刻度盘控制尺寸精度。用试切法试切外圆时，必须利用横向进给手动手柄刻度盘上的刻度来控制吃刀量。对刀后，需计算手柄顺时针转动的格数 n，可用下式计算

$$n=\frac{d_1-d_2}{0.10} \tag{2-3}$$

式中 d_1——对刀时工件的直径（mm）；

d_2——要车好的工件直径（mm）；

0.10——吃刀一格所切去的圆周余量（mm，中滑板丝杠导程为5mm，刻度盘分100格）。

试切测量的尺寸等于 d_2 时，即可正式进行车削，如果试切后测量的尺寸大于 d_2，则需重新计算吃刀格数试切。如试切后测量的尺寸小于 d_2，则需把手柄逆时针转过两圈后，重新对刀计算吃刀格数试切。切不可把手柄直接退回至 d_2 尺寸就车削，这是因为手柄丝杠与螺母之间有间隙，间隙如不消除，背吃刀量无变化，车削的直径会仍小于 d_2 而导致工件报废。

2）外圆尺寸的测量。粗略测量可用外卡钳和钢直尺，一般应使用游标卡尺，精确测量时用千分尺。

（2）安装车刀时的注意事项

安装后的车刀刀尖必须与工件轴线等高，刀杆与工件轴线垂直，这样才能发挥刀具的切削性能。合理调整刀垫的片数，不能垫得过多，刀尖伸出的长度应小于车刀刀杆厚度的两倍，以免产生振动而影响加工质量。夹紧车刀的紧固螺栓至少拧紧两个，拧紧后扳手应及时取下，以防发生安全事故。

（3）车削加工的注意事项

1）开车后严禁变换主轴转速，否则会发生机床事故。开车前要检查各手柄是否处于正确位置，如没有到位，则主轴或机动进给就不会接通。

2）纵向和横向手动进退方向不能摇错，如把退刀摇成吃刀，会使工件报废。

3）横向进给手动手柄转过一格时，刀具横向吃刀为0.05mm，其圆柱体周边切削量为0.10mm。

2.1.5 知识链接——卧式车床；车刀；中心架；跟刀架；刀具的刃磨

1. 卧式车床的型号、组成及作用

（1）卧式车床的型号　机床的型号是用来表示机床的类别、特性、组系和主要参数的代号。按照GB/T 15375—2008《金属切削机床型号编制方法》的规定，机床型号由汉语拼音字母及阿拉伯数字组成，其表示方法如图2-23所示。其中带括号的代号或数字，当无内容时则不表示，若有内容时则不带括号。

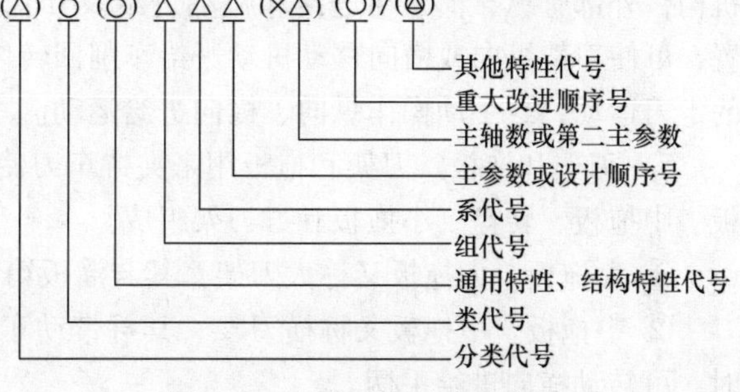

图2-23　机床型号的表示方法

例如CA6140：

其中 C——分类代号：车床类；

A——结构特性代号；

61——组系代号：落地及卧式车床组；

40——主参数：车床可加工工件最大回转直径的1/10，即可车削最大工件直径为400mm。

（2）卧式车床的组成及作用　卧式车床的主要组成部分有主轴箱、进给箱、溜板箱、光杠、丝杠、刀架、尾座、床身及床腿等。其组成部分如图2-24所示。

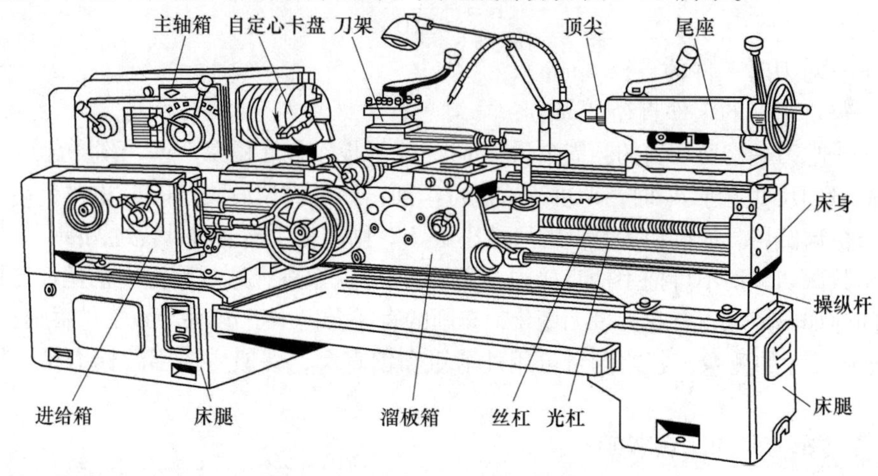

图2-24　CA6140卧式车床示意图

1）主轴箱。主轴箱也称床头箱。其作用是支撑主轴并带动工件作回转运动，箱内装主轴和主轴变速机构。电动机的运动经带传动传给主轴箱，再经过内部主轴变速机构将运动传给主轴，通过变换主轴箱外部手柄的位置来操纵变速机构，使主轴获得不同的转速，而主轴的旋转运动又通过挂轮机构传给进给箱。

主轴为空心结构，前部外锥面用于安装卡盘和其他夹具以装夹工件，内锥面用于安装顶尖来装夹轴类工件，内孔可穿入长棒料。

2）进给箱。进给箱也称走刀箱。其内装有进给运动的变速机构，通过调整外部手柄的位置，可获得所需的各种不同进给量或螺距（单线螺纹为螺距，多线螺纹为导程）。

3）光杠和丝杠。光杠和丝杠可将进给箱内的运动传给溜板箱。光杠传动用于回转体表面的机动进给车削，丝杠传动用于螺纹车削，其变换可通过进给箱外部的丝杠、光杠变换手柄来控制。

4）溜板箱。溜板箱也称拖板箱，是车床进给运动的操纵箱，箱内装有进给运动的变向机构，外部有纵、横手动进给和机动进给及开合螺母等控制手柄。通过改变不同手柄的位置，可使刀架纵向或横向移动机动进给车削回转体表面，或将丝杠传来的运动变换成车螺纹的走刀运动，或手动操作纵向、横向进给运动。

5）刀架和拖板。刀架和拖板用来夹持车刀使其作纵向、横向或斜向进给运动，由大拖板、中拖板、转盘、小拖板和方刀架组成。

① 大拖板。大拖板又称大刀架。其与溜板箱连接，可带动车刀沿床身导轨作纵向移动。

② 中拖板。中拖板又称横刀架。其可带动车刀沿大拖板上面的导轨作横向移动。手动时，可转动横向进给手柄。

③ 转盘。转盘上面刻有刻度，与中拖板用螺栓联接，松开螺母可在水平面内回转任意

角度。

④ 小拖板。小拖板又称小刀架。转动小拖板手动手柄可沿转盘导轨面上作短距离移动，如转盘回转一定角度，车刀可斜向运动。

⑤ 方刀架。方刀架用来装夹和转换刀具，可同时装夹四把车刀。

6）尾座。尾座又称尾架。其底面与床身导轨面接触，可调整并固定在床身导轨面的任意位置上。在尾座套筒内装上顶尖可夹持轴类工件，装上钻头或铰刀可用来钻孔或铰孔。

7）床身。床身是车床的基础零件，用以连接各主要部件并保证其相对位置。床身上的导轨用来引导溜板箱和尾座的纵向移动。

8）床腿。床腿用于支承床身，并与地基连接。

2. 车刀的种类、组成、几何角度及材料

（1）车刀的种类　车刀的种类很多，分类方法也不同。常按车刀的用途、形状或刀具材料等进行分类。

车刀按用途分为外圆车刀、内孔车刀、切槽刀、螺纹车刀、成形车刀等；内孔车刀按其能否加工通孔又分为通孔车刀和不通孔车刀；车刀按其形状分为直头或弯头车刀、尖刀或圆弧车刀、左或右偏刀等；车刀按其材料分为高速钢车刀和硬质合金车刀等；按被加工表面精度的高低分为粗车刀和精车刀（如弹簧光刀）；按车刀的结构分为焊接式和机械夹固式两类；机械夹固式车刀按其能否刃磨又分为重磨式和不重磨式（转位式）车刀。图2-25所示为车刀按用途分类及所加工的各种表面。

（2）车刀的组成　车刀是由刀头和刀杆两部分组成的，如图2-26所示。刀头是车刀的切削部分，刀杆是车刀的夹持部分。

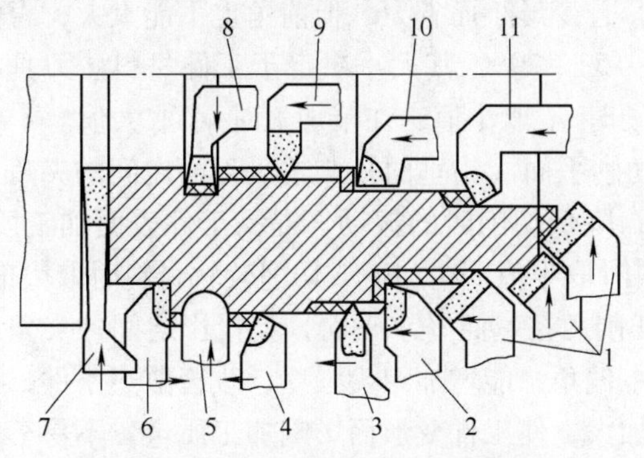

图2-25　按用途分类的车刀

1—45°弯头车刀　2、6—90°外圆车刀

3—外螺纹车刀　4—75°外圆车刀　5—成形车刀

7、8—切槽刀　9—内螺纹车刀　10、11—内孔车刀

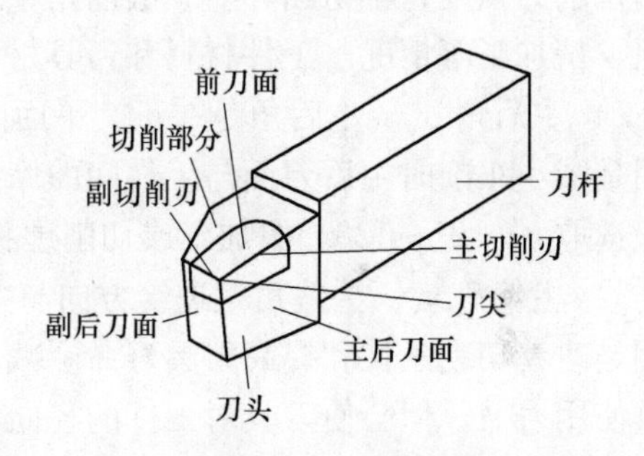

图2-26　车刀的组成

车刀的切削部分由“三面、两刃、一尖”组成：

1）前刀面。前刀面是切屑沿着它流出的面，也是车刀刀头的上表面。

2）主后刀面。主后刀面是与工件切削加工面相对的那个表面。

3）副后刀面。副后刀面是与工件已加工面相对的那个表面。

4）主切削刃。主切削刃是前刀面与主后刀面的交线。它担负着主要切削任务，又称主刀刃。

5）副切削刃。副切削刃是前刀面与副后刀面的交线。它担负着少量的切削任务，又称副刀刃。

6）刀尖。刀尖是主切削刃与副切削刃的交点。实际上刀尖是一段圆弧过渡刃。

（3）车刀的几何角度及其作用　为了确定车刀切削刃及前后刀面在空间的位置，即确定车刀的几何角度，必须要建立三个互相垂直的坐标平面：基面、切削平面和正交平面，如图 2-27 所示。车刀在静止状态下，基面是过工件轴线的水平面，主切削平面是过主切削刃的铅垂面，正交平面是垂直于基面和主切削平面的铅垂剖面。

车刀切削部分在辅助平面中的位置，形成了车刀的几何角度。车刀的主要角度有前角 γ_o、主后角 α_o、主偏角 κ_r、副偏角 κ_r'，如图 2-28 所示。

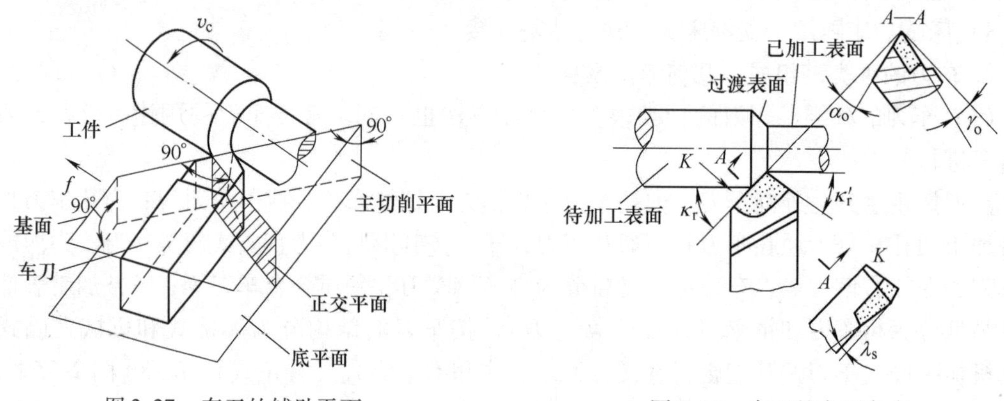

图 2-27　车刀的辅助平面　　　　图 2-28　车刀的主要角度

1）前角 γ_o。前角是指在正交平面内基面（水平面）与前刀面之间的夹角。增大前角会使前刀面倾斜程度增加，切屑易流经前刀面，且变形小而省力。但前角也不能太大，否则会削弱切削刃强度，容易崩坏。一般前角 $\gamma_o = -5° \sim 20°$，其大小决定于工件材料、刀具材料及粗、精加工等情况。工件材料和刀具材料硬时 γ_o 取小值，在精加工时 γ_o 取大值。

2）主后角 α_o。主后角是在正交平面内切削平面（铅垂面）与主后刀面之间的夹角。其作用是减小车削时主后刀面与工件间的摩擦，降低切削时的振动，提高工件表面加工质量。一般选取 $\alpha_o = 3° \sim 12°$。粗加工或切削硬材料时取小值，精加工或切削较软材料时取大值。

3）主偏角 κ_r。主偏角是进给方向与主切削刃在基面（水平面）上投影之间的夹角。其作用是改善切削条件和提高刀具寿命。减小主偏角，能增加刀尖强度，改善散热条件，提高刀具使用寿命，但会使刀具对工件的径向力加大，使工件变形而影响加工质量，不易车削细长轴类工件。通常 κ_r 选取 45°、60°、75°、90°等几种。

4）副偏角 κ_r'。副偏角是进给反方向与副切削刃在基面（水平面）上投影之间的夹角。其作用是减少副切削刃同已加工表面间的摩擦，以提高工件表面质量。一般选取 $\kappa_r' = 5° \sim 15°$。

（4）车刀的材料

1）对刀具材料的基本要求。

① 硬度高和耐磨性好。刀具切削部分的材料应具有较高的硬度，最低硬度要高于工件的硬度，一般在 60HRC 以上。硬度越高，耐磨性越好。

② 耐热性高。即要求材料在高温下保持其原有硬度的性能要好。常用耐热（热硬）温度来表示，耐热温度越高在高温下的耐磨性能越好。

③ 具有足够的强度和韧性。为承受切削中产生的切削力或冲击力，防止产生振动和冲击，车刀材料应具有足够的强度和韧性，不会发生脆裂和崩刃。

④ 良好的工艺性能。作为刀具材料除具备上述性能之外，还应具备一定的可加工性能。如切削加工性、可磨削性、热处理性能、焊接工艺性、锻造性能及高温塑性变形性能等。

一般的刀具材料如果硬度和耐热性好，在高温下必耐磨，但其韧性往往较差，不易承受冲击和振动。反之韧性好的材料往往硬度和耐热（热硬）温度较低。

2）常用车刀的材料。常用车刀的材料主要有高速钢和硬质合金。

① 高速钢。高速钢是指含有钨（W）、铬（Cr）、钒（V）等合金元素较多的高合金工具钢。高速钢经热处理后硬度可达62～65HRC，热硬温度可达500～600℃，在此温度下刀具仍能正常切削，且其强度和韧性很好，刃磨后刃口锋利，能承受冲击和振动。但由于热硬温度不是很高，允许的切削速度一般为25～30m/min，所以高速钢常用来制造精车刀或整体式成形车刀，以及钻头、铣刀、齿轮刀具等，常用高速钢牌号有W18Cr4V和W6Mo5Cr4V2等。

② 硬质合金。硬质合金是指用碳化钨（WC）、碳化钛（TiC）和钴（Co）等材料利用粉末冶金的方法制成的合金。硬质合金具有很高的硬度，硬度可达74～82HRC，热硬温度高达850～1000℃，即在此温度下仍能保持其正常切削性能。但它的韧性很差，性脆，不易承受冲击和振动，易崩刃。由于硬质合金耐热温度很高，所以允许的切削速度高达200～300m/min，因此，使用硬质合金车刀，可以加大切削用量，进行高速强力切削，能显著提高生产效率。虽然硬质合金的韧性较差，不耐冲击，但可以制成各种形式的刀片，将其焊接在45钢的刀杆上或采用机械夹固的方式夹持在刀杆上，以提高使用寿命。总之，车刀的材料主要应用硬质合金，其他的刀具如钻头、铣刀等材料也广泛应用硬质合金。

常用的硬质合金代号有P01、P10、P30、K01、K20、K30等，其含义参见GB/T 2075—2007《切削加工用硬切削材料的分类和用途 大组和用途小组的分类代号》。

3. 中心架与跟刀架的使用

细长轴类工件的车削可利用中心架（图2-29）或利用跟刀架进行车削（图2-30）。利用跟刀架车削细长轴的实例见表2-3，供教师演示用。

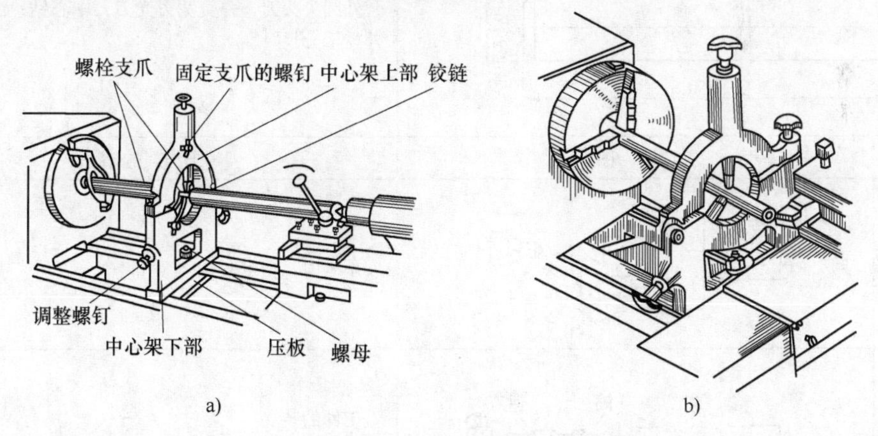

图2-29　中心架的使用

a）车长轴外圆　b）车端面

c)

d)

图 2-29　中心架的使用（续）

c）打开状态　d）工作状态

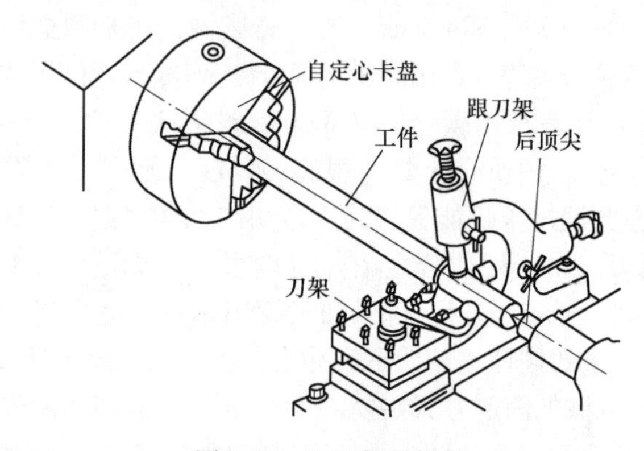

图 2-30　跟刀架的使用

表 2-3　利用跟刀架车削细长轴的演示实例

材　料	45 钢	坯　料	ϕ20mm×750mm	刃具和量具
Ra 1.6　— 0.02　C1　$\phi 20_{-0.03}^{\ 0}$　750				外圆尖头刀，弹簧宽刃光刀，中心钻；游标卡尺，外径千分尺
序　号	简　图			操 作 内 容
1	f_2　f_1			车端面，钻中心孔
2	键　轴套　顶尖　外壳　弹簧			工件的装夹 床头端用 ϕ5mm 开口钢圈套在毛坯的外圆上并用自定心卡盘夹紧，床尾端用伸缩活顶尖支承，以便提高定位精度

（续）

序　号	简　图	操作内容
3	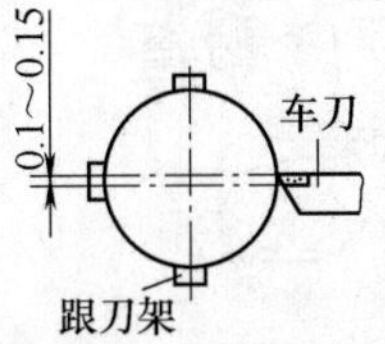	车刀的安装 刀尖略高于工件中心 0.1～0.15mm
4	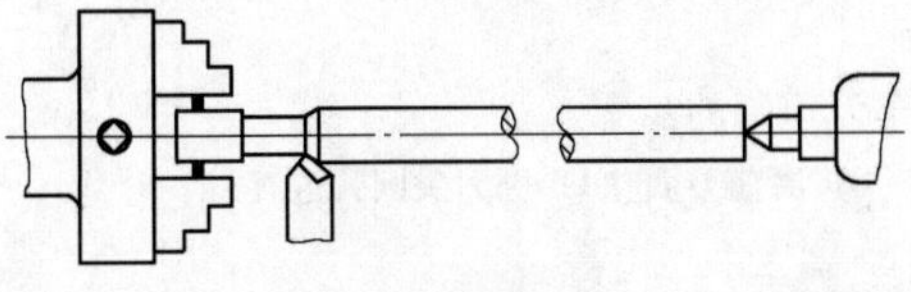	车削跟刀架的支承基准 在靠卡盘的一端车削，车削直径为 ϕ22mm，长度大于支承爪的宽度 15～20mm，并在接刀处车成小于 45°的倒角，防止接刀时让刀产生“竹节形”
5	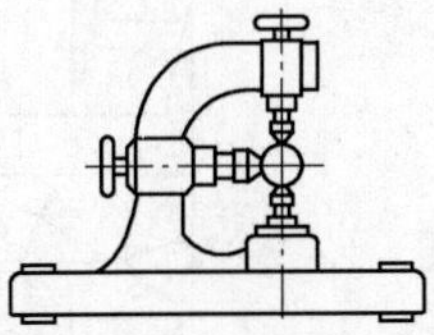	安装跟刀架 研磨跟刀架支承爪。待支承爪圆弧基本成形时，再注入机油，调整支承爪与工件接触部位，使之接触均匀
6	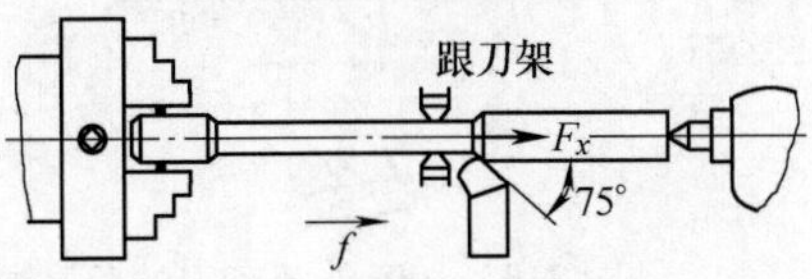	粗车 车刀向床尾走刀，使切削部分产生拉应力，减少切削时的径向跳动，消除振动，a_p = 1.5～3mm，f = 0.3～0.35mm/r，v_c = 40m/min，充分使用切削液
7	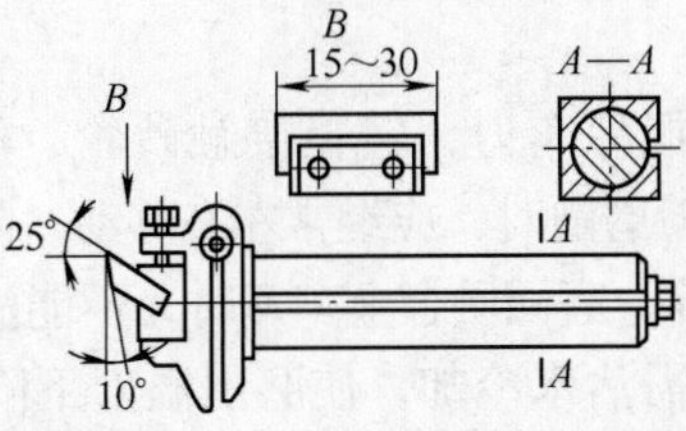	精车 先检查跟刀架支承爪与工件的配合是否良好，如支承爪磨损过大，必须重新配研；采用左图宽刃光刀；a_p = 0.02～0.05mm，f = 10～20mm/r，v_c = 1～2m/min；采用硫化切削液

4. 车刀的刃磨

1）车刀的刃磨方法。车刀用钝后，需重新刃磨，才能得到合理的几何角度和形状。通常车刀是在砂轮机上用手工进行刃磨的，车刀刃磨的步骤如图 2-31 所示。

① 磨主后刀面。按主偏角大小把刀杆向左偏斜，再将刀头向上翘，使主后刀面自下而上慢慢接触砂轮（图 2-31a）。

② 磨副后刀面。按副偏角大小把刀杆向右偏斜，再将刀头向上翘，使副后刀面自下而上慢慢接触砂轮（图 2-31b）。

③ 磨前刀面。先把刀杆尾部下倾，再按前角大小倾斜前刀面，使主切削刃与刀杆底面平行或倾斜一定角度，再使前刀面自下而上慢慢接触砂轮（图 2-31c）。

④ 磨刀尖圆弧过渡刃。刀尖上翘，使过渡刃有后角，为防止圆弧刃过大，需轻靠或轻摆刃磨（图 2-31d）。

经过刃磨的车刀，用油石加少量机油对切削刃进行研磨，可以提高刀具的寿命和加工工件的表面质量。

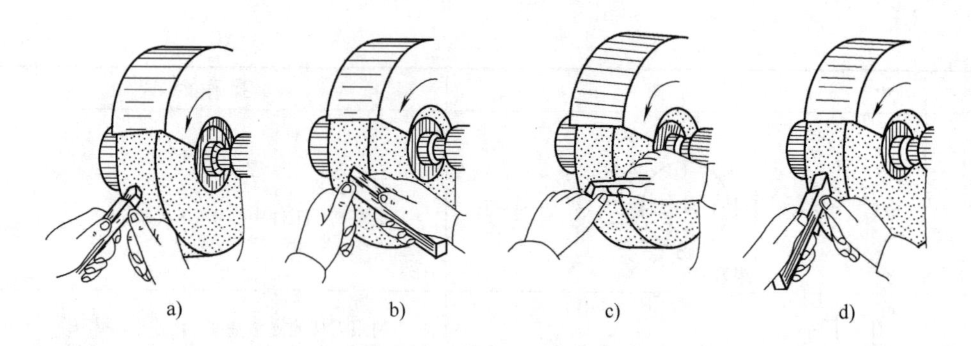

图 2-31　车刀刃磨的步骤

a）磨主后刀面　b）磨副后刀面　c）磨前刀面　d）磨刀尖圆弧过渡刃

按照图 2-32 所示 90°外圆车刀的刃磨要求对车刀刃磨。

2）刃磨车刀的操作要点。

① 砂轮的选择。常用的砂轮有氧化铝和碳化硅两类。氧化铝砂轮呈白色，适用于高速钢和碳素工具钢刀具的刃磨；碳化硅砂轮呈绿色，适用于硬质合金刀具的刃磨。砂轮的粗细以粒度号表示，一般有 36、60、80 和 120 等级别，粒度号越大则表示组成砂轮的磨粒越细，反之则越粗。粗磨车刀应选用粗砂轮，精磨车刀应选用细砂轮。

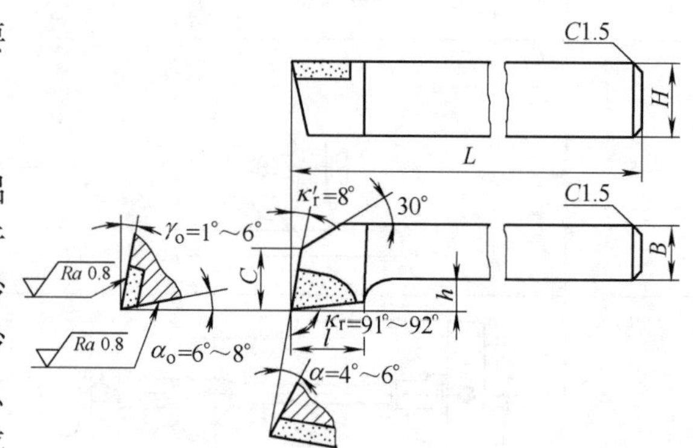

图 2-32　90°外圆车刀的刃磨要求

② 刃磨车刀时的注意事项。刃磨时，两手握稳车刀，轻轻接触砂轮，不能用力过猛，以免挤碎砂轮造成事故。利用砂轮的圆周进行车刀磨削时，应经常左右移动，防止砂轮出现沟槽。不要用砂轮侧面磨削，以免受力后使砂轮破碎。磨硬质合金车刀时，不能沾水，以防刀片收缩变形而产生裂纹，而磨高速钢车刀时，则必需沾水冷却，使磨削温度下降，防止刀具变软。同时应注意，人要站在砂轮的侧面以防止砂轮崩裂伤人，磨好刀具后要随手关闭电源。

2.1.6　中级工职业技能证书试题及思考题

1. 车台阶轴

台阶轴如图 2-33 所示，考核项目及参考评分标准见表 2-4。

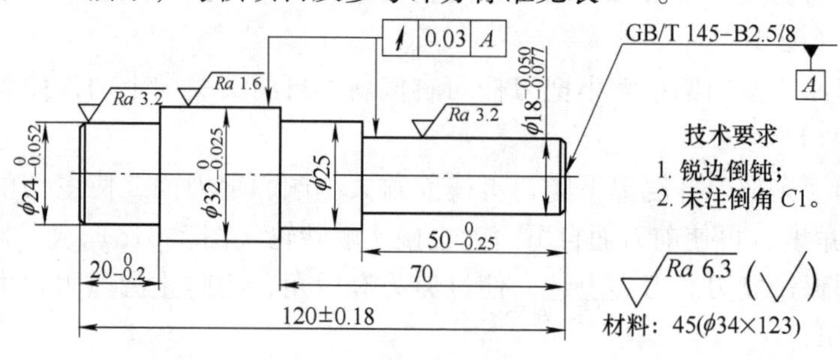

图 2-33　台阶轴

表 2-4　车台阶轴加工的考核项目及参考评分标准

序　号	项　　目		考 核 内 容	参 考 分 值	检测结果（实得分）
1	外形尺寸	主要	$\phi 18_{-0.077}^{-0.050}$mm、$\phi 32_{-0.025}^{0}$mm 和 $\phi 24_{-0.052}^{0}$mm	10 + 10 + 10	
		一般	$20_{-0.2}^{0}$mm、$50_{-0.25}^{0}$mm、(120 ± 0.18) mm 和 70mm、ϕ25mm	3 + 3 + 3 + 3 + 3	
2	几何公差		ϕ32mm 与 ϕ18mm 两处外圆对基准 A 的跳动公差 0.03mm	5 + 5	
3	表面粗糙度		Ra1.6μm、Ra3.2μm（2 处）、Ra6.3μm	5 + 5 × 2 + 5	
4	操作调整和测量		外圆、端面、台阶车削的操作方法，量具的使用及其测量方法	10	
5	其他考核项		安全文明实习，各种量具、夹具、车刀等应妥善保管，切勿碰撞，并注意对车床的维护和保养	15	
			合计	100	

2. 思考题

1）在车削加工时，工件和刀具需作哪些运动？车削的加工特点是什么？

2）车削能加工哪些类型的零件？一般车削加工的最高公差等级和最低表面粗糙度是多少？

3）什么叫切削用量？各切削用量如何计算？

4）说明 CA6140 型车床代号的意义。

5）卧式车床由哪些部分组成？各部分的作用如何？

6）进给手动手柄转过 24 小格时，刀具横向移动多少毫米？车外圆时，背吃刀量 a_p 为 1.5mm，对刀试切时，横向进给手动手柄应吃刀多少小格？外径是 36mm，要车成 35mm，对刀试切时，横向进给手动手柄应吃刀多少小格？

7）车刀按其用途和材料如何进行分类？

8）绘图标注出外圆车刀和端面车刀的主要几何角度。

9）前角 γ_o、主后角 a_o 分别表示了哪些刀面在空间的位置？试简述它们的作用。

10）刃磨和安装车刀时的注意事项是什么？

11）车外圆时有哪些装夹方法？为什么车削长轴类零件时常用双顶尖装夹？

12）车外圆时为什么要分为粗车和精车？粗车和精车应如何选择切削用量？

13）工件外径尺寸为 ϕ80mm，要一刀车成 ϕ79.5mm，对刀后横向进给手动手柄应转过多少小格？如试切测量后尺寸小于 ϕ79.5mm，为什么必须手柄退回两转后再重新对刀试切？

14）测量外径尺寸有哪些方法？能否用外卡钳测量并保证其测量误差在 0.03 ~ 0.05mm 以内？

项目 2.2　轴的退刀槽车削

在工件表面上车削沟槽的方法称为切槽，而将坯料或工件分成两段或若干段的车削方法称为切断。

2.2.1 项目引入

识读零件上槽的作用和特点，在空心轴零件上切槽 4 × ϕ39mm，如图 2-34 所示。确定具体加工方法及工艺装备，并按要求完成切槽的加工操作。

2.2.2 项目分析

1）确定具体的切槽加工方法及操作步骤，掌握槽的测量方法。

2）在图 2-22a 所示空心轴上 $\phi\,42\,^{0}_{-0.15}$ mm 的外圆表面上，距离右端面长度约 28mm 处，切槽 4 × ϕ39mm，保证尺寸（42 ± 0.2）mm，即背吃刀量 a_p = 4mm（本项目中取切槽刀宽度），手动进给 1.5mm，在项目 2.1 完成后进行切槽的车削加工。

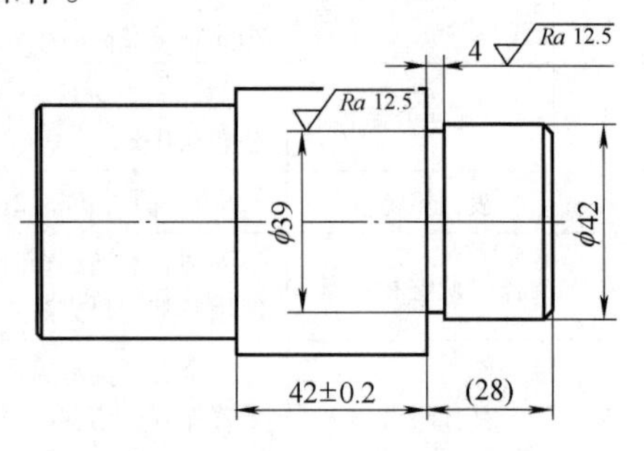

图 2-34 空心轴切槽

2.2.3 相关知识——切槽的分类；切槽刀和切槽方法

1. 切槽的分类

用车削加工的方法所能加工出槽的形状有外槽、内槽和端面槽等，如图 2-35 所示。

轴上的外槽和孔的内槽多属于退刀槽，其作用是车削螺纹或进行磨削时便于退刀，否则无法加工。同时，往轴上或孔内装配其他零件时，也便于确定其轴向位置。端面槽的主要作用是为了减轻质量，其中有些槽还可以用以卡弹簧或装垫圈，其作用要根据零件的结构和作用而定。

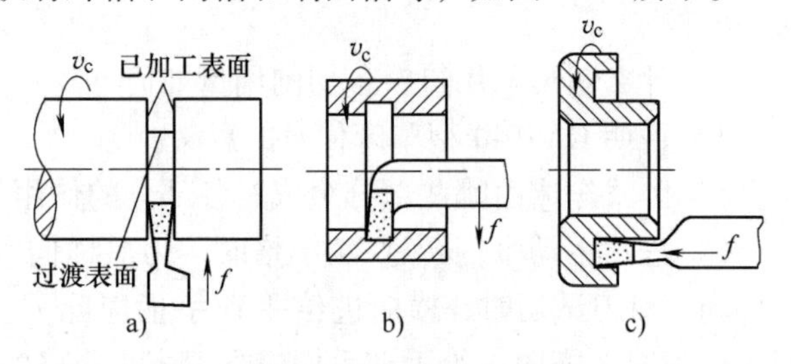

图 2-35 切槽的形状

a）车外槽 b）车内槽 c）车端面

2. 切槽刀的角度及安装

轴上的槽要用切槽刀进行车削，切槽刀的几何形状和角度如图 2-36a 所示。安装时应做到：刀尖要对准工件轴线；主切削刃平行于工件轴线；刀尖与工件轴线等高；两侧副偏角一定要对称相等（1° ~ 2°），两侧刃副后角也需对称（0.5° ~ 1°，切不可一侧为负值，以防刮伤槽的端面或折断刀头）。切槽刀的安装如图 2-36b 所示。

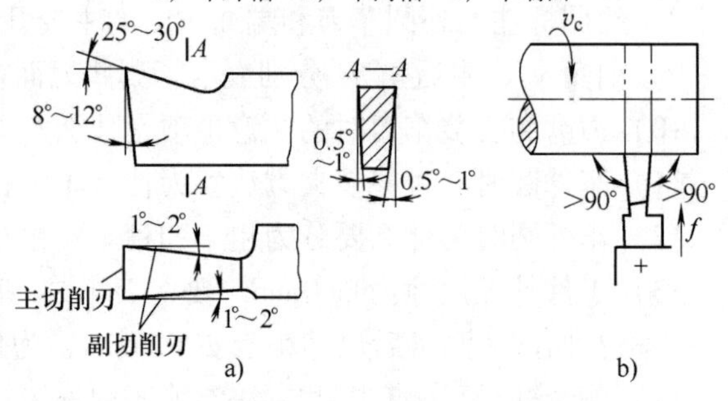

图 2-36 切槽刀及安装

a）切槽刀 b）安装

3. 切槽方法及测量

1）车削宽度为 5mm 以下的窄槽时，可使用主切削刃的宽度等于槽宽的切槽刀，在一次横向进给中切出。车削宽度在 5mm 以上的宽槽时，一般采用先分段横向粗车（图 2-37a），最后一次横向切削后，再进行纵向精车的加工方法（图 2-37b）。

2）切槽的尺寸测量。测量槽的宽度和深度时采用卡钳和钢直尺配合测量，也可用游标卡尺和千分尺测量。图 2-38 所示为测量外槽直径的方法。

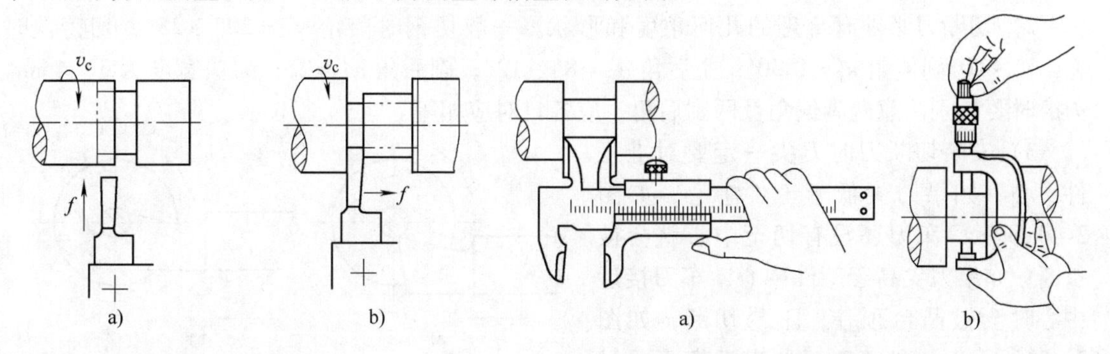

图 2-37　车宽槽

a）横向粗车　b）纵向精车

图 2-38　测量外槽直径

a）用游标卡尺测量槽宽　b）用千分尺测量槽的底径

2.2.4　项目实施

1. 空心轴的退刀槽车削

（1）准备工作

1）工件毛坯。材料为 45 钢，毛坯由项目 2.1 转下（图 2-22a）。

2）设备及刀具。CA6140 型车床，切槽刀（宽度 4mm）。

3）夹具及工具。自定心卡盘，扳手。

4）量具。游标卡尺。

（2）切槽加工

以图 2-22a 所示的工件为坯料，按图 2-39 所示车削 4 × ϕ39mm 的窄槽，即背吃刀量 a_p = 4mm（选用 4mm 宽的切槽刀），手动均速进给 1.5mm。切削时，因台阶的轴向尺寸 (42 ± 0.2) mm 已经车好，对刀时应注意不可再车削台阶的端面。窄槽用直进法车削（宽槽可用多次横向粗车再精车的方法车削），槽的深度利用横向进给刻度盘来控制。其具体加工工艺过程及步骤参见相关知识中的切槽方法及测量等，完成表 2-1 中序号 9 所列的内容。

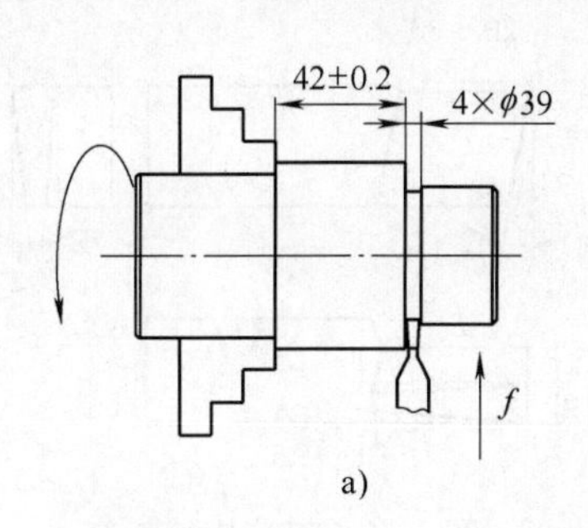

图 2-39　空心轴的切槽加工

a）切槽要求　b）切槽操作

2. 切槽和切断的操作要点

切槽和切断操作简单，但很不容易达到目的，特别是切断，操作时稍不注意，刀头就会折断。其操作注意事项如下：

1）工件和车刀的装夹一定要牢固，刀架要锁紧，以防松动。切断时，切断刀应距卡盘近些，但不能碰上卡盘，以免切断时因刚性不足而产生振动。

2）切断刀必须有合理的几何角度和形状。一般切钢时前角 $\gamma_o=20°\sim25°$，切铸铁时 $\gamma_o=5°\sim10°$副偏角 $\kappa_r'=1°30'$；主后角 $\alpha_o=8°\sim12°$；副后角 $\alpha_o'=2°$；刀头宽度为 3～4mm。刃磨时要特别注意两副偏角及两副后角，应各自对应相等。

3）安装切断刀时刀尖一定要对准工件中心。如果刀尖低于工件中心，如图 2-40a所示，车刀还没有切至中心就会被折断；如果刀尖高于工件中心，车刀接近中心时会被凸台顶住，不易切断，如图 2-40b所示。另外，车刀伸出刀架不要过长，车刀中心线要与工件中心线垂直，以保证两侧副偏角相等。底面垫平，以保证两侧都有一定的副后角。

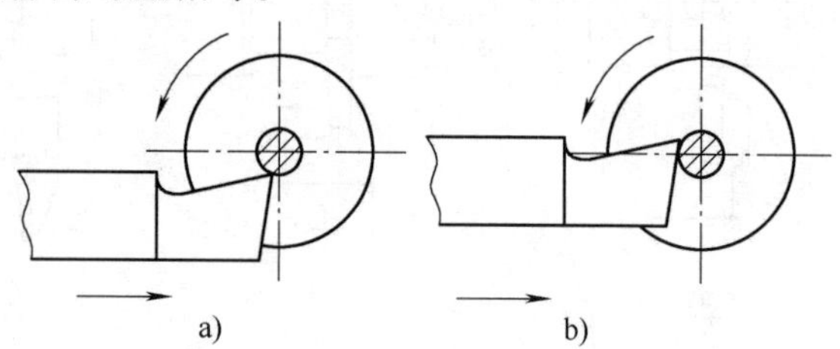

a)　　b)

图 2-40　切断刀刀尖应与工件中心等高

a）切断刀安装过低，刀头易折断

b）切断刀安装过高，刀具后刀面顶住工件

4）合理地选择切削用量，切削速度不宜过高或过低，一般 $v_c=40\sim60\text{m/min}$（外圆处）。手动进给切断时，进给要均匀，机动进给切断时，进给量 $f=0.05\sim0.15\text{mm/r}$。

5）切钢时需加切削液进行冷却润滑，切铸铁时不加切削液，但必要时可使用煤油进行冷却润滑。

2.2.5　知识链接——切断刀和切断方法

切断主要用于圆棒料按尺寸要求下料时，或把加工完毕的工件从坯料上切下来，如图 2-41 所示。

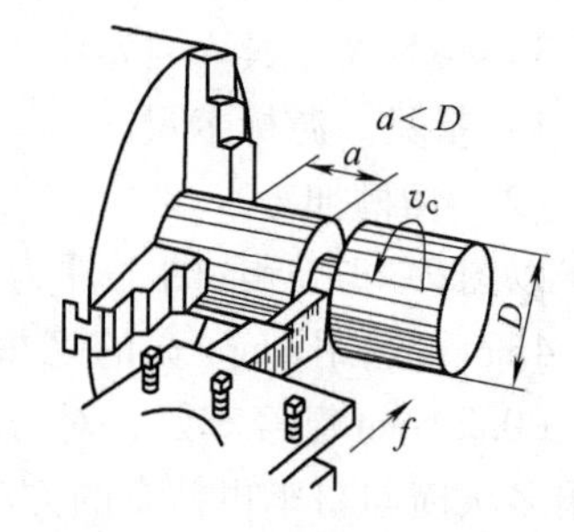

图 2-41　切断

1. 切断刀

切断刀与切槽刀的形状相似，其不同点是刀头窄而长，容易折断，因此用切断刀也可以切槽，但不能用切槽刀来切断。

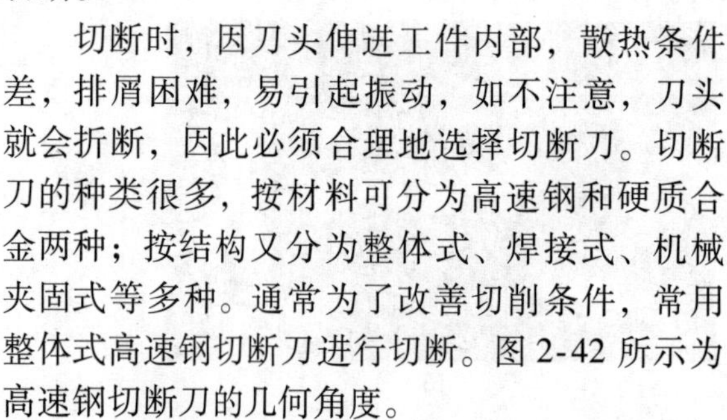

切断时，因刀头伸进工件内部，散热条件差，排屑困难，易引起振动，如不注意，刀头就会折断，因此必须合理地选择切断刀。切断刀的种类很多，按材料可分为高速钢和硬质合金两种；按结构又分为整体式、焊接式、机械夹固式等多种。通常为了改善切削条件，常用整体式高速钢切断刀进行切断。图 2-42 所示为高速钢切断刀的几何角度。

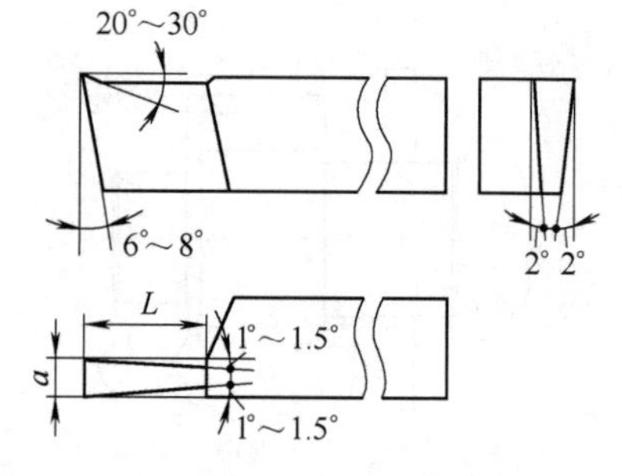

图 2-42　高速钢切断刀

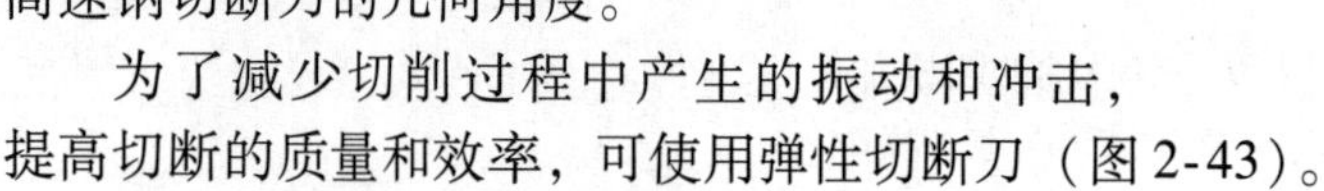

为了减少切削过程中产生的振动和冲击，提高切断的质量和效率，可使用弹性切断刀（图 2-43）。

2. 切断方法

常用的切断方法有直进法和左右借刀法两种，如图 2-44 所示。直进法常用于切削铸铁等脆性材料，左右借刀法常用于切削钢等塑性材料。

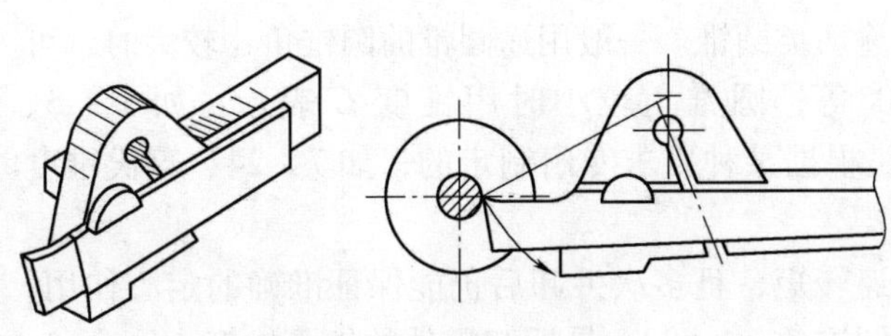

图 2-43　弹性切断刀

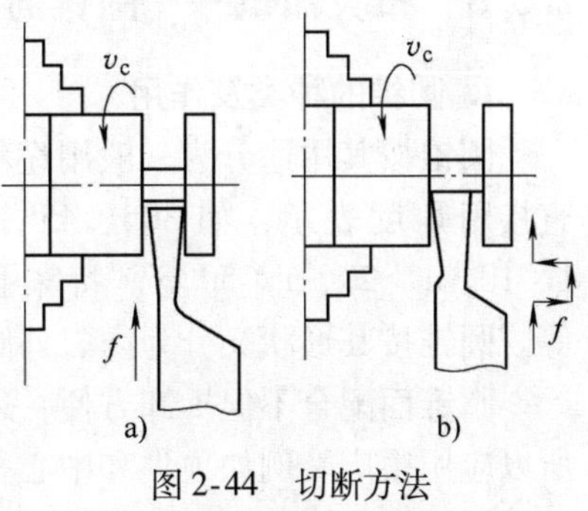

图 2-44　切断方法
a）直进法　b）左右借刀法

2.2.6　拓展操作及思考题

1. 拓展操作——槽的车削加工

为便于实训，外圆及内孔处槽的车削加工训练将在项目 2.3 的训练中完成，此处不再设单独的训练项目。

2. 思考题

1）切槽刀和切断刀的几何形状有何特点?

2）一般阶梯轴上退刀槽的宽度都相等，为什么？退刀槽的作用是什么？

3）试说明宽槽和窄槽的深度和宽度尺寸是如何保证的，如何进行测量的。

4）切断时，切断刀容易折断的原因是什么？操作过程中如何防止车刀折断？

项目 2.3　轴的圆锥面车削

将工件车削成圆锥表面的方法称为车圆锥。车圆锥的加工精度主要取决于加工方法、调整精度和设备精度。所加工的圆锥可分为外圆锥和内圆锥孔，所用车刀分别与车外圆、车内孔类似。

2.3.1　项目引入

在空心轴零件上车削锥度为 1∶5（$\alpha/2=5°43'$）的圆锥面，如图 2-45 所示。识读圆锥部位的尺寸精度、锥度值、几何公差和表面粗糙度要求。

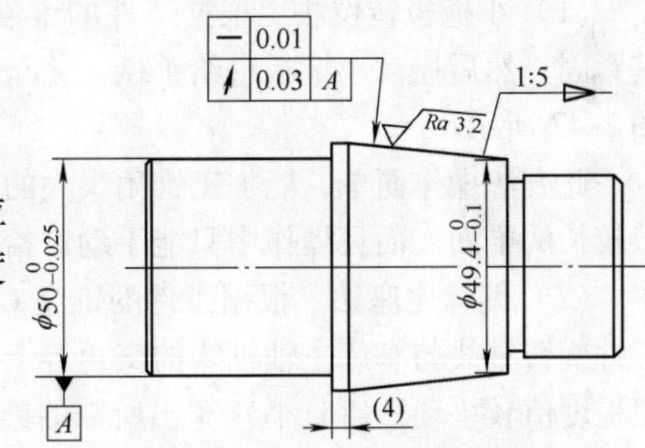

图 2-45　车削空心轴的圆锥面

2.3.2　项目分析

1）确定具体的圆锥加工方法及操作步骤，掌握圆锥的测量方法。

2）在图 2-34 所示的零件上，利用 CA6140 车床，采用小拖板转位法，车削锥度为 1∶5（$\alpha/2=5°43'$）的圆锥面，保证小端直径尺寸 $\phi49.4_{-0.1}^{0}$ mm。在项目 2.2 完成后进行圆锥面的车削加工。

2.3.3 相关知识——圆锥的车削方法和计算

1. 圆锥的种类及作用

圆锥按其用途分为一般用途和特殊用途两类圆锥。一般用途圆锥的圆锥角 α 较大时，可直接用角度表示，如 30°、45°、60°、90°等；圆锥角较小时用锥度 C 表示，如 1∶5、1∶10、1∶20、1∶50 等。特殊用途圆锥是根据某种要求专门制定的，如 7∶24、莫氏锥度等。圆锥按其形状又分为内、外圆锥。

圆锥面配合不但拆卸方便，还可以传递转矩，且多次拆卸后仍能保证准确的定心作用，所以应用很广。例如顶尖和中心孔的配合圆锥角 $\alpha=60°$，易拆卸零件的锥面锥度 $C=1∶5$，工具尾柄锥面锥度 $C=1∶20$，机床主轴锥孔锥度 $C=7∶24$，特殊用途圆锥还应用于纺织、医疗等行业。

2. 圆锥各部分名称、代号及计算公式

圆锥体和圆锥孔的各部分名称、代号及计算公式均相同，圆锥体的主要尺寸如图 2-46 所示。

锥度
$$C=\frac{D-d}{l}=2\tan\frac{\alpha}{2} \tag{2-4}$$

斜度
$$S=\frac{D-d}{2l}=\tan\frac{\alpha}{2} \tag{2-5}$$

式中 α——圆锥的锥角，$\alpha/2$ 为圆锥半角（°）；
l——锥面轴向长度（mm）；
D——锥面大端直径（mm）；
d——锥面小端直径（mm）。

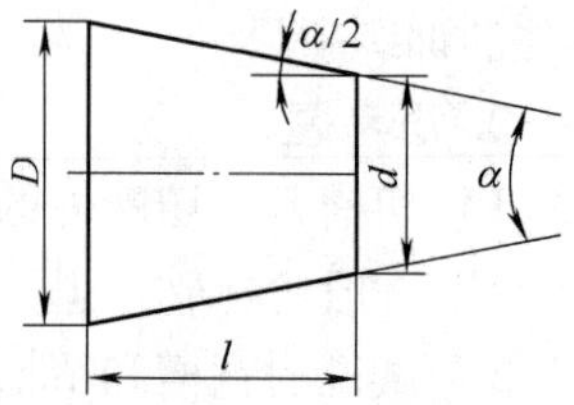

图 2-46　圆锥体主要尺寸

3. 车圆锥的方法

车圆锥的方法很多，主要有小拖板转位法、偏移尾座法、宽刃车刀车削法及靠模法等。除宽刃车刀车削法外，其他几种车圆锥的方法，都是使刀具的运动轨迹与工件轴线相交成圆锥半角 $\alpha/2$，然后加工出所需的圆锥表面。

（1）小拖板转位法　根据工件的锥度 C 或圆锥半角 $\alpha/2$，将小滑扳转过 $\alpha/2$ 角，并将其紧固。然后摇动小拖板进给手柄，使车刀沿圆锥面的素线移动，即可车出所需圆锥面，如图 2-47 所示。

此方法操作简单，能加工锥角很大的内外圆锥面，但由于受小拖板行程的限制，不能加工较长的锥面。而且操作中只能手动进给，不能机动进给，所以圆锥表面较粗糙。

（2）偏移尾座法　根据工件的锥度 C 或圆锥半角 $\alpha/2$，将尾座顶尖偏移一个距离 s，使工件旋转轴线与车床主轴轴线的交角等于圆锥半角 $\alpha/2$，然后利用车刀纵向机动进给（表面粗糙度值较手动进给时小）车出所需的锥面，如图 2-48 所示。

尾座偏移量

$$S=L\frac{C}{2}=L\frac{D-d}{2l}=L\tan\frac{\alpha}{2} \tag{2-6}$$

式中 L——工件长度（mm）。

偏移尾座法能加工较长工件上的锥面，并能机动纵向进给切削，但不能加工锥孔，一般

圆锥半角不能太大，$\alpha/2<8°$，该方法常用于单件或成批生产。在成批生产时，应保证工件的总长及中心孔的深度一致，否则在相同偏移量的情况下会出现锥度误差。

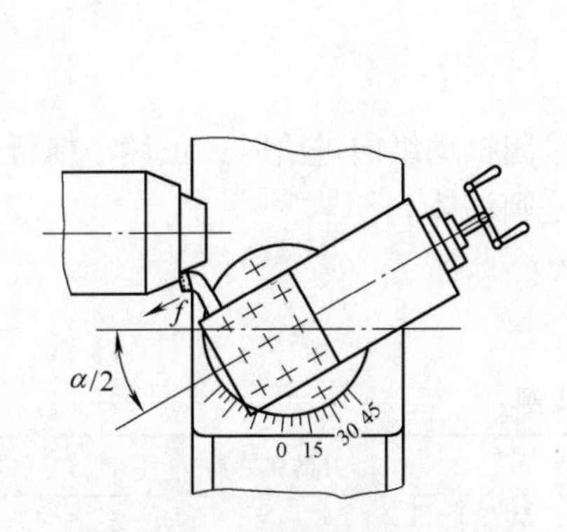

图 2-47　小拖板转位法车圆锥

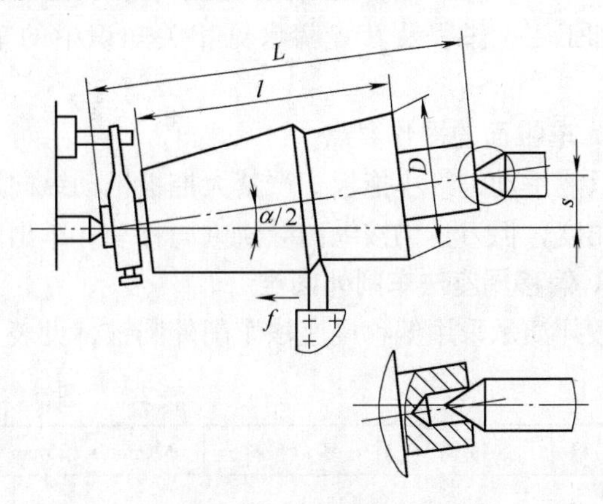

图 2-48　偏移尾座法车锥面

2.3.4　项目实施

1. 空心轴的外圆锥面车削

（1）准备工作

1）工件毛坯。材料为 45 钢的坯料，由项目 2.2 转下（图 2-34）。

2）设备及刀具。CA6140 型车床，45°弯头车刀。

3）夹具及工具。自定心卡盘，扳手。

4）量具。游标卡尺、锥形套规、万能游标量角器。

（2）圆锥面车削加工

1）以图 2-34 所示的工件为坯料，按图 2-49 所示车削圆锥面锥度 $C=1:5=2\tan\alpha/2$（圆锥半角 $\alpha/2=5°43'$），并保证圆锥小端的直径 $\phi 49.4_{-0.1}^{\ 0}$ mm。采用小拖板转位法车削，先松开小拖板与转盘之间的紧固螺栓，扳转小拖板角度为 $\alpha/2=5°43'$后，旋紧小拖板与转盘之间的紧固螺栓。

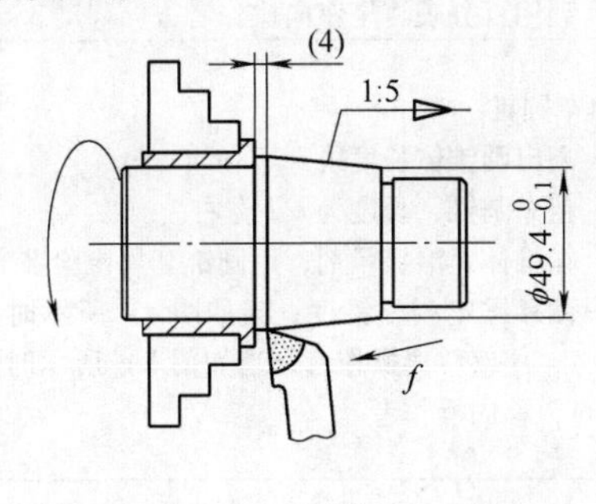

a)

b)

图 2-49　空心轴的圆锥面加工

a）车圆锥要求　b）小拖板转位法车削操作

2）选用 90°外圆车刀。车床主轴转速与车外圆时相同，转动横向进给手柄来调整切削深度，手动匀速转动小拖板进给手柄，使刀具沿锥面的素线移动车削圆锥面。

3）利用万能游标量角器或锥形套规来测量圆锥角度，用游标卡尺测量圆锥的小端直径。

一般要求是，锥角达到图样要求后，再进行锥面长度及大小端尺寸的车削。圆锥的具体车削加工工艺过程及其步骤参见相关知识中的车圆锥方法，完成表 2-1 中序号 10 所列的内容。

2. 车锥面的操作要点

只能手动进给小拖板，严禁大拖板机动纵向进给。因机动纵向进给时，虽然小拖板已扳转了角度，但刀具仍按纵向导轨方向移动，车出的仍是圆柱体。

3. 偏移尾座法车削外圆锥

教师演示采用偏移尾座法车削外圆锥，见表 2-5。

表 2-5 圆锥体车削实例

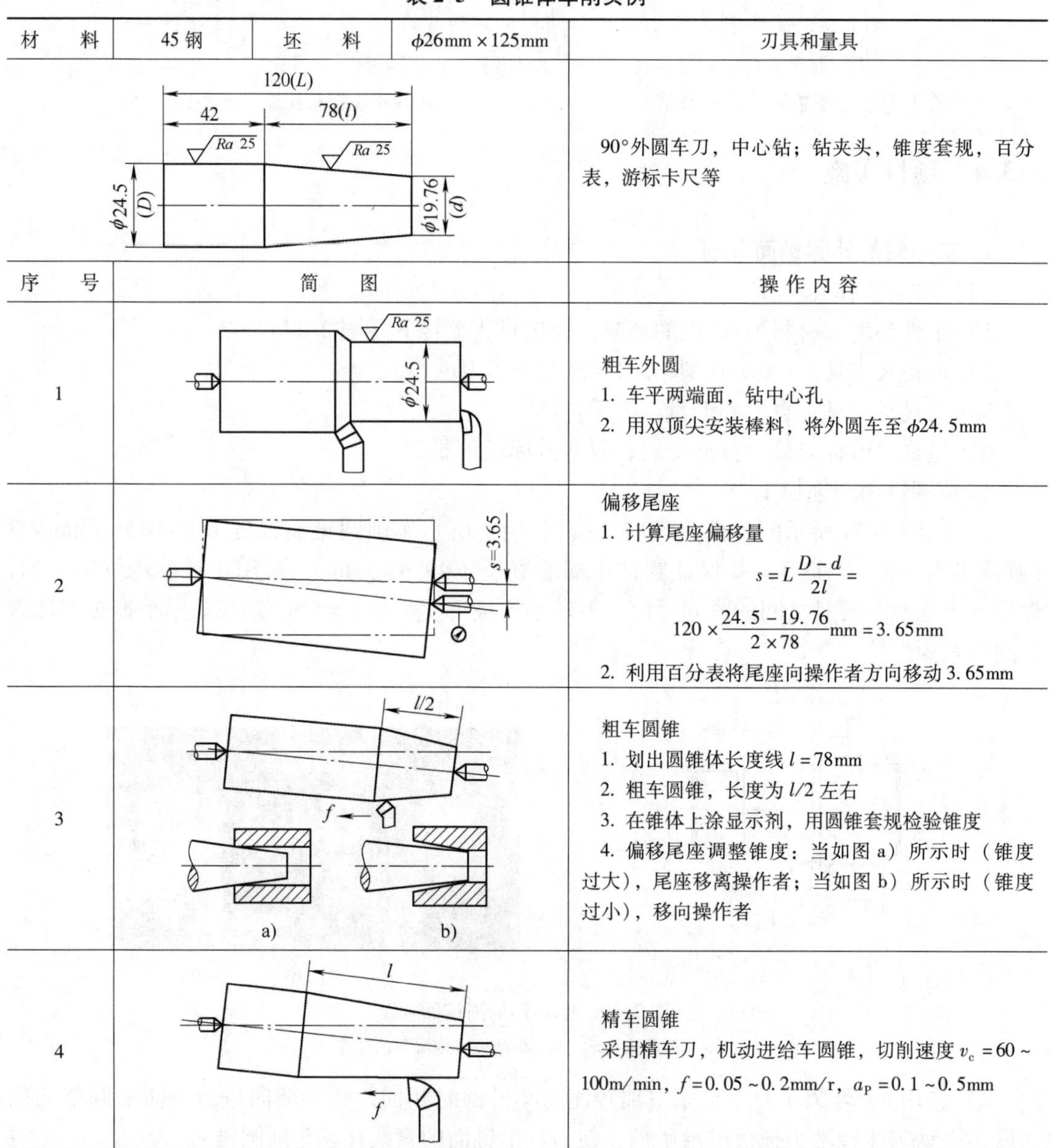

材料	45 钢	坯料	ϕ26mm×125mm	刀具和量具
				90°外圆车刀，中心钻；钻夹头，锥度套规，百分表，游标卡尺等
序号	简图			操作内容
1				粗车外圆 1. 车平两端面，钻中心孔 2. 用双顶尖安装棒料，将外圆车至 ϕ24. 5mm
2				偏移尾座 1. 计算尾座偏移量 $s = L\dfrac{D-d}{2l} = 120 \times \dfrac{24.5-19.76}{2\times 78}\text{mm} = 3.65\text{mm}$ 2. 利用百分表将尾座向操作者方向移动 3. 65mm
3				粗车圆锥 1. 划出圆锥体长度线 $l=78$mm 2. 粗车圆锥，长度为 $l/2$ 左右 3. 在锥体上涂显示剂，用圆锥套规检验锥度 4. 偏移尾座调整锥度：当如图 a）所示时（锥度过大），尾座移离操作者；当如图 b）所示时（锥度过小），移向操作者
4				精车圆锥 采用精车刀，机动进给车圆锥，切削速度 $v_c = 60 \sim 100$m/min，$f = 0.05 \sim 0.2$mm/r，$a_p = 0.1 \sim 0.5$mm

2.3.5 知识链接——圆锥面的尺寸测量

圆锥面的测量主要是指测量圆锥半角（或圆锥角）和锥面尺寸。

1. 圆锥角度的测量

调整车床并完成试切后，需测量圆锥面的角度是否正确。如不正确，则需重新调整车床，再试切直到测量的锥面角度符合图样要求为止，才能进行正式车削。常用以下两种方法测量锥面角度：

（1）锥形套规或锥形塞规测量　锥形套规用于测量外锥面，锥形塞规用于测量内锥面。测量时，先将套规（或塞规）的内（或外）锥面上涂上显示剂，再与被测锥面配合，转动套规（或塞规），取下套规观察显示剂的变化。如果显示剂摩擦均匀，说明圆锥接触良好，锥角正确。如果套规的小端接触，而大端没有接触到，说明圆锥角小了（塞规与此相反），要重新调整车床。锥形套规与锥形塞规分别如图 2-50a、b 所示。

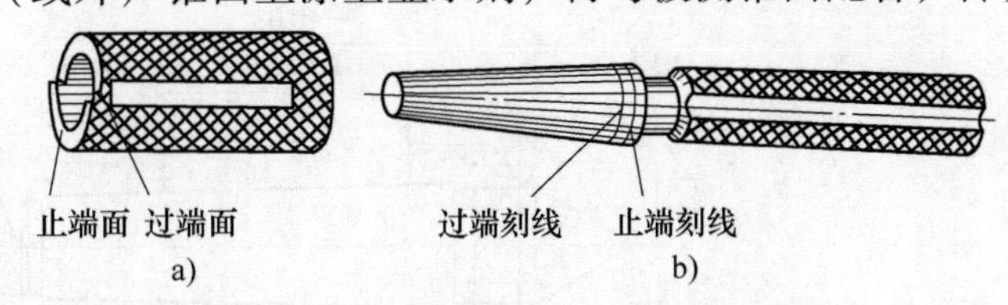

图 2-50　锥形套规与锥形塞规

a）锥形套规　b）锥形塞规

（2）万能游标量角器测量　用万能游标量角器测量工件锥度的方法如图 2-51 所示。这种方法测量锥度范围大，测量精度为 2′～5′。

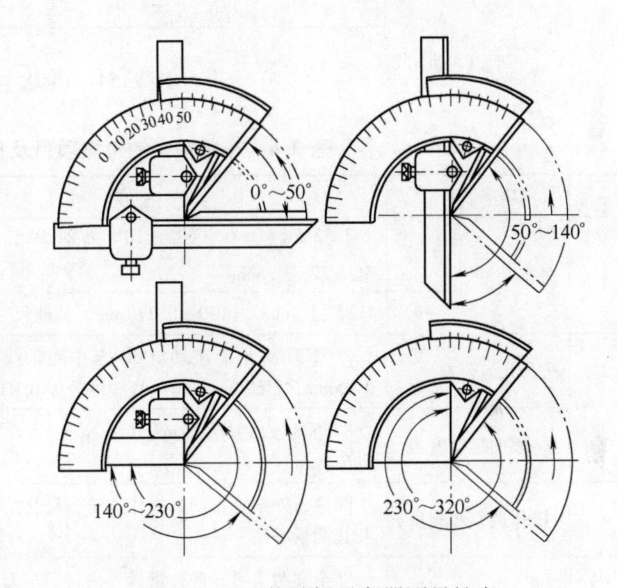

图 2-51　万能游标量角器测量锥度

2. 锥面尺寸的测量

锥角达到图样要求以后，再进行锥面长度及其大小端的车削。常用锥形套规测量外锥面的尺寸，测量方法如图 2-52 所示；用锥形塞规测量内锥面的尺寸，测量方法如图 2-53 所示。另外，还可用游标卡尺测量锥面大端或小端的直径来控制锥体的长度。

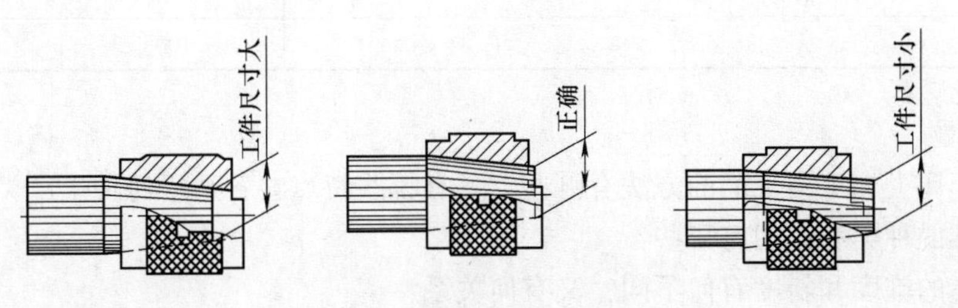

图 2-52　锥形套规测量外锥面

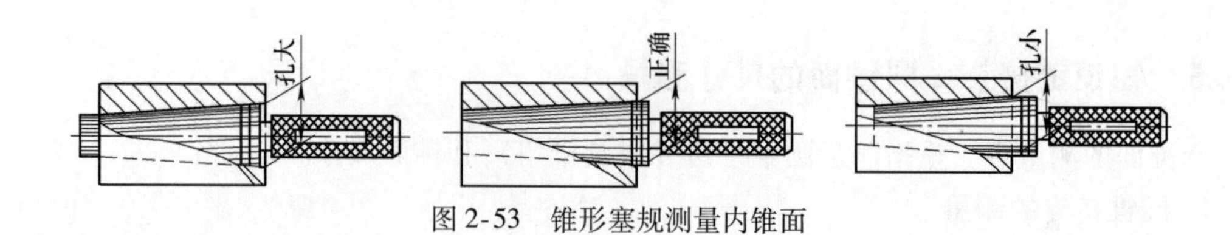

图 2-53　锥形塞规测量内锥面

2.3.6　中级工职业技能证书试题及思考题

1. 车削顶尖

顶尖如图 2-54 所示，考核项目及参考评分标准见表 2-6。

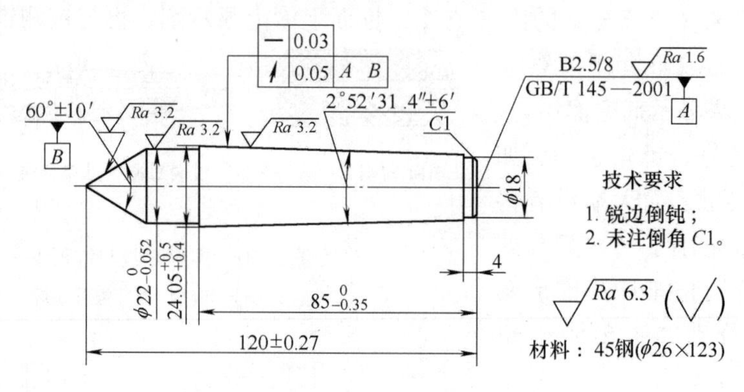

图 2-54　顶尖

表 2-6　车削顶尖的考核项目及参考评分标准

序　号	项　　目		考 核 内 容	参 考 分 值	检测结果（实得分）
1	外形尺寸	主要	2°52′31.4″±6′、60°±10′、$\phi 24.05^{+0.5}_{+0.4}$mm 和 $\phi 22^{\ 0}_{-0.052}$mm	10+10+5+5	
		一般	$85^{\ 0}_{-0.35}$mm、(120±0.27)mm、其他尺寸	5+5+5	
2	几何公差		2°52′31.4″锥面跳动对 60°与中心轴线公差 0.05mm，2°52′31.4″母线直线度公差 0.03mm	5+5	
3	表面粗糙度		B2.5/8 锥面 Ra1.6μm、Ra3.2μm（3 处）、Ra6.3μm	5+5×3+5	
4	操作调整和测量		圆锥、外圆等车削的操作方法，量具的使用及其测量方法	10	
5	其他考核项		安全文明实习，各种量具、夹具、车刀等应妥善保管，切勿碰撞，并注意对车床的维护和保养	10	
合计				100	

2. 思考题

1）在车床上加工圆锥面的方法有哪些？各有哪些特点？各适于何种生产类型？

2）圆锥的种类和作用有哪些？

3）锥体的锥度和斜度有何不同？又有何关系？

4）已知车削的锥度 $C=1:10$，试求小拖板应扳转的角度 $\alpha/2$。

项目 2.4　轴的螺纹车削

将工件表面车削成螺纹的方法称为车螺纹。所车削螺纹分为外螺纹和内螺纹，所使用刀具为螺纹车刀。

2.4.1　项目引入

在空心轴零件上车削螺纹 M42×1.5－6g，如图 2-55 所示。识读外螺纹的尺寸精度和表面粗糙度要求。

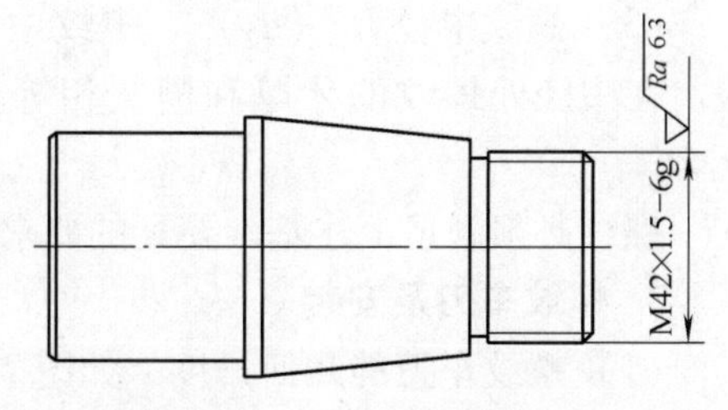

图 2-55　空心轴的车螺纹图

2.4.2　项目分析

1）确定具体螺纹的加工方法及操作步骤，掌握螺纹的测量方法。

2）在图 2-45 所示的零件上，利用 CA6140 车床正反车削的方法，车削螺纹 M42×1.5－6g。在项目 2.3 完成后进行螺纹的车削加工。

2.4.3　相关知识——车螺纹的方法及测量

1. 螺纹的分类

螺纹的种类很多，应用也很广。常用螺纹按用途分为联接螺纹和传动螺纹两类，前者起联接作用（螺栓与螺母），后者用于传递运动和动力（丝杠与螺母）。联接螺纹又分为普通螺纹（米制）和管螺纹（寸制）。传动螺纹又分为梯形螺纹、矩形螺纹和锯齿形螺纹。

各种螺纹按其使用性能的不同又可分为左旋或右旋、单线或多线、内螺纹或外螺纹。

2. 普通螺纹的基本尺寸

普通螺纹牙型均为三角形，所以又称三角形螺纹。图 2-56 标注了普通螺纹各部分的名称代号。

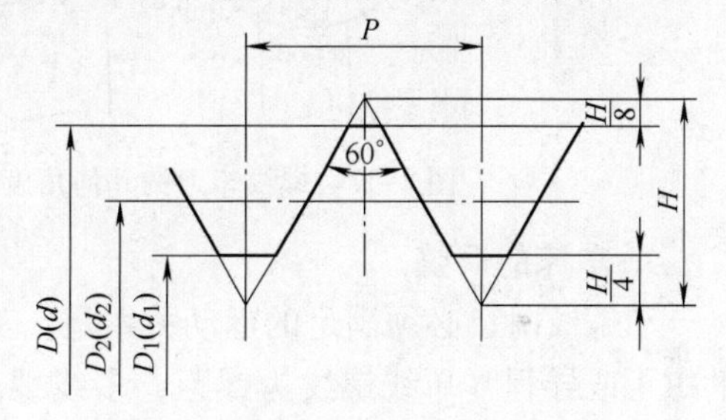

图 2-56　普通螺纹各部分名称代号

螺纹的螺距用 P 表示，牙型角用 α 表示，其他各部分名称及基本尺寸如下：

螺纹大径（公称直径）　$D(d)$

螺纹中径　$D_2(d_2)=D(d)-0.649P$　(2-7)

螺纹小径　$D_1(d_1)=D(d)-1.082P$　(2-8)

原始三角形高度　$H=0.866P$　(2-9)

式中　D——内螺纹直径（不标下角者为大径，标下角“1”为小径，标下角“2”为中径）(mm)；

d——外螺纹直径（下角标的意义同上）(mm)；

P—螺距（mm）。

决定螺纹的基本要素有三个：

（1）牙型角 α　牙型角是指在螺纹轴线所在剖面内螺纹两侧面的夹角。普通（米制）

螺纹 $\alpha=60°$，管（寸制）螺纹 $\alpha=55°$。

（2）螺距 P　螺距是指沿轴线方向上相邻两牙之间对应点的距离。普通螺纹的螺距用 mm 表示；管螺纹用每英寸（1in = 25.4mm）上的牙数 n 表示，螺距 P 与牙数 n 的关系为

$$P=\frac{25.4}{n}\text{mm} \tag{2-10}$$

（3）螺纹中径 D_2（d_2）　螺纹中径是指平分螺纹理论高度 H 的一个假想圆柱体的直径。在中径处螺纹的牙厚和槽宽相等。只有内、外螺纹中径都一致时，两者才能很好地配合。

螺纹必须满足上述基本要素的要求。

3. 螺纹车刀及安装

（1）螺纹车刀的几何角度　如图 2-57 所示，车三角形普通螺纹时，车刀的刀尖角等于螺纹牙型角 $\alpha=60°$；车三角形管螺纹时，车刀的刀尖角 $\alpha=55°$。并且其前角 $\gamma_o=0°$才能保证工件螺纹的牙型角，否则牙型角将产生误差。只有粗加工时或螺纹精度要求不高时，其前角 $\gamma_o=5°\sim20°$。

（2）螺纹车刀的安装　如图 2-58 所示，安装时刀尖对准工件的中心，并用样板对刀，以保证刀尖角的角平分线与工件的轴线相垂直，这样车出的牙型角才不会偏斜。

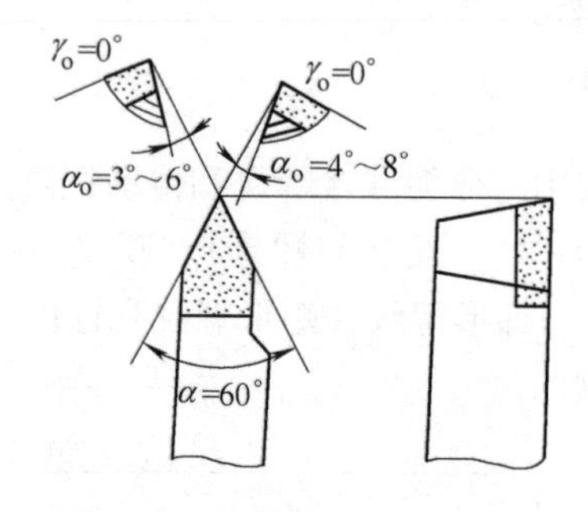

图 2-57　螺纹车刀的几何角度

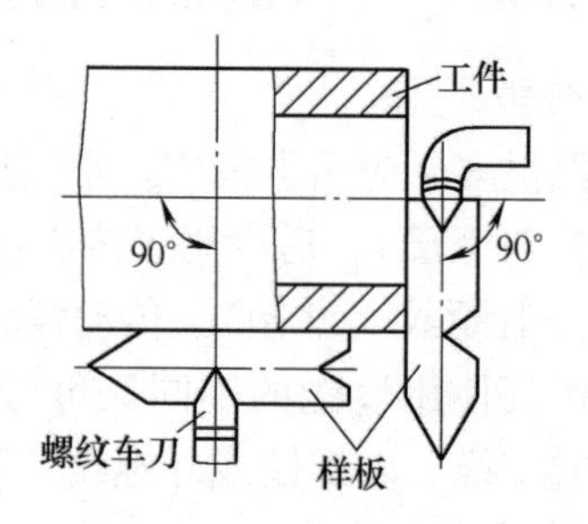

图 2-58　用样板对刀

4. 车床的调整

车螺纹时，必须满足的运动关系是：工件每转过一转时，车刀必须准确地移动一个工件的螺距或导程（单线螺纹为螺距，多线螺纹为导程）。其传动路线简图如图 2-59 所示。这种传动关系是通过调整车床来实现的。在调整时，先通过手柄把丝杠接通，再根据工件的螺距或导程，按进给箱标牌上所示的手柄位置，变换配换齿轮（挂轮）的齿数及各进给变速手柄的位置。

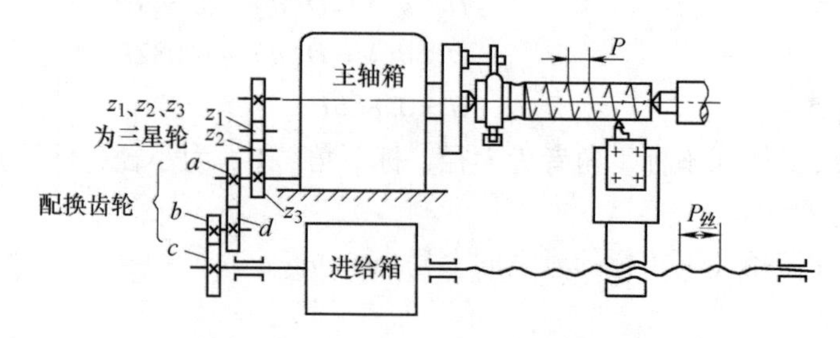

图 2-59　车螺纹时的传动路线

车右旋螺纹时，三星轮变向手柄调整在车右旋螺纹的位置上；车左旋螺纹时，三星轮变向手柄调整在车左旋螺纹的位置上。此操作的目的是改变刀具的移动方向，即螺纹车刀移向床头时为车右旋螺纹，移向床尾时为车左旋螺纹。

5. 车螺纹的方法与测量

（1）车螺纹的方法与步骤　车削外螺纹的方法如图 2-60 所示。这种方法称为正反车法，适于加工各种螺纹。

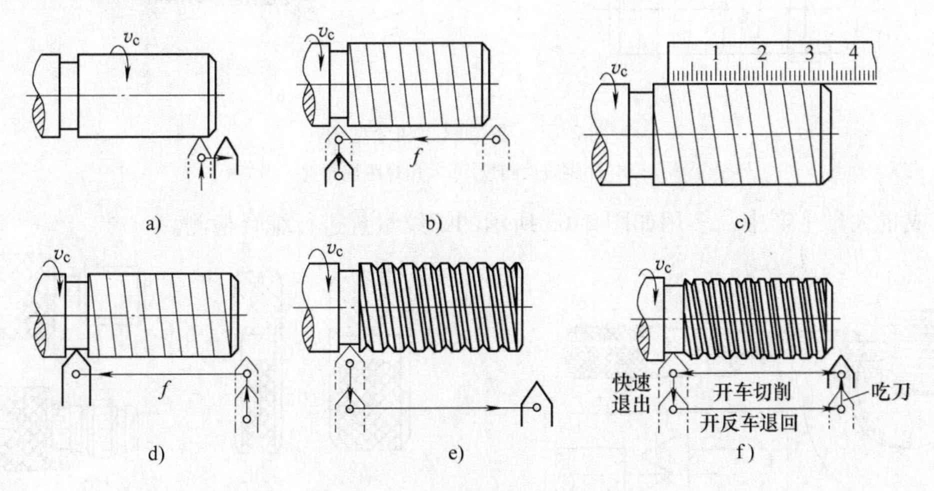

图 2-60　螺纹车削方法与步骤

a）对刀　b）车螺旋线　c）检查螺距　d）调整背吃刀量并切削　e）退刀　f）重复车削

1）开车，使车刀与工件轻微接触，记下刻度盘读数，向右退出车刀，如图 2-60a 所示。

2）合上开合螺母，在工件表面上车出一条螺旋线，横向退出车刀，如图 2-60b 所示。

3）开反车把车刀退到工件右端，停车，用钢直尺检查螺距是否正确，如图 2-60c 所示。

4）利用刻度盘调整背吃刀量，进行切削，如图 2-60d 所示。

5）车刀快到行程未端时，应做好退刀准备，先快速退出车刀，然后开反车退回刀架，如图 2-60e 所示。

6）再次横向吃刀，继续切削，其切削过程的路线如图 2-60f 所示。

另一种车削螺纹的方法是抬闸法，就是利用开合螺母手柄的抬起或压下来车削螺纹，这种方法操作简单，但易乱扣，只适于加工车床丝杠螺距（CA6140 车床的丝杠螺距为 12mm）是工件螺距整数倍的螺纹。此方法与正反车法的主要不同之处是车刀行至终点时，横向退刀后不用开反车纵向退刀，只要抬起开合螺母手柄使丝杠与螺母脱开，然后手动纵向退回，即可再次吃刀车削。

车内螺纹的方法与车外螺纹基本相同，只是横向进给手柄的进退刀转向不同而已。对于直径较小的内、外螺纹可用丝锥、板牙攻出或套出。

（2）螺纹的测量　螺纹的测量主要是测量螺距、牙型角和螺纹中径。由于螺距是由车床的运动关系来保证的，所以用钢直尺测量即可。牙型角是由车刀的刀尖角以及正确的安装来保证的，一般用样板测量，也可用螺距规同时测量螺距和牙型角，如图 2-61 所示。螺纹中径常用千分尺测量，如图 2-62 所示。

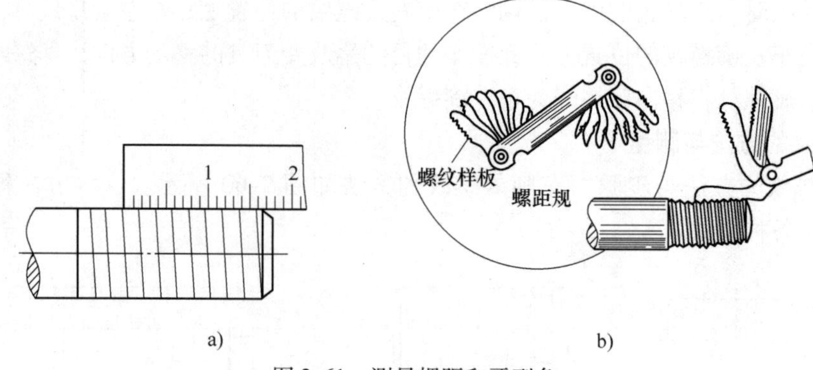

a) b)

图 2-61 测量螺距和牙型角

a）用钢直尺测量 b）用螺距规测量

在成批大量生产中，多用如图 2-63 所示的螺纹量规进行综合检测。

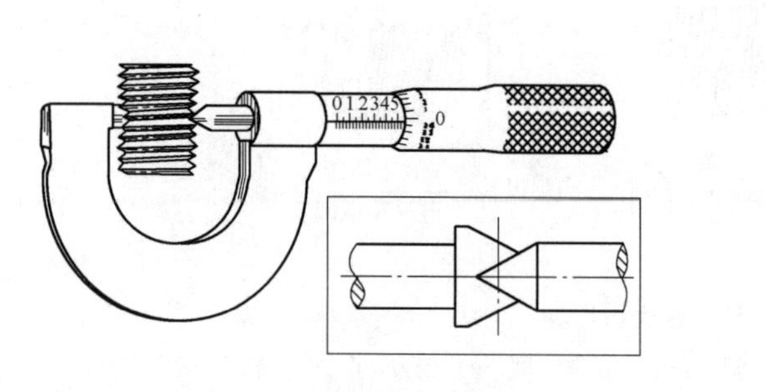

图 2-62 测量螺纹中径

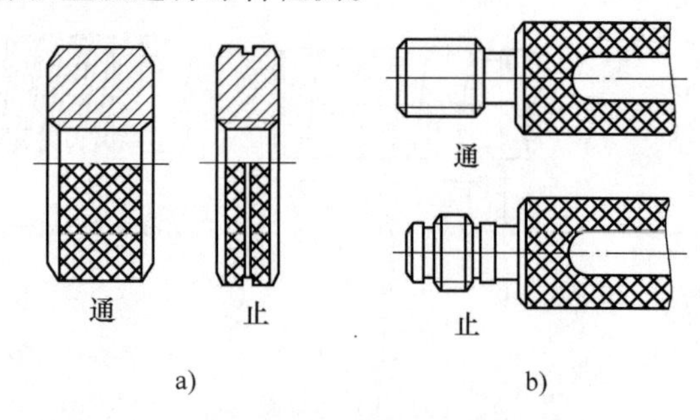

a) b)

图 2-63 螺纹量规

a）螺纹环规（用于检测外螺纹）

b）螺纹塞规（用于检测内螺纹）

2.4.4 项目实施

1. 空心轴的外螺纹车削

（1）准备工作

1）工件毛坯。材料为 45 钢的坯料，由项目 2.3 转下（图 2-45）。

2）设备及刀具。CA6140 型车床，60°螺纹车刀。

3）夹具及工具。自定心卡盘，扳手。

4）量具。钢直尺、螺纹千分尺、螺纹环规。

（2）螺纹车削加工

1）以图 2-45 所示的工件为坯料，按图 2-64 所示车削外螺纹（细牙米制螺纹）M42 × 1.5 − 6g。在此螺纹标注中，M 为三角形螺纹代号，42 为螺纹公称直径（mm），1.5 为螺纹螺距（mm），中径和顶径公差均为 6g。在车削中，应保证螺距 $P=1.5$mm，牙型角 $\alpha=60°$，采用正反车削法。用千分尺或螺纹环规测量螺纹的尺寸精度。

2）操作过程：装夹工件→安装车刀→调整车床→正反法切削→测量螺纹。其具体加工过程和方法参见相关知识中的车螺纹方法及测量，完成表 2-1 中序号 11 所列内容。

2. 车螺纹的操作要点

（1）控制螺纹牙深高度 如图 2-65 所示，车刀作垂直移动切入工件，由横向进给手柄

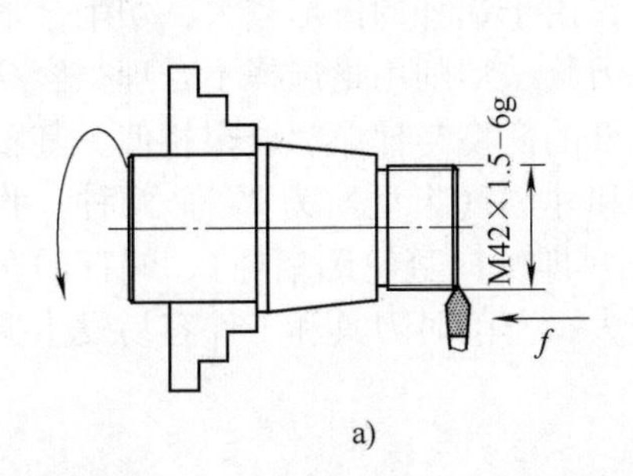

a)

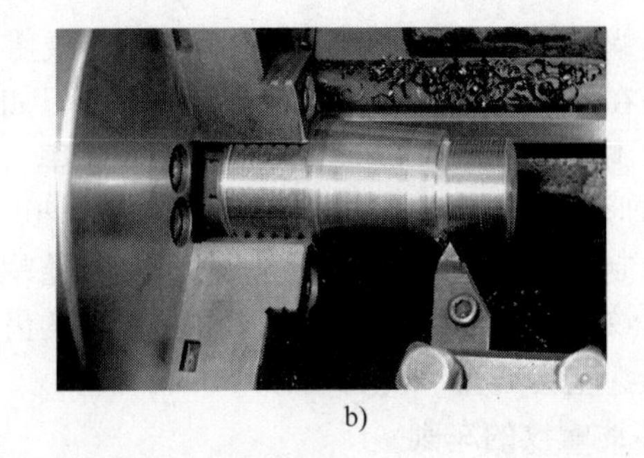
b)

图 2-64　空心轴的外螺纹车削加工

a）车螺纹要求　b）正反车削法车外螺纹

刻度盘来控制吃刀深度，经几次吃刀切至螺纹牙深高度为止。几次吃刀深度的总和应比 $0.54P$（P 为螺距）大 0.05 ~0.1mm。

（2）防止乱扣　乱扣是指车第二刀螺旋槽的轨迹与车第一刀螺旋槽所走过的轨迹不同，刀尖偏左或偏右，两次吃刀切出的牙底不重合，螺纹被车坏，这种现象称为乱扣。

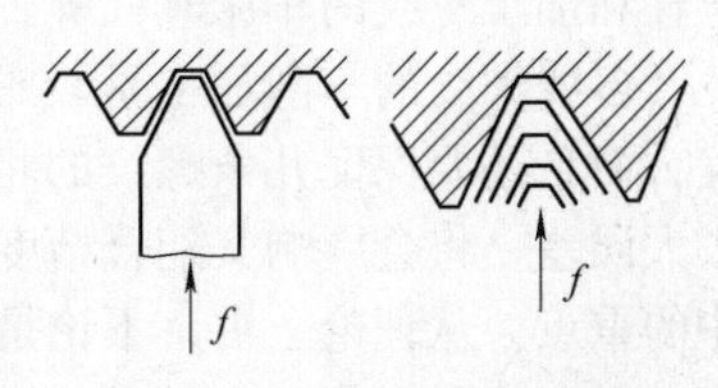

图 2-65　垂直吃刀控制牙深

如果车床丝杠的螺距不是工件螺距的整数倍时，采用抬闸法车削就会乱扣，而采用正反车法车削，使开合螺母在退刀时仍保持抱紧车床丝杠的状态，运动关系没有改变，就不会乱扣。

如果车床丝杠的螺距是工件螺距的整数倍时，可以采用抬闸法车削。但如果开合螺母手柄没有完全压合，使螺母没有抱紧丝杠，也会乱扣。或因车刀重磨后重新安装，没有对刀，使车刀与工件的相对位置发生了变化，也会乱扣。

2.4.5　知识链接——梯形螺纹、蜗杆和多线螺纹的车削

1. 梯形螺纹的车削

梯形螺纹要求精度较高，因此加工时比三角形普通螺纹复杂一些，主要车削方法如下：

（1）左右切削法　车削螺纹时，除了用中拖板刻度控制螺纹车刀的吃刀深度外，同时使用小拖板的刻度控制车刀左、右微量进给（借刀），这样重复切削几次行程，直至螺纹的牙形全部车好，这种方法叫作左右切削法。

（2）斜进法　在粗车时，为了操作方便，除了中拖板吃刀外，小拖板可先向一个方向移动，这种方法称斜进法。但在精车机床配件时，必须用左右切削法才能使螺纹的两侧面都获得较小的表面粗糙度值。

用左右切削法和斜进法车螺纹时，因为车刀是单面切削的，所以不容易产生“扎刀”现象。精车时，选择很低的切削速度（$v_c < 6\text{m/min}$），再加上切削液，可以获得较小的表面粗糙度值。但是采用左右切削法时，车刀左右移动量不能过大，精车时一般要小于 0.07mm，否则，会使牙底过宽或凹凸不平。

2. 蜗杆的车削

蜗轮、蜗杆组成的运动副常用于减速传动机构中，以传动两轴在空间成 90°轴交角的交

错运动。蜗轮、蜗杆是机械零件加工中的重要零件，由于蜗杆的齿形较大，切削余量大，并且很容易在车削时产生振动使工件变形，所以如果刀具、切削用量选择不合理很容易出现扎刀现象，不能很好地提高生产质量和生产效率。蜗杆的齿型与梯形螺纹很相似，其轴向剖面形状为梯形。常用的蜗杆有米制（齿型角为40°）和寸制（齿型角为29°）两种，我国大多数采用米制蜗杆。工业上最常用的是阿基米德蜗杆（即轴向直轮廓蜗杆），蜗杆的车削方法和梯形螺纹相似，但蜗杆的齿型比梯形螺纹的齿型大，车削时刀具和工件容易发生振动，使工件变形甚至会产生“扎刀”现象。

3. 多线螺纹的车削

螺纹的线数是形成螺纹线的条数。单线螺纹由于其螺纹升角较小（不容易滑动），螺钉和螺母旋合形成的摩擦力较大（有自锁能力），常用于螺纹的锁紧，例如机械设备中零件间的固定联接等；而多线螺纹由于其螺纹升角较大（容易滑动），螺钉和螺母旋合形成的摩擦力较小，主要用于传递动力和运动，例如用于抬高车轮维修的千斤顶螺纹、夹紧工件的虎钳丝杆和加工螺纹的车床丝杠等。

多线螺纹的车削加工是较难的课题之一，它不仅要保证每条螺纹的尺寸精度和形状精度，而且还要保证几条螺纹的相对位置精度。如果几条螺纹的位置精度（分线精度）出现较大误差，将会影响其配合精度，甚至造成无法安装或工件报废。多线螺纹分头精度是加工中的重点。从理论上讲，不论是利用圆周分头法，还是轴线分头法都可以获得准确的分线精度。但在实际操作中，没有一定的应变能力和一定的操作经验是难以加工出分线准确、精度较高的多线螺纹的，甚至在粗加工中由于分头误差而产生工件报废。

2.4.6 中级工职业技能证书试题及思考题

1. 车削中拖板丝杠

中拖板丝杠如图2-66所示，键槽暂不加工，考核项目及参考评分标准见表2-7。

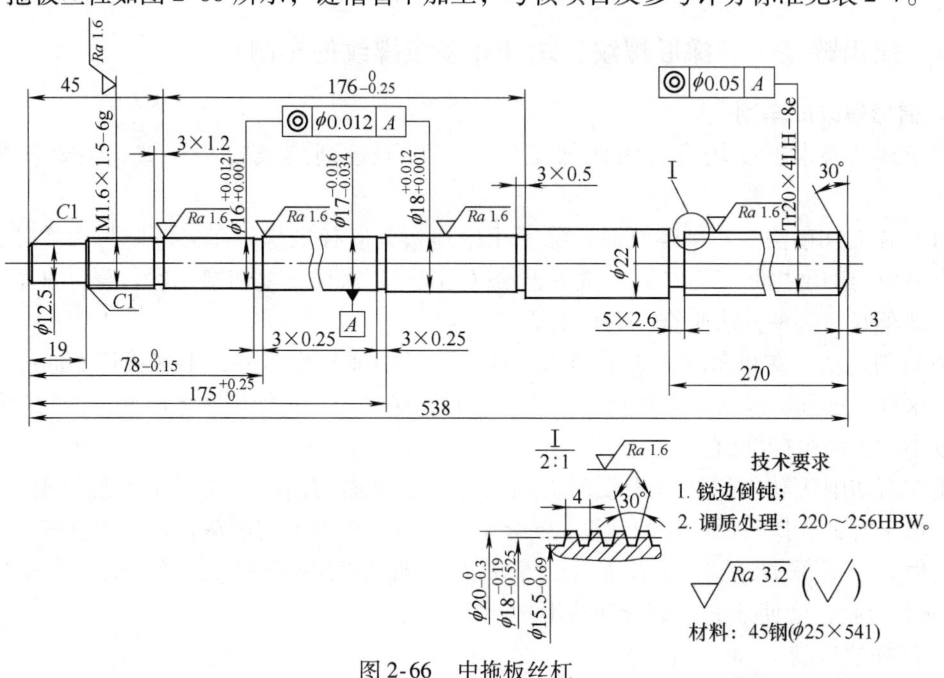

图2-66 中拖板丝杠

表 2-7　车削中拖板丝杠加工的考核项目及参考评分标准

序　号	项　　目		考 核 内 容	参 考 分 值	检测结果（实得分）
1	外形尺寸	主要	Tr20×4LH－8e 梯形螺纹、$\phi 18^{+0.012}_{+0.001}$mm、$\phi 16^{+0.012}_{+0.001}$mm 和 $\phi 17^{-0.016}_{-0.034}$mm	10+5+5+5	
		一般	M16 × 1.5 － 6g 外螺纹；$176^{\ 0}_{-0.25}$ mm、$175^{+0.25}_{\ 0}$mm 和 $78^{\ 0}_{-0.15}$mm、其他尺寸	5+5+5+5+5	
2	几何公差		ϕ16mm、ϕ18mm 与 ϕ17mm 外圆轴线的同轴度公差 ϕ0.012mm，Tr20×4 轴线与 ϕ17mm 外圆轴线的同轴度公差 ϕ0.05mm	5+5+5	
3	表面粗糙度		*Ra*1.6μm（7 处）、*Ra*3.2μm	2×7+6	
4	操作调整和测量		螺纹、沟槽等车削的操作方法，量具的使用及其测量方法	10	
5	其他考核项		安全文明实习，各种量具、夹具、车刀等应妥善保管，切勿碰撞，并注意对车床的维护和保养	5	
			合计	100	

2. 思考题

1）车螺纹时产生乱扣的原因是什么？如何防止乱扣？

2）螺纹的基本三要素是什么？在车削中如何保证三要素符合公差要求？

3）加工螺纹必须满足的运动关系是什么？如何满足这个运动关系？车削螺距 P=2mm 的螺纹时如何调整车床？

4）为什么精车螺纹车刀的前角为零度？安装时刀杆还能不能倾斜？粗车螺纹的车刀前角一定是 0°吗？安装时可否倾斜？为什么？

5）抬闸法和正反车法车螺纹的步骤是什么？两者在操作上有何不同？

6）工件螺距为 1.5mm、2mm、2.5mm、3mm、3.5mm 的螺纹，在丝杠螺距为 12mm 的 CA6140 车床上加工，哪几种采用抬闸法车削会乱扣？为什么采用正反车法不会乱扣？

项目 2.5　轴的钻孔和内圆车削

钻孔是指利用钻头在工件上加工出孔的方法。钻孔时，由于钻头横刃影响使轴向力较大，切屑不易排出等原因，加工精度较低，尺寸精度为 IT13～IT11，表面粗糙度值 *Ra*＝12.5～6.3μm；车内圆（车孔）是指利用内圆车刀在工件上车削孔的加工方法。车内圆时，由于刀杆刚度较差和不便观察等原因，使得内孔比外圆更难加工，车内圆的尺寸精度为 IT9～IT7，表面粗糙度值 *Ra*＝3.2～1.6μm。

2.5.1　项目引入

在空心轴零件上钻通孔 ϕ18mm，车内孔 ϕ26×33mm，如图 2-67 所示。识读内孔的

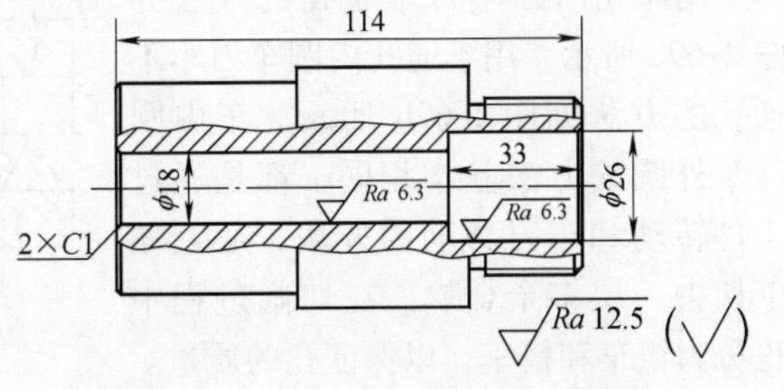

图 2-67　空心轴的钻孔和车内圆要求

结构特点、尺寸精度和表面粗糙度要求。

2.5.2　项目分析

1）确定具体内孔的钻削和车削加工方法及操作步骤，掌握内孔的测量方法。

2）在图2-55所示的零件上，在CA6140车床的尾座上安装钻头，钻通孔 ϕ18mm，并车内孔 ϕ26mm，孔深为33mm。在项目2.4完成后进行钻孔和车内孔的车削加工。

2.5.3　相关知识——车床钻孔；车内圆

1. 车床钻孔

（1）车床上钻孔与钻床上钻孔的不同

1）切削运动不同。钻床上钻孔时，工件不动，钻头旋转并移动，其钻头的旋转运动为主运动，钻头的移动为进给运动。车床上钻孔时，工件旋转，钻头不转动只移动，其工件旋转为主运动，钻头移动为进给运动。

2）加工工件的位置精度不同。钻床上钻孔需按划线位置钻孔，孔易钻偏，不易保证孔的位置精度。车床上钻孔，不需划线，易保证孔与外圆的同轴度及孔与端面的垂直度。

（2）车床上的钻孔方法　车床上的钻孔方法如图2-68所示，其操作步骤如下：

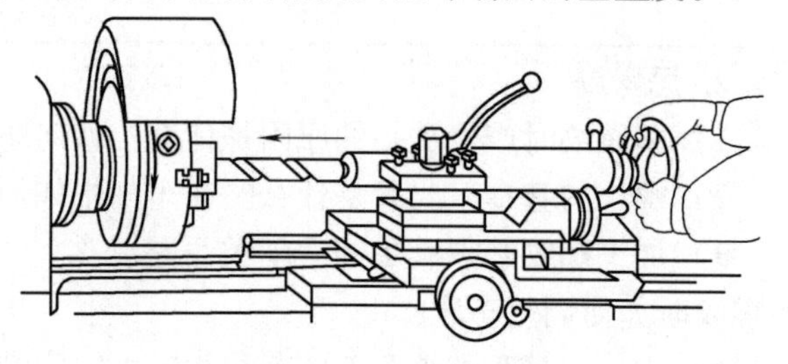

图2-68　车床上钻孔

1）车端面。此操作便于钻头定心，可防止将孔钻偏。

2）装夹钻头。锥柄钻头直接装在尾座套筒的锥孔内；直柄钻头装在钻夹头内，再把钻夹头装在尾座套筒的锥孔内。应擦净后再装入。

3）调整尾座位置。松开尾座与床身的紧固螺栓螺母，移动尾座，使钻头能进给至所需长度，然后固定尾座。

4）开车钻削。尾座套筒手柄松开后（但不宜过松），开动车床，均匀地摇动尾座套筒手轮进行钻削。刚接触工件时，进给要慢些，切削中要经常退回，快钻透时，进给也要慢些，退出钻头后再停车。

5）钻不通孔时要控制孔深。可利用先在钻头上用粉笔划好孔深线再钻削的方法控制孔深，还可用钢直尺、深度尺测量孔深，或控制尾座套筒手轮的回转圈数。

2. 车内圆

用通孔内圆车刀车通孔的方法如图2-69a所示，用不通孔内圆车刀车不通孔的方法如图2-69b所示。车内圆与车外圆的方法基本相同，都是通过工件转动和车刀移动的方法，从毛坯上切去一层多余金属。在切削过程中也分为粗车和精车，以保证孔的质量。

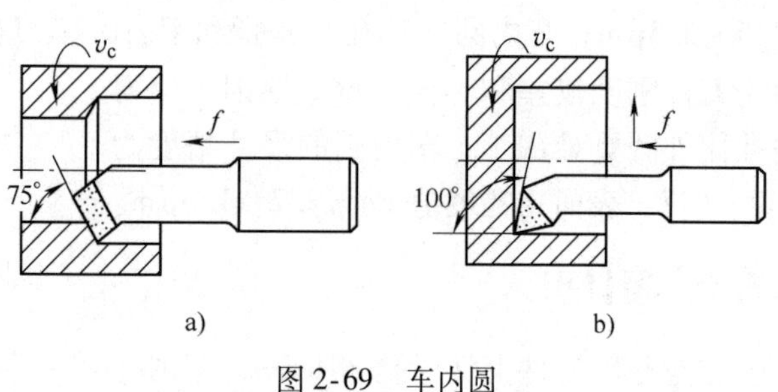

图2-69　车内圆
a）车通孔　b）车不通孔

虽然车内圆与车外圆的方法基本

相同，但在车内圆时，需注意以下几点：

（1）内圆车刀的几何角度　通孔内圆车刀的主偏角 $\kappa_r=45°\sim75°$，副偏角 $\kappa_r'=20°\sim45°$。不通孔内圆车刀主偏角 $\kappa_r\geqslant90°$，其刀尖在刀杆的最前端，刀尖到刀杆背面的距离只能小于孔径的一半，否则无法车平不通孔的底平面。

（2）内圆车刀的安装　刀尖应对准工件的中心。由于吃刀方向与车外圆相反，故粗车时刀尖可略低点，使工作前角增大以便于切削；精车时刀尖略高一点，使其后角增大而避免产生扎刀。车刀伸出刀架的长度应尽量短，以免产生振动，但不得小于工件孔深 +3 ~5mm 的长度（图2-70），以保证孔深。刀具轴线应与主轴平行，刀头可略向操作者方向偏斜。开车前先使车刀在孔内手动试走一遍，确认不妨碍车刀工作后，再开车切削。

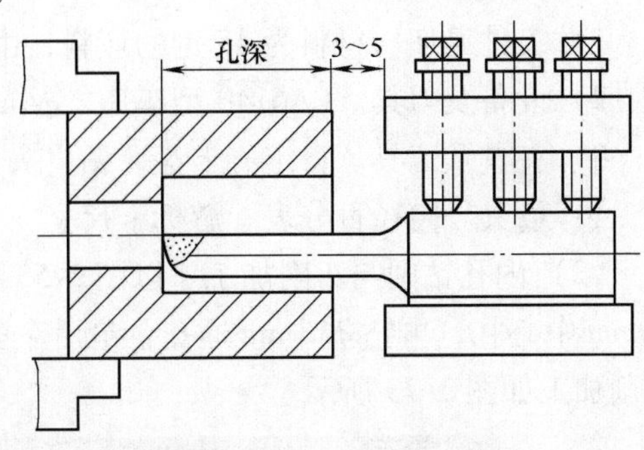

图2-70　车内圆刀的安装

（3）切削用量的选择　车内圆时，因刀杆细，刀头散热条件差，排屑困难，易产生振动和让刀，故所选用的切削用量要比车外圆时小些，调整方法与车外圆相同。

（4）试切法　车内圆与车外圆时试切的方法基本相同，其试切过程是：开车对刀→纵向退刀→横向吃刀→纵向切削 3 ~5mm→纵向退刀→停车测量。如试切已满足尺寸公差要求，可纵向切削。如未满足尺寸要求可重新横向吃刀来调整切削深度，再试切，直至满足尺寸公差要求为止。与车外圆比较，车内圆的不同点是横向吃刀时，逆时针转动手柄为横向吃刀，顺时针转动手柄为横向退刀，与车外圆时相反。

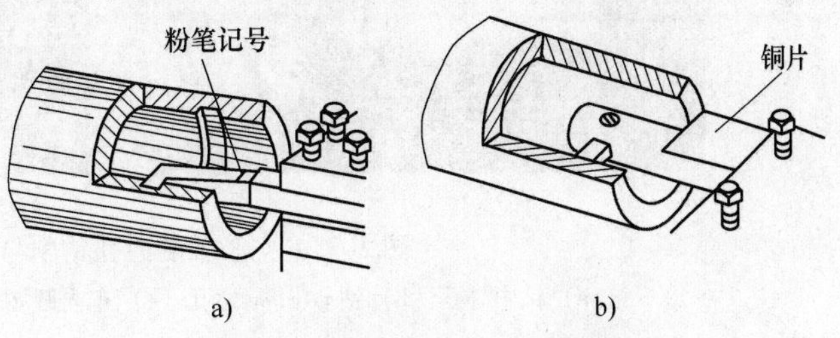

图2-71　控制车内圆孔深度的方法
a）用粉笔划长度记号　b）用铜片控制孔深

3. 孔深的控制

孔深的控制方法如图 2-71 所示，可用粉笔在刀杆上划出孔深长度记号的方法来控制孔深，也可用铜片来控制孔深。

4. 内圆孔的测量

可用内卡钳和钢直尺测量内圆孔径，但一般常用游标卡尺测量内圆直径和孔深。对于精度要求高的内圆直径可用内径千分尺或内径百分表测量，图 2-72 所示为用内径百分表测量内圆直径的实例。对于大批量生产的工件，其内圆直径可用塞规测量。

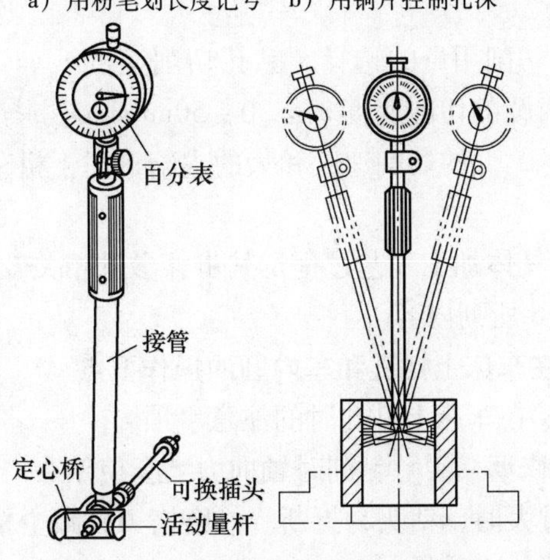

图2-72　内径百分表测量内圆直径

2.5.4 项目实施

1. 空心轴的钻削和内圆车削

（1）准备工作

1）工件毛坯。材料为45钢的坯料，由项目2.4转下（图2-55）。

2）设备及刀具。CA6140型车床，ϕ4mm中心钻、ϕ18mm麻花钻、不通孔内圆车刀。

3）夹具及工具。自定心卡盘，钻夹头，扳手。

4）量具。内径百分表、游标卡尺。

（2）内孔钻削与车削加工　以图2-55所示的工件为坯料，按图2-67所示加工要求先钻ϕ4mm中心孔，再钻ϕ18mm通孔，最后车削内圆$\phi 26 \times 33$mm，并车倒角$C1$。内孔的钻削与车削加工如图2-73所示。

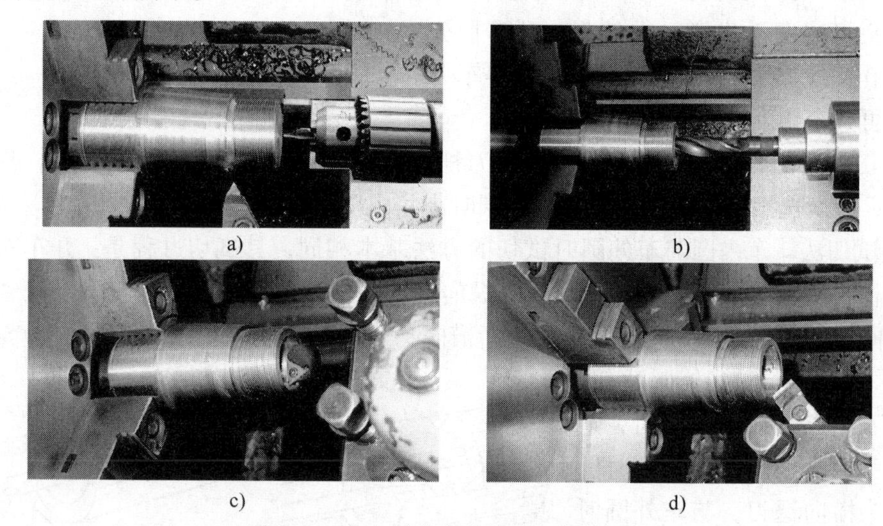

图2-73　空心轴的内孔钻削与车削加工

a）钻中心孔　b）钻ϕ18mm通孔　c）车内圆$\phi 26 \times 33$mm　d）车倒角$C1$

1）安装钻头和车刀。把ϕ18mm的钻头装在尾座套筒内，选择不通孔车刀并安装在方刀架上。

2）切削用量的选择。钻孔切削速度$v_c = 20 \sim 40$m/min（$n = 350 \sim 700$r/min），手动进给。车内圆的切削速度$v_c = 30 \sim 50$m/min（$n = 400 \sim 720$r/min），进给量$f = 0.1 \sim 0.3$mm/r。车内圆时，低的切削速度和大的进给量用于粗车内圆，高的切削速度和小的进给量用于精车内圆。

3）具体加工工艺过程及其步骤参见相关知识中的车床钻孔和车内圆，完成表2-1中序号12～16所列内容。

2. 在车床上钻孔和车内圆的操作要点

（1）在车床上钻孔时的注意事项

1）修磨横刃。钻削时轴向力大会使钻头产生弯曲变形，从而影响加工孔的形状，而且轴向力过大时，钻头易折断。修磨横刃，减少横刃宽度可大大减小轴向力，改善切削条件，提高孔的加工质量。

2）切削用量适度。开始钻削时进给量小些，使钻头对准工件中心；钻头进入工件后进给量应大些，以提高生产效率；快要钻透时进给量应小些，以防折断钻头。钻大孔时车床旋转速度应低些，而钻小孔时转速应高些，以使切削速度适中，改善钻小孔时的切削条件。

3）操作要正确。装夹钻头时，钻头的中心必须对准工件的中心，以防孔径钻大。调整尾座后，使尾座的位置必须能保证钻孔的深度。钻削时，尾座套筒应松紧适度、进给均匀，这些都是为了防止孔被钻偏。

（2）车内圆时的注意事项

1）一次装夹工件。车内圆时，如果孔与某些表面有位置公差要求时（与外圆表面的同轴度，与端面的垂直度等），则孔与这些表面必须在一次装夹中完成全部切削加工，否则难以保证其位置公差要求，如图2-74所示。如必须两次装夹工件时，则应校正工件后再切削，这样才能保证工件质量。

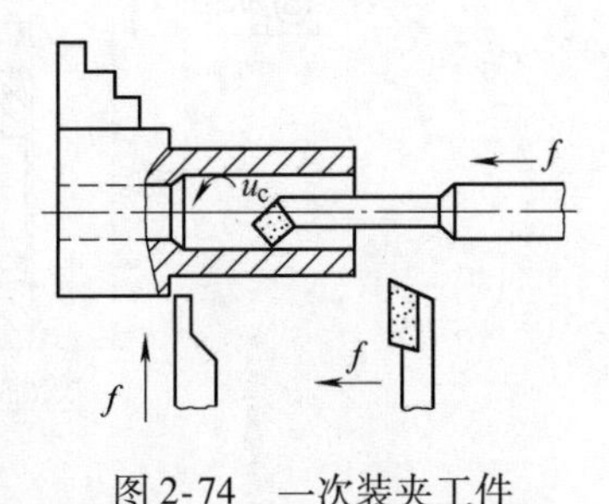

图2-74　一次装夹工件

2）车刀的选择与安装。应正确选择车刀，车通孔时选用通孔内圆车刀，车不通孔时则选用不通孔内圆车刀。安装好车刀后，一定要在不开车的情况下手动试走一遍，确定不妨碍车刀工作后再开车切削。

3）吃刀方向要正确。试切时，横向进给手柄转向不能摇错，逆时针转动为吃刀，顺时针转动为退刀，与车外圆正好相反。如方向摇反，将退刀摇成吃刀，会造成工件的报废。

2.5.5　知识链接——量规的使用

在机械制造中，工件的尺寸一般使用通用计量器具来测量，但在大批量生产中，为了提高产品质量和检验效率而多采用光滑极限量规来检验。用量规检验工件时，只能判断工件是否在极限尺寸范围内，而不能测出工件组成要素的具体尺寸。量规结构简单、高效可靠，并能保证工件质量与互换性。量规有通规和止规之分，量规通常成对使用。通规用来检验工件的最大实体尺寸（即孔的下极限尺寸和轴的上极限尺寸）。止规用来检验工件的最小实体尺寸（即孔的上极限尺寸和轴的下极限尺寸）。量规在检验工件时，通规通过被检验工件、止规通不过被检验工件为合格，否则为不合格。

对于大批量生产的工件孔可用塞规测量。检验孔的量规称为塞规，其测量面为外圆柱面，如图2-75a所示；而检验轴的量规称为环规或卡规，测量面为内环面，如图2-75b所示。

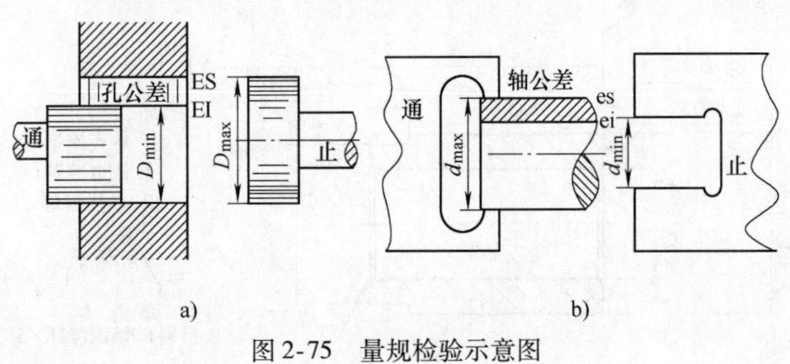

图2-75　量规检验示意图

a）塞规　b）卡规

2.5.6 中级工职业技能证书试题及思考题

1. 车削端盖

端盖如图2-76所示，其考核项目及参考评分标准见表2-8。

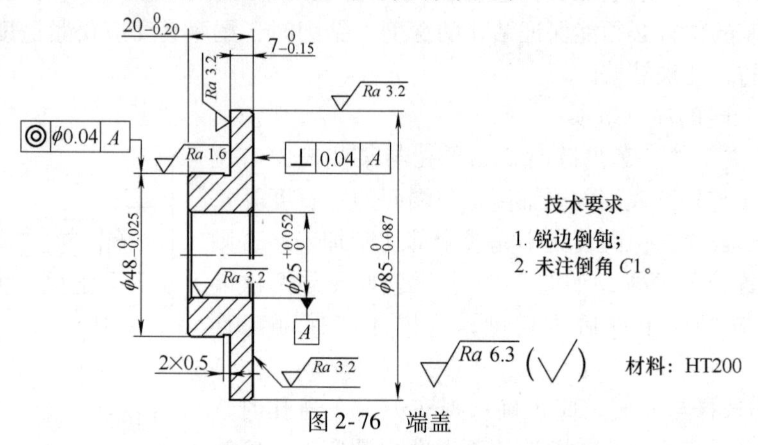

图2-76　端盖

表2-8　车削端盖加工的考核项目及参考评分标准

序　号	项　目		考 核 内 容	参 考 分 值	检测结果（实得分）
1	外形尺寸	主要	$\phi48_{-0.025}^{0}$mm、$\phi25_{0}^{+0.052}$mm和$\phi85_{-0.087}^{0}$mm	10+10+10	
		一般	$7_{-0.15}^{0}$mm、$20_{-0.20}^{0}$mm和其他尺寸	5+5+5	
2	几何公差		ϕ48mm外圆轴线对ϕ25mm孔轴线的同轴度公差ϕ0.04mm，ϕ85mm端面对ϕ25mm孔轴线的垂直度公差0.04mm	9+8	
3	表面粗糙度		Ra1.6μm、Ra3.2μm（4处）、Ra6.3μm	4+3×4+2	
4	操作调整和测量		内孔、外圆、端面、台阶车削的操作方法，量具的使用及其测量方法	10	
5	其他考核项		安全文明实习，各种量具、夹具、车刀等应妥善保管，切勿碰撞，并注意对车床的维护和保养	10	
合计				100	

2. 车削轴衬

轴衬如图2-77所示，其考核项目及参考评分标准见表2-9。

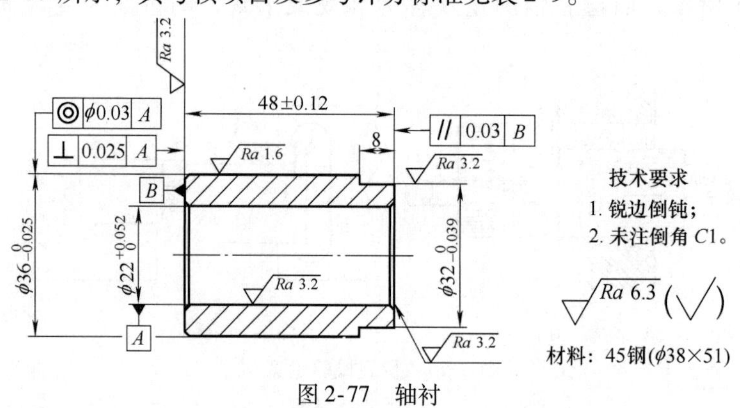

图2-77　轴衬

表 2-9　车削轴衬加工的考核项目及参考评分标准

序　号	项　　目		考 核 内 容	参 考 分 值	检测结果（实得分）
1	外形尺寸	主要	$\phi 36_{-0.025}^{0}$mm、$\phi 32_{-0.039}^{0}$mm 和 $\phi 22_{0}^{+0.052}$mm	10 + 10 + 10	
		一般	(48 ± 0.12) mm 和其他尺寸	5 + 5	
2	几何公差		ϕ36mm 外圆轴线对 ϕ22mm 孔轴线的同轴度公差 ϕ0.03mm，ϕ36mm 外圆左端面对 ϕ22mm 孔轴线的垂直度公差 0.025mm，ϕ32mm 外圆右端面对基准 *B* 的平行度公差 0.03mm	10 + 5 + 5	
3	表面粗糙度		*Ra*1.6μm、*Ra*3.2μm（4 处）、*Ra*6.3μm	4 + 3 × 4 + 4	
4	操作调整和测量		内孔、外圆、端面等车削的操作方法，量具的使用及其测量方法	10	
5	其他考核项		安全文明实习，各种量具、夹具、车刀等应妥善保管，切勿碰撞，并注意对车床的维护和保养	10	
	合计			100	

3. 车削轴承套

轴承套如图 2-78 所示，其考核项目及参考评分标准见表 2-10。

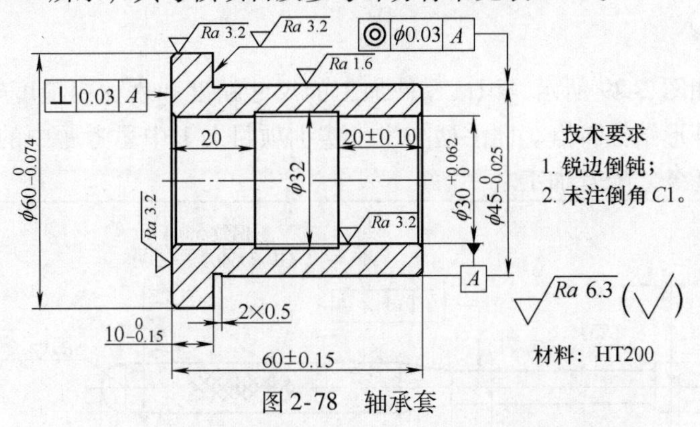

图 2-78　轴承套

表 2-10　车削轴承套加工的考核项目及参考评分标准

序　号	项　　目		考 核 内 容	参 考 分 值	检测结果（实得分）
1	外形尺寸	主要	$\phi 45_{-0.025}^{0}$mm、$\phi 30_{0}^{+0.062}$mm 和 $\phi 60_{-0.074}^{0}$mm	10 + 10 + 10	
		一般	$10_{-0.15}^{0}$mm、(60 ± 0.15) mm、(20 ± 0.10) mm、其他尺寸	5 + 5 + 5 + 5	
2	几何公差		ϕ45mm 外圆轴线对 ϕ30mm 孔轴线的同轴度公差 ϕ0.03mm，ϕ60mm 左端面对 ϕ30mm 孔轴线的垂直度公差 0.03mm	5 + 5	
3	表面粗糙度		*Ra*1.6μm、*Ra*3.2μm（4 处）、*Ra*6.3μm	5 + 3 × 4 + 3	
4	操作调整和测量		内槽、孔、外圆等车削的操作方法，量具的使用及其测量方法	10	
5	其他考核项		安全文明实习，各种量具、夹具、车刀等应妥善保管，切勿碰撞，并注意对车床的维护和保养	10	
	合计			100	

4. 思考题

1）为什么车削时一般先要车端面？为什么钻孔前也要先车端面？

2）车床上钻孔与钻床上钻孔有什么不同？如何在车床上钻孔？

3）车孔与车外圆比较，在试切方法上有何不同？如不注意不同点会出现什么情况？

4）内圆直径测量尺寸为 ϕ22.5mm，要车成 ϕ23mm 的孔，对刀后横向进给手柄应吃刀多少小格？是逆时针转动还是顺时针转动？

5）为什么在车削对位置精度有要求的各表面时，必须在一次装夹中完成各表面的车削？

6）孔的内圆直径和长度有哪几种测量方法？用内卡钳测量时能否保证 0.05mm 的测量误差？若能保证，应如何测量？

项目 2.6　锤子手柄成形面的车削和滚花

将工件表面车削为成形面（或特形面）的方法称为车成形面。用滚花刀将工件表面滚压出直线或网纹的方法称为滚花。

2.6.1　项目引入

锤子的手柄如图 2-79 所示，识读零件加工的尺寸精度和表面粗糙度等要求，并分析其适于车削加工的外形结构特点。此手柄与钳工实训项目 1.1 中思考题中的羊角锤为配套件，可作为拓展实训任务，配套加工。

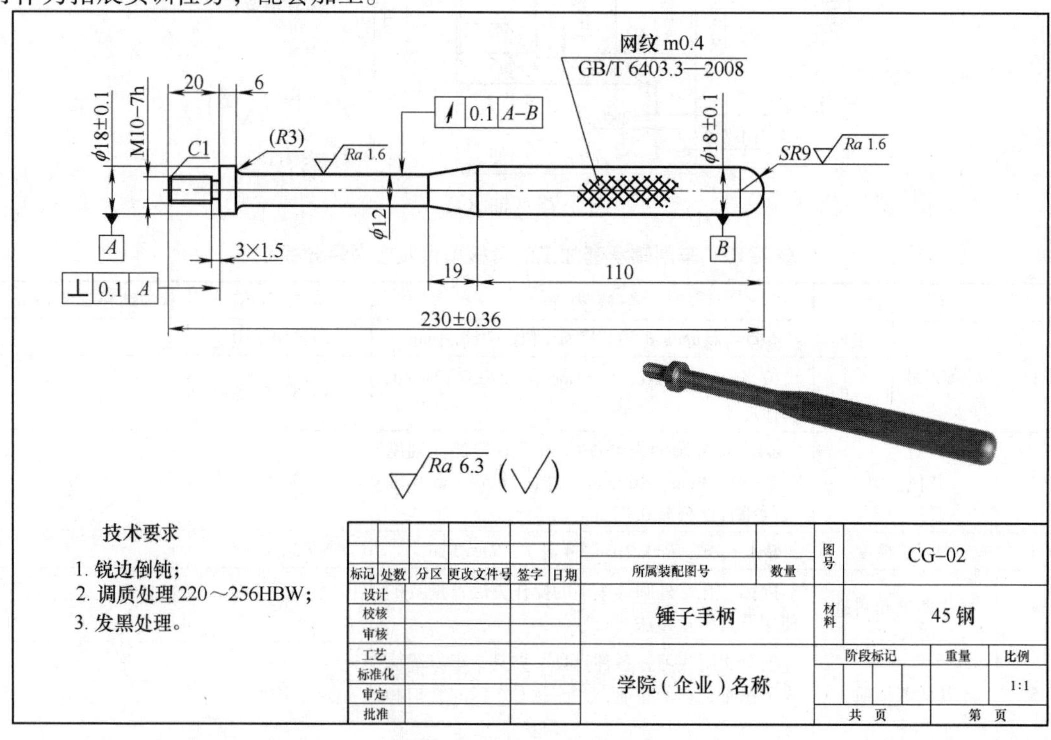

图 2-79　锤子手柄零件图

2.6.2 项目分析

1）利用 CA6140 车床进行车削加工，进一步熟练外圆、锥面及螺纹等的加工方法。

2）锤子手柄的具体车削过程见表 2-11。在本项目中重点完成滚花加工和成形面加工。利用双轮滚花刀进行 ϕ18mm 外圆柱面的滚花；利用成形刀进行零件 R3mm、右端半球面 SR9mm 的成形车削加工。

表 2-11 锤子手柄的车削加工过程

序号及名称	图 解	加 工 内 容	刃 具 量 具
1. 下料	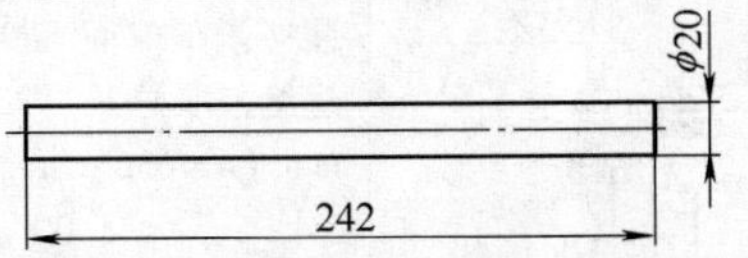 ϕ20 242	锯床装夹 ϕ20mm 棒料，下料长度 242mm	带锯；钢直尺
2. 车端面、钻中心孔	(15) Ra 12.5 ϕ5 f f	用自定心卡盘装夹，伸出长度约 15mm，端面车平即可；钻中心孔 A3/5（n = 710r/min，f = 0.23mm/r；钻中心孔时手动进给）	45° 弯头车刀，ϕ3mm 中心钻；钢直尺
3. 车另一端面、车夹位（定位基准）	30 18 Ra 12.5 Ra 6.3 ϕ15 f f	用自定心卡盘装夹，伸出长度 30mm，端面车平即可；车 ϕ15 × 18mm 工艺台阶作为定位基准（n = 710r/min，f = 0.23 ~ 0.28mm/r，a_p = 2mm）	45° 弯头车刀，90° 外圆车刀；游标卡尺，钢直尺
4. 车外圆	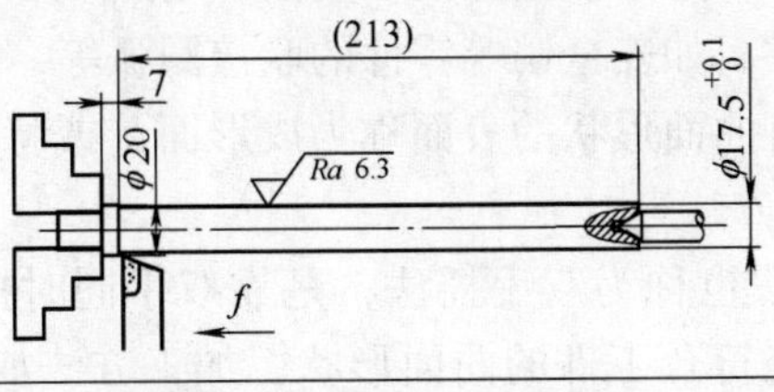 (213) 7 ϕ20 Ra 6.3 $\phi 17.5^{+0.1}_{0}$ f	一夹一顶装夹，车外圆 $\phi 17.5^{+0.1}_{0}$ mm，留长度约为 7mm（n = 710r/min，f = 0.23 ~ 0.28mm/r，a_p = 1mm）	90° 外圆车刀；游标卡尺，钢直尺
5. 滚花	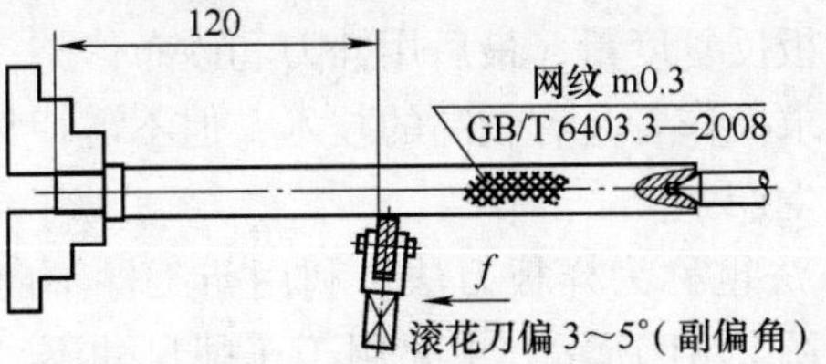 120 网纹 m0.3 GB/T 6403.3—2008 f 滚花刀偏 3~5°（副偏角）	滚花刀进行网纹滚花至尺寸 120mm（n = 80r/min，f = 0.16 ~ 0.20mm/r，a_p = 0.4 ~ 0.5mm）。滚花刀安装右偏 3° ~ 5°	双轮网纹滚花刀；游标卡尺
6. 切槽、车圆锥面、车外圆、车 R 圆角	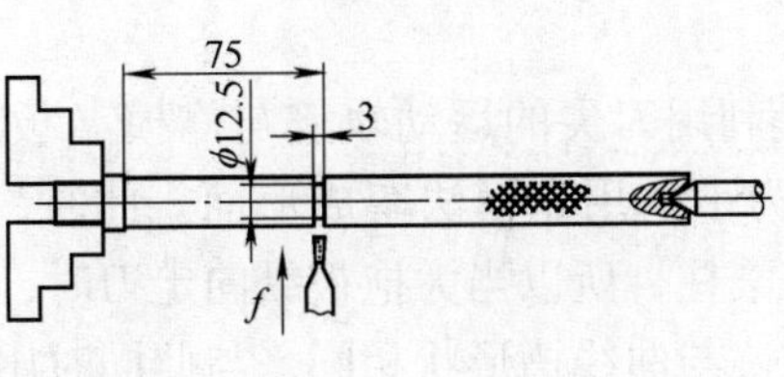 75 ϕ12.5 3 f	切槽刀靠近圆锥小径处车 3 × ϕ12.5mm 槽	切槽刀；游标卡尺

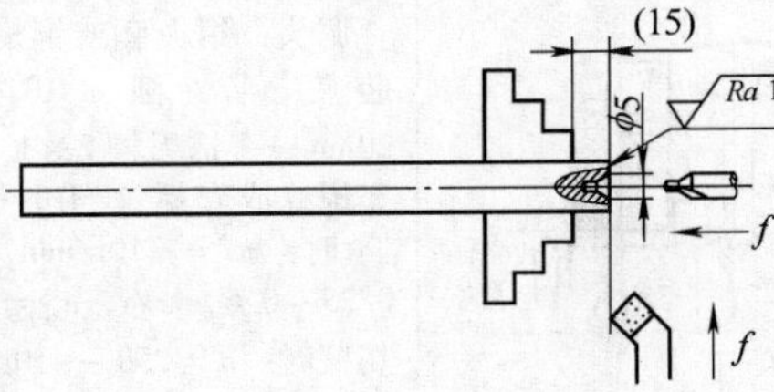

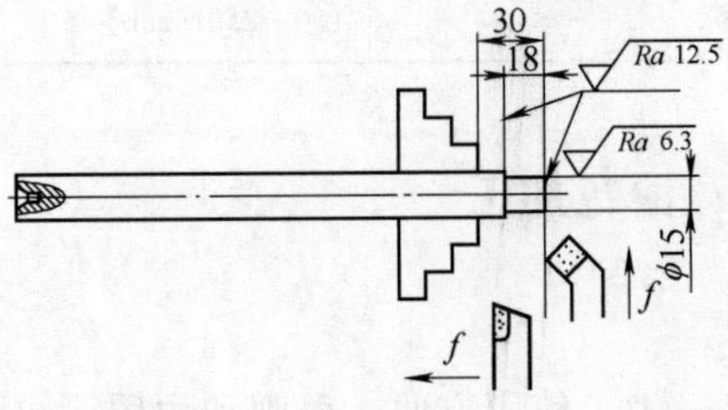

（续）

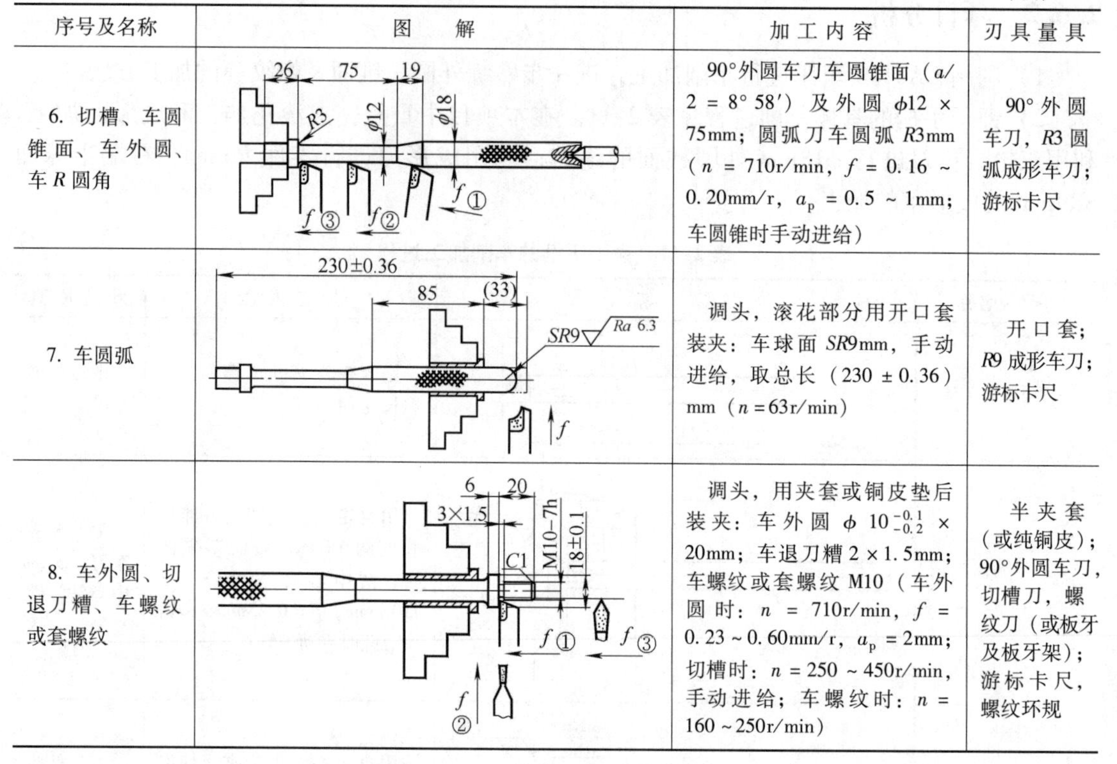

序号及名称	图　解	加工内容	刀具量具
6. 切槽、车圆锥面、车外圆、车 *R* 圆角	26　75　19　R3　ϕ12　ϕ18　f①　f②　f③	90°外圆车刀车圆锥面（$a/2=8°58'$）及外圆 ϕ12 × 75mm；圆弧刀车圆弧 *R*3mm（$n=710\text{r/min}$，$f=0.16\sim0.20\text{mm/r}$，$a_p=0.5\sim1\text{mm}$；车圆锥时手动进给）	90°外圆车刀，*R*3 圆弧成形车刀；游标卡尺
7. 车圆弧	230±0.36　85　(33)　SR9　Ra 6.3　f	调头，滚花部分用开口套装夹：车球面 *SR*9mm，手动进给，取总长（230 ± 0.36）mm（$n=63\text{r/min}$）	开口套；*R*9 成形车刀；游标卡尺
8. 车外圆、切退刀槽、车螺纹或套螺纹	6　20　3×1.5　C1　M10–7h　18±0.1　f①　f②　f③	调头，用夹套或铜皮垫后装夹：车外圆 $\phi10^{-0.1}_{-0.2}$ × 20mm；车退刀槽 2 × 1.5mm；车螺纹或套螺纹 M10（车外圆时：$n=710\text{r/min}$，$f=0.23\sim0.60\text{mm/r}$，$a_p=2\text{mm}$；切槽时：$n=250\sim450\text{r/min}$，手动进给；车螺纹时：$n=160\sim250\text{r/min}$）	半夹套（或纯铜皮）；90°外圆车刀，切槽刀，螺纹刀（或板牙及板牙架）；游标卡尺，螺纹环规

2.6.3　相关知识——成形面车削；滚花加工

1. 成形面的车削方法

有些零件，如手柄、手轮、圆球等，为了使用方便、美观和耐用等原因，它们的表面不是平直的，而是做成曲面；还有些零件，如安全销等零件的联接圆弧等，为了使用上的某种特殊要求也将表面做成曲面。这种具有曲面形状的表面称为成形面（或特形面）。

成形面的车削方法有以下几种：

（1）用普通车刀车成形面　此方法也称为双手摇法，是靠双手同时摇动纵向和横向进给手柄进行车削的，使刀尖的运动轨迹符合工件的曲面形状，加工方法如图 2-80 所示。车削时所用的刀具是普通车刀，并用样板反复度量，最后用锉刀和砂布修整，才能达到尺寸公差和表面粗糙度的要求。这种方法要求操作者具有较高的技术，但不需特殊工具和设备，生产中被广泛采用，多用于单件、小批生产中。

（2）用成形车刀车成形面　此方法也称为样板刀法，利用与工件轴向剖面形状完全相同的成形车刀车出所需的成形面，如图 2-81 所示，主要用于车削尺寸不大，且要求不太精确的成形面。

（3）用靠模法车成形面　此方法是利用刀尖的运动轨迹与靠模（板或槽）的形状完全相同的方法车出成形面。图 2-82 所示为手柄用靠模法车成形面。此时，中拖板（横刀架）已经与丝杠脱开，其前端的拉杆上装有滚柱，所以当大拖板纵向走刀时，滚柱即在靠模的曲线槽内移动，从而使车刀刀尖的运动轨迹与曲线槽形状相同，与此同时用小拖板控制背吃刀

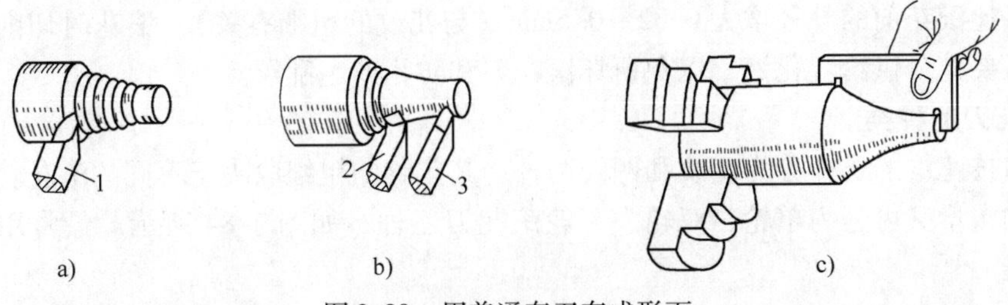

图 2-80　用普通车刀车成形面

a）粗车台阶　b）用双手控制粗、精车轮廓　c）用样板测量

1—尖刀　2—偏刀　3—圆弧刀

量，即可车出手柄的成形面。这种方法操作简单，生产效率高，多用于大批量生产。当靠模为斜槽时，此法可用于车削锥体。

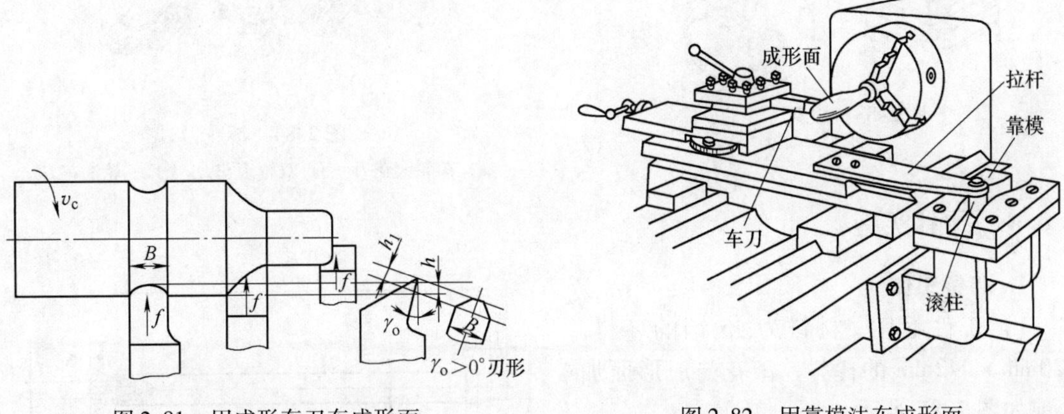

图 2-81　用成形车刀车成形面

图 2-82　用靠模法车成形面

2. 车成形面所用的车刀

用普通车刀车成形面时，粗车刀的几何角度与普通车刀完全相同。由于精车刀是圆弧车刀，主切削刃是圆弧刃，半径应小于成形面的圆弧半径，所以圆弧刃上各点的偏角是变化的。又因其后面也是圆弧面，所以主切削刃上各点后角不宜磨成相等的角度，一般取 $a_o=6°\sim12°$。由于切削刃是圆弧刃，切削时接触面积大，易产生振动，所以要磨出一定的前角，一般取 $\gamma_o=10°\sim15°$，以改善切削条件。

用成形车刀车成形面时，粗车也采用普通车刀车削，形状接近成形面后，再用成形车刀精车。刃磨成形车刀时，需用样板校正其刃形。当刀具前角 $\gamma_o=0°$时，样板的形状与工件轴向剖面形状一致。当 $\gamma_o>0°$时，样板的形状并不是工件的轴向剖面形状（图 2-81），而是随着前角的变化，样板的形状也发生变化的。因此，在单件小批生产中，为了便于刀具的刃磨和样板的制造，防止产生加工误差，常选用 $\gamma_o=0°$的成形车刀进行车削。在大批量生产中，为了提高生产效率和防止产生加工误差，需用专门设计的 $\gamma_o>0°$的成形车刀进行车削。

3. 滚花加工

一些工具和机械零件的手握部分，为了便于握持、防止打滑和美观，常在表面上滚压出各种不同的花纹。如千分尺的套管、铰杠扳手及螺纹量规等。这些花纹一般都是在车床上用滚花刀滚压而成的，如图 2-83 所示。

滚花的实质是用滚花刀对工件表面挤压，使其表面产生塑性变形而形成花纹。因此，滚花后的外径比滚花前的外径增大0.02~0.5mm（与花纹的粗细有关）。滚花时切削速度应低些，一般还要充分供给乳化液，以免研坏滚花刀和防止产生乱纹。

4. 滚花刀的种类

滚花刀按花纹的式样分为直纹和网纹两种，其花纹的粗细取决于不同的滚花轮。滚花刀按滚花轮的数量又可分为单轮、双轮、三轮滚花刀三种，如图2-84所示。最常用的是网纹式双轮滚花刀。

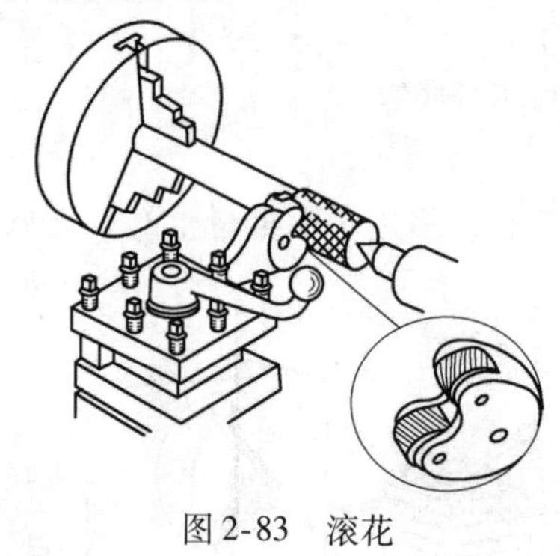

图2-83 滚花

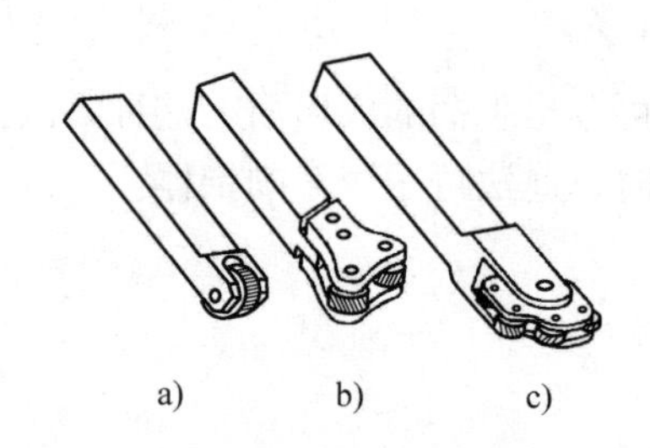

图2-84 滚花刀

a）单轮滚花刀 b）双轮滚花刀 c）三轮滚花刀

2.6.4 项目实施

1. 准备工作

1）工件毛坯。材料为45钢的坯料，ϕ20mm×242mm的棒料，滚花与成形面加工前如图2-85所示。

图2-85 锤子手柄的滚花与成形面加工毛坯

2）设备及刀具。CA6140型车床，45°弯头车刀、ϕ3mm中心钻、90°外圆车刀、成形刀、滚花刀。

3）夹具及工具。自定心卡盘、活顶尖等；扳手。

4）量具。钢直尺、游标卡尺、千分尺、螺纹环规。

2. 车削加工

锤子手柄的加工过程参见表2-11。本项目是在巩固前几项车削技能的基础上，重点训练滚花加工和成形面加工的方法，即第三道工序中的滚花和第四道工序中的车圆弧。

在车床上的车削加工工序如下：

（1）第一道工序（第一次安装） 自定心卡盘装夹工件，车端面（图2-86a），钻ϕ3mm中心孔（图2-86b）。

（2）第二道工序（第二次安装） 自定心卡盘装夹工件，车另一端面并车装夹用的工艺台阶ϕ15×18mm作为定位基准，如图2-86c所示。

（3）第三道工序（第三次安装） 掉头，一夹一顶装夹工件，用90°外圆车刀车削外圆$\phi 17.5^{+0.1}_{0}$mm（图2-86d）。安装双轮滚花刀（使安装的副偏角约为3°~5°），机动进给进行滚花，滚花长度不小于110mm（图2-86e）。切退刀槽3×12.5mm（图2-86f）后车圆锥（图2-86g），再车外圆ϕ12mm（图2-86h）和R3mm圆弧。

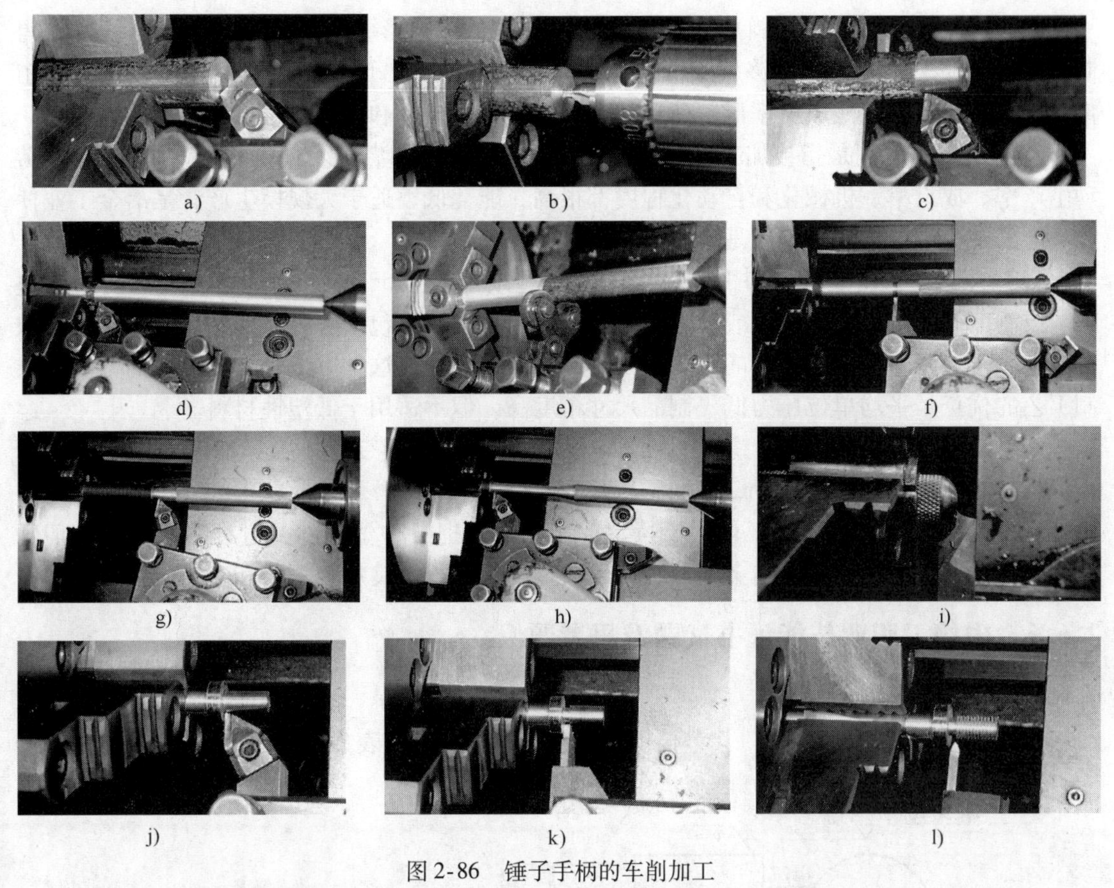

图 2-86　锤子手柄的车削加工

a）车端面　b）钻中心孔　c）车工艺台阶　d）掉头，车外圆　e）滚花　f）切退刀槽
g）车圆锥面　h）车外圆　i）车球面　j）车螺纹大径　k）切退刀槽　l）车螺纹

（4）第四道工序（第四次安装）　自定心卡盘装夹滚花后的 ϕ18mm 外圆表面（采用专用夹具），装夹长度 30 ~ 40mm；先用 45°弯头车刀车端面，保证总长度（230 ± 0.36）mm；再用成形车刀加工球面 *SR*9mm，如图 2-86i 所示。

（5）第五道工序（第五次安装）　掉头，垫铜皮（或专用夹具）在自定心卡盘上装夹，车外圆 ϕ10 × 20mm（图 2-86j），切退刀槽 3 × 1.5mm（图 2-86k），车螺纹 M10 - 7h（图 2-86l）或套螺纹。

2.6.5　知识链接——金属塑性加工

金属塑性加工是使金属在外力（通常是压力）作用下，产生塑性变形，以获得所需形状、尺寸、组织和性能制品的一种基本金属加工技术，以往常称为压力加工。金属塑性加工的种类很多，根据加工时工件的受力和变形方式不同，塑性加工的基本方法有锻压、挤压、轧制、拔制、钣金加工、组合加工等几类。

（1）锻压　锻压是把工件放在成对工具之间，由冲击或静压使工件高度缩短而得到预期的形状。锻压加工的优点是适应性强，能生产形状复杂的各种材质制品，又能锻压特大工件。对于改善合金钢组织，特别是消除网状碳化物来说，锻压的效果通常优于轧制。锻压的缺点是能耗大、生产效率低、成本高。

（2）挤压　挤压是把坯料放在挤压筒内，使之从一定形状和尺寸的孔中挤出，以获得制品。挤压加工的优点是能够加工低塑性材料，还可挤压出形状复杂、尺寸比较精确的工件。挤压的主要缺点是成材率低、劳动生产率低、单产投资和成本均很高。

（3）轧制　轧制是指被加工金属通过转动的轧辊而发生变形的过程。轧制的优点是劳动生产率、成材率、机械化和自动化程度都很高，能耗低，适于大规模生产，是冶金工业使用最广的塑性加工方法。缺点是生产品种和批量受到限制。

（4）拔制　拔制是指被加工金属由拉力通过倾角约为5°～20°的锥形拉模而变形的过程。拔制的产品可以为棒、丝或管，其断面通常为圆形，也包括各种异形制品。拔制大多数为冷拔，都属于二次加工，只能用于特定的产品，而且往往这种方法是唯一可行的方法。拔制工艺的优点是平均单位压力低，制品尺寸精度高，但不适用于低塑性材料。

（5）钣金加工　钣金加工是指金属板材经过加工，厚度变化不大，而断面形成各种所需形状的过程。钣金加工属于二次加工，常为冷加工。

（6）组合加工　组合加工只用于特定的制品，常把各种塑性加工过程以及焊接、切削等组合在一起，进行加工。冶金产品中比较典型的例子是螺旋焊接钢管和金属连续铸轧等。

2.6.6　中级工职业技能证书试题及思考题

1. 车削单球手柄

单球手柄如图2-87所示，其考核项目及参考评分标准见表2-12。

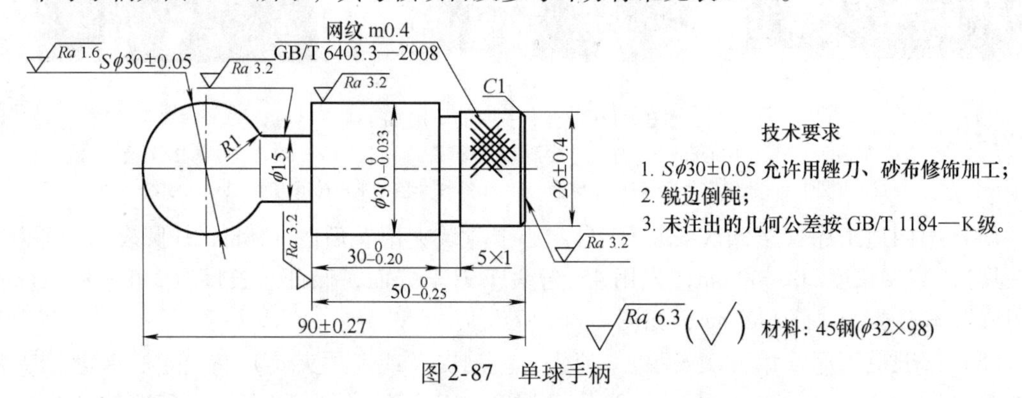

图2-87　单球手柄

表2-12　车削单球手柄加工的考核项目及参考评分标准

序　号	项　　目		考 核 内 容	参 考 分 值	检测结果（实得分）
1	外形尺寸	主要	$S\phi30\pm0.05$mm 和 $\phi30_{-0.033}^{0}$mm；网纹 m0.4	15+10+10	
		一般	$\phi26\pm0.4$mm、$30_{-0.20}^{0}$mm、$50_{-0.25}^{0}$mm、(90 ± 0.27)mm 和其他尺寸	5+5+5+5+5	
2	几何公差		未注几何公差	5	
3	表面粗糙度		$Ra1.6\mu m$、$Ra3.2\mu m$（4处）、$Ra6.3\mu m$	4+2×4+3	
4	操作调整和测量		成形面、滚花等车削的操作方法，量具的使用及其测量方法	10	
5	其他考核项		安全文明实习，各种量具、夹具、车刀等应妥善保管，切勿碰撞，并注意对车床的维护和保养	10	
合计				100	

2. 思考题

1）车成形面有哪几种方法？单件小批生产常用哪种方法？

2）用普通精车刀车成形面时，为什么要有前角？在单件小批生产中，用成形车刀车成形面时，为什么前角必须为0°？

3）滚花时为何要取较低的切削速度？

4）塑性加工方法有哪些？其各自特点和应用是什么？

项目2.7　转轴的车削综合加工

车削的综合加工是指要求独立完成的一次综合性实际加工任务，通过此过程可以提高并检验实际操作能力，并以此作为评定车削实训成绩的主要依据。选择综合加工训练的零件应结合各实训场所的实际情况，尽量选择实际生产中的真实产品。

2.7.1　项目引入

所需车削的转轴如图2-88所示，该轴所属装配图如图2-89所示。识读转轴零件的尺寸精度、几何公差和表面粗糙度要求。在本项目中主要完成车削部分的加工，包括外圆、端面、台阶、退刀槽、圆锥和螺纹的加工。半圆键槽和普通平键键槽的加工可作为铣削的拓展任务。

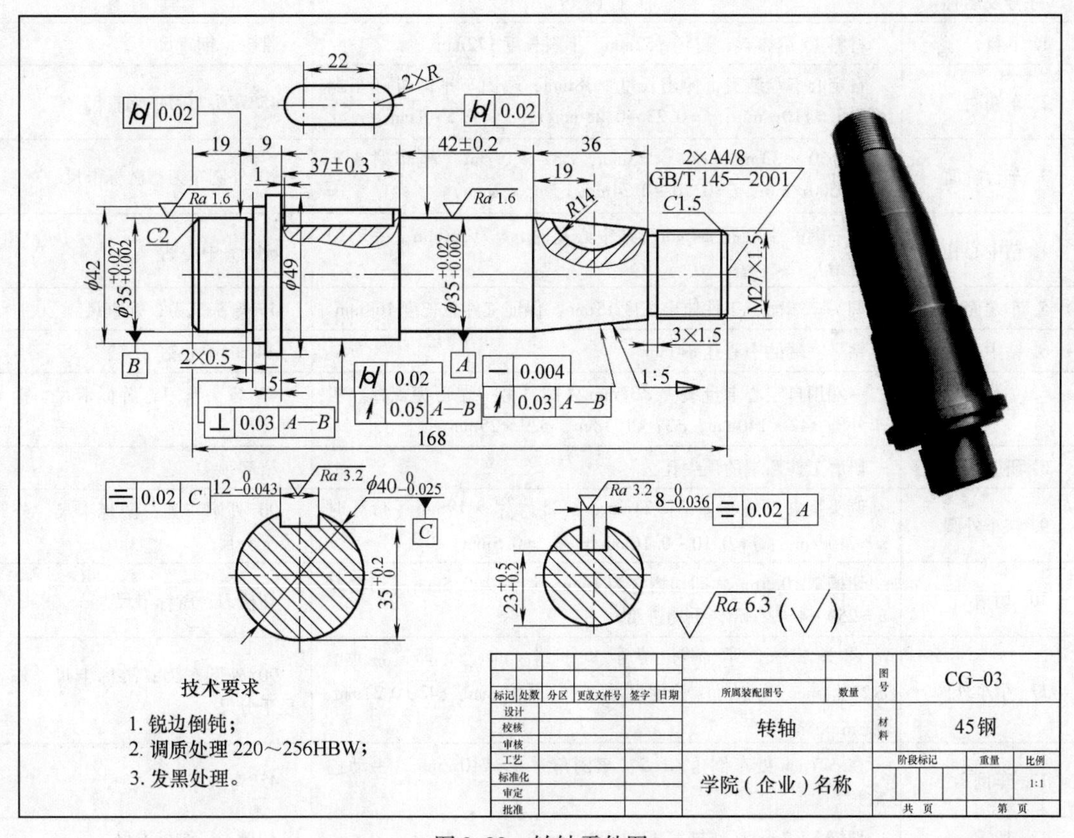

图2-88　转轴零件图

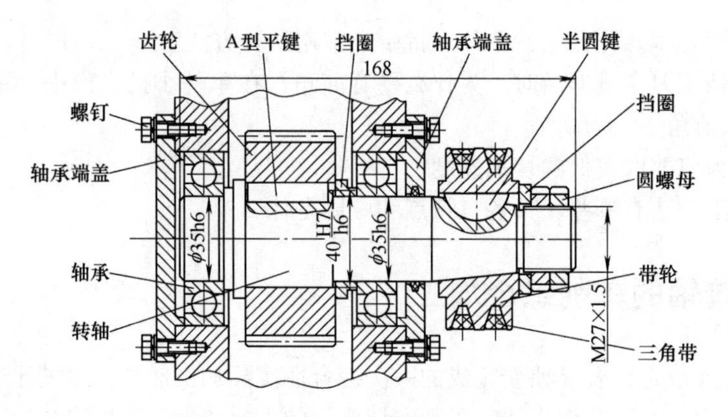

图 2-89　转轴的所属装配示意图

2.7.2　项目分析

确定具体的加工方法及工艺装备，并按要求完成车削加工操作，具体的车削加工步骤及内容见表 2-13。

表 2-13　转轴的车削加工步骤及内容

序号及名称	加 工 内 容	刃 具 量 具
1. 下料	材料 45 钢棒料，直径 φ52mm，下料长度 172mm	带锯；钢直尺
2. 车端面	自定心卡盘装夹，伸出长度≥38mm，端面车平即可（车端面时 $n=710$r/min，$f=0.23\sim0.28$mm/r，$a_p=0.5\sim1$mm）	45°弯头车刀；钢直尺
3. 车台阶面	车 φ50×33mm，φ44×23mm，φ37×19mm（粗车时 $n=450\sim500$r/min，$f=0.20\sim0.24$mm/r，$a_p=2$mm）	90°外圆车刀；游标卡尺
4. 钻中心孔	钻一端的中心孔 φ4mm（钻中心孔时 $n=710$r/min，手动匀速进给）	φ4mm 中心钻
5. 车端面	调头车端面，工件伸出长度 15mm，保证工件总长度 168mm	45°弯头车刀；钢直尺
6. 钻中心孔	钻另一端的中心孔 φ4mm	φ4mm 中心钻
7. 车台阶面	一端用自定心卡盘装夹 φ37mm 外圆，另一端顶尖支撑。粗车外圆 φ42×140mm，φ37×103mm，φ29×25mm	45°弯头车刀；游标卡尺、钢直尺
8. 研磨顶尖孔	研磨工件两端的顶尖孔	研磨顶尖
9. 精车外圆	调头装夹，精车 φ42×23mm、$\phi 35^{+0.027}_{+0.002}$×19mm（精车时 $n=710$r/min，$f=0.10\sim0.16$mm/r，$a_p=0.5$mm）	90°外圆车刀；游标卡尺、外径千分尺
10. 切槽	切槽 2×0.5mm，即切槽宽为 2mm，切深为 0.5mm（切槽时 $n=250\sim450$r/min，手动进给）	切槽刀；游标卡尺
11. 精车外圆	调头装夹，车 φ49；精车 $\phi 40^{0}_{-0.02}$mm、$\phi 35^{+0.027}_{+0.002}$mm、$\phi 27^{-0.1}_{-0.3}$mm，分别对应长度尺寸（37±0.3）mm、（42±0.2）mm、36mm、25mm	90°外圆车刀；游标卡尺、外径千分尺
12. 车倒角	在 φ27mm 处车倒角 C1.5（车倒角时 $n=710$r/min，手动进给）	45°弯头车刀
13. 切槽	切槽 3×2mm（切槽宽 3mm，深 2mm）	切槽刀；游标卡尺

（续）

序号及名称	加工内容	刀具量具
14. 车圆锥面	车圆锥面，锥度为1∶5，即$\alpha/2=5°43'$（$n=450r/min$，手动进给，$a_p=1mm$）	90°外圆车刀；游标卡尺、游标量角器
15. 车螺纹	车螺纹M27×1.5mm（$n=250\sim450r/min$，$a_{p1}=0.5mm$，$a_{p2}=0.2mm$，$a_{p3}\approx0.1mm$）	螺纹车刀；钢直尺、千分尺
16. 检验	测量检查各处尺寸公差、几何公差及表面粗糙度	百分表及表座、游标卡尺、外径千分尺、游标量角器

2.7.3 相关知识——工件的安装基准；加工顺序

1. 工件安装基准选择

工件的安装包括定位与夹紧两个过程。定位是指工件在机床上相对于刀具处于一个正确的位置。定位是靠定位基准与定位元件来实现的。定位基准是指工件上用以在机床上确定正确位置的表面（如平面、外圆、内孔、顶尖孔等）。定位元件是指夹具上与定位基准相接触的元件（如卡爪、V型块、心轴、销、挡块等）。工件的夹紧是由夹具上的夹紧装置（如螺旋压板等）来完成的，目的是在切削力的作用下，使工件处于正确位置且保持不变。如在车床上车外圆时，用自定心卡盘夹持工件外圆，其外圆面即为定位基准，与外圆面相接触的三个卡爪即为定位元件，其同时也是夹紧元件。

定位基准可分为粗基准与精基准。粗基准是工件上的毛基准，只能用一次，不得重复使用。精基准是经过加工了的基准。以精基准定位，并遵循基准重合原则和基准同一原则，才能保证零件加工的质量。

2. 加工顺序安排的一般原则

1）先基面后其他。以粗基准定位后，首先加工出下一步加工所用的精基准表面（基面）。

2）先粗后精。先进行粗加工，以切除大部分加工余量。后进行精加工，以达到图样上的各项技术要求。

3）先主后次。先加工主要表面，以尽早发现该表面是否有缺陷。次要表面贯插于整个加工过程。

4）精度及表面粗糙度等技术要求高的表面最后加工。

2.7.4 项目实施

1. 准备工作

1）工件毛坯。材料为45钢，毛坯外形为$\phi52mm\times172mm$的棒料。

2）设备及刀具。CA6140型车床、45°弯头车刀、90°外圆车刀、中心钻、切槽刀、螺纹车刀。

3）夹具及工具。自定心卡盘、回转顶尖、扳手。

4）量具。钢直尺、游标卡尺、千分尺、螺纹环规、锥形套规、万能游标量角器。

2. 车削加工

依据转轴的零件图如图2-88所示的加工要求，并按表2-13所示的加工过程和方法，完成转轴的车削加工。轴的主要车削步骤有粗车、精车和车螺纹等，装夹及车削方法分别如图2-90a、b、c所示。

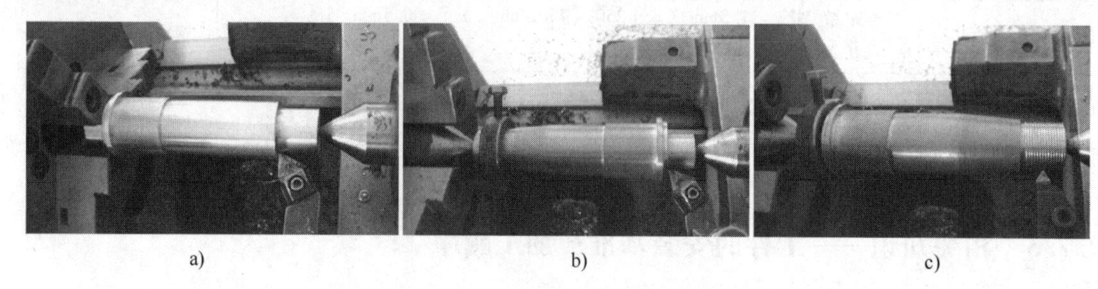

图2-90　转轴的主要车削步骤

a）粗车外圆　b）精车外圆　c）车螺纹

2.7.5　知识链接——切削变形、受力和切削热；刀具磨损

切削中的基本规律包括：切削变形、切削力、切削热、切削温度及刀具磨损规律。

1. 切削变形

1）切屑的形成。刀具对工件进行切削，被切削的金属层在刀具切削刃和前刀面的挤压下将产生弹性变形和塑性变形。被切削的金属层应力较小时，产生弹性变形；当应力达到材料的屈服极限时，开始产生塑性变形，即产生晶格的滑移现象。当继续切削的瞬间，应力和变形达到最大值时，切削层金属被切离并沿着前刀面流出，即形成了切屑。

2）切屑的种类。切屑按形状分为带状切屑、节状切屑、粒状切屑和崩碎切屑，分别如图2-91a、b、c、d所示。前三种切屑是在切削塑性材料时产生的，而最后一种切屑则是在切削脆性材料时产生的。

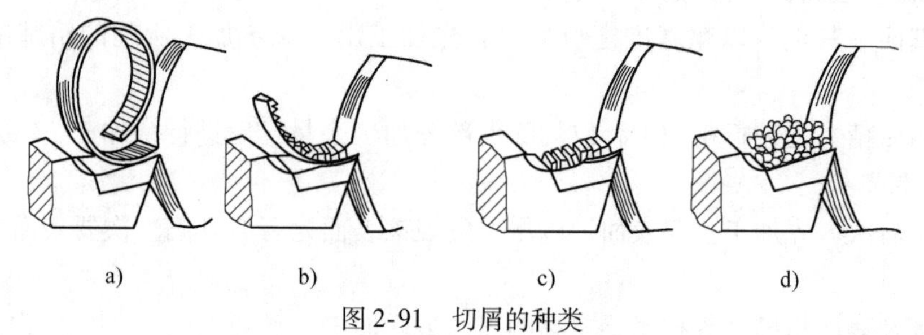

图2-91　切屑的种类

a）带状切屑　b）节状切屑　c）粒状切屑　d）崩碎切屑

3）积屑瘤。在中速或较低的切削速度下切削塑性金属材料，而又能形成带状切屑的情况下，常在刀具前面粘结着一些工件材料，它是一块硬度很高（通常为工件材料硬度的2～3.5倍）的楔块，称为积屑瘤。积屑瘤可以代替切削刃进行切削，减少了刀具磨损。但是，积屑瘤会影响加工尺寸精度，增加表面粗糙度。可以通过控制切削速度（即避开中速区）间接地避免积屑瘤的产生。

2. 切削力

工件材料抵抗刀具切削时产生的阻力，称为切削力。切削力是分析机制工艺，设计机床、刀具和夹具以及在自动生产中实行加工质量监控时的主要技术参数。在切削外圆时，为了克服工件对变形的抗力和摩擦力，车刀对工件作用一个力 F，称为总切削力。为了便于测量、计算和反映实际应用的需要，通常将 F 分解为相互垂直的三个分力（图 2-92），即切削力 F_c、进给力 F_f和背向力 F_p。

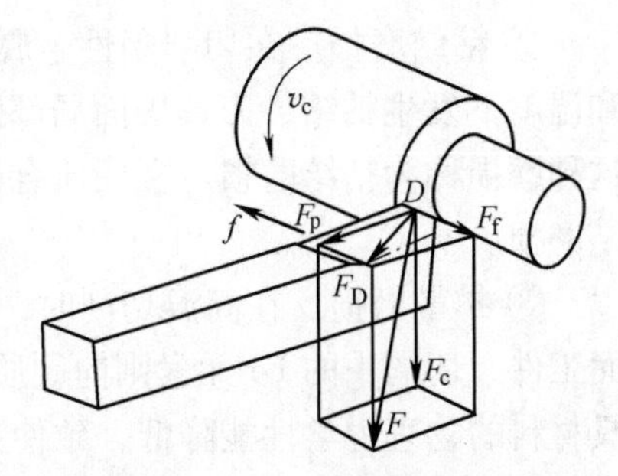

图 2-92　外圆切削时力的分解

1）切削力 F_c。总切削力 F 在主运动方向的分力，F_c使机床消耗的功率增多，是计算机床切削功率、刀杆强度、设计机床夹具、选择切削用量时必不可少的参数。

2）背向力 F_p。总切削力 F 在垂直于进给运动方向上的分力。F_p不消耗机床功率，是校验工件刚度、机床刚度时必不可少的参数。

3）进给力 F_f。总切削力在进给运动方向上的分力。F_f消耗的机床功率很少，是计算机床进给功率、设计机床进给机构强度的参数。

总切削力 F 与三个分力 F_c、F_p、F_f的关系表达式为

$$F = \sqrt{F_c^2 + F_D^2} = \sqrt{F_c^2 + F_f^2 + F_p^2} \tag{2-11}$$

说明：实际的切削力是通过实际测量得到各个方向的分力，然后通过合成所得到的最终切削合力。

3. 切削热及切削温度

1）切削热的产生和传导。在切削塑性金属时，金属的变形与摩擦所消耗的功绝大部分（约 99%）都转化为了热能，称为切削热。切削过程中所产生的热量，被周围介质带走的很少（干切时约占 1%），主要靠切屑、工件和刀具传导。

2）切削温度。切削温度一般是指刀具前面与切屑接触面上的平均温度。切削温度对积屑瘤和刀具磨损都有直接的影响，并与切削速度成正比，所以实际加工中常用控制切削速度的方法来控制切削温度。影响切削温度的主要因素有工件材料、切削用量、刀具几何参数和切削液。

4. 刀具磨损规律

1）刀具磨损的形式。

① 前面磨损。前面磨损又称月牙磨损，是指在刀具前刀面上距切削刃微小距离处出现月牙形洼坑的磨损现象。

② 后面磨损。后面磨损是指在刀具后刀面上出现后角为零的小棱面。在用较小的切削用量切削塑性金属时，主要产生后面磨损。切削脆性金属时，通常产生崩碎切屑，所以刀具也是以后面磨损为主。

③ 前后面同时磨损。这种磨损形式大多出现在以中等切削用量切削塑性金属的情况下。

2）刀具磨损的原因

① 硬质点磨损。也称磨料磨损或机械磨损。虽然工件材料的硬度远小于刀具材料的硬度，但工件材料上由碳化物、氮化物、氧化物等所产生的硬质点以及积屑瘤的碎片等，却具有很高的硬度，甚至超过了刀具材料的硬度。切削过程中这些硬质点将在刀具表面上划出沟痕而导致刀具磨损。这种磨损称为硬质点磨损。在低速切削时，刀具磨损主要是硬质点磨损。

② 粘结磨损。在切削塑性金属材料时，切屑与刀具前面工件与刀具后面在一定的压力和温度下发生粘结，刀具表面局部强度较低的微粒被切屑或工件粘结带走而造成刀具磨损。这种磨损称为粘结磨损。在硬质合金刀具以中等偏低的切削速度切削时，刀具磨损主要是粘结磨损。

③ 扩散磨损。在高温切削时，硬质合金刀具中的 C、W 等元素会向工件和切屑扩散，而工件、切屑中的 Fe 元素则向硬质合金扩散。这就改变了硬质合金刀具的化学成分，使刀具材料的物理力学性能降低，致使刀具的磨损过程加快。这种固态下元素相互迁移而造成的磨损称为扩散磨损。扩散磨损的速度随切削温度的提高而增大。在硬质合金中，YG 类合金与钢产生显著扩散作用的温度为 850 ~ 900℃，YT 类合金与钢的扩散温度则为 900 ~ 950℃。

④ 化学磨损。刀具材料中的某些元素与工件材料或切削液中的某些元素发生化学反应，而形成化合物被切屑带走，并且使刀具表面硬度下降，从而加速刀具的磨损，这种磨损称为化学磨损。

⑤ 相变磨损。当切削温度大于等于刀具材料的相变温度时，使金相组织发生变化，刀具表面的马氏体组织转化为托氏体或索氏体组织。这种使硬度降低而造成的磨损，称为相变磨损。高速钢刀具的磨损原因就是相变磨损。

2.7.6 中级工职业技能考核强化题及思考题

1. 强化考核试题

为增强实训效果，除前面设定的中级工职业技能证书试题外，又另外增加了如下的渐进式考核试题，内容由易到难，以便于循序渐进掌握车削加工的操作技能。

（1）按图 2-93 要求车削台阶轴。图中的 *A*、*B*、*C*、*D*、*ϕA*、*ϕB*、*ϕC*、*ϕD* 尺寸根据实训条件自行选定。考核项目及参考评分标准见表 2-14。

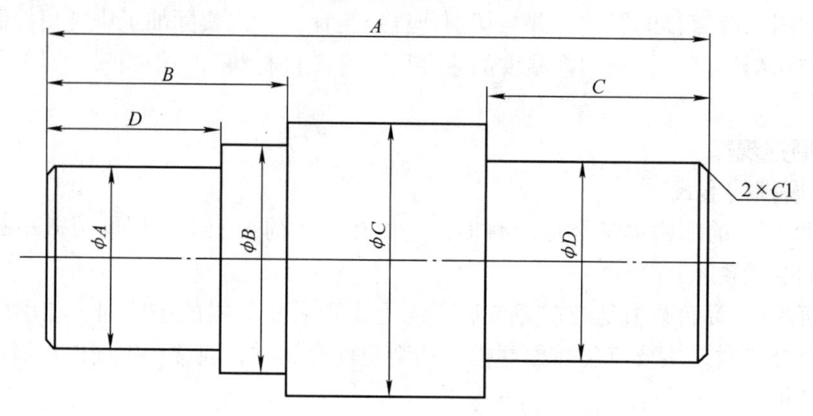

技术要求
1.不允许使用砂布、锉刀修整表面；
2.表面粗糙度全部 *Ra* 3.2；
3.锐边倒钝。

材料:45钢

图 2-93　台阶轴

表 2-14　车削台阶轴的考核项目及参考评分标准

序号	考核项目	配分	评分标准	检测结果
1	$(A\pm0.10)$ mm	7	超差 0.02mm 扣 2 分	
2	$B_{-0.10}^{\ 0}$mm	7	超差 0.02mm 扣 2 分	
3	$C_{-0.10}^{\ 0}$mm	7	超差 0.02mm 扣 2 分	
4	$D_{-0.10}^{\ 0}$mm	7	超差 0.02mm 扣 2 分	
5	$\phi A_{-0.10}^{\ 0}$mm	15	超差 0.02mm 扣 2 分	
6	$\phi B_{-0.10}^{\ 0}$mm	15	超差 0.02mm 扣 2 分	
7	$\phi C_{-0.10}^{\ 0}$mm	15	超差 0.02mm 扣 2 分	
8	$\phi D_{-0.10}^{\ 0}$mm	15	超差 0.02mm 扣 2 分	
9	$Ra3.2$（9 处）	1×9	降级不得分	
10	C1（2 处）	1.5×2	超差不得分	
11	安全文明生产		违者视情节每次扣 10 分～50 分	

（2）按图 2-94 要求车削连接套。图中的 A、B、C、ϕA、ϕB、ϕC、ϕD 尺寸根据实训条件自行选定。考核项目及参考评分标准见表 2-15。

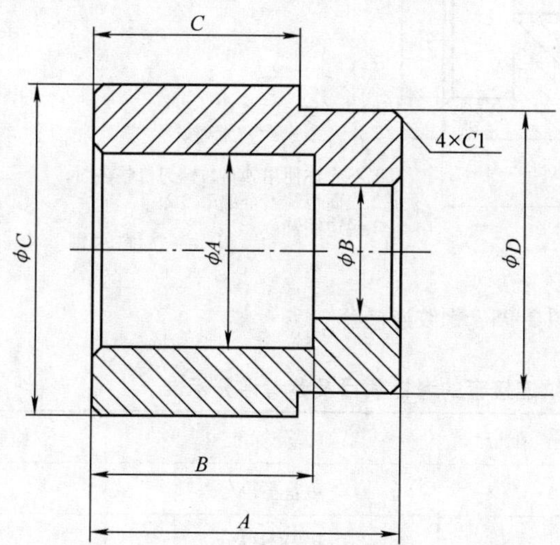

技术要求
1.不允许使用砂布、锉刀修整表面；
2.表面粗糙度全部Ra 3.2；
3. 锐边倒钝。

材料:45钢

图 2-94　连接套

表 2-15　车削连接套的考核项目及参考评分标准

序号	考核项目	配分	评分标准	检测结果
1	$A\pm0.10$mm	15	超差 0.02mm 扣 4 分	
2	$B_{-0.10}^{\ 0}$mm	10	超差 0.02mm 扣 4 分	
3	$C_{-0.10}^{\ 0}$mm	5	超差 0.02mm 扣 2 分	
4	$\phi A_{-0.10}^{\ 0}$mm	20	超差 0.02mm 扣 3 分	
5	$\phi B_{-0.10}^{\ 0}$mm	20	超差 0.02mm 扣 3 分	

（续）

序号	考核项目	配分	评分标准	检测结果
6	$\phi C_{-0.10}^{\ 0}$mm	10	超差0.02mm扣1分	
7	$\phi D_{-0.10}^{\ 0}$mm	8	超差0.02mm扣1分	
8	*Ra*6.3（8处）	1×8	降级不得分	
9	*C*1（4处）	1×4	超差不得分	
10	安全文明生产	违者视情节每次扣10分~50分		

（3）按图2-95要求车削螺纹连接套。图中的ϕA、MB、ϕC、ϕD、L_1、L_2、L_3尺寸根据实训条件自行选定。考核项目及参考评分标准见表2-16。

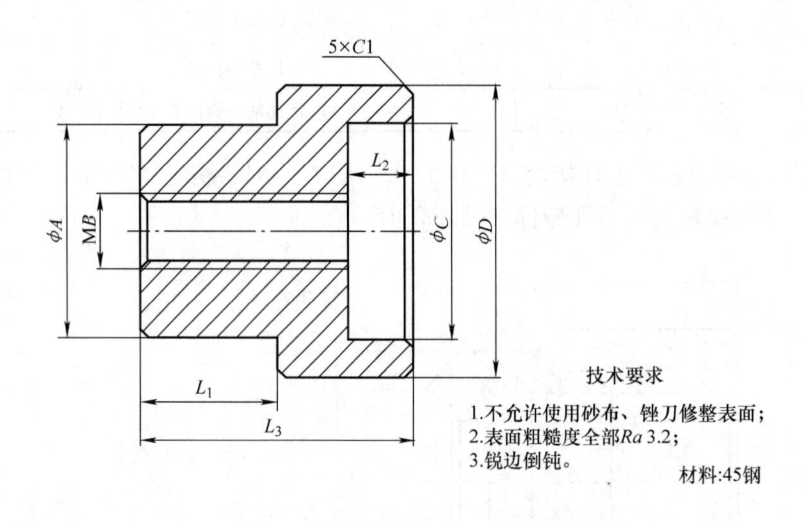

图2-95　螺纹连接套

表2-16　车削螺纹连接套的考核项目及参考评分标准

序号	考核项目	配分	评分标准	检测结果
1	$L_{1}{}_{-0.10}^{\ 0}$mm	8	超差不得分	
2	$L_{2}{}_{-0.10}^{\ 0}$mm	8	超差不得分	
3	L_3 ±0.10mm	8	超差不得分	
4	$\phi A_{-0.04}^{\ 0}$mm	15	超差0.02mm扣2分	
5	$\phi C_{\ 0}^{+0.14}$mm	15	超差0.02mm扣2分	
6	$\phi D_{-0.04}^{\ 0}$mm	15	超差0.02mm扣2分	
7	MB	18	超差0.02mm扣2分	
8	*Ra*3.2（8处）	1×8	降级不得分	
9	*C*1（5处）	1×5	超差不得分	
10	安全文明生产	违者视情节每次扣10分~50分		

（4）按图 2-96 要求车削螺纹轴。图中的 A、B、MC、ϕD、ϕE、L_1、L_2、L_3 尺寸根据实训条件自行选定。考核项目及参考评分标准见表 2-17。

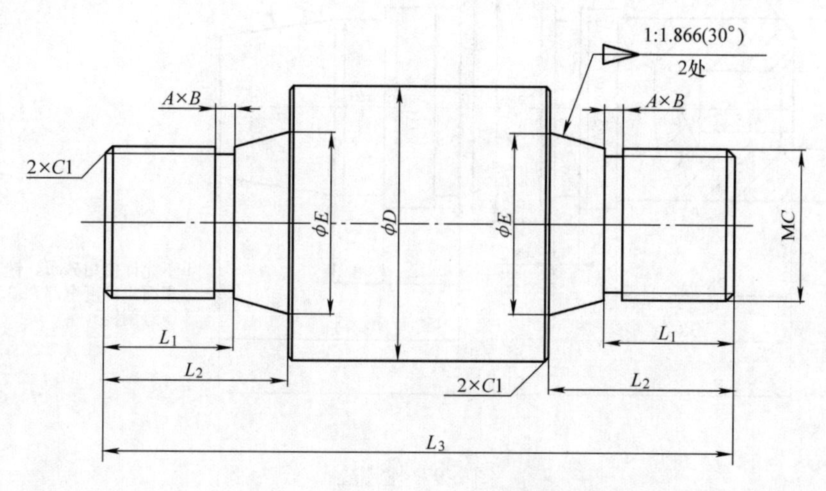

技术要求

1.不允许使用砂布、锉刀修整表面；
2.表面粗糙度全部 *Ra* 6.3；
3.锐边倒钝。

材料：45钢

图 2-96 螺纹轴

表 2-17 车削螺纹轴的考核项目及参考评分标准

序号	考核项目	配分	评分标准	检测结果
1	$L_{2\ -0.10}^{\ 0}$ mm（2 处）	4×2	超差不得分	
2	（L_3 ±0.1）mm	8	超差不得分	
3	$A \times B$（2 处）	4×2	超差不得分	
4	▷（2 处）	7×2	超差不得分	
5	$\phi D_{-0.04}^{\ 0}$ mm	15	超差 0.02mm 扣 2 分	
6	$\phi E_{-0.04}^{\ 0}$ mm（2 处）	8×2	超差 0.02mm 扣 2 分	
7	MC（2 处）	8×2	超差 0.02mm 扣 2 分	
8	*Ra*6.3（11 处）	1×11	降级不得分	
9	$C1$（4 处）	1×4	超差不得分	
10	安全文明生产	违者视情节每次扣 10 分 ~50 分		

（5）按图 2-97 要求，用 ϕ40mm×95mm 棒料车削圆锥轴。考核项目及参考评分标准见表 2-18。

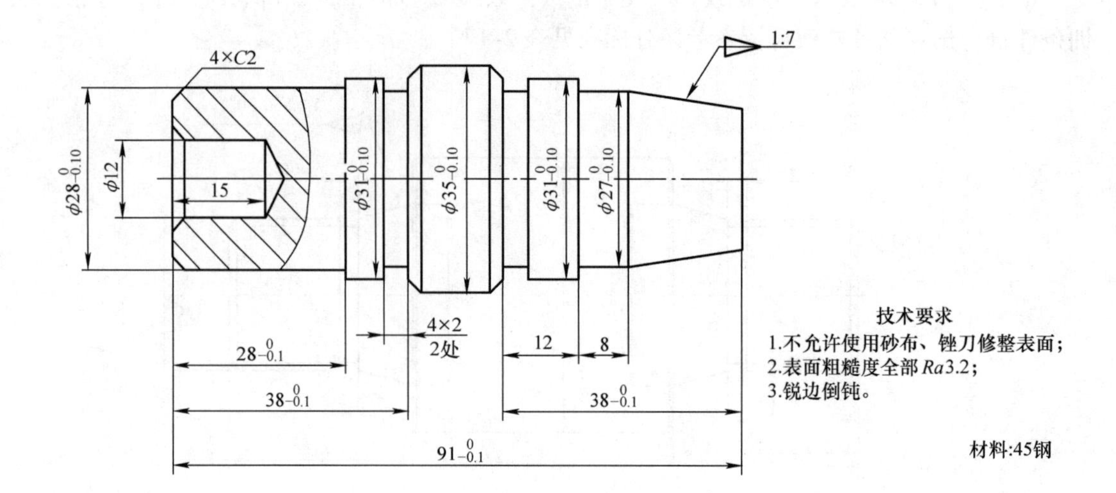

图 2-97　圆锥轴

表 2-18　车削圆锥轴的考核项目及参考评分标准

序号	考核项目	配分	评分标准	检测结果
1	91 ±0.10mm	5	超差不得分	
2	$38^{\ 0}_{-0.10}$mm（2 处）	2.5×2	超差不得分	
3	$28^{\ 0}_{-0.10}$mm	5	超差不得分	
4	12	5	超差不得分	
5	8	5	超差不得分	
6	$\phi35^{\ 0}_{-0.10}$mm	8	超差 0.01mm 扣 1 分	
7	$\phi31^{\ 0}_{-0.10}$mm（2 处）	8×2	超差 0.01mm 扣 1 分	
8	$\phi27^{\ 0}_{-0.08}$mm	10	超差 0.01mm 扣 1 分	
9	$\phi28^{\ 0}_{-0.10}$mm	8	超差 0.01mm 扣 1 分	
10	沟槽 4mm×2mm（2 处）	3×2	超差不得分	
11	ϕ17mm 长 15mm	3	超差不得分	
12	▷1:7	8	超差 2′扣 1 分	
13	Ra3.2（12 处）	1×12	降级不得分	
14	C2（4 处）	1×4	超差不得分	
15	安全文明生产	违者视情节每次扣 10 分～50 分		

（6）按图 2-98 要求，用 ϕ45mm×62mm 棒料车削烛台。考核项目及参考评分标准见表 2-19。

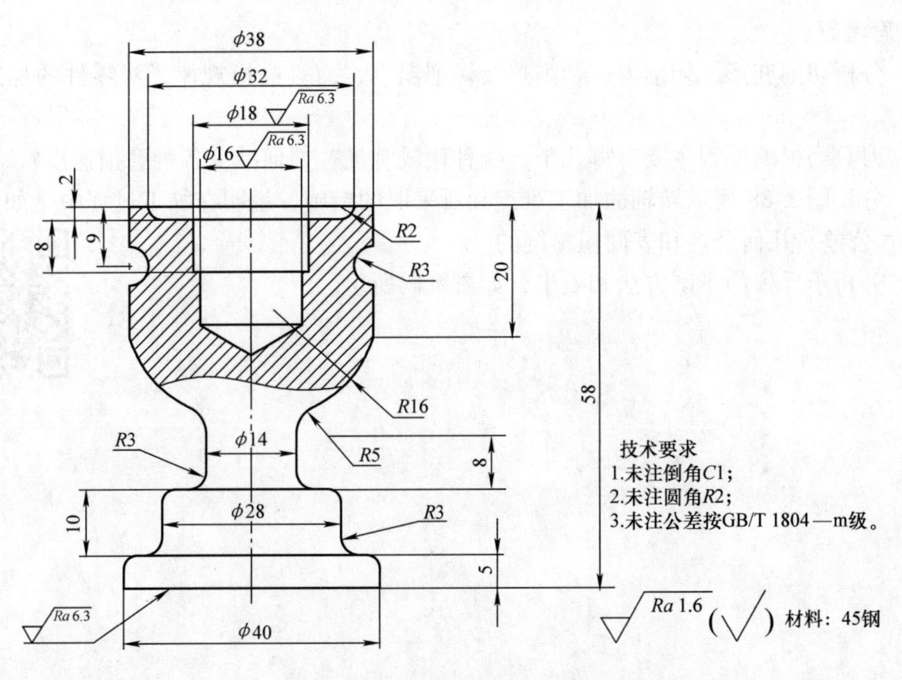

图 2-98　烛台

表 2-19　车削烛台的考核项目及参考评分标准

序号	考核项目	配分	评分标准	检测结果
1	58mm	3	超差不得分	
2	20mm	3	超差不得分	
3	10mm（2 处）	2. 5×2	超差不得分	
4	9mm	3	超差不得分	
5	8mm（2 处）	2. 5×2	超差不得分	
6	5mm	3	超差不得分	
7	2mm	3	超差不得分	
8	ϕ40mm	6	超差不得分	
9	ϕ38mm	6	超差不得分	
10	ϕ32mm	6	超差不得分	
11	ϕ14mm	6	超差不得分	
12	*R*5mm	6	超差不得分	
13	*R*3mm（3 处）	5×3	超差不得分	
14	ϕ18mm	3	超差不得分	
15	ϕ16mm	3	超差不得分	
16	*Ra*1. 6（14 处）	1×14	超差不得分	
17	*Ra*6. 3（3 处）	1×3	超差不得分	
18	*C*1（5 处）	1×5	超差不得分	
19	*R*2mm 倒圆（2 处）	1×2	超差不得分	
20	安全文明生产	违者视情节每次扣 10 分~50 分		

2. 思考题

1）分析切削变形、切削力、切削热及切削温度、刀具磨损规律，对零件的加工精度有何影响。

2）刀具磨损的原因主要有哪几个，哪种比较常见？如何减少各种磨损速度？

3）分析图2-88所示转轴的加工难点和所采取的措施，说明在加工过程中是如何保证各处的尺寸公差、几何公差和表面粗糙度的。

4）分析千斤顶的车削方法和要求，如二维码所示。

模块3　铣 削 加 工

铣削加工实训的目的：了解铣削加工的工艺特点及加工范围；掌握常用铣床及附件、刀具的结构、用途和使用方法；能正确安装工件、刀具，并操作铣床完成平面、沟槽等简单零件表面的铣削加工；能利用分度头完成等分铣削和齿轮加工。

铣削加工的特点：铣削是指在铣床上用旋转的铣刀切削加工工件上各种表面或沟槽的加工方法。在铣削时，由于铣刀是旋转的多齿刀具，属于断续切削，因而刀具的散热条件好，可以提高切削速度，生产效率较高；由于在铣削时铣刀刀齿的不断切入和切出，使切削力不断变化，因此易产生冲击和振动；铣刀的种类很多，铣削的加工范围广，是金属切削加工中常用的方法之一。铣削加工的尺寸精度一般为 IT9 ~ IT7 级，表面粗糙度值为 Ra =6.3 ~ 1.6μm。

铣削加工的安全要求（其余参照车工实习）：开动铣床后，不应靠近旋动的铣刀，更不能用手触摸刀具或工件，也不能在开车时测量工件；工件必须压紧夹牢，以防发生事故；多人共同使用一台铣床时，只能一人操作，并注意其他人的安全。

项目 3.1　钻模的平面、斜面、台阶面铣削

3.1.1　项目引入

凸台、凹槽配合件的零件图如图 3-1 所示，分别为钻模的立板和钻模板，零件图见项目

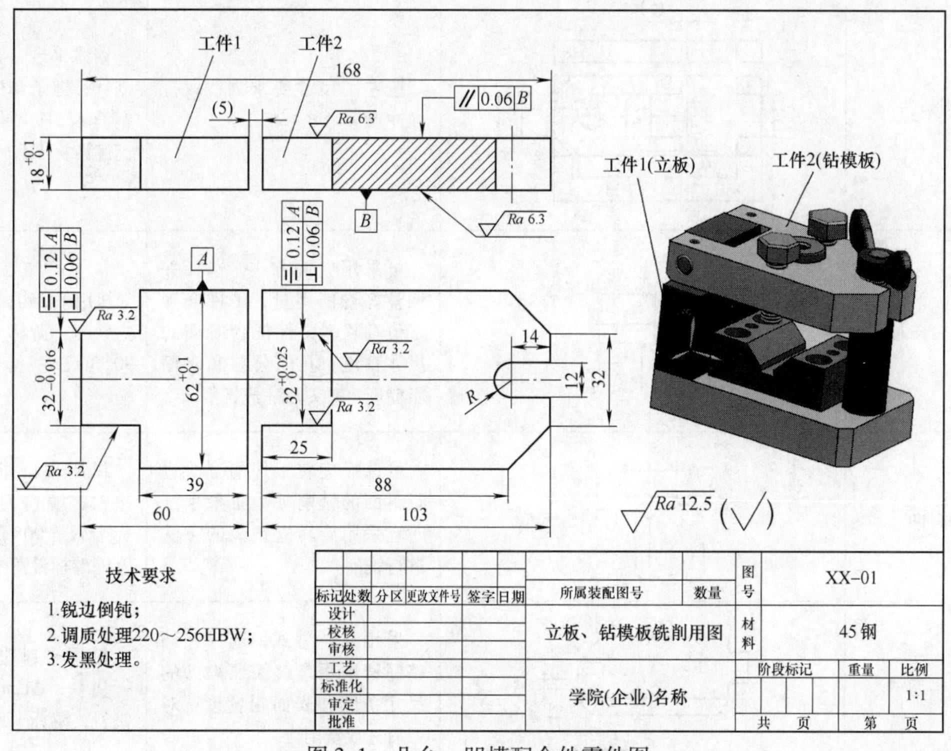

图 3-1　凸台、凹槽配合件零件图

1.8 的拓展操作。工件 1（凸台件）与工件 2（凹槽件）的配合加工过程在项目 3.1 和项目 3.2 中完成。识读零件的加工精度和表面质量要求，确定本项目所需完成的铣削任务为工件 1、2 合体件的外形加工。

3.1.2 项目分析

1）熟练 XA6132 卧式万能铣床和 XA5032 立式铣床的操纵方法，进行停车、开车操作练习。

2）钻模的立板和钻模板的外形加工过程见表 3-1，在本项目中仅需完成序号 1 ~ 5 所列内容，序号 6 ~ 8 所列的沟槽和切断内容在项目 3.2 中完成。

表 3-1　钻模的立板和钻模板的外形加工过程图解

序号及名称	图　解	加 工 内 容	工具刃具量具
1. 备料	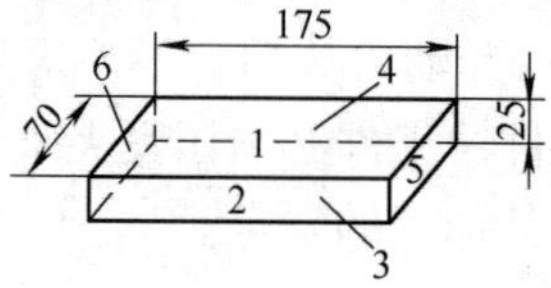	45 钢 毛坯尺寸：175mm × 70mm × 25mm	锯床；钢直尺
2. 铣削六面体	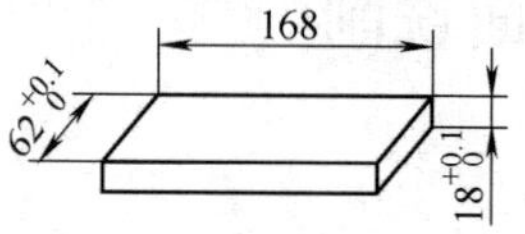	采用立铣方式，依次铣削面 1、2、3、4 后，铣削面 5、6（详见表 3-4 所列）。可在粗铣后进行精铣至尺寸	机用平口钳，平行垫铁，圆棒，锤子，纯铜棒；端铣刀；游标卡尺，百分表及表座
3. 划线	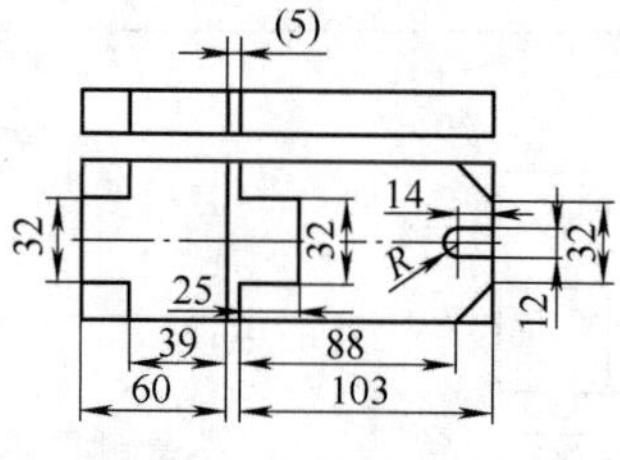	按左图尺寸要求划线；打样冲点	划线平台，方箱，划针，锤子和样冲，钢直尺，90° 角尺，高度游标卡尺
4. 铣台阶面	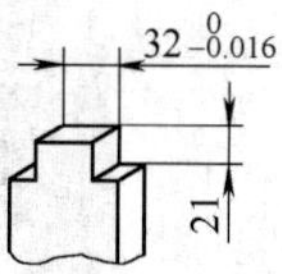	可采用立铣方式，选择并调整好铣削用量，工件合理定位并检验，保证台阶面的尺寸精度、几何公差和表面粗糙度；对刀后完成铣削	机用平口钳；ϕ25mm 立铣刀；游标卡尺，90°角尺
5. 铣斜面	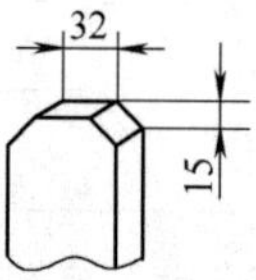	可选择旋转工件的方法进行斜面的铣削（大批量生产时宜采用旋转立铣头的方法进行铣削）	机用平口钳，斜垫铁；端铣刀；游标卡尺，90° 角尺，万能游标量角器
6. 铣半通槽	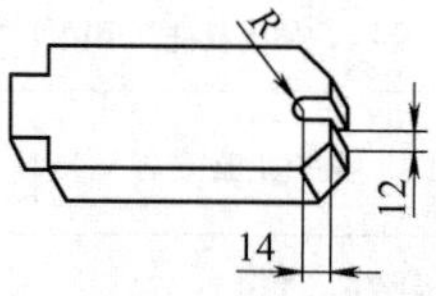	采用立铣方式，选择并调整好铣削用量，保证沟槽的尺寸精度和表面粗糙度；对刀后完成铣削	机用平口钳，平行垫铁；ϕ12mm 立铣刀；游标卡尺

（续）

序号及名称	图　解	加工内容	工具刃具量具
7. 切断	5　94	采用卧铣方式，选择锯片铣刀并调整好铣削用量，保证沟槽的尺寸精度和表面粗糙度；对刀后完成铣削	机用平口钳，平行垫铁；锯片铣刀；游标卡尺，90°角尺
8. 配直角沟槽	$32^{+0.025}_{0}$　25	采用卧铣方式，配作配合件的凹槽，保证几何公差和 $32^{+0.025}_{0}$mm 尺寸的配合间隙	机用平口钳；三面刃铣刀；游标卡尺，塞尺，90°角尺
9. 去毛刺		钳工去毛刺	锉刀
10. 检验入库		按图样要求进行检验，并验证 $32^{+0.025}_{0}$mm 尺寸的配合性质	游标卡尺，塞尺

3.1.3 相关知识——铣床附件；平面、斜面、台阶面的铣削；铣削用量；铣刀安装

1. 铣削加工范围

铣削主要用于加工平面，如水平面、垂直面、台阶面及各种沟槽表面和成形面等。另外，利用万能分度头还可以进行分度件的加工，有时也可以在工件上进行钻孔、镗孔加工。常见的铣削加工范围如图 3-2 所示。

2. 铣床的主要附件及应用

铣床的主要附件有铣刀杆、万能分度头、机用平口钳（简称平口钳）、圆形工作台和万能立铣头等。

（1）机用平口钳　机用平口钳是一种通用夹具，在使用时，应先校正其在工作台上的位置，然后再夹紧工件。校正平口钳的方法有三种，即用百分表校正（图 3-3a）、用 90°角尺校正和用划线盘校正。

校正的目的是保证固定钳口与工作台台面的垂直度和平行度。校正后利用螺栓与工作台 T 形槽联接，将平口钳装夹在工作台上。装夹工件时，要按划线找正工件，再转动平口钳丝杠使活动钳口移动以夹紧工件，如图 3-3b 所示。

（2）圆形工作台　圆形工作台即回转工作台，如图 3-4a 所示。它的内部有一蜗轮蜗杆副，手轮与蜗杆同轴连接，转台与蜗轮连接，转动手轮，通过蜗轮蜗杆的传动使转台转动。转台周围有刻度，用来观察和确定转台位置，手轮上的刻度盘可读出转台的准确位置。图 3-4b 所示为在圆形工作台上铣圆弧槽的情况，即利用螺栓压板将工件夹紧在转台上，铣刀旋转后，摇动手轮使转台带动工件进行圆周进给，铣削圆弧槽。

（3）万能立铣头　在卧式铣床上装万能立铣头，可根据铣削的需要，把立铣头主轴扳成任意角度，如图 3-5 所示。图 3-5a 所示为万能立铣头的外形图，其底座用螺钉固定在铣床的垂直导轨上。由于铣床主轴的运动是通过立铣头内部的两对锥齿轮传到立铣头主轴上的，且立铣头的壳体可绕铣床主轴轴线偏转任意角度，如图 3-5b 所示，同时立铣头主轴的壳体还能在立铣头壳体上偏转任意角度（图 3-5c），因此，立铣头主轴能在空间偏转成需要的任意角度。

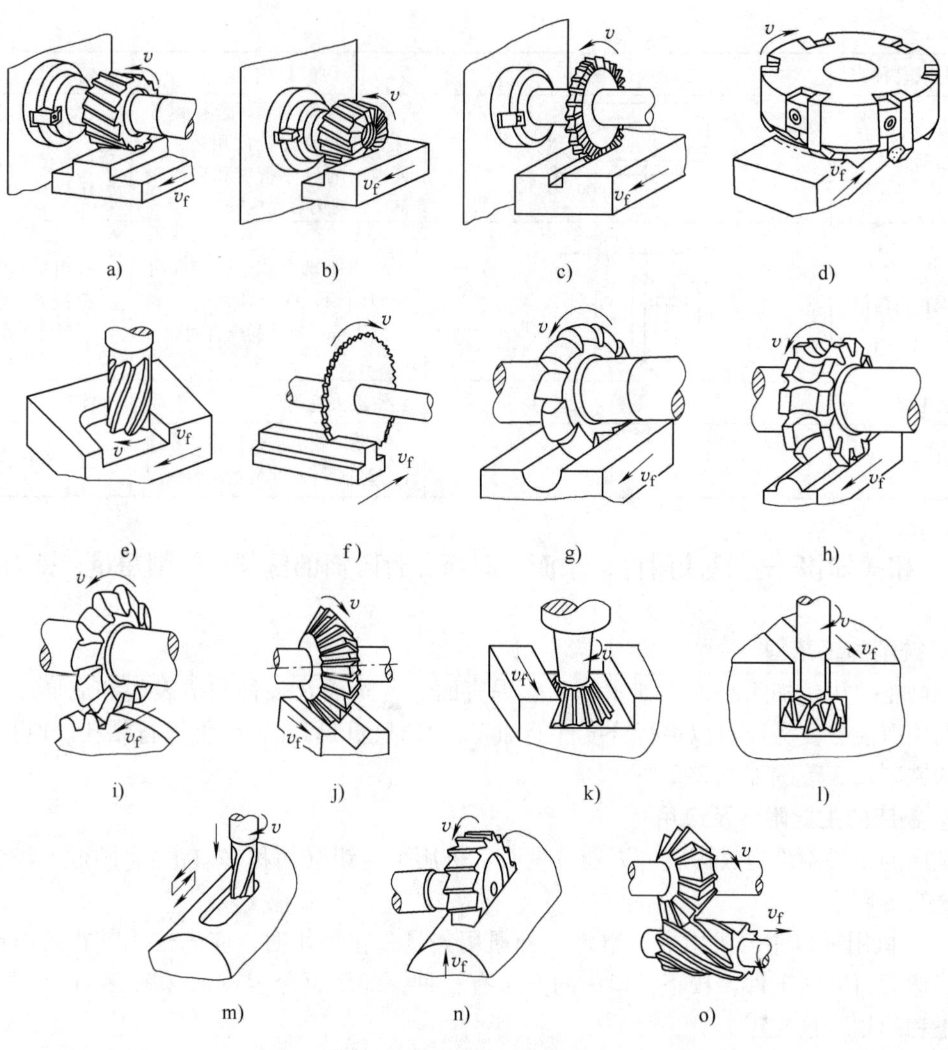

图 3-2　铣削加工范围

a）圆柱形铣刀铣平面　b）套式面铣刀铣台阶面　c）三面刃铣刀铣直角槽　d）面铣刀铣平面　e）立铣刀铣凹平面　f）锯片铣刀切断　g）凸半圆铣刀铣凹圆弧面　h）凹半圆铣刀铣凸圆弧面　i）齿轮铣刀铣齿轮　j）角度铣刀铣 V 形槽　k）燕尾槽铣刀铣燕尾槽　l）T 形槽铣刀铣 T 形槽　m）键槽铣刀铣键槽　n）半圆键槽铣刀铣半圆键槽　o）角度铣刀铣螺旋槽

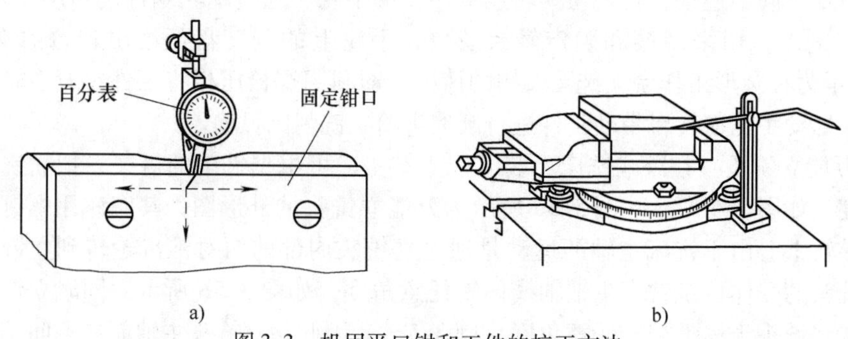

图 3-3　机用平口钳和工件的校正方法

a）百分表校正平口钳　b）按划线找正工件

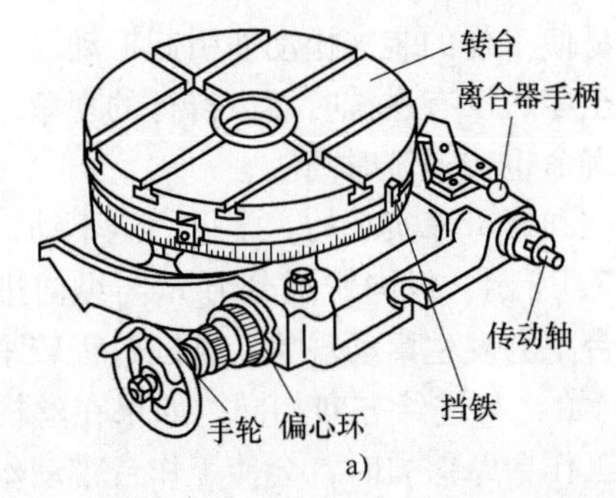

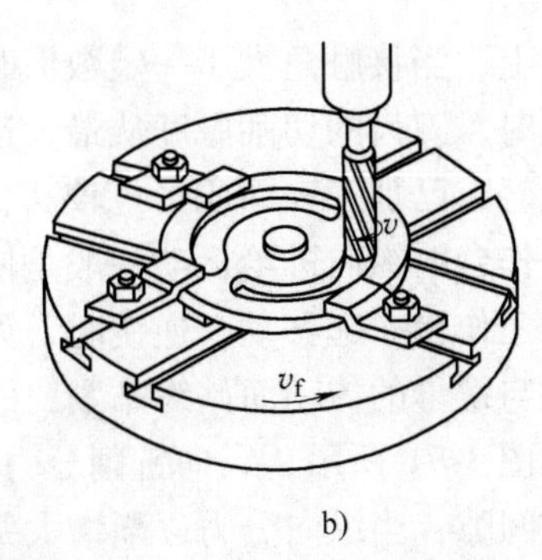

图 3-4 圆形工作台及使用

a）圆形工作台 b）铣圆弧槽

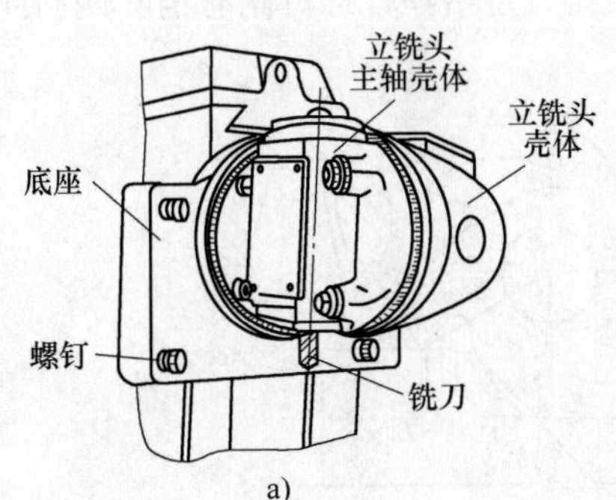

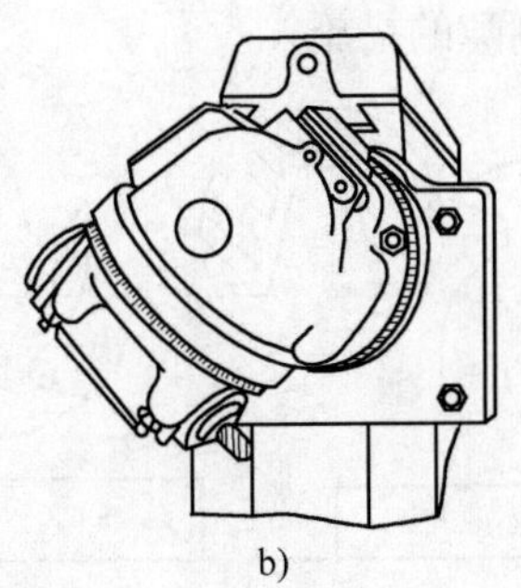

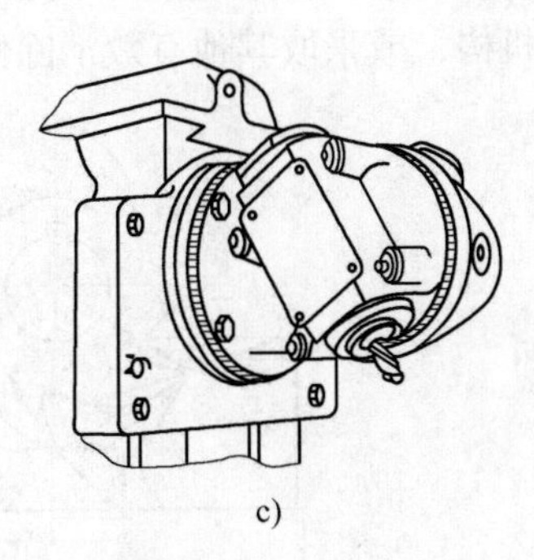

图 3-5 万能立铣头

a）万能立铣头的外形 b）绕主轴轴线偏转角度 c）绕立铣头壳体偏转角度

3. 平面、斜面、台阶面的铣削方法

（1）平面的铣削方法

1）用圆柱铣刀铣平面。在卧式升降台铣床上，利用圆柱铣刀的周边齿刀刃（切削刃）进行的铣削称为周边铣削，简称周铣，如图 3-2a 所示。

根据刀具切削速度方向相对于进给方向的不同，圆周铣削分为顺铣和逆铣两种方式。

① 顺铣。在铣削时，切削力 F' 的水平分力 F_H 的方向，与进给速度 v_f 方向相同，这种铣削方式称为顺铣，如图 3-6a 所示。

② 逆铣。在铣削时，切削力 F' 的水平分力 F_H 的方向，与进给速度 v_f 方向相反，这种铣削方式称为逆铣，如图 3-6b 所示。

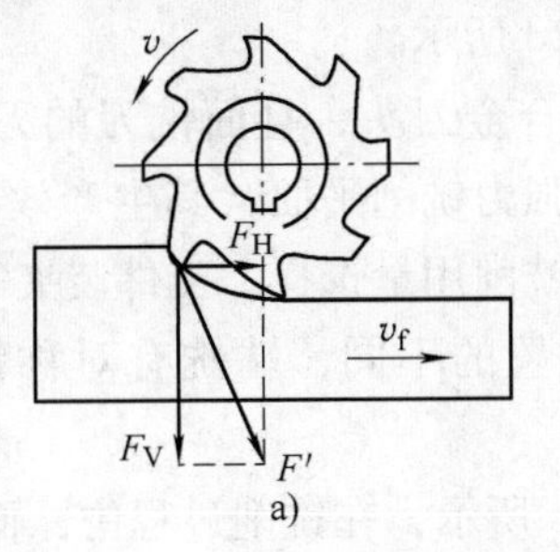

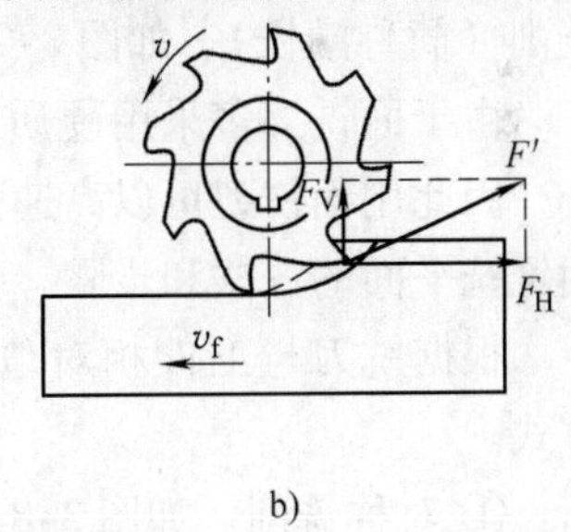

图 3-6 圆周铣削方式

a）顺铣 b）逆铣

在逆铣时，刀齿的切削厚度从零逐渐增大至最大值。刀齿在开始切入时，由于在切削刃处有一定的圆角半径，所以要经过一段距离的滑行、挤压和摩擦后，才开始切削，这样将使刀齿容易磨损，并在工件表面产生严重的冷硬层，下一个刀齿又在前一个刀齿所产生的冷硬层上重复一次滑行、挤压和摩擦的过程，更加剧了刀齿磨损，且增大了工件的表面粗糙度。此外，刀齿在开始切入工件时，垂直铣削分力向上，当接触角大于一定数值时，容易使工件的装夹松动而引起振动。

在顺铣时，刀齿的切削厚度从最大逐渐减至零，没有逆铣时刀齿滑行的现象，加工硬化程度大为减轻，已加工表面质量也较高，刀具寿命也比逆铣时高。

铣床工作台的纵向进给运动一般是依靠丝杠和螺母来实现的。螺母固定不动，丝杠在转动时，带动工作台一起移动。逆铣时，如图3-7a所示，纵向铣削分力F_f与纵向进给方向相反，使丝杠与螺母的传动面始终贴紧，故工作台不会发生窜动现象，铣削过程较平稳；而在顺铣时，如图3-7b所示，纵向铣削分力F_f方向始终与进给方向相同，如果在丝杠与螺母传动副中存在间隙，当纵向分力逐渐增大并超过工作台摩擦力时，会使工作台带动丝杠向左窜动，丝杠与螺母传动副右侧面出现间隙，造成工作台振动、纵向窜动和进给不均匀，严重时会使铣刀崩刃。因此，如采用顺铣，则必须要求铣床工作台进给丝杠螺母副有消除侧向间隙的机构，或采取其他有效消除侧隙的措施。

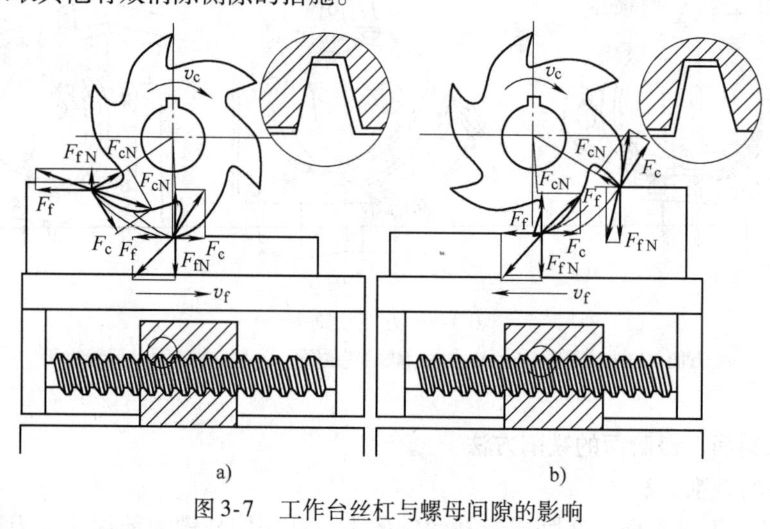

图3-7 工作台丝杠与螺母间隙的影响

a）逆铣 b）顺铣

2）用面铣刀铣平面。在卧式或立式升降台铣床上用铣刀端面齿刃进行的铣削称为端面铣削（简称端铣），如图3-2d所示。

由于面铣刀多采用硬质合金刀头，且面铣刀的刀杆短、强度高、刚性好、切削时振动小，因此用面铣刀可以高速强力铣削平面，其生产效率高于周铣方式，目前应用更为广泛。面铣铣平面的方法和步骤、铣削用量选择、工件装夹等均与周铣类似，可参照。

根据铣刀与工件相对位置的不同，端铣有对称铣削、不对称逆铣和不对称顺铣三种方式。

① 对称铣削。如图3-8a所示，在铣削过程中，面铣刀轴线始终位于铣削弧长的对称中心位置，上面的顺铣部分等于下面的逆铣部分，此种铣削方式称为对称铣削。采用该方式铣削时，由于铣刀直径大于铣削宽度，故刀齿切入和切离工件时切削厚度均大于零，这样可以避免下一个刀齿在前一刀齿切过的冷硬层上工作。一般端铣多用此种铣削方式，尤其适用于铣削淬硬钢。

② 不对称逆铣。如图3-8b所示，当面铣刀轴线偏置于铣削弧长对称中心的一侧，且逆铣部分大于顺铣部分，这种铣削方式称为不对称逆铣。这种铣削方式的特点是刀齿以较小的

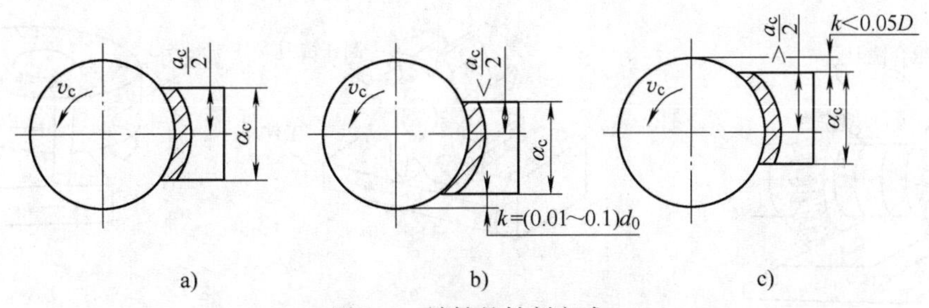

图 3-8　端铣的铣削方式

a）对称铣削　b）不对称逆铣　c）不对称顺铣

切削厚度切入，又以较大的切削厚度切出。这样，切入冲击小，适用于端铣普通碳钢和高强度低合金钢，此时刀具寿命较其他铣削方式可提高一倍以上。

③ 不对称顺铣。如图 3-8c 所示，当面铣刀轴线偏置于铣削弧长对称中心的一侧，且顺铣部分大于逆铣部分，这种铣削方式称为不对称顺铣。这种铣削方式的特点是刀齿以较大的切削厚度切入，而以较小的切削厚度切出。它适合于加工不锈钢等中等强度的高塑性材料，这样可减小逆铣时刀齿的滑行、挤压现象和加工表面的冷硬程度，有利于提高刀具的寿命。

（2）斜面铣削

1）使用斜垫铁铣斜面。如图 3-9 所示，在工件的基准下面垫一块斜垫铁，则铣出的平面与基准面成一定角度。通过改变斜垫铁的角度，可加工不同角度的工件斜面。

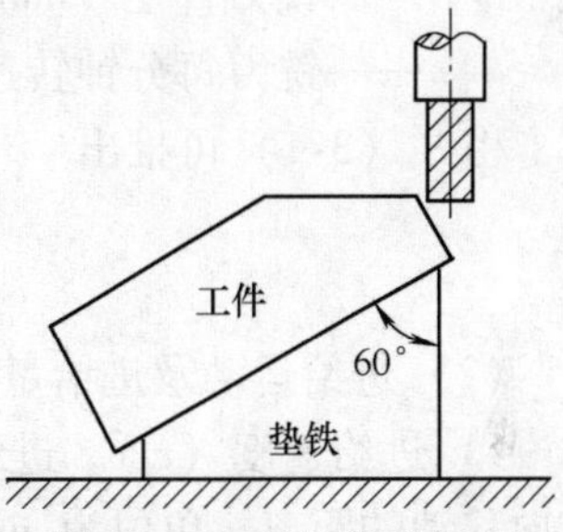

图 3-9　用斜垫铁铣斜面

2）利用万能分度头铣斜面。如图 3-10 所示，用万能分度头将工件转到所需的角度，铣出斜面。

3）利用万能立铣头铣斜面。由于万能立铣头能方便地改变刀轴的空间位置，因此可以转动万能立铣头，使刀具相对工件倾斜一个角度来铣斜面，如图 3-11 所示。此方法更适用于大批量加工斜面。

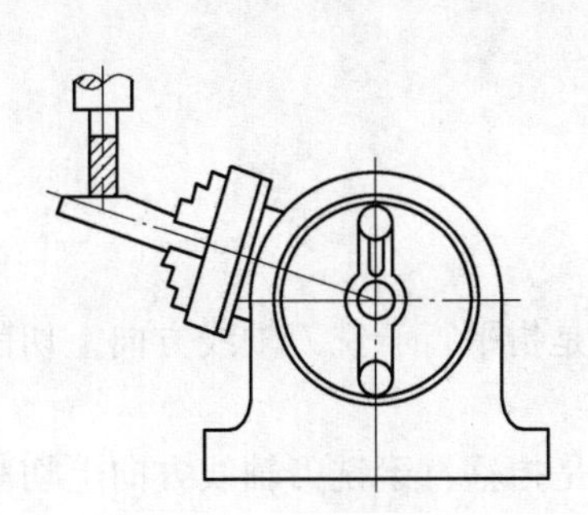

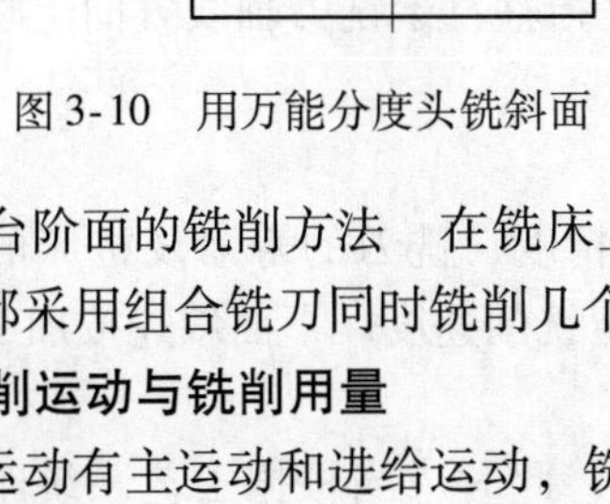

图 3-10　用万能分度头铣斜面

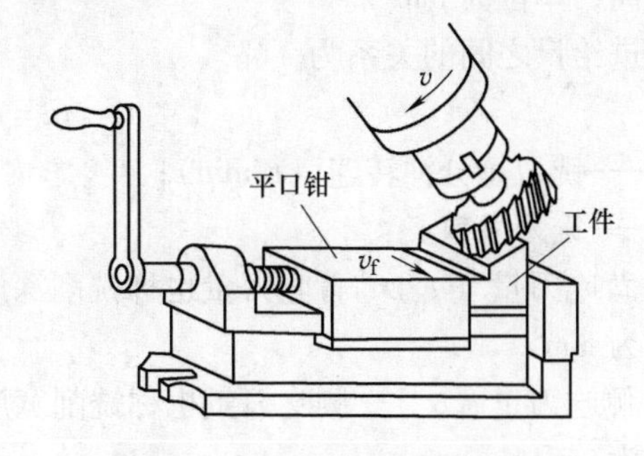

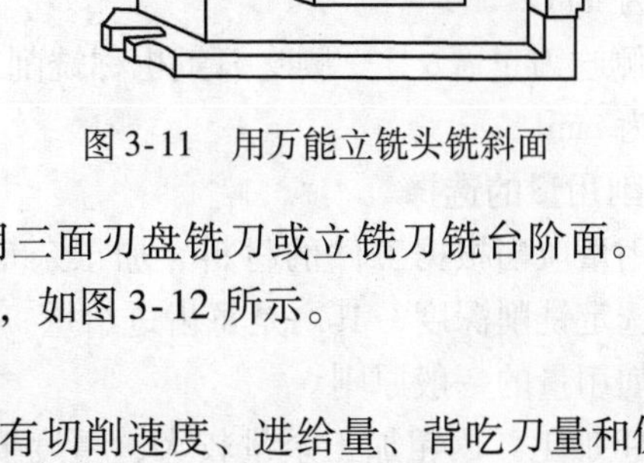

图 3-11　用万能立铣头铣斜面

（3）台阶面的铣削方法　在铣床上，可用三面刃盘铣刀或立铣刀铣台阶面。在成批生产中，大都采用组合铣刀同时铣削几个台阶面，如图 3-12 所示。

4. 铣削运动与铣削用量

铣削运动有主运动和进给运动，铣削用量有切削速度、进给量、背吃刀量和侧吃刀量，如图 3-13 所示。

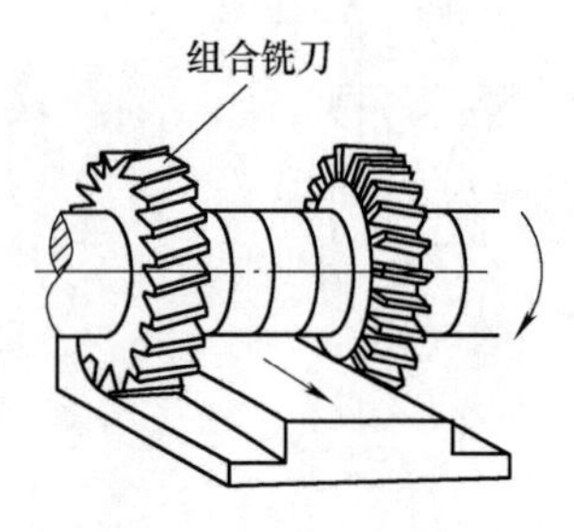

图 3-12　组合铣刀铣台阶面

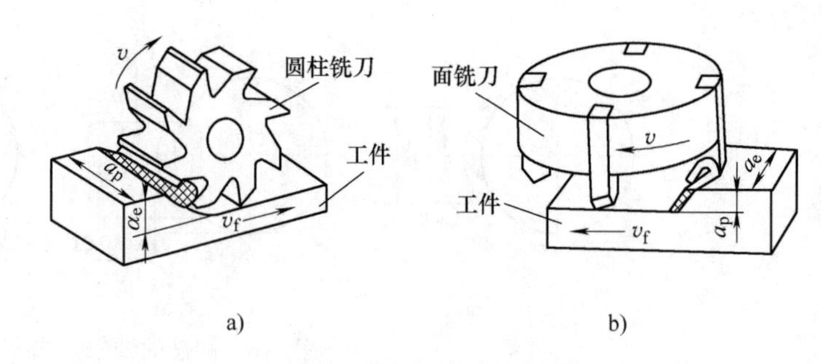

图 3-13　铣削运动及铣削用量

a）在卧式铣床上铣平面　b）在立式铣床上铣平面

（1）主运动及切削速度（v_c）　铣刀的旋转运动是主运动。切削刃上选定点相对于工件主运动的瞬时速度称为切削速度，可用下式计算

$$v_c=\frac{\pi Dn}{1000}(\mathrm{m/min})=\frac{\pi Dn}{1000\times 60}(\mathrm{m/s}) \tag{3-1}$$

式中　D——铣刀直径（mm）；

n——铣刀每分钟转速（r/min）。

由式（3-1）可推出

$$n=\frac{1000v_c}{\pi D}(\mathrm{r/min}) \tag{3-2}$$

（2）进给运动及进给量　工件的移动是进给运动。铣削进给量有下列三种表示方法：

1）进给速度（v_f）。进给速度也称为每分钟进给量，是指每分钟内工件相对铣刀沿进给方向移动的距离，单位为 mm/min。

2）每转进给量（f）。每转进给量是指铣刀每转过一转时，工件相对铣刀沿进给方向移动的距离，单位为 mm/r。

3）每齿进给量（f_z）。每齿进给量是指铣刀每转过一个齿时，工件相对铣刀沿进给方向移动的距离，单位为 mm/z。

三种进给量之间的关系为

$$v_f=fn=f_z zn \tag{3-3}$$

式中　n——铣刀每分钟转速（r/min）；

z——铣刀齿数。

（3）背吃刀量（a_p）　背吃刀量也称铣削深度，是指平行于铣刀轴线方向上切削层的尺寸，单位为 mm。

（4）侧吃刀量（a_e）　侧吃刀量也称铣削宽度，是指垂直于铣刀轴线方向上切削层的尺寸，单位为 mm。

5. 铣削用量的选择

铣削用量应当根据工件的材料、加工余量、加工精度、铣刀的寿命及机床的刚性来选择。首先选定铣削深度，其次是每齿进给量，最后确定铣削速度。下面叙述按加工精度不同来选择铣削用量的一般原则。

（1）粗加工　因粗加工余量较大，精度要求不高，此时应当根据工艺系统刚性及刀具寿命来选择铣削用量。一般选取较大的背吃刀量和侧吃刀量，使一次进给尽可能多地切除毛坯余量。在刀具性能允许条件下应以较大的每齿进给量进行切削，以提高生产效率。

（2）半精加工　此时工件的加工余量一般在0.5～2mm，并且无硬皮，加工时主要降低表面粗糙度值，因此应选择较小的每齿进给量，而取较大的切削速度。

（3）精加工　这时加工余量很小，应当着重考虑刀具的磨损对加工精度的影响，因此宜选择较小的每齿进给量和铣刀所允许的最大铣削速度进行铣削。

铣削用量推荐值见表3-2和表3-3。铣削速度在粗铣时取小值，精铣削时取大值；工件材料强度和硬度越高取值越小，反之取大值；刀具材料耐热性好取大值，耐热性差取小值。

表3-2　每齿进给量f_z的推荐值　（单位：mm/z）

工件材料	工件材料硬度HBW	硬质合金铣刀		高速钢铣刀			
		面铣刀	三面刃铣刀	圆柱铣刀	立铣刀	面铣刀	三面刃铣刀
低碳钢	<150	0.2～0.4	0.15～0.30	0.12～0.2	0.04～0.20	0.15～0.30	0.12～0.20
	150～200	0.20～0.35	0.12～0.25	0.12～0.2	0.03～0.18	0.15～0.30	0.10～0.15
中、高碳钢	120～180	0.15～0.5	0.15～0.3	0.12～0.2	0.05～0.20	0.15～0.30	0.12～0.2
	181～220	0.15～0.4	0.12～0.25	0.12～0.2	0.04～0.20	0.15～0.25	0.07～0.15
	221～300	0.12～0.25	0.07～0.20	0.07～0.15	0.03～0.15	0.1～0.2	0.05～0.12
灰铸铁	150～180	0.2～0.5	0.12～0.3	0.2～0.3	0.07～0.18	0.2～0.35	0.15～0.25
	181～220	0.2～0.4	0.12～0.25	0.15～0.25	0.05～0.15	0.15～0.3	0.12～0.20
	221～300	0.15～0.3	0.10～0.20	0.1～0.2	0.03～0.10	0.10～0.15	0.07～0.12
铝镁合金	95～100	0.15～0.38	0.125～0.3	0.15～0.20	0.05～0.15	0.2～0.3	0.07～0.2

表3-3　铣削速度v_c的推荐值　（单位：m/min）

工件材料	工件材料硬度HBW	铣削速度v_c	
		硬质合金铣刀	高速钢铣刀
低、中碳钢	<200	60～150	21～40
	225～290	54～115	15～36
	300～425	36～75	9～15
高碳钢	<200	60～130	18～36
	225～325	53～105	14～21
	326～375	36～48	9～12
	376～425	35～45	6～10
灰铸铁	—	110～115	—
	150～225	60～110	15～21
	230～290	45～90	9～18
	300～320	21～30	5～10
铝镁合金	95～100	360～600	180～300

6. 铣刀的安装

（1）带孔铣刀的安装

1）带孔铣刀中的圆柱形铣刀或三面刃铣刀等圆盘形铣刀常用长刀杆安装，如图3-14所示。

2）带孔铣刀中的面铣刀常用短刀杆安装，如图3-15所示。

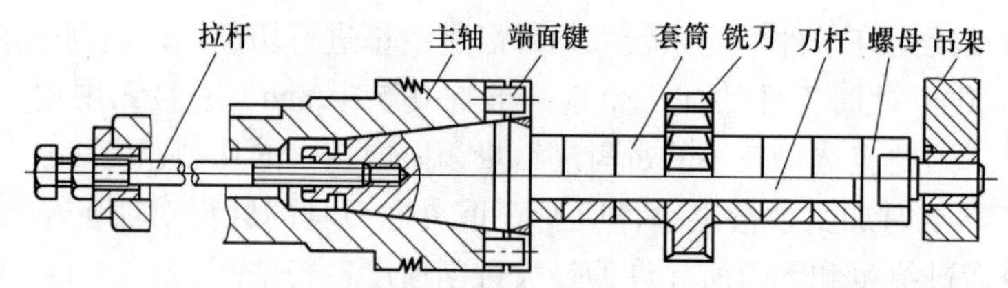

图 3-14　圆盘形铣刀的安装

（2）带柄铣刀的安装

1）锥柄铣刀的安装如图 3-16a 所示。安装时，应根据铣刀锥柄的大小选择合适的变锥套，还要将各配合表面擦干净，然后用拉杆把铣刀及变锥套一起拉紧在主轴上。

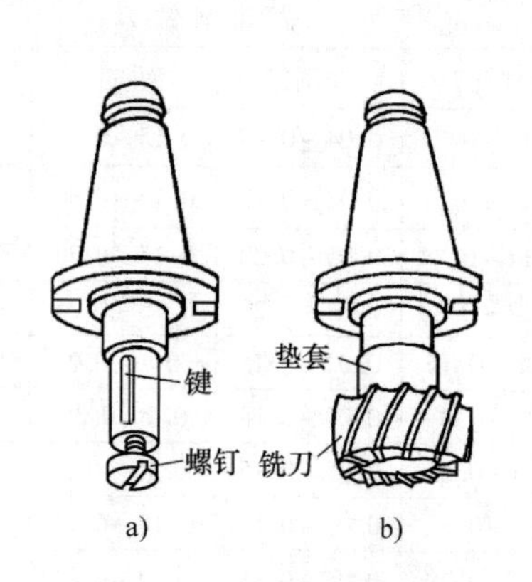

图 3-15　面铣刀的安装

a）短刀杆　b）安装在短刀杆上的面铣刀

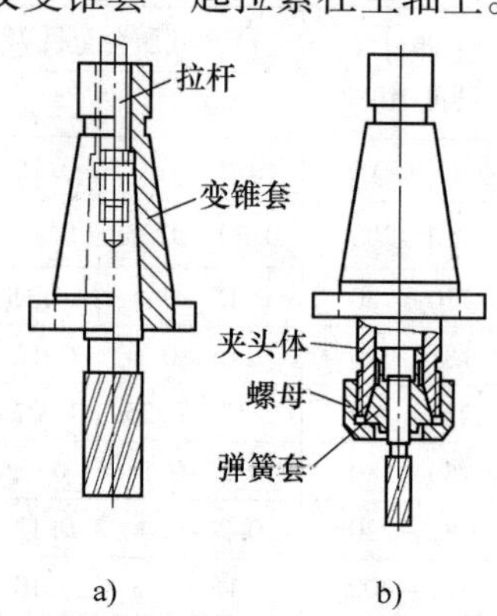

图 3-16　带柄铣刀的安装

a）锥柄铣刀的安装　b）直柄铣刀的安装

2）直柄铣刀的安装如图 3-16b 所示。直柄铣刀用弹簧夹头安装，即将铣刀的直柄插入弹簧套内，通过旋紧螺母来压紧弹簧套的端面，使弹簧套的外锥面受压而使孔径缩小，从而夹紧直柄铣刀。

（3）在卧式铣床上安装圆柱铣刀或圆盘形铣刀　其安装步骤如图 3-17 所示。

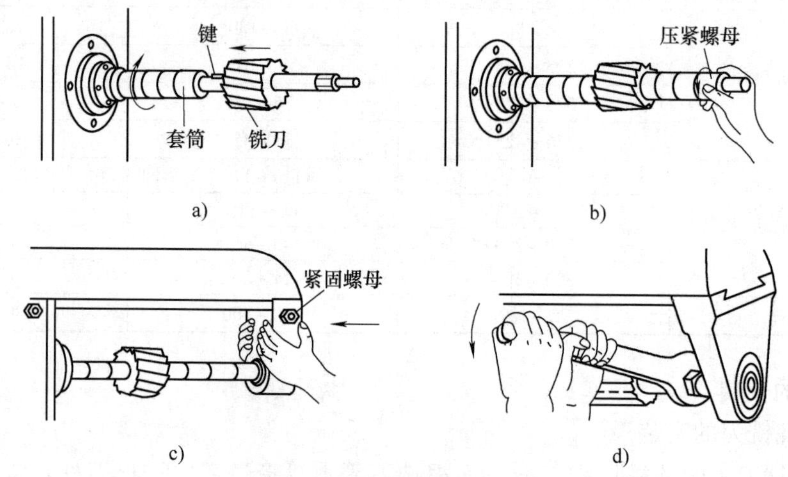

图 3-17　安装圆柱铣刀的步骤

a）安装刀杆和铣刀　b）套上几个套筒后，拧上螺母　c）装上吊架　d）拧紧螺母

3.1.4 项目实施

1. 铣床空载操作练习

XA6132 卧式万能升降台铣床的外观及操纵系统如图 3-18 所示。

（1）停车练习

1）主轴转速的变换。通过操纵床身左侧壁上的手柄 4 和转盘 3 来实现主轴转速的变换。变换时，先将手柄 4 压下向左转动，碰撞冲动开关，主电动机瞬时起动，使其内部孔盘式变速机构重新对准位置。然后转动转盘 3，使所需的转速对准指针。最后，把手柄 4 又转到原来的位置，从而改变了主轴的转速。转动转盘 3 的位置，可使主轴获得 18 种不同的转速。

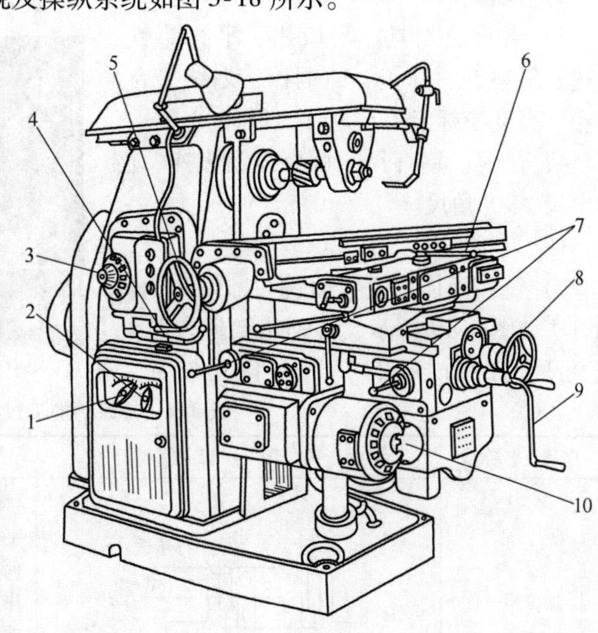

图 3-18 XA6132 卧式万能升降台铣床的外观及操纵系统图
1—机床总电源开关 2—机床冷却油泵开关 3—主轴变速转盘 4—主轴变速手柄 5—纵向手动进给手轮 6—纵向机动进给手柄 7—横向和升降机动进给手柄 8—横向手动进给手轮 9—升降手动进给手柄 10—进给变速转盘

2）进给量的调整。通过操纵升降台左下侧的转盘手柄 10 来实现进给量的调整。调整时，向外拉出转盘手柄 10，再转动它，使所需要的进给量对准指针，最后把转盘手柄 10 推回原位，即可得到不同的进给量。

3）工作台手动纵向、横向、升降移动。顺时针转动手轮 5，工作台向右纵向移动，反之向左移动。顺时针转动手轮 8，工作台向里横向移动，反之向外移动。顺时针转动手柄 9，工作台上升，反之下降。

（2）低速开车练习

1）工作台机动纵向进给。通过操纵手柄 6 来实现工作台机动纵向进给。手柄 6 有 3 个位置：手柄 6 向左扳，工作台向左运动；手柄向右扳，工作台向右运动；手柄 6 处于中间位置，工作台不动。当手柄 6 处于中间位置时，纵向进给离合器脱开，没有拨动行程开关，进给电动机停止转动，工作台不动。当手柄 6 向左或向右扳时，通过操纵机构使纵向进给离合器接通，可分别拨动两个行程开关使进给电动机正转或反转，使工作台向左或向右移动。

2）工作台机动横向或升降进给。通过操纵机床左侧面的两个球型十字手柄 7 中的任一个（因为两个手柄 7 联动），可控制进给电动机的转向以及横向或升降进给离合器（接通或断开），来完成工作台的横向或升降进给。手柄 7 有 5 个工作位置：① 向上扳，升降台上升；② 向下扳，升降台下降；③ 向左（床身）扳，工作台向左移动；④ 向右扳，工作台向右移动；⑤ 中间位置，横向和升降机动进给停止。

3）快动。按下快动电钮，在电磁铁的作用下，快动离合器（摩擦片式）合上，进给离合器脱开，使运动不经过进给变速机构，而直接由进给电动机传给纵、横、升降进给丝杠，从而实现机床的快速移动。

2. 铣凸凹配合件（完成表3-1中的1~5项）

（1）准备工作

1）工件毛坯。材料为45钢，毛坯尺寸为175mm×70mm×25mm。

2）设备及刀具。XA6132型铣床、XA5032型铣床、面铣刀、立铣刀。

3）夹具及工具。平口钳、平行垫铁、圆棒、斜垫铁、锤子、纯铜棒、划线平台、方箱、高度游标卡尺、划针、样冲。

4）量具。钢直尺、百分表及表座、游标卡尺、90°角尺。

（2）铣削加工

1）铣六面体。安装面铣刀，铣六面体的方法如图3-19所示，铣削步骤见表3-4，铣至尺寸168mm×62$^{+0.1}_{0}$mm×18$^{+0.1}_{0}$mm。

图3-19　方铁的铣削

表3-4　方铁的加工过程图解

序号及名称	图　解	加工内容	工具刃具量具
1. 加工第一面	工件 1 平行垫铁 4 3 2 20	将面3（定位粗基准）放在平行垫铁上，工件直接夹在两个钳口之间。夹紧时要求用纯铜棒敲打（未加工面可使用锤子），使面3与垫铁贴实（手试移垫铁时不应松动），铣削面1至尺寸20mm	机用平口钳，平行垫铁，纯铜棒，锤子；面铣刀；游标卡尺
2. 加工第二面	2 圆棒 工件 1 3 4 170	以已加工面1为基准面，并将其紧靠固定钳口。在活动钳口与工件间垫圆棒后夹紧，铣削面2至尺寸170mm。面2与面1的垂直度取决于固定钳口与水平走刀的垂直度	机用平口钳，圆棒，纯铜棒；面铣刀；游标卡尺
3. 加工第三面	工件 3 平行垫铁 4 1 2 $18^{+0.1}_{0}$	将面1放在平行垫铁上，工件直接夹在两个钳口之间。夹紧时要求用纯铜棒敲打，使面1与垫铁贴实，铣削面3至尺寸18$^{+0.1}_{0}$mm	机用平口钳，圆棒，纯铜棒；面铣刀；游标卡尺
4. 加工第四面	4 圆棒 工件 1 3 2 168	将已加工面2朝下，夹紧方法同上，使基面1紧靠固定钳口。夹紧时，用纯铜棒敲打工件，使面2贴紧平口钳后（尺寸不足时加垫平行垫铁），铣削面4至尺寸168mm	机用平口钳，平行垫铁，纯铜棒；面铣刀；游标卡尺
5. 加工第五面	工件 5 圆棒 1 3 6 64	以面1为定位基准，并紧靠固定钳口，同时使面2（或面4）垂直于工作台面，铣平面5至尺寸64mm	机用平口钳，平行垫铁，纯铜棒；面铣刀；游标卡尺，90°角尺

（续）

序号及名称	图 解	加工内容	工具刃具量具
6. 加工第六面	工件 6 圆棒 1 3 5 $62^{+0.1}_{0}$	以面1为定位基准，并紧靠固定钳口，同时面5紧贴平行垫铁，铣平面6至尺寸 $62^{+0.1}_{0}$ mm	机用平口钳，圆棒，纯铜棒；面铣刀；游标卡尺
7. 去毛刺，并测量检验	168 $62^{+0.1}_{0}$ $18^{+0.1}_{0}$	用锉刀去毛刺；测量尺寸精度、各面间平行度或垂直度等，应符合要求	锉刀；游标卡尺，90°角尺

① 用一把直径是 $D=150$mm、齿数是 $z=6$ 的硬质合金面铣刀，铣削一个45钢调质工件。按表3-3所列内容，选择粗铣的铣削速度 $v_c=60$m/min；按表3-2所列，选取每齿进给量 $f_z=0.2$mm/z，则主轴转速按式（3-2）计算

$$n=\frac{1000v_c}{\pi D}=\frac{1000\times 60}{3.14\times 150}\text{r/min}\approx 127.4\text{r/min}$$

实际调整铣床主轴转速为 $n=118$r/min。

每分钟进给量按式（3-3）计算

$$v_f=f_z zn=0.2\times 6\times 118\text{mm/min}\approx 141.6\text{mm/min}$$

实际调整进给速度 $v_f=118$mm/min。另外，取铣削深度约为2.5mm。

② 根据实训情况，如需再进行精铣，则取铣削速度 $v_c=110$m/min，每齿进给量 $f_z=0.12$mm/z，则主轴转速为

$$n=\frac{1000v_c}{\pi D}=\frac{1000\times 110}{3.14\times 150}\text{r/min}\approx 233.5\text{r/min}$$

实际调整铣床主轴转速为 $n=235$r/min。

每分钟进给量为

$$v_f=f_z zn=0.12\times 6\times 235\text{mm/min}\approx 169.2\text{mm/min}$$

实际调整进给速度 $v_f=150$mm/min。另外，取背吃刀量 a_p（铣削深度）不大于0.5mm。

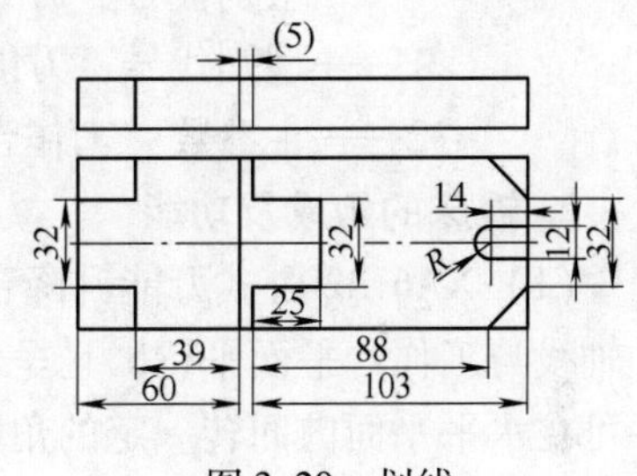

图3-20 划线

2）划线。参照图3-1所示的加工要求，划出如图3-20所示的边界线，并打样冲点。划线方法和要求详见钳工加工实训。

3）用三刃高速钢立铣刀铣台阶面。安装铣刀，对刀，将刀具沿着划好的线走刀铣削，铣削后的工件外形如图3-21所示。铣刀的直径为 $D=\phi 25$mm，齿数是 $z=3$。

粗铣时，取 $v_c=15$m/min，每齿进给量取 $f_z=0.10$mm/z，则主轴转速为

$$n=\frac{1000v_c}{\pi D}=\frac{1000\times 15}{3.14\times 25}\text{r/min}\approx 191.1\text{r/min}$$

实际调整铣床主轴转速为 $n=190$r/min。

每分钟进给量为

$$v_f=f_z zn=0.1\times 3\times 190\text{mm/min}\approx 57\text{mm/min}$$

实际调整进给速度 $v_f=60$mm/min。

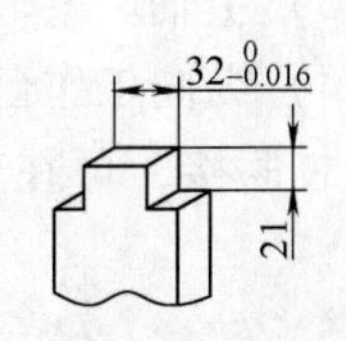

图3-21 铣台阶面

精铣时，用同样方法选取的主轴转速为 $n=375\text{r/min}$，进给速度取 $v_f=47.5\text{mm/min}$。

4）铣斜面。将工件倾斜装夹在平口钳上，实训时可使用斜垫铁、样板或万能游标量角器进行定位，大批量生产时宜采用调整立铣头角度的方法进行铣削。安装面铣刀，对刀后，将刀具沿着划好的线走刀铣削，铣削后的工件外形如图 3-22 所示。主轴转速与进给速度同铣六面体的速度。

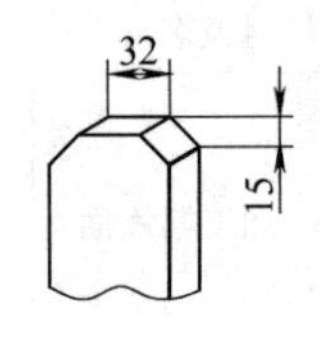

图 3-22　铣斜面

3. 铣削的操作要点

1）在铣削过程中，不能中途停止工作台的进给运动，以防铣刀停在工件上空转。当铣刀空转时，轴向铣削力减小，会使已加工面出现凸台，这在精铣时是绝对不允许的。如必须停止进给运动时，应先将工作台下降，使工件与铣刀脱离，才可停车。

2）在进给运动结束后，工件不能立即在旋转的铣刀下退回，否则会切伤已加工面。而应该在进给运动结束后，先使铣刀停止旋转，把工件卸下或把工作台下降后，再退回工作台。

3.1.5　知识链接——铣床；铣刀

1. 铣床的种类和型号

铣床的种类很多，最常用的是卧式升降台铣床和立式升降台铣床，此外还有龙门铣床、工具铣床、键槽铣床、螺纹铣床等各种专用铣床。

铣床的型号和其他机床型号一样，按照 GB/T 15375—2008《金属切削机床　型号编制方法》的规定表示。例如：铣床型号 X6132

其中　X——分类代号：铣床类机床；

6——组别代号：卧式升降台铣床组；

1——型别代号：万能升降台铣床；

32——主参数：工作台宽度的 1/10，即工作台宽度为 $32\times10\text{mm}=320\text{mm}$。

2. 铣床的组成及功能

（1）XA6132 卧式万能升降台铣床　万能升降台铣床是铣床中应用最广的一种，它的主轴轴线与工作台平面平行，且呈水平方向放置。其工作台可沿纵、横、垂直三个方向移动，并可在水平平面内回转一定的角度（因有能回转的转台，所以称万能铣床），以适应不同工件铣削的需要，如图 3-23 所示。

1）床身。床身用来固定和支承铣床上所有的部件，电动机、主轴变速机构、主轴等都安装在其内部。

2）横梁。横梁上面装有吊架，用以支承刀杆外伸，以增加刀杆的刚性。横梁可沿床身的水平导轨移动，以调整其伸出的长度。

3）主轴。主轴是空心轴，前端有 7∶24 的精密锥孔，用以安装铣刀杆并带动铣刀旋转。

4）纵向工作台。纵向工作台的上面有 T 形槽，用以装夹工件或夹具；其下面通过螺母与丝杠联接，可在转台的导轨上纵向移动；其侧面有固定挡铁，以实现铣床的纵向机动进给。

5）转台。转台的上面有水平导轨，供工作台纵向移动；其下面与横向工作台用螺栓联接，如松开螺栓可使纵向工作台在水平平面内旋转一个角度（最大为 ±45°），这样可获得斜向移动，以便加工螺旋工件。

6）横向工作台。横向工作台位于升降台上面的水平导轨上，可带动纵向工作台横向移动，以调整工件与铣刀之间的横向位置或实现横向进给。

7）升降台。升降台可使整个工作台沿床身的垂直导轨上下移动，以调整工作台面到铣刀的距离，还可实现垂直进给。

（2）XA5032 立式升降台铣床　XA5032 立式升降台铣床如图 3-24 所示，其与卧式铣床的主要区别是主轴与工作台台面相垂直。立式升降台铣床的头架还可以在垂直面内旋转一定的角度，以便铣削斜面。在立式升降台铣床上主要使用面铣刀加工平面，此外，还可以加工键槽、T 形槽、燕尾槽等。

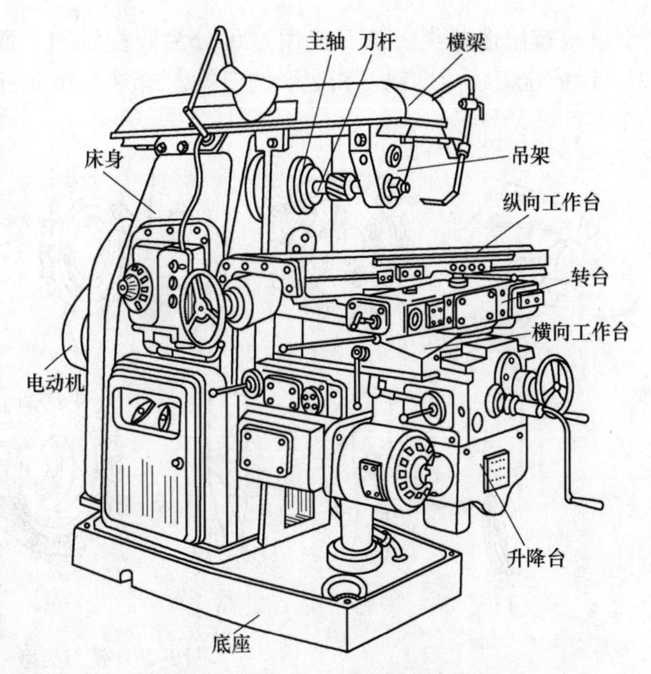

图 3-23　XA6132 卧式万能升降台铣床

（3）X2010C 龙门铣床　X2010C 龙门铣床如图 3-25 所示，因有一个龙门式框架而得名，是一种大型高效能通用机床。龙门铣床有四个铣头，其中包括两个立铣头和两个侧铣头，主要用于加工各类大型工件上的平面、沟槽等。由于龙门铣床的刚性和抗振性比其他铣床好，允许采用较大切削用量，另外由于可用几个铣头同时从不同方向加工几个表面，所以生产效率高，在成批和大量生产中得到广泛应用。

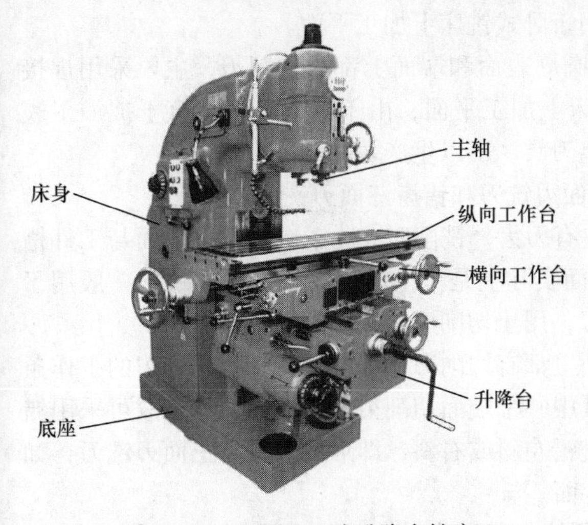

图 3-24　XA5032 立式升降台铣床

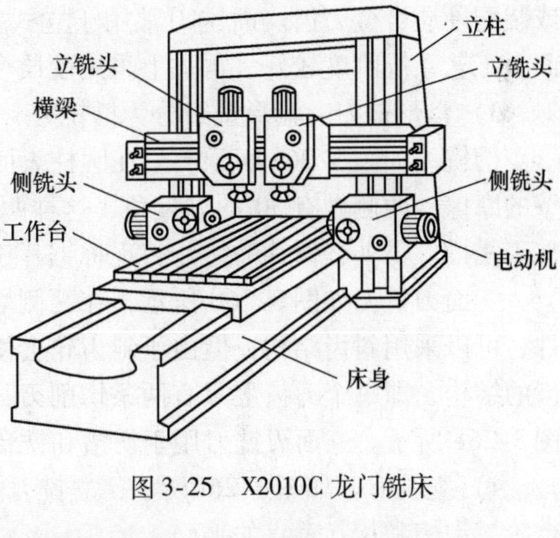

图 3-25　X2010C 龙门铣床

3. 铣刀的分类及应用

（1）铣刀的分类　为适用不同的铣削加工，铣刀的种类很多，其分类方法也很多。一般可按用途、结构和齿背形式进行分类。

1）按用途分类。铣刀按用途可分为圆柱铣刀、面铣刀、盘形铣刀、立铣刀、模具铣刀、键槽铣刀、角度铣刀和成形铣刀等，如图 3-26 所示。

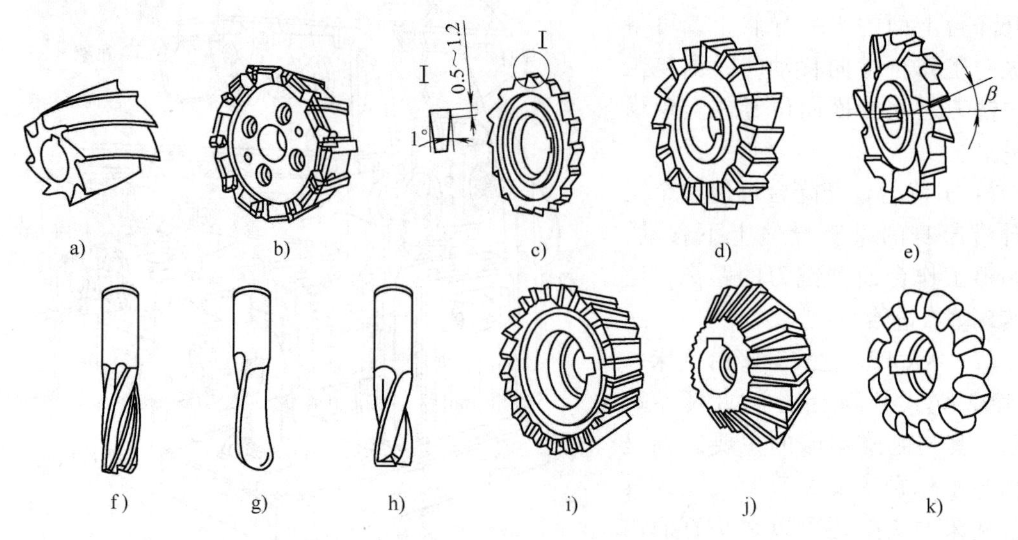

图 3-26 铣刀类型

a）圆柱铣刀 b）面铣刀 c）槽铣刀 d）三面刃铣刀 e）错齿三面刃铣刀 f）立铣刀 g）模具铣刀 h）键槽铣刀 i）单角铣刀 j）双角铣刀 k）成形铣刀

2）按结构分类。铣刀按结构可分为整体式、焊接式、装配式、可转位式等。

3）按齿背形式分类。铣刀按齿背形式可分为尖齿铣刀和铲齿铣刀。

4）按刀齿数目分类。铣刀按刀齿数目可分为粗齿铣刀和细齿铣刀。

（2）铣刀的应用

1）圆柱铣刀。如图 3-26a 所示，圆柱铣刀只在圆柱表面上有切削刃，一般用高速钢整体制造，也可镶焊硬质合金刀片。圆柱铣刀用于卧式铣床上加工平面。

2）面铣刀。如图 3-26b 所示，面铣刀的圆周表面和端面上都有切削刃，主要采用焊接或装配硬质合金刀齿。面铣刀常用于立式铣床上加工平面，由于铣刀轴线垂直于被加工表面，工艺系统刚度较好，再加上采用硬质合金刀具，所以生产效率较高。

3）盘形铣刀。盘形铣刀分为槽铣刀、三面刃铣刀和错齿三面刃铣刀。

槽铣刀如图 3-26c 所示，只在圆柱表面上有刀齿，铣削时，为了减少两侧端面与工件槽壁的摩擦，两侧做有 30′的副偏角，这样两端面实际上是一个内凹的锥面。槽铣刀一般用于加工浅槽。另外，薄片的槽铣刀也称锯片铣刀，用于切削窄槽或切断工件。

三面刃铣刀如图 3-26d 所示，在两侧端面上都有切削刃，为了改善端面切削刃的工作条件，可以采用斜齿结构，但由于斜齿轮会使其中一个端面切削刃的前角为负值，故可采用错齿的结构，即每个刀齿上只有两条切削刃并交错左斜或右斜，即形成了错齿三面刃铣刀，如图 3-26e 所示。三面刃铣刀用于切槽和铣台阶面。

4）立铣刀。如图 3-26f 所示，立铣刀的圆柱表面和端面上都有切削刃，用于加工平面、台阶、沟槽和相互垂直的平面。

5）模具铣刀。如图 3-26g 所示，模具铣刀主要用于模具型腔或凸模成形表面的加工。其头部形状根据需要可以是圆锥形、圆柱形球头和圆锥形球头等多种形式。

6）键槽铣刀。如图3-26h所示，键槽铣刀只有两个刃瓣，既像立铣刀又像钻头，加工时先轴向进给达到槽深，然后沿键槽方向铣出键槽的全长。

7）角度铣刀。角度铣刀有单角铣刀和双角铣刀两种，分别如图3-26i和图3-26j所示，用于铣削沟槽和斜面。

8）成形铣刀。如图3-26k所示，成形铣刀用于加工成形表面，其刀齿廓形要根据被加工工件的廓形来确定。

3.1.6 中级工职业技能证书试题及思考题

1. 铣削方铁工件

铣相互垂直的表面。准备考核用的工具、夹具、刀具、量具：平口钳、90°角尺、游标卡尺、百分表及磁力表座、圆柱铣刀或面铣刀、与钳口等长的ϕ15mm圆棒等。

毛坯为外形尺寸65mm×55mm×75mm，材料为HT200。

方铁工件如图3-27所示，其考核项目及参考评分标准见表3-5。

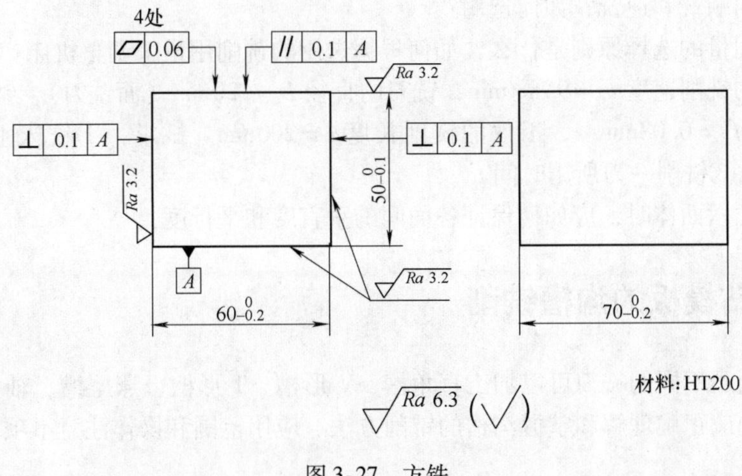

图3-27 方铁

表3-5 方铁铣削加工的考核项目及参考评分标准

序号	项目	考核内容	参考分值	检测结果（实得分）
1	外形尺寸	$60_{-0.2}^{\ 0}$mm、$50_{-0.1}^{\ 0}$mm和$70_{-0.2}^{\ 0}$mm	10+10+10	
2	几何公差	侧面对基准A的垂直度公差0.1mm（2处）；上面对基准A的平行度公差0.1mm；平面度公差0.06mm（4处）	5×2+5+2.5×4	
3	表面粗糙度	Ra3.2μm（4处）、Ra6.3μm（2处）	4×4+2×2	
4	操作调整和测量	铣削的操作方法、铣床和平口钳的调整，量具的使用及其测量方法	10	
5	其他考核项	安全文明实习，各种量具、夹具、铣刀等应妥善保管，切勿碰撞，并注意对铣床的维护和保养	15	
		合计	100	

2. 思考题

1）铣削的主运动和进给运动各是什么？

2）铣削的进给量有哪几种？它们之间的关系如何？

3）铣削的主要加工范围是什么？

4）若铣床主轴的转速 $n=190\text{r/min}$，铣刀的外径 $D=100\text{mm}$，铣削工件的长度 $L=200\text{mm}$，每转进给量 $f=0.15\text{mm/r}$。试求：①切削速度；②进给速度；③走一刀所用的时间。

5）XA6132 机床型号所表示的含义是什么？

6）万能卧式升降台铣床主要由哪几部分组成？各部分的主要作用是什么？

7）如何正确变换主轴转速，调整进给量，操纵手动和机动纵向、横向、升降进给？

8）为什么铣刀制成多齿刀具？为什么多数铣刀还制成螺旋齿形状？

9）在长刀杆上安装圆盘铣刀时，应注意哪些事项？

10）铣削平面、台阶面、轴上键槽时应选用什么种类的刀具？

11）铣削平面、斜面、台阶面常用的方法有哪些？

12）什么叫顺铣和逆铣？如何选用？

13）铣削用量的选择原则是什么？如何根据选用的铣削用量来调整机床？

14）选用的铣削速度 $v_c=95\text{m/min}$，铣刀的直径 $D=120\text{mm}$（面铣刀），铣刀的齿数 $z=4$，每齿进给量 $f_z=0.08\text{mm/z}$，工件的铣削长度 $l=200\text{mm}$。试求：①铣床主轴的转速 n；②进给速度 v_f；③铣削一刀所用时间 t。

15）铣削正六面体时，应如何保证各面间的垂直度和平行度？

项目 3.2　钻模板的沟槽铣削

在铣床上利用不同的铣刀可以加工直角槽、V 形槽、T 形槽、燕尾槽、轴上键槽和成形面等，在实训中应正确理解和掌握沟槽的铣削方法、应用范围和操作注意事项。

3.2.1　项目引入

按图 3-1 所示内容，识读零件沟槽加工部分的尺寸精度、几何精度和表面质量要求。需加工 12mm 宽半通槽、工件切断（切断刀宽度可根据情况选择）、配$32^{+0.025}_{0}\text{mm}\times 25\text{mm}$ 直角沟槽（32mm 宽度尺寸在实训时允许配作，配合间隙应小于 0.04mm）。

3.2.2　项目分析

1）要求掌握键槽、切断和直角沟槽的具体铣削操作方法及测量方法。

2）本项目上接项目 3.1，要求完成零件沟槽部分的铣削过程，即需完成表 3-1 中序号 6～8 所列内容。用平口钳装夹工件，用立铣刀完成 12mm 宽半通槽加工，用锯片铣刀完成工件切断，用三面刃铣刀（或立铣刀）完成$32^{+0.021}_{0}\text{mm}\times 25\text{mm}$ 方槽加工。

3.2.3　相关知识——直角沟槽和键槽的铣削

1. 铣直角沟槽

直角沟槽有通槽、半通槽和封闭槽三种形式。直角通槽主要用三面刃铣刀、立铣刀、槽铣刀来铣削，半通槽和封闭槽则采用立铣刀或槽铣刀铣削。

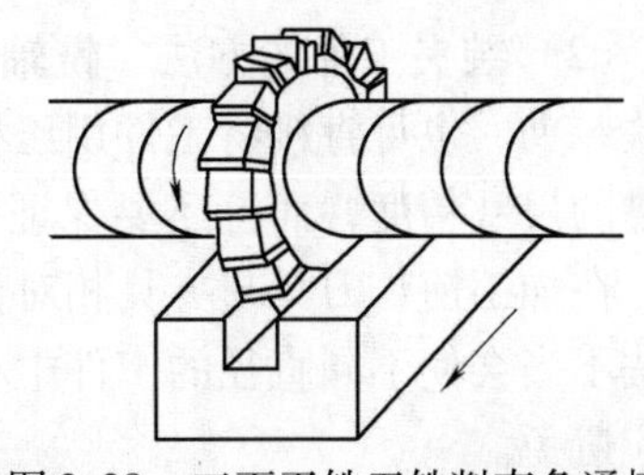

图 3-28　三面刃铣刀铣削直角通槽

（1）用三面刃铣刀铣直角通槽　如图 3-28 所示，三面刃铣刀的宽度应小于或等于需加工槽的宽度。工件一般用平口钳装夹，其固定钳口应与卧式铣床的主轴轴线垂直。

（2）用立铣刀铣半通槽和封闭槽　半通槽一般用立铣刀铣削，如图 3-29 所示。由于立铣刀刚性差，在加工深度较深的槽时，应分几次铣削，铣至要求深度后，再将槽扩铣至要求的尺寸。用立铣刀铣封闭槽时，由于立铣刀的端面刀刃不通过刀具中心，因此铣削前应先钻一个直径稍小于铣刀直径的落刀孔，再由此孔落刀开始铣削加工，如图 3-30 所示。

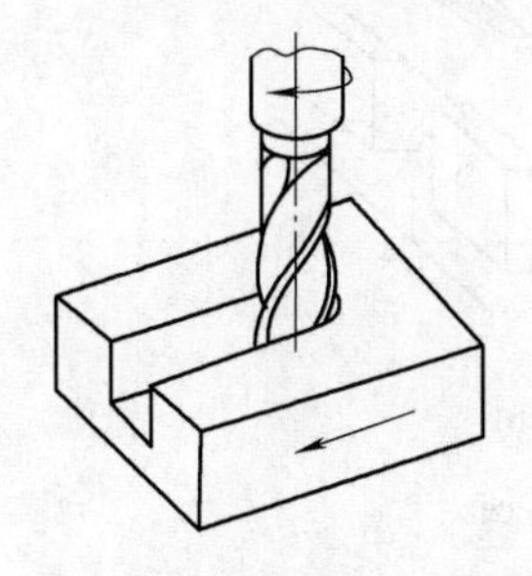

图 3-29　立铣刀铣半通槽

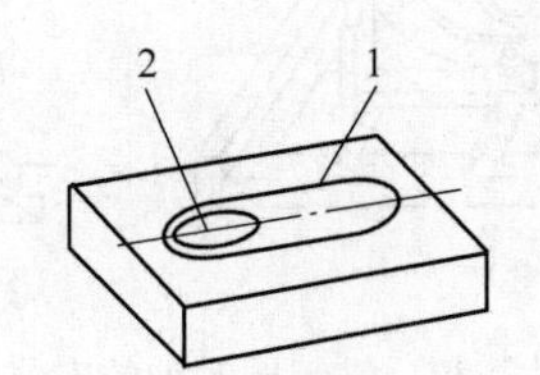

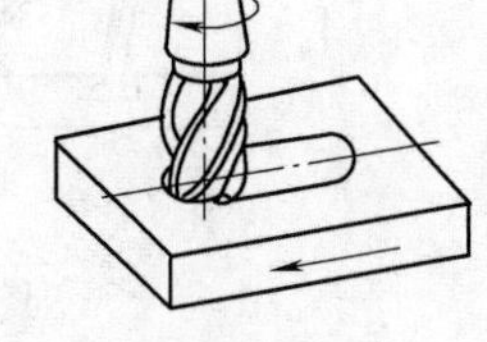

图 3-30　立铣刀铣封闭槽

1—封闭槽加工线　2—预钻落刀孔

（3）用键槽铣刀铣半通孔和封闭槽　精度较高、深度较浅的半通槽和封闭槽，可用键槽铣刀铣削。键槽铣刀的端面刀刃通过刀具的中心，一次铣削时可不必预钻落刀孔。

2. 铣削轴上键槽

键联接是指通过键将轴与轴上的零件（如齿轮、带轮、凸轮等）联接在一起，以实现周向固定并传递转矩。在键联接时，键槽的两侧面与平键两侧面相配合，是主要的工作面。因此，键槽的宽度尺寸精度要求较高（IT9 级），其侧面的表面粗糙度值较小（*Ra*3.2μm），键槽对轴线的对称度也有较高的要求。键槽的深度、长度尺寸和槽底表面粗糙度的要求则相对较低。

（1）刀具选择和使用　轴上键槽由通槽、半通槽和封闭槽三种，如图 3-31 所示。轴上的通槽和一端是圆弧形的半通槽，一般选用盘形槽铣刀铣削，轴槽的宽度由铣刀宽度保证，半通槽一端的圆弧半径由铣刀半径自然得到。轴上的封闭槽和一端是直角的半通槽用键槽铣刀铣削，键槽铣刀的直径按键槽宽度尺寸来确定。

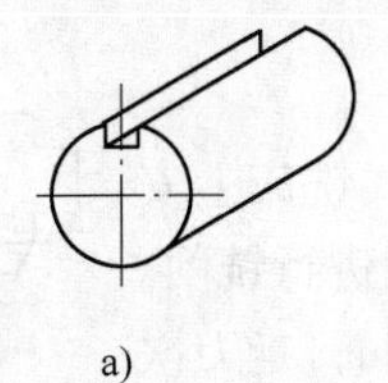

a)

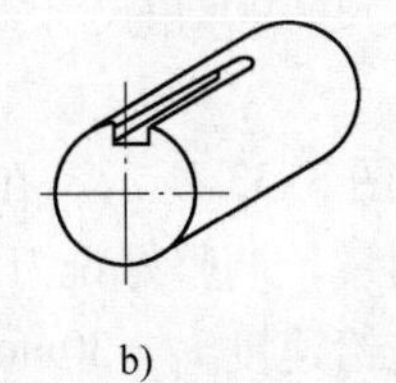

b)

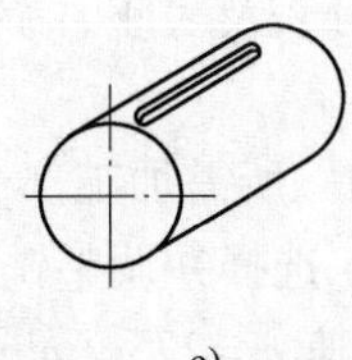

c)

图 3-31　轴上键槽的种类

a）通槽　b）半通槽　c）封闭槽

（2）装夹工件的方法　铣轴上键槽可用机用平口钳、轴用虎钳、分度头或专用夹具V形块装夹，也可直接将工件用压板螺栓装夹在机床的T形槽上。在加工键槽时，不但要保证键槽的尺寸精度，而且还要保证键槽的位置精度。批量生产时工件安装位置一般由夹具保证，在加工前，刀具与夹具相对位置调整好后，不再变动。但由于工件直径有差异，若安装方法不当会使不同直径的工件中心偏离原来调整好的位置，结果使键槽位置也产生了偏差，故应避免。

轴类工件加工时的装夹方法有多种：用轴用虎钳安装的方法，如图3-32a所示；用V形块的安装方法，如图3-32b所示；分度头卡盘与尾座顶尖配合安装。轴上键槽通常是用键槽铣刀在专用的键槽铣床上加工完成的，没有键槽铣床时可在立式铣床或卧式铣床铣削。

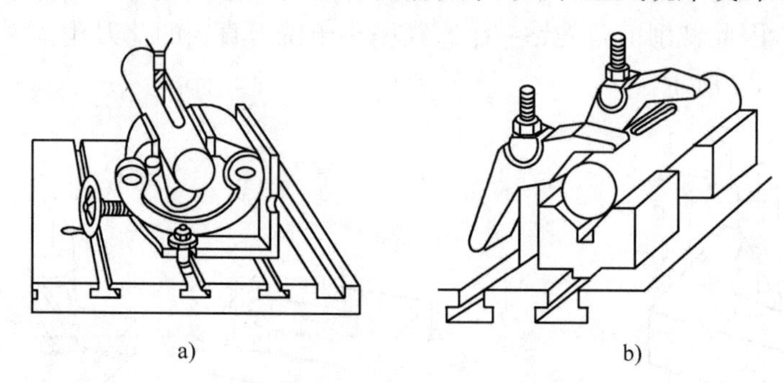

图3-32　铣键槽时轴的安装方法和键槽位置

a）用轴用虎钳安装　b）用V形块和压板安装

（3）铣轴上键槽的操作步骤　检查毛坯；校正立铣头的轴心线与工作台面垂直，调整主轴转数及进给量；安装夹具（批量生产时宜采用一夹一顶，用分度头和尾座装夹；单件生产时用平口钳装夹），找正夹具与纵向进给方向的平行度；装夹工件，找正工件的素线与工作台面平行；对刀（可采用擦边对刀法），粗铣到接近键槽要求的尺寸，留精铣余量，检查位置精度是否符合要求并校正；精铣至尺寸要求；去毛刺，检查各项要求。

3.2.4　项目实施

1. 准备工作

1）工件毛坯。由项目3.1转下，即为上一个项目形成的半成品。

2）设备及刀具。XA6132型铣床、XA5032型铣床、三面刃铣刀、锯片铣刀、ϕ12mm和ϕ30mm立铣刀。

3）夹具及工具。机用平口钳、平行垫铁、纯铜棒。

4）量具。百分表及表座、游标卡尺、90°角尺、塞尺。

2. 铣削加工

（1）铣半通槽　所需加工部分如图3-33所示。在立式铣床上安装ϕ12mm立铣刀，选择并调整铣削用量，调整好铣刀位置进行铣削。实训时，取主轴转速$n=275$r/min，进给速度$v_f=30$mm/min，走刀次数一次，切除多余材料，保证沟槽的尺寸精度和表面粗糙度。

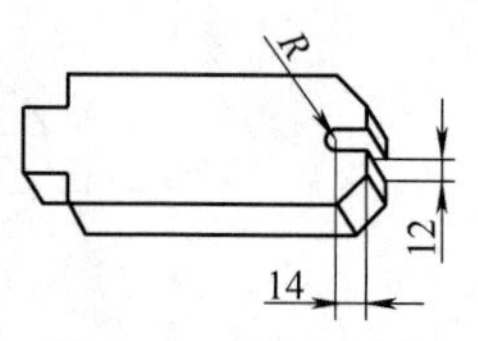

图3-33　铣半通槽

（2）工件切断　所需加工部分如图3-34所示。在卧式铣床上安装锯片铣刀，采用逆铣方式，选择并调整好铣削用量；应精确对刀，调整好铣刀位置，将刀具沿着划好的线走刀进行铣削。实训时，取主轴转速 $n=75\text{r/min}$，进给速度 $v_f=30\text{mm/min}$，走刀次数一次，将工件切断，保证沟槽的尺寸精度和表面粗糙度（精度达不到要求时，可留精加工余量，再次铣削）。

（3）配直角沟槽　所需加工部分如图3-35所示。在卧式铣床上安装三面刃铣刀（或立式铣床上安装立铣刀），采用逆铣方式，在对刀后，将刀具沿着划好的线进行铣削。配铣直角沟槽时，应保证配合尺寸和几何公差，并保证凸凹配合件的配合间隙要求。实训时，取主轴转速 $n=275\text{r/min}$，进给速度 $v_f=30\text{mm/min}$，走刀三次。

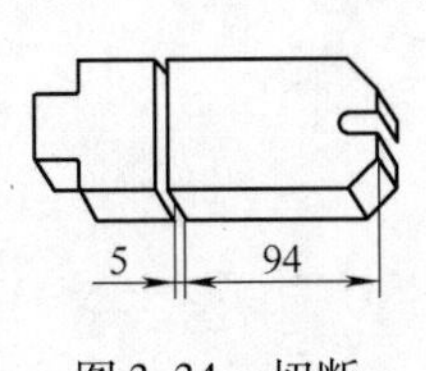

图3-34　切断

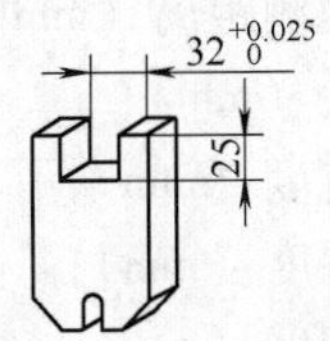

图3-35　配直角沟槽

（4）钳工去毛刺　使用锉刀完成，保证完成质量，锐边倒角按图样要求（或按C0.2～0.3）。

（5）检验入库　正确使用测量工具，按图样要求检验尺寸精度、几何精度和表面粗糙度。验证32mm尺寸的配合间隙，凸凹配合面在各方向上应能自由插入，且用塞尺检验，间隙应小于0.04mm。

3.2.5　知识链接——T形槽、燕尾槽、螺旋槽的铣削

1. 铣T形槽

如图3-36所示，要加工T形槽，必须先用三面刃铣刀或立铣刀铣出直角槽，然后再用T形槽铣刀铣出T形槽，最后用角度铣刀倒角。由于T形槽的铣削条件差，排屑困难，所以切削用量应取小些，并加注充分的切削液。

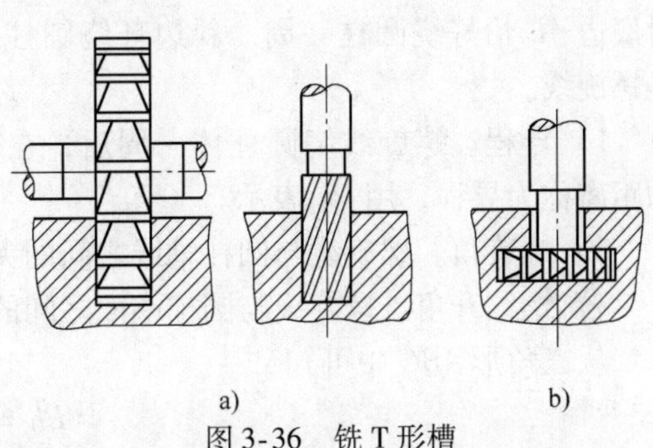

图3-36　铣T形槽
a）铣直角槽　b）铣T形槽

2. 铣燕尾槽及测量

燕尾槽铣刀在圆周及底部带有切削刃，通过旋转运动来切削加工工件。选择铣刀时，应先确定刀具角度与燕尾槽角度是否一致。在满足加工条件的同时，应尽量用直径大些的燕尾槽铣刀，这样铣刀的刚性好，切削用量可选取大些。在铣削时，先采用逆铣，加工一侧，保证对称度要求；再加工另一侧，经过计算使尺寸达到图样要求。燕尾槽的测量方法如图3-37所示。

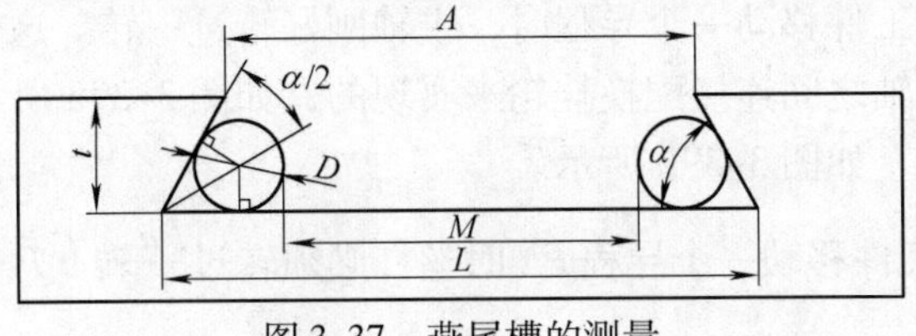

图3-37　燕尾槽的测量

由于测量面带有斜度，为保证尺寸的精度，测量时借助两根直径相等的验棒，放到燕尾槽内，用游标卡尺测两个验棒的内侧距离 M，经计算获得数据如下（与 A、L、α 的尺寸公差对比检验）

$$A = M + D\left(1 + \frac{1}{\sin\alpha} + \cot\alpha\right) - 2t\cot\alpha \tag{3-4}$$

$$M = L - D\left(1 + \cot\frac{\alpha}{2}\right) \tag{3-5}$$

式中 A——燕尾槽上口宽度（mm）；

M——两验棒内侧距离（mm）；

D——验棒直径（mm）；

L——燕尾槽宽度（mm）；

t——燕尾槽深度（mm）；

α——燕尾槽角度（°）。

当 $\alpha = 60°$时，代入以上二式得

$$A = M + 2.732D - 1.155t, M = L - 2.732D$$

当 $\alpha = 55°$时，代入以上二式得

$$A = M + 2.921D - 1.4t, M = L - 2.921D$$

3. 铣螺旋槽

在万能升降台铣床上常用万能分度头铣削带螺旋线的工件，如交错轴斜齿轮、螺旋齿铣刀的沟槽、麻花钻头的沟槽、齿轮滚刀的沟槽等，这类工件的铣削统称为铣螺旋槽。

（1）螺旋线要素　如图 3-38 所示，将一个直径为 D 的圆柱体，绕上一张三角形的薄纸片 ABC，其底边长 $AC = \pi D$，这时底边 AC 恰好绕圆柱一周，斜边环绕圆柱体所形成的曲线就是螺旋线。

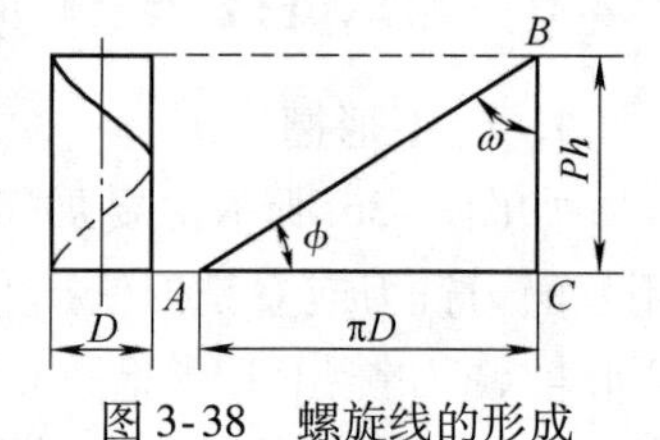

图 3-38　螺旋线的形成

1）导程。螺旋线绕圆柱体一周后，在轴线方向上所移动的距离称为导程，用 Ph 表示。

2）螺旋角。螺旋线与圆柱轴线之间的夹角称为螺旋角，用 ω 表示。

3）螺纹升角。螺旋线与圆柱端面之间的夹角称为螺纹升角，用 ϕ 表示。

从三角形 ABC 中可知

$$Ph = \pi D\cot\omega \tag{3-6}$$

式中 D——工件的直径，如铣螺旋铣刀或麻花钻头的沟槽时，D 取工件的外径，而铣斜齿轮时 D 应取工件的分度圆直径。

（2）铣螺旋槽的计算　铣螺旋槽的工作原理与车螺纹基本相同。铣削时，除铣刀作旋转运动外，工件随工作台作纵向进给运动的同时，还要由分度头带动工件作旋转运动，并且要满足下列运动关系：工件移动一个导程时，主轴刚好转过一转。这个运动关系是通过纵向进给丝杠与分度头挂轮轴之间连接配换挂轮来实现的，如图 3-39a 所示。传动系统的附件包括分度头、挂轮和尾座，如图 3-39b 所示。

由图 3-38 可知，工件移动一个导程 Ph 时丝杠必须转过$\frac{Ph}{P}$转，P 为铣床丝杠螺距。所以

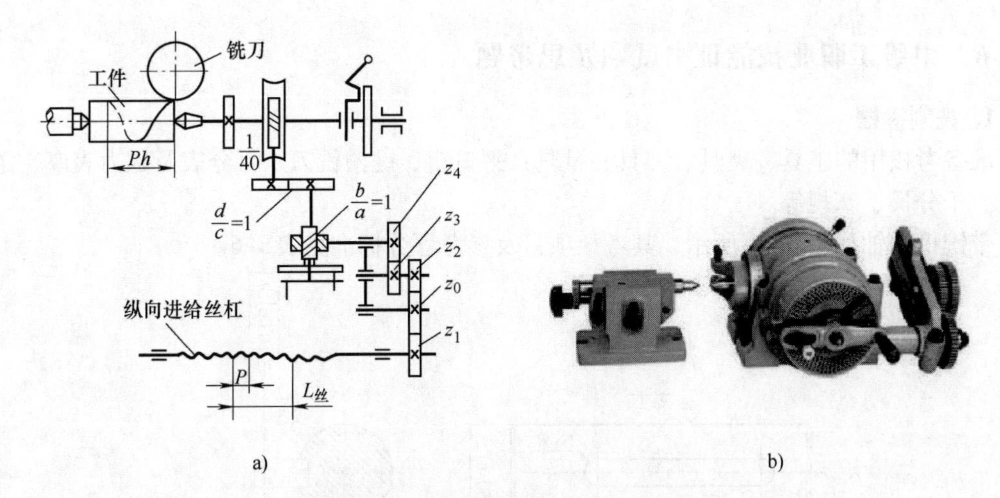

图 3-39　工作台和分度头的传动系统

a）传动系统　b）传动系统的附件

工作台丝杠与分度头侧轴之间的配换齿轮（挂轮）应满足以下关系

$$\frac{Phz_1z_3bd}{Pz_2z_4ac}\times\frac{1}{40}=1 \tag{3-7}$$

即

$$\frac{z_1z_3}{z_2z_4}=\frac{40P}{Ph} \tag{3-8}$$

式中　z_1、z_2、z_3、z_4——挂轮齿数；

P——铣床纵向进给丝杠螺距（mm）；

Ph——工件导程（mm）。

例　在 XA6132 铣床上铣削右旋铣刀的螺旋槽，螺旋角 $\omega=32°$，工件外径为 75mm，试选择配换挂轮的齿轮（丝杠螺距 $P=6$mm）。

解

1）求导程 Ph

$$Ph=\pi D\cot\omega=3.14\times75\times\cot32°\text{mm}=377\text{mm}$$

2）计算挂轮齿数

$$\frac{z_1z_3}{z_2z_4}=\frac{40P}{Ph}=\frac{40\times6}{377}=0.6366\approx\frac{7}{11}$$

$$=\frac{7\times1}{5.5\times2}=\frac{70\times30}{55\times60}$$

选择的挂轮齿数为 $z_1=70$、$z_2=55$、$z_3=30$、$z_4=60$。

（3）铣床工作台的调整　为使螺旋槽的法向截面形状与盘铣刀的截面形状一致，纵向工作台必须带动工件转过一个工件的螺旋角 ω。这项调整是靠万能卧式铣床转动工作台来实现的，如图 3-40 所示。加工右旋螺旋槽时逆时针扳转工作台，加工左旋螺旋槽时则顺时针扳转工作台。

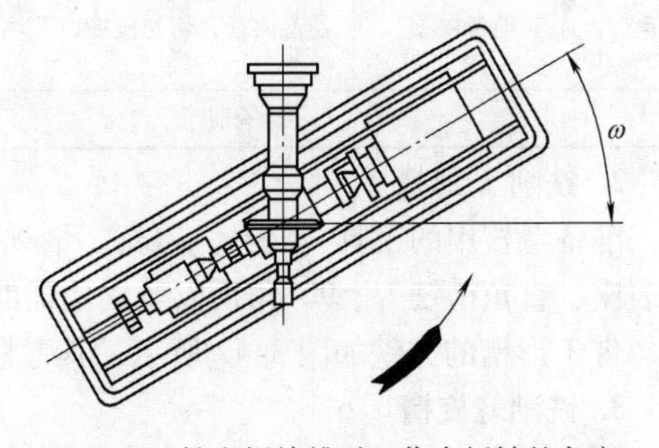

图 3-40　铣右螺旋槽时工作台扳转的角度

3.2.6 中级工职业技能证书试题及思考题

1. 铣削键槽

准备考核用的工具、夹具、刀具、量具：平口钳、键槽铣刀、百分表及磁力表座、游标卡尺、千分尺、塞规等。

带键槽的轴如图 3-41 所示，其考核项目及参考评分标准见表 3-6。

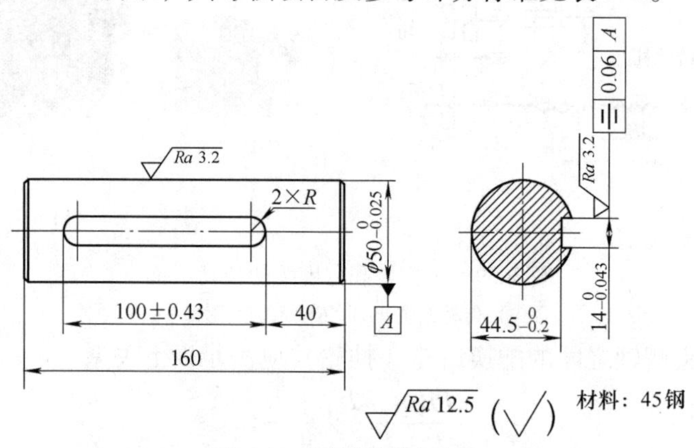

图 3-41 键槽的铣削加工

表 3-6 键槽铣削加工的考核项目及参考评分标准

序号	项目		考核内容	参考分值	检测结果（实得分）
1	外形尺寸	主要	键槽的宽度尺寸 $14^{\ 0}_{-0.043}$ mm 和深度尺寸 $44.5^{\ 0}_{-0.2}$ mm	20+10	
		一般	键槽的长度尺寸（100±0.43）mm	5	
2	几何公差		保证键槽宽度对 ϕ50mm 轴心线的对称度公差 0.06mm	10	
3	表面粗糙度		键槽的侧表面粗糙度 $Ra3.2\mu m$（2 处）、键槽底部和键槽两端粗糙度 $Ra12.5\mu m$	10×2+5+2.5×2	
4	操作调整和测量		对刀法在铣键槽中的应用，量具的使用及其测量方法	10	
5	其他考核项		安全文明实习，各种量具、夹具、铣刀等应妥善保管，切勿碰撞，并注意对铣床的维护和保养	15	
合计				100	

2. 铣削 T 形槽

准备考核用的工具、夹具、刀具、量具：平口钳、游标深度尺、游标卡尺、百分表及磁力表座、直角槽铣刀、90°角尺以及其他辅助工具。

带 T 形槽的方铁如图 3-42 所示，其考核项目及参考评分标准见表 3-7。

3. 铣削螺旋槽

所铣削的工件是如图 3-43 所示的铣螺旋槽工件，外径 $D=80$mm，螺旋角 $\omega=30°$，右旋，齿数 $z=16$，齿槽深 $h=6$mm，法向前角 $\gamma=15°$，齿槽角 $\theta=65°$。

1）铣刀的选择。加工螺旋槽时，如选用单角铣刀，会产生“内切”现象，即工件的螺旋槽面被多切去一些金属，使螺旋槽的一侧表面不能形成螺旋面。因此，铣螺旋槽时一定要

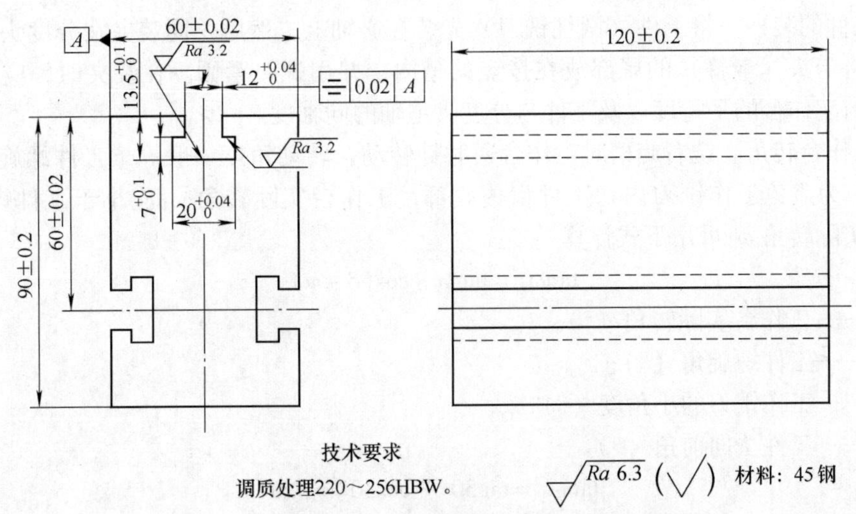

图 3-42　T 形槽的铣削加工

表 3-7　T 形槽铣削加工的考核项目及参考评分标准

序　号	项　目		考核内容	参考分值	检测结果（实得分）
1	外形尺寸	主要	T 形槽的宽度尺寸 $12^{+0.04}_{0}$ mm（3 处）和 $20^{+0.04}_{0}$ mm（3 处）	5×3+3×3	
		一般	T 形槽的深度尺寸 $13.5^{+0.10}_{0}$ mm（3 处）、$7^{+0.10}_{0}$ mm（3 处）、其他尺寸	2×3+2×3+5	
2	几何公差		T 形槽的对称度公差 0.02mm（3 处）	5×3	
3	表面粗糙度		T 形槽的表面粗糙度 $Ra3.2\mu m$（9 处）、$Ra6.3\mu m$（6 处）	2×9+1×6	
4	操作调整和测量		工件的装夹与定位；量具的使用及测量方法	10	
5	其他考核项		安全文明实习，各种量具、夹具、铣刀等应妥善保管，切勿碰撞，并注意对铣床的维护和保养	10	
			合计	100	

选用双角铣刀。同时，为了避免加工中切伤刃口，毛坯的旋转方向总是离开工作铣刀小角度 δ 的切削刃，如图 3-44 所示。依据上述分析，铣削右旋槽时应选择左切双角铣刀，铣削左旋槽时选择右切双角铣刀。因此，本示范采用左切双角铣刀，截形角 $\theta=65°$（刀具称为截形角，工件称为齿槽角，二者相等），小角度 $\delta=15°$。

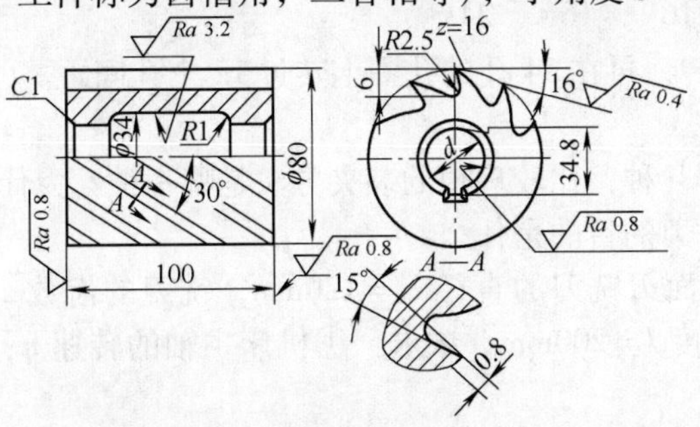

图 3-43　铣螺旋槽工件（材料：W18Cr4V）

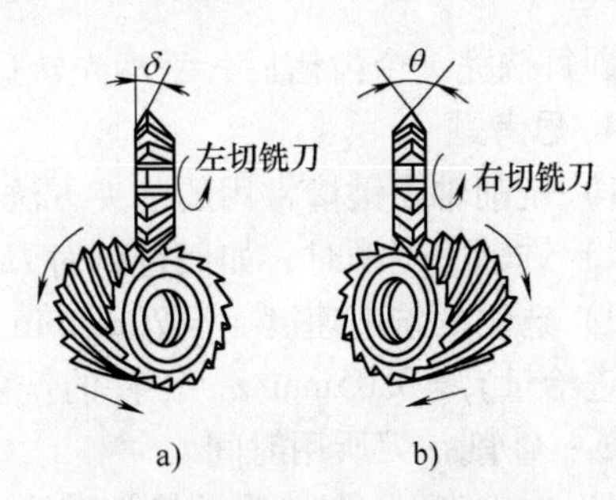

图 3-44　双角铣刀的选择
a）铣右旋槽　b）铣左旋槽

2）工件的装夹。将工件（圆柱铣刀）先装在心轴上，然后一同装夹在分度头与尾架顶尖之间；将卡头（卡箍）的尾部放在拨盘的槽内，并用螺钉紧固。在装夹时，应用百分表校正工件与工作台的平行度以及工件与分度头主轴的同轴度。

3）工作台转角。铣右旋槽时工作台逆时针转动，转动角度一般等于工件螺旋角 ω。当 ω 较大时，为避免工作铣刀内切工件齿槽底部，工作台实际转角 ω_1 应小于工件螺旋角 ω。工作台的实际转角 ω_1 可用下式计算

$$\tan\omega_1 = \tan\omega \cdot \cos(\delta+\gamma) \tag{3-9}$$

式中 ω_1——工作台实际转角（°）；

ω——工件螺旋角（°）；

δ——工作铣刀的小角度（°）；

γ——工件法向前角（°）。

所以

$$\tan\omega_1 = \tan30° \cdot \cos30° = 0.5$$

$$\omega_1 = 26°34'$$

4）调整刀具与工件的相对位置。为了铣出螺旋圆柱铣刀的正前角，在对刀时，工作台需要横向移动一个距离 s；而为了切出齿槽深度 h，工作台的升高量即为 H，如图 3-45 所示。

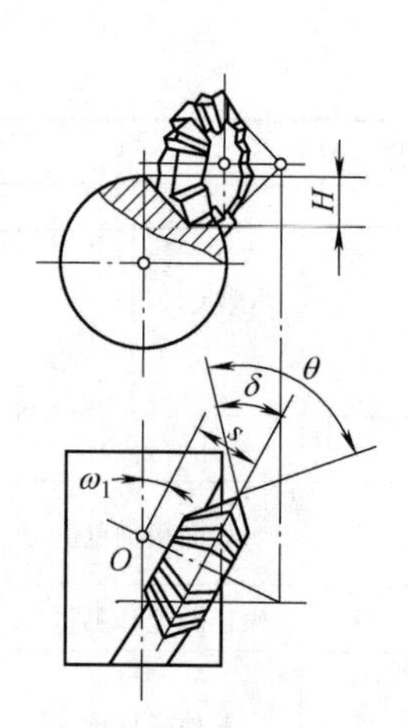

图 3-45　刀具与工件的相对位置

偏移量 $s = \dfrac{D}{2\cos^2\omega}\sin(\delta+\gamma) - h\sin\delta$

$$= \left(\frac{80}{2\cos^2 30°}\sin30° - 6\times\sin15°\right)\text{mm} = 25\text{mm}$$

升高量 $H = \dfrac{D}{2}[1-\cos(\delta+\gamma)] + h\cos\delta$

$$= 40\times[1-\cos30°]\text{mm} + 6\times\cos15°\text{mm} = 11.155\text{mm}$$

5）计算导程和挂轮。

导程：$Ph = \pi D\cot\omega = 435.58\text{mm}$

挂轮：$\dfrac{z_1z_3}{z_2z_4} = \dfrac{40P}{Ph} = \dfrac{40\times6}{435.58} = 0.5510 \approx \dfrac{11}{20} = \dfrac{55\times40}{50\times80}$

选择的挂轮齿数为 $z_1=55$、$z_2=50$、$z_3=40$、$z_4=80$。

6）计算分度手柄转数

$$n = \frac{40}{z} = \frac{40}{16} = 2\frac{8}{16} = 2\frac{12}{24}$$

即每铣完一个齿槽后，手柄先转过两转，再在 24 孔的孔圈上转过 12 个孔间距。

4. 思考题

1）铣削轴上键槽常用的装夹方法有哪几种？比较理想的装夹方法是哪一种？为什么？

2）铣轴上键槽时，如何进行对刀？对刀的目的是什么？

3）选用的铣削速度 $v_c=20\text{m/min}$，三面刃铣刀的直径 $D=120\text{mm}$，铣刀的齿数 $z=12$，每齿进给量 $f_z=0.05\text{mm/z}$，工件的铣削长度 $l=200\text{mm}$。试求：①机床主轴的转速 n；②给速度 v_f；③削一刀所用时间 t。

4）在铣床上可加工哪些槽类零件？各选用何种铣刀？加工时其主运动和进给运动是什么？

5）铣螺旋槽的基本工作原理是什么？工件移动和转动之间的运动关系是如何实现的？

6）加工螺旋圆柱铣刀，直径 $D=60$mm，螺旋角 $\omega=30°$，铣床纵向工作台丝杠螺距 $P=6$mm，求螺旋槽的导程和配换挂轮的齿数。

7）当铣刀的旋转平面与螺旋槽的方向不一致时，应如何调整机床？若改变工件的旋转方向又应如何调整挂轮？

8）为什么铣圆柱螺旋铣刀时，工作台要横向移动一个距离 s？并且必须选用左切或右切双角铣刀？

项目 3.3 齿轮齿形的等分铣削

在铣削加工中，经常对齿轮、花键轴等零件进行齿槽、花键键槽的等分铣削。在加工过程中，常利用万能分度头对工件进行分度，即铣削完成工件的一个面（或一个槽）之后，将工件转过所需的角度，再铣第二个面（或槽），直至完成所有的等分铣削工作。

3.3.1 项目引入

需铣齿加工的直齿圆柱齿轮如图 3-46 所示，齿轮的模数为 2，齿数为 22，加工精度等级为 9 级，齿面表面粗糙度值为 $Ra=1.6\mu m$。

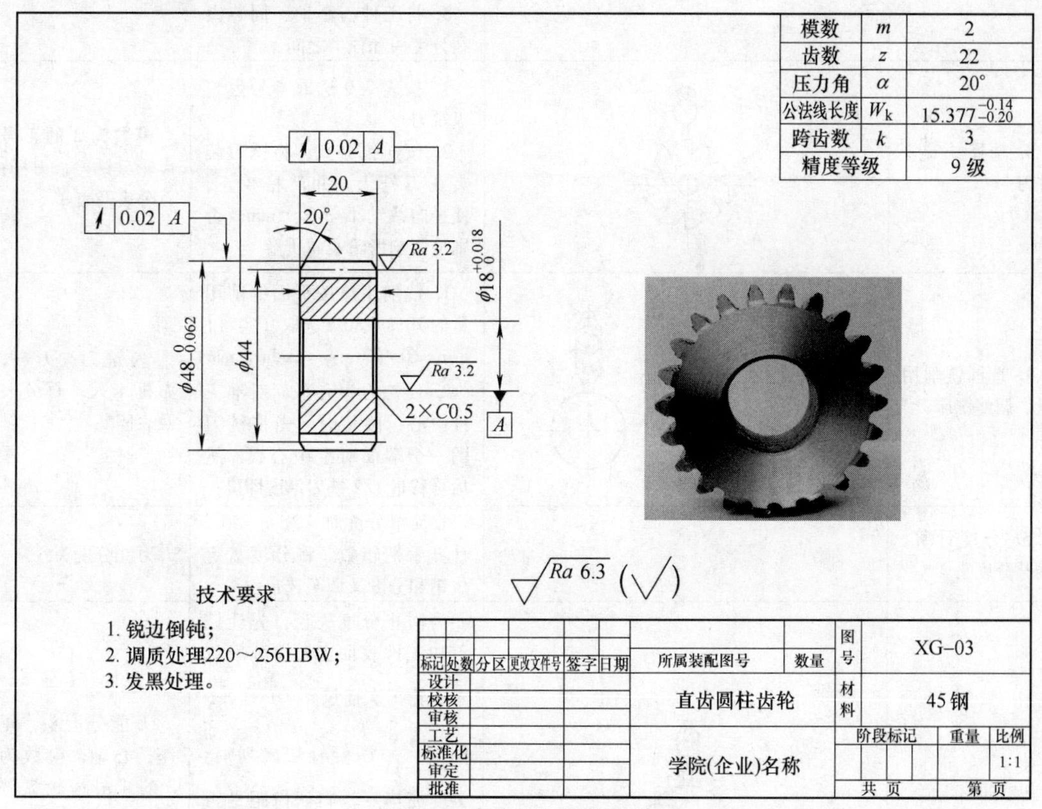

图 3-46 直齿圆柱齿轮零件图

3.3.2 项目分析

分析齿轮齿坯（毛坯由锯床下料、经车床加工完成，可在车削实训中完成）、齿形及加工精度的要求，确定定位装夹方法，合理选用工具、量具，确定加工方法和步骤。齿轮的等分齿形加工过程见表 3-8，选用模数为 2 的盘形齿轮铣刀，用分度头进行 22 等份的分度。齿轮的等分齿形加工考核项目及参考评分标准参照表 3-10。

表 3-8　直齿圆柱齿轮的等分齿形加工过程图解

序号及名称	图　解	加 工 内 容	工具刃具量具
1. 准备齿坯	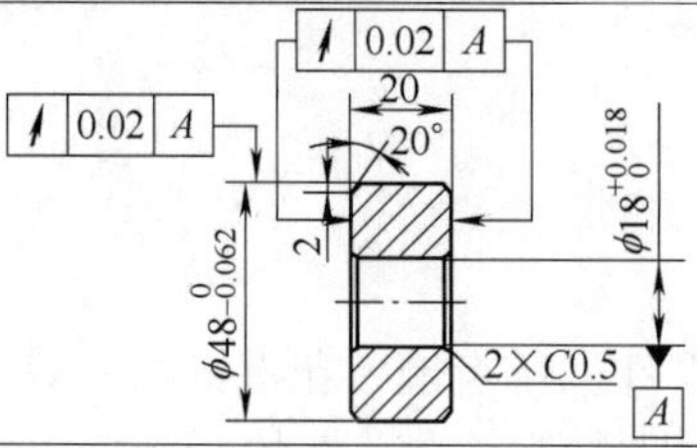 0.02 A；20；20°；2；$\phi 48_{-0.062}^{0}$；$\phi 18_{0}^{+0.018}$；2×C0.5；A	1. 检测齿坯的外径、内径和宽度等尺寸 2. 以 A 面为基准，检测径向圆跳动（或同轴度）与端面圆跳动（或垂直度）	游标卡尺，检验夹具，百分表及表座
2. 装夹齿坯	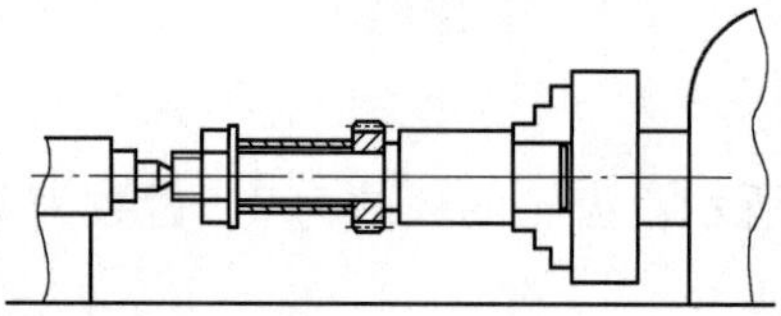	1. 将工件安装在心轴上（心轴与齿坯孔的配合公差为 H7/h6），旋紧螺母 2. 安装并找正分度头和顶尖（装夹校正棒），使其轴心连线平行于工作台并垂直于刀杆 3. 将工件与心轴一同装夹在分度头和顶尖之间	万能分度头，尾座，心轴；ϕ40 × 400mm 校正棒，百分表及表座
3. 选择并安装铣刀		1. 按表 3-9 选取 4 号齿轮盘铣刀 2. 按逆铣方式，将铣刀装夹在刀杆上，并严格校正，使径向跳动小于 0.05mm，否则将影响齿轮表面质量	模数为 2 的 4 号齿轮盘铣刀，刀杆；百分表及表座
4. 选择铣削用量、调整铣床	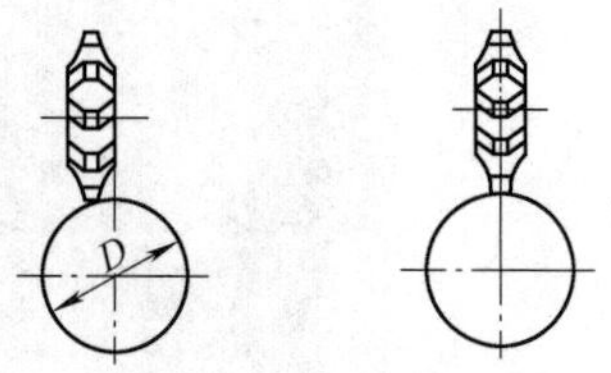 D	1. 铣削用量按平面铣削用量的 70% ~80% 选取（实习时取 n =60r/min，v_f =23.5mm/min） 2. 使铣刀中心平面对准工件中心：调整时，先将铣刀的一个端面对准中心线，然后再移进 1/2 铣刀厚度即可	盘铣刀，刀杆；游标卡尺，百分表及表座
5. 分度计算、调整分度头	（略）	在简单分度时，按 $n = 40/z$ 计算手柄转数。将分度盘定位销和分度叉调至选定位置	万能分度头
6. 铣削	试铣 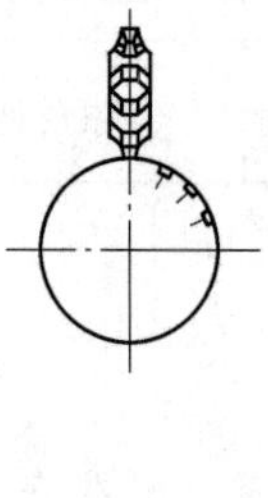	为防止分度失误，先让铣刀在工件表面上，按分度位置手轮每次摇过 $n = \frac{40}{z} = \frac{40}{22}$ 圈 = $1\frac{9}{11}$ 圈轻轻切出划痕。分度完毕后，确认齿距是否相等；为了节省时间，也可先铣出 3 ~ 4 个浅痕，按公式 $p = \frac{\pi D}{z}$ 近似测量齿距，确定分度是否正确	万能分度头，尾座，心轴；模数为 2 的 4 号齿轮盘铣刀；公法线千分尺，游标卡尺

（续）

序号及名称	图　解	加工内容	工具刃具量具
6. 铣削	粗铣 H　4　h 测量 L_1 精铣 h	1. 对 $m \leqslant 3$ 的齿轮，可分粗铣（在齿高方向留精铣余量 0.3～0.5mm，即切深为 $H-0.5\text{mm}=4\text{mm}$）、精铣两步，也可一次精铣至尺寸要求。铣削方法是：先纵向退出工件，将工作台升高约一个齿高（4mm）纵向进给，每铣一齿，分度一次，直至铣完 2. 当 $\alpha=20°$时，在精铣前，工作台升高为 $h=1.462\ (L_1-L)=1.462(L_1-15.377_{-0.20}^{-0.14})$ L_1——实测公法线长； L——要求公法线长 3. 铣出几个齿后，检查 L 合格后，方可继续铣削	万能分度头，尾座，心轴；模数为 2 的 4 号齿轮盘铣刀；公法线千分尺，游标卡尺
7. 检验入库	L_1	按跨齿数 3 测量公法线长度，应符合 $15.377_{-0.20}^{-0.14}$ mm，合格后卸下工件	公法线千分尺或游标卡尺

3.3.3 相关知识——万能分度头；工件的装夹；铣齿的测量

1. 万能分度头的结构与作用

（1）万能分度头的结构　万能分度头的结构如图 3-47 所示。在它的基座上装有回转体，分度头主轴可随回转体在垂直平面内作向上 90°和向下 10°范围内的转动。分度头的主轴前端常装有自定心卡盘和顶尖。在分度时，需拔出定位销，同时转动手柄，通过齿数比为 1∶1 的直齿圆柱齿轮副传动带动蜗杆转动，又经齿数比为 1∶40 的蜗杆蜗轮副传动带动主轴旋转，进行分度，如图 3-48 所示。

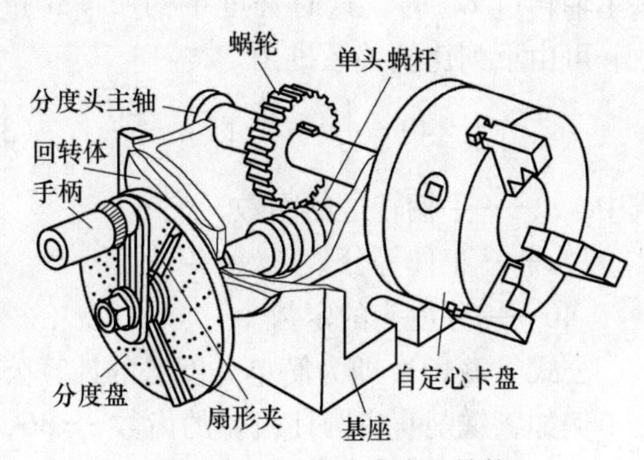

图 3-47　万能分度头的结构

（2）万能分度头的作用　万能分度头是铣床的重要附件，其主要作用如下：

1）使工件绕本身的轴线进行分度（等分或不等分）。

2）使工件的轴线与铣床工作台台面之间形成所需要的角度（水平、垂直或倾斜），如图 3-49 所示，利用分度头卡盘在倾斜位置上装夹工件。

3）铣削螺旋槽或凸轮时，配合工作台的移动使工件连续旋转，图 3-50 所示为利用万能分度头铣螺旋槽。

（3）分度方法　使用万能分度头进行分度的方法很多，有直接分度法、简单分度法、角度分度法和差动分度法等。这里仅介绍最常用的简单分度法。

万能分度头中蜗杆和蜗轮的齿数比为

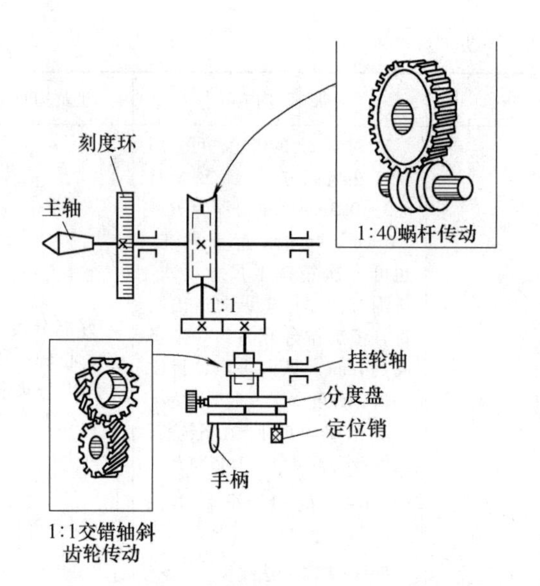

图 3-48　万能分度头传动系统图

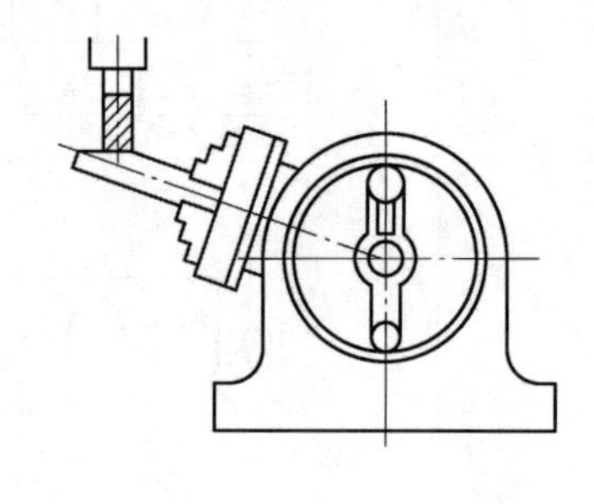

图 3-49　用万能分度头铣斜面

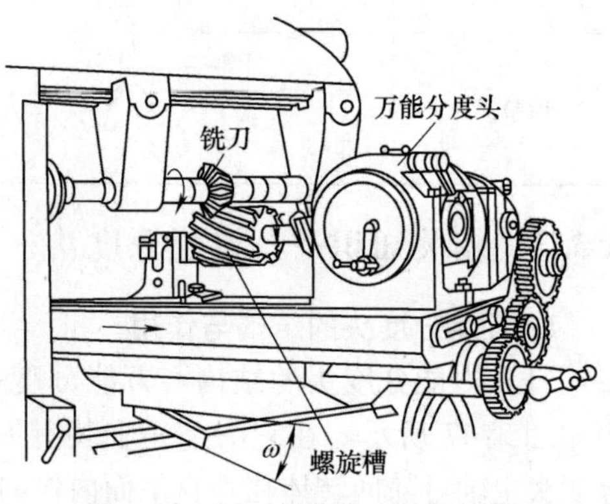

图 3-50　用万能分度头铣螺旋槽

$$u = \frac{\text{蜗杆头数}}{\text{蜗轮齿数}} = \frac{1}{40}$$

也就是说，当手柄转动一转时，蜗轮只能带动主轴转过 1/40 转。如果工件在整个圆周上的分度等分数 z 已知，则每分一个等分就要求分度头主轴转过 $1/z$ 转，这时分度手柄所需转过的转数 n 可由下列比例关系推出

$$1:40 = \frac{1}{z}:n \quad 即\ n = \frac{40}{z} \tag{3-10}$$

式中　n——手柄转过的圈数；

z——工件等分数；

40——分度头的定数。

公式（3-10）即为简单分度法的计算公式。

例如，铣削直齿圆柱齿轮的齿数 $z=36$，每一次分度时手柄转过的转数为

$$n = \frac{40}{z} = \frac{40}{36}转 = 1\,\frac{1}{9}转 = 1\,\frac{6}{54}转$$

也就是说，每分一齿，手柄需转过一整转后再转过 1/9 转，这 1/9 转是通过分度盘来控制的。一般分度头备有两块分度盘，每块分度盘两面各有许多圈的孔，且各圈的孔数均不等，但在同一孔圈上的孔距是相等的。第一块分度盘正面各圈孔数为 24、25、28、30、34、37，反面为 38、39、41、42、43；第二块分度盘正面各圈孔数为 46、47、49、51、53、54，反面为 57、58、59、62、66。

上例中进行简单分度时，分度盘固定不动，此时将分度手柄上的定位销拔出，调整到孔数为 9 倍数的孔圈上，即选择孔圈数为 $6\times9=54$ 的孔圈。分度时，手柄转过一转后，再沿孔数为 54 的孔圈上转过 6 个孔间距，即可铣削第二个齿槽。

为了避免每次数孔的麻烦，并可靠保证每次手柄转过的孔距数一致，可调整分度盘上的

扇形夹 1 与扇形夹 2 之间的夹角，使之等于要分的孔间距数，这样依次进行分度时就可准确无误，如图 3-51 所示。

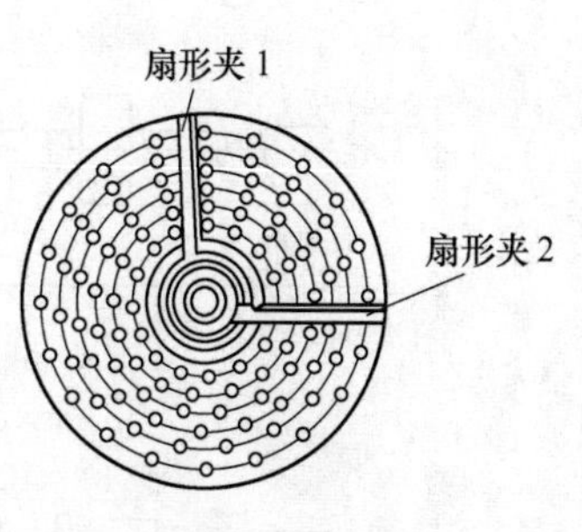

图 3-51　分度盘

2. 万能分度头的安装与调整

（1）万能分度头主轴轴线与铣床工作台台面平行度的校正　如图 3-52 所示，将ϕ40mm × 400mm 的校正棒插入分度头的主轴孔内，以工作台台面为基准，用百分表测量校正棒的两端。当两端百分表数值一致时，则说明分度头主轴轴线与工作台台面平行。

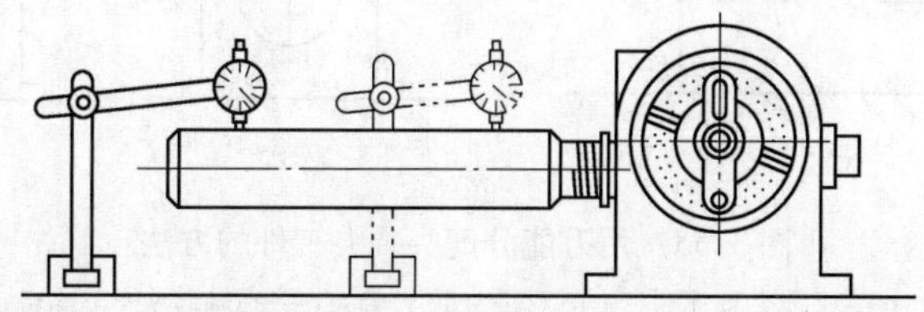
图 3-52　万能分度头主轴轴线与台面平行度的校正

（2）万能分度头主轴轴线与刀杆轴线垂直度的校正　如图 3-53 所示，将校正棒插入主轴孔内，使百分表的触头与校正棒的内侧面（或外侧面）接触，然后移动纵向工作台，如果百分表指针稳定不动，则说明分度头主轴与刀杆轴线垂直。

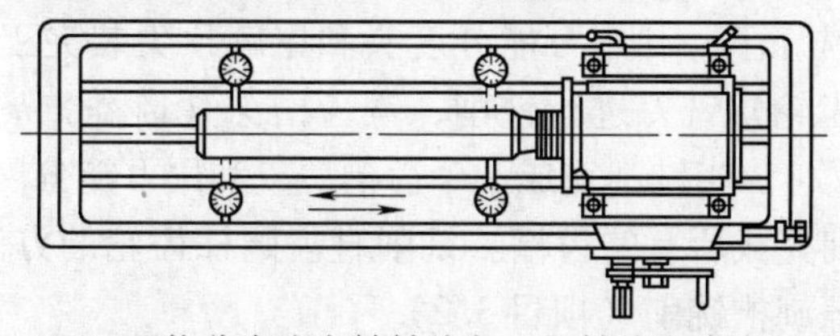
图 3-53　万能分度头主轴轴线与刀杆轴线垂直度的校正

（3）万能分度头与后顶尖同轴度的校正　先校正好分度头，然后将校正棒装夹在分度头与后顶尖之间，校正后顶尖与分度头主轴等高。最后校正其同轴度，即让两顶尖间的轴线平行于工作台台面，且垂直于铣刀刀杆，校正方法如图 3-54 所示。

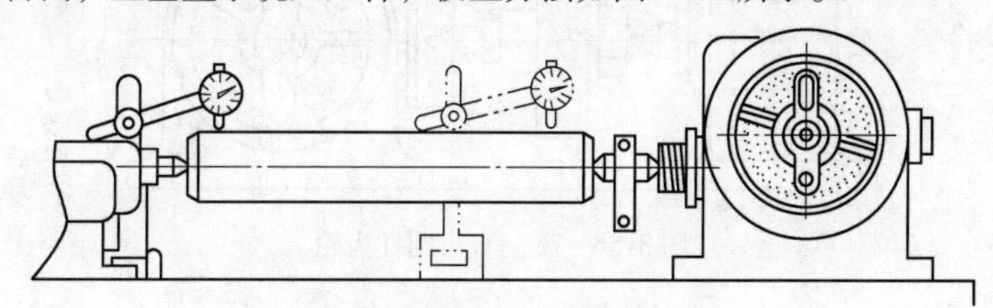
图 3-54　万能分度头与后顶尖同轴度的校正

3. 工件的装夹

利用万能分度头装夹工件的方法，主要有以下几种：

1）用自定心卡盘和后顶尖夹紧工件，如图 3-55a 所示。

2）用前后顶尖夹紧工件，如图 3-55b 所示。

3）将工件套装在心轴上，并用螺母压紧，然后将工件与心轴一起顶夹在万能分度头和后顶尖之间，如图 3-55c 所示。

4）将工件套装在心轴上，心轴装夹在万能分度头的主轴锥孔内，并可按需要使主轴倾

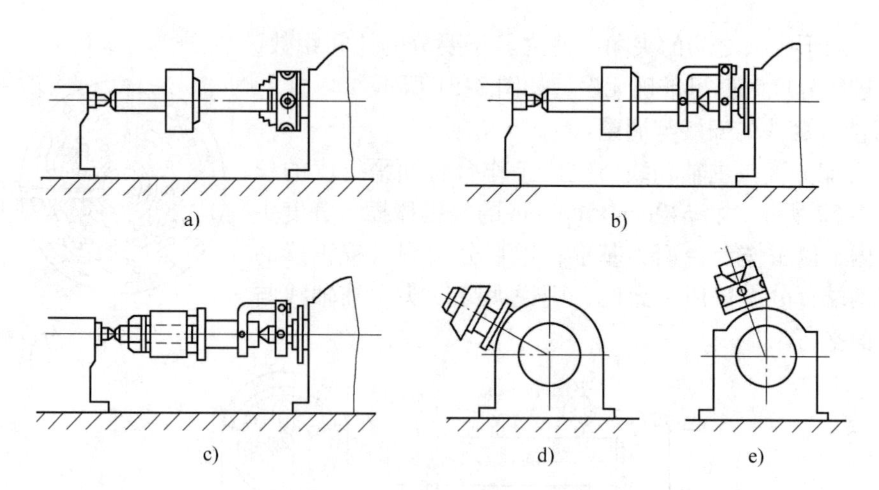

图 3-55　用万能分度头装夹工件的方法

a）一夹一顶　b）双顶夹顶工件　c）双顶夹顶心轴　d）心轴装夹　e）自定心卡盘装夹

斜一定的角度，如图 3-55d 所示。

5）工件直接用自定心卡盘夹紧，并可按需要使主轴倾斜一定的角度，如图 3-55e 所示。

4. 铣齿及精度的测量

（1）铣齿　在卧式铣床上，利用万能分度头和尾座顶尖装夹工件，用与被加工齿轮模数相同的盘状（或指形齿轮）铣刀进行铣削，铣齿槽深（齿高）h 即工作台的升高量 $H=h=2.25m$（m 为齿轮模数）。当铣削完成一个齿槽后，利用万能分度头进行一次分度，再铣削下一个齿槽，直到铣削完成所有的齿槽。铣削直齿圆柱齿轮的方法如图 3-56 所示，铣削斜齿圆柱齿轮的方法见螺旋槽铣削（项目 3.2）。

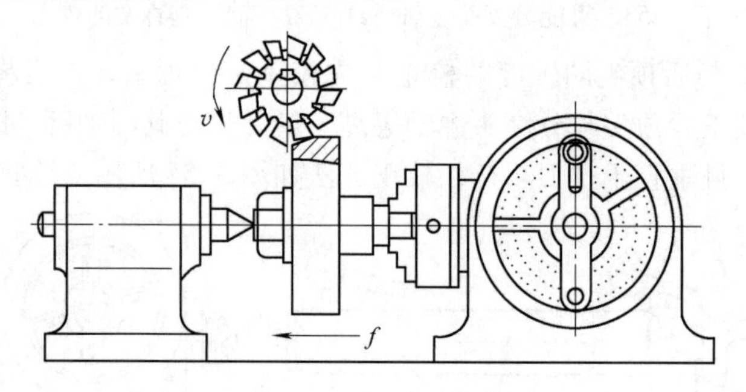

图 3-56　铣削直齿圆柱齿轮

选择齿轮铣刀时，除铣刀模数应与被铣齿轮的模数相同外，还要根据被铣齿轮的齿数来选择铣刀号。表 3-9 所列为盘铣刀刀号的选择方法，例如被铣齿轮齿数为 22，则选用 4 号铣刀。

表 3-9　盘铣刀刀号的选择方法

刀　号	1	2	3	4	5	6	7	8
加工齿数范围	12～13	14～16	17～20	21～25	26～34	35～54	55～134	135 以上及齿条

铣齿加工方法的优点是用一般铣床即可，刀具简单，加工齿轮的成本低。缺点是辅助时

间长，生产效率低。又由于在模数相同时，使用一个刀号的齿轮铣刀可以加工一定范围内不同齿数的齿轮，这样会产生齿形误差，所以加工齿轮的精度低。铣齿主要用于单件生产或修配齿轮，一般精度为11～9级。

（2）铣齿精度的测量

1）计量器具。铣削后的齿轮要进行测量，检验其精度，主要检验参数为公法线长度（精度要求不高的齿轮可只测此项）。公法线长度可用公法线千分尺、公法线指示卡规和万能测齿仪等测量。

公法线千分尺应用最多，测量原理如图3-57a所示，图中所示跨齿数为3，跨齿距为W_k。测量方法如图3-57b所示，公法线千分尺与普通外径千分尺相似，只是改用了一对直径为30mm的盘形平面测头，其读数方法与普通千分尺相同。

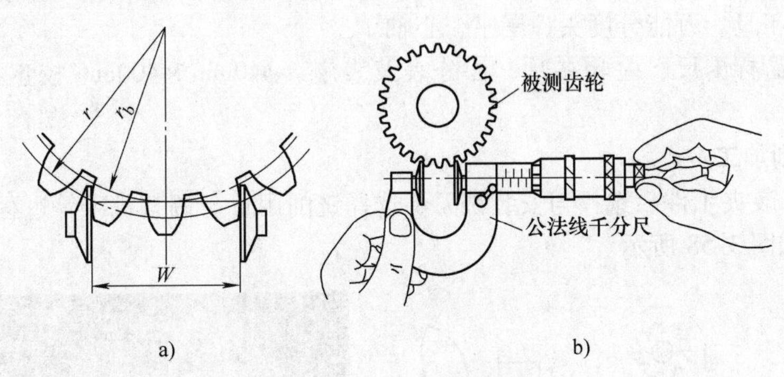

图3-57　公法线长度测量

a）测量示意图　b）测量方法

2）测量原理。测量时，要求测头的测量平面在齿轮分度圆附近与左、右齿廓相切，跨齿数k和公法线长度W_k按图样要求选用。k和W_k值也可从直齿圆柱齿轮公法线长度的公称值表中查出或计算获得。

跨齿数k和公法线长度W_k的计算方法如下：

以直齿圆柱齿轮为例，当齿形角$\alpha=20°$，齿数为z时，取$k=\frac{z}{9}+0.5$的整数（四舍五入）。

公法线长度的公称值W_k可按下式计算

$$W_k=m\cos\alpha[\pi(k-0.5)+z\mathrm{inv}\alpha]+2xm\sin\alpha \tag{3-11}$$

式中　m——被测齿轮模数；

α——齿形角（°）；

k——跨齿数；

z——齿数；

x——变位系数。

当$\alpha=20°$，且不变位时（即变位系数$x=0$时），有式（3-12）

$$W_k=m[1.476(2k-1)+0.014z] \tag{3-12}$$

3）测量步骤。

① 根据图样、查表或计算，确定被测齿轮的跨齿数k和公法线公称长度W_k。

② 用标准校对棒或量块校对公法线千分尺的零位。

③ 如图 3-57b 所示，用左手捏住公法线千分尺，将两测头伸入齿槽，夹住齿侧测量公法线长度，齿轮不动，左右摆动千分尺，同时用右手旋动千分尺套筒，使两测头内移，直到测头夹紧齿侧后，从千分尺的标尺上读数，即为公法线长度。

3.3.4 项目实施

1. 准备工作

1）工件毛坯。材料为 45 钢，毛坯外形尺寸如表 3-8 中所列。

2）设备及刀具。XA6132 型铣床（立铣头）、XA5032 型铣床、模数为 2 的 4 号齿轮盘铣刀、刀杆。

3）夹具及工具。万能分度头、尾座、心轴。

4）量具。游标卡尺、检验夹具、百分表及表座、ϕ40mm × 400mm 校正棒、公法线千分尺。

2. 齿形铣削加工

检查毛坯、装夹工件、选择与安装铣刀、选择铣削用量与调整机床等过程见表 3-8。铣削的加工方法如图 3-58 所示。

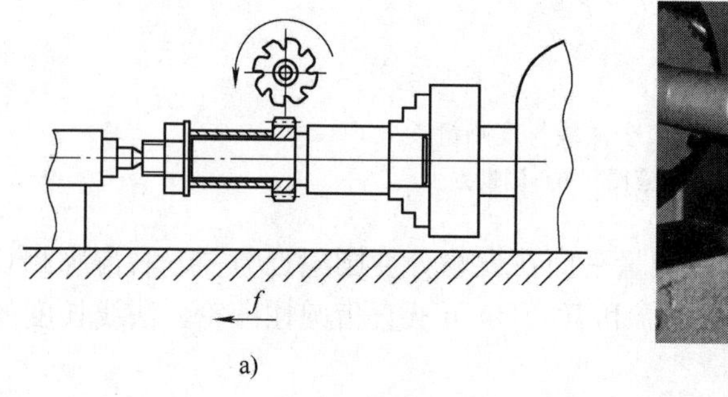

a)

b)

图 3-58 齿轮的铣削加工

切削用量按平面铣削时的 70% ~80% 选取，实训时的主轴转速可取 n = 60r/min，进给速度可取 v_f = 23.5mm/min。

在计算分度时，因齿轮齿数为 22，故每次分度手柄转过$\frac{40}{z}=\frac{40}{22}$圈 = 1 $\frac{9}{11}$圈，又由 1 $\frac{9}{11}$ = 1 $\frac{54}{66}$，即选用 66 孔圈，转过 1 转加 54 个孔距；当铣的齿数超过跨齿数后，可用公法线千分尺对公法线长度进行测量，以确定再次进刀的深度。所有的齿形铣削完成后，再根据跨齿数，检验公法线长度，看是否超差，以检验工件是否合格。

用模数铣刀铣削齿形的步骤及方法见表 3-8。

3.3.5 知识链接——铣削四方头螺栓；滚齿、插齿、剃齿和磨齿加工

1. 铣削四方头螺栓的方法和操作要点

（1）铣削四方头螺栓的方法 铣削如图 3-59 所示的四方头螺栓，以圆棒料为毛坯，车

削完端面、外圆及螺纹后，在卧式铣床上利用万能分度头铣四方。铣削方法有如下几种：

1）万能分度头主轴处于水平位置，用自定心卡盘装夹工件，用三面刃铣刀铣出一个平面后，用万能分度头分度，将工件转90°后铣另一平面，直到铣出四方为止。

2）万能分度头主轴处于垂直位置，用自定心卡盘装夹工件，用三面刃铣刀铣出一个平面后，用万能分度头分度，将工件转90°后铣另一平面，直到铣出四方为止。

3）万能分度头主轴处于垂直位置，用自定心卡盘装夹工件，用组合铣刀铣四方。具体方法是用两把相同的三面刃铣刀同时铣出两个面，如图3-60所示，然后用万能分度头分度，将工件转90°，再铣出另外两个平面。

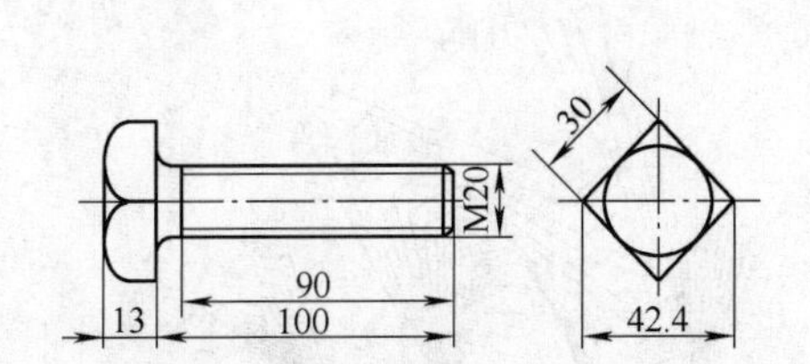

图3-59　铣四方头螺栓（材料：45钢）

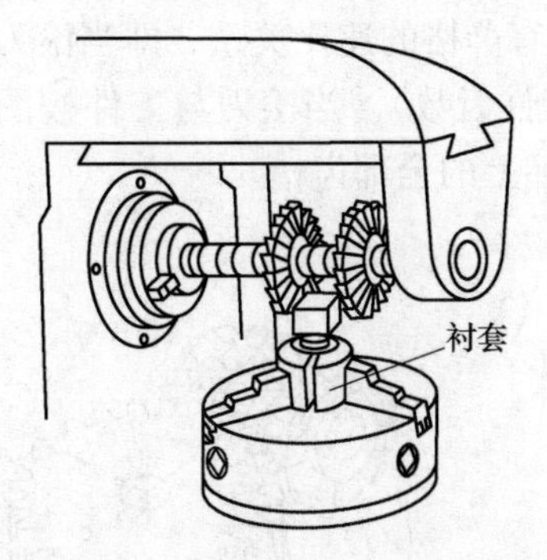

图3-60　用组合铣刀铣四方

由上述几种方法比较可知，采用组台铣刀铣四方时，铣削过程平稳，工件易于夹固，铣削效率高。

（2）组合铣刀铣四方的操作要点

1）将万能分度头主轴转90°后，应与工作台台面垂直并需紧固；装夹工件时，应在螺纹处垫上开槽的衬套，以免卡盘将螺纹夹伤。

2）采用简单分度法分度时，手柄的转数 $n = 40/z = 40/4 = 10$ 转，即每次分度时，分度手柄要转过10转；采用直接分度法时，则是利用万能分度头上的刻度环将主轴扳转90°。

3）对刀法如图3-61所示，先使组合铣刀一个端面的刀刃与工件侧表面接触，然后下降工作台，工作台横向移动一个距离 A 后，再铣削。

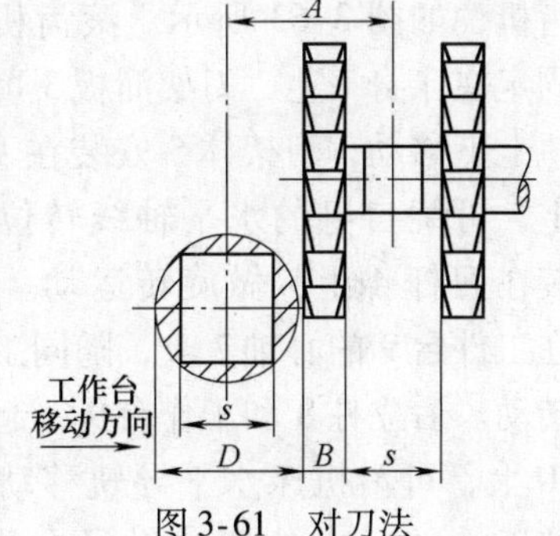

图3-61　对刀法

横向移动工作台的距离 A 可按下式计算

$$A = \frac{D}{2} + \frac{s}{2} + B \tag{3-13}$$

式中　A——横向工作台移动的距离（mm）；

D——工件外径（mm）；

s——工件四方的对边尺寸（mm）；

B——铣刀宽度（mm）。

4）在刀杆上安装两把直径相同的三面刃铣刀，中间用轴套隔开的距离为 $s = 30$mm。

5）在横向工作台的位置确定后，将横向工作台锁紧，然后再铣削。

2. 滚齿、插齿、剃齿、磨齿加工的原理与应用

齿轮齿形的加工方法有两种：一种是成形法，就是利用与被切齿轮齿槽形状完全相符的成形铣刀切出齿形的方法；另一种是展成法，就是利用齿轮刀具与被切齿轮的互相啮合运动而切出齿形的方法。铣齿属于成形法，而滚齿、插齿和剃齿属于展成法。

（1）滚齿加工的原理与应用　在滚齿机上利用齿轮滚刀加工齿轮齿形的方法称为滚齿。在滚齿加工时，刀具与工件模拟一对交错轴齿轮的啮合传动。滚齿过程如图 3-62a 所示。从机床运动的角度出发，工件渐开线齿面由一个复合成形运动（由单元运动 B_{11} 和 B_{12} 组成，B_{11} 为滚刀的回转运动，B_{12} 为工件的回转运动）和一个简单成形运动 A_2 的组合形成。B_{11} 和 B_{12} 之间应有严格的速比关系，即当滚刀转过一转时，工件相应地转过 k/z 转（k 为滚刀的线数，z 为工件齿数）。当滚刀与工件按图 3-62b 所示完成所规定的连续相对运动后，即可依次切出齿坯上的全部齿槽。

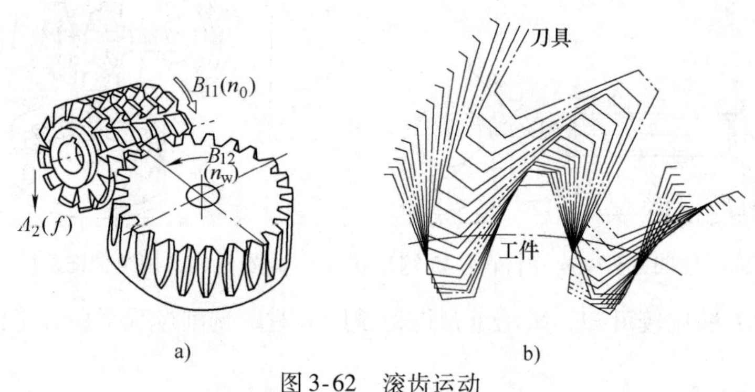

图 3-62　滚齿运动

a）滚齿的加工过程　b）齿形曲线的形成

Y3150E 型滚齿机是一种中型通用滚齿机，如图 3-63 所示。滚齿机的立柱 2 固定在床身 1 上，刀架溜板 3 可沿立柱导轨上下移动，刀架体 5 安装在刀架溜板 3 上，可绕自身的水平轴线转位。滚刀安装在刀杆 4 上，做旋转运动。工件安装在工件台 9 的心轴 7 上，随同工作台一起转动。后立柱 8 和工作台 9 一起装在床鞍 10 上，可沿机床水平导轨移动，用于调整工件的径向位置或做径向进给运动。Y3150E 型滚齿机主要用于加工直齿和斜齿圆柱齿轮，也可以采用径向切入法加工蜗轮，其加工最大直径为 500mm，最大模数为 8。

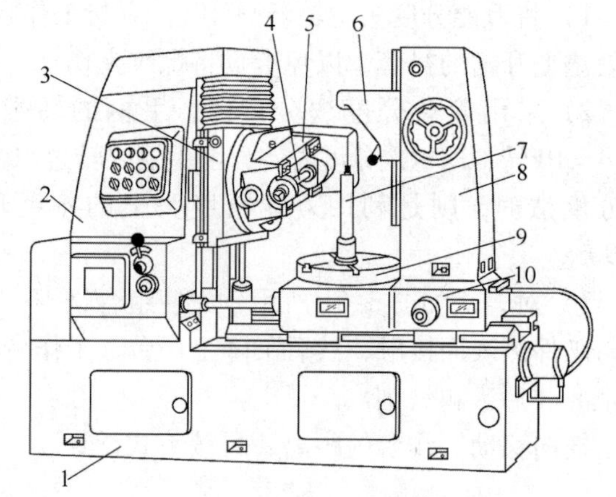

图 3-63　Y3150E 型滚齿机

1—床身　2—立柱　3—刀架溜板　4—刀杆　5—刀架体　6—支架　7—心轴　8—后立柱　9—工作台　10 —床鞍

滚齿加工的优点是连续切削，生产效率高，精度等级可达 7 级，齿距偏差小；缺点是齿廓表面较为粗糙。滚齿主要用于加工直齿、斜齿圆柱齿轮和蜗轮，而不能加工内齿轮和近距离多联齿轮。

（2）插齿加工的原理与应用　在插齿机上利用插齿刀加工齿轮齿形的方法称为插齿。

插齿加工也是一种应用非常广泛的齿形加工方法，它一次可完成齿槽的粗加工和半精加工，加工精度一般为 IT8 ~ IT7 级，表面粗糙度值可达 $Ra=1.6\mu m$ 以上。插齿的加工过程是模拟一对直齿圆柱齿轮的啮合过程，如图 3-64a 所示。插齿刀所模拟的齿轮称为铲形齿轮。铲形齿轮用刀具材料制造，在插齿时，刀具沿工件轴向做高速往复直线运动，形成切削加工的主运动，同时还与工件做无间隙的啮合运动，从而在工件上加工出全部的轮齿齿廓。工件齿槽的齿形曲线是由插齿刀刀刃多次切削的包络线形成的，如图 3-64b 所示。

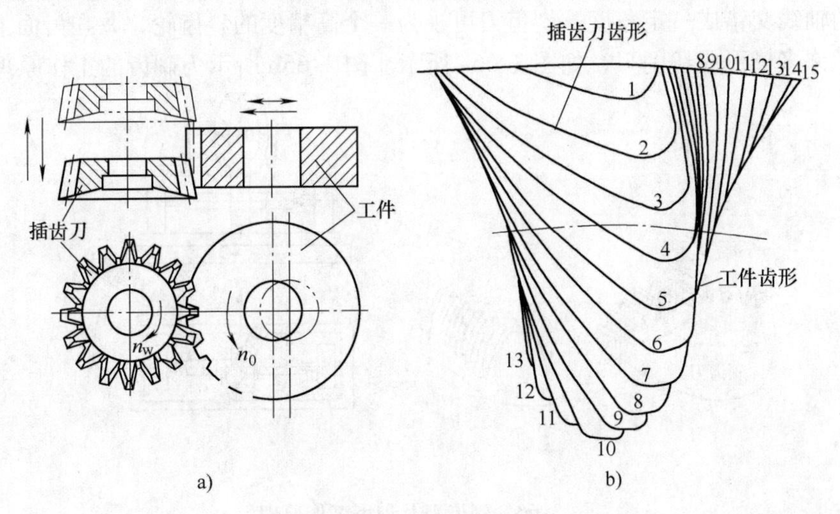

图 3-64　插齿原理

a）插齿的加工过程　b）齿形曲线的形成

插齿机结构如图 3-65 所示，其主要由工作台、刀架、横梁和床身等部件组成。插齿刀安装在刀架的刀轴上，刀轴可带动插齿刀做上下往复运动和旋转运动；工件安装在回转工作台的心轴上，做旋转运动，并可随同床鞍沿导轨做径向切入运动，以及调整工件和刀具之间的距离。

插齿加工的主运动是插齿刀做上、下往复运动，向下为切削运动，向上为返回的退刀运动；展成运动是使插齿刀和工件保持一对齿轮啮合关系的复合运动，刀齿转过一个齿，工件也应准确地转过一个齿；径向进给运动是为使刀具逐渐切至工件的全齿深，插齿刀必须往复运动一次径向移动的距离，当达到全齿深后，机床便自动停止径向进给运动；圆周进给运动是插齿刀的回转运动，插齿刀每往复行程一次的同时回转一个角度，其转动的快慢直接影响插齿刀的切削用量和齿形参与包络线的数量；让刀运动是为了避免插齿刀在回程时擦伤已加工表面和减少刀具磨损，使刀具和工件之间让开一段距离的运动。

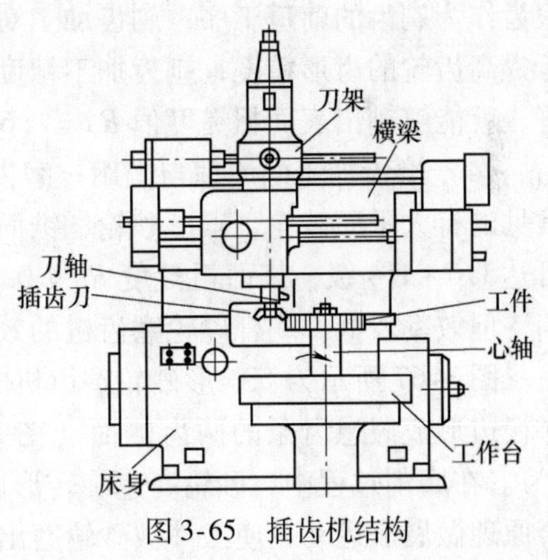

图 3-65　插齿机结构

与滚齿相比，插齿的齿形精度比滚齿高，没有滚刀那种近似造形误差；齿面的表面粗糙度值小，参与包络的刀刃数远比滚齿时多；运动精度低于滚齿，刀具的齿距累积误差将直接传递给被加工齿轮；齿向偏差比滚齿大，插齿刀往复运动频繁，主轴与套筒容易磨损；生产效率比滚齿低，切削速度受往复运动惯性限制。插齿非常适于加工内齿轮、双联或多联齿轮、齿条、扇形齿轮，而滚齿则无法加工。

（3）剃齿加工的原理与应用　在剃齿机上利用剃齿刀加工齿轮齿形的方法称为剃齿。剃齿常用于未淬火圆柱齿轮的精加工，生产效率很高，是软齿面精加工最常见的加工方法之一。剃齿是由剃齿刀带动工件自由转动并模拟一对螺旋齿轮做双面无侧隙的啮合运动。剃齿刀与工件的轴线交错成一定角度。剃齿刀可视为一个高精度的斜齿轮，并在齿面上沿渐开线齿向上开了许多槽形成切削刃，如图 3-66a 所示。图 3-66b 所示为剃齿的工作原理。

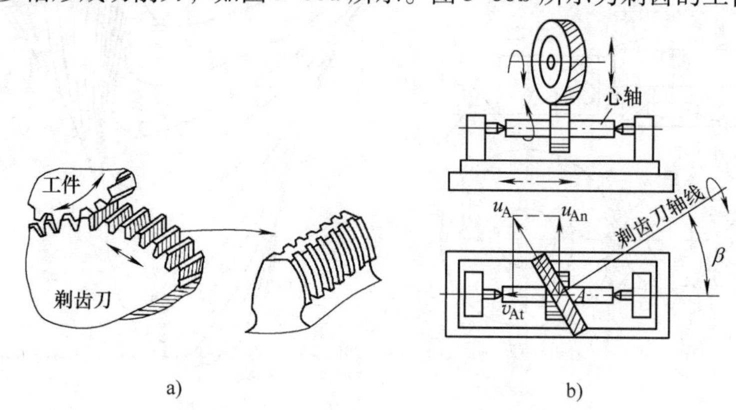

图 3-66　剃齿刀及剃齿工作原理

a）剃齿刀　b）剃齿工作原理

剃齿的运动有：剃齿刀的正反旋转运动（工件由剃齿刀带动旋转）；工件沿轴向的往复直线运动；工件每往复运动一次后的径向进给运动。

剃齿加工效率高，一般只要 2 ~ 4min 便可完成一个齿轮的加工；剃齿加工的成本低，平均要比磨齿低 90%；剃齿加工对齿轮切向误差的修正能力差，因此在工序安排上，应采用滚齿作为剃齿的前道工序；剃齿加工对齿轮的齿形误差和基节误差有较强的修正能力，有利于提高齿轮的齿形精度；剃齿加工精度主要取决于刀具，只要剃齿刀本身精度高，刃磨质量好，就能够剃出表面粗糙度值 $Ra = 1.6 \sim 0.4\mu m$，精度为 IT7 ~ IT6 级的齿轮。

（4）磨齿加工的原理与应用　磨齿加工一般都是在磨齿机上采用展成法来磨削齿面的。常见的有大平面砂轮、碟形砂轮、锥面砂轮和蜗杆砂轮磨齿机等。磨齿的加工精度高，一般可达 IT6 ~ IT4 级，表面粗糙度 $Ra = 0.8 \sim 0.2\mu m$。其中，大平面砂轮磨齿机的加工精度最高，但效率较低；蜗杆砂轮磨齿机的效率最高，但精度有时较低。

图 3-67 所示为双碟形砂轮磨齿机的工作原理图。从图中可以看到，两个碟形砂轮的工作棱边形成假想齿条的两齿侧面（图 3-67a 和图 3-67b 中两个砂轮的倾斜角分别为 15°和 0°）。在磨削过程中，砂轮高速旋转形成磨削加工的主运动，工件则严格按齿轮与齿条的啮合原理做展成运动，使工件被砂轮磨出渐开线齿形。

目前，在批量生产中广泛采用蜗杆砂轮磨齿机，其工作原理与滚齿加工相同，蜗杆砂轮相当于滚刀。磨齿时，砂轮与工件相对倾斜一定的角度，两者保持严格的啮合传动关系，如图 3-68 所示。为磨出整个齿宽，砂轮还须沿工件轴向进给。由于砂轮的转速很高（约 2000r/min），工件相应的转速也较高，所以磨削效率高。被加工齿轮的精度主要取决于机床砂轮主轴和工件主轴之间展成运动的传动链和蜗杆砂轮的修磨精度。

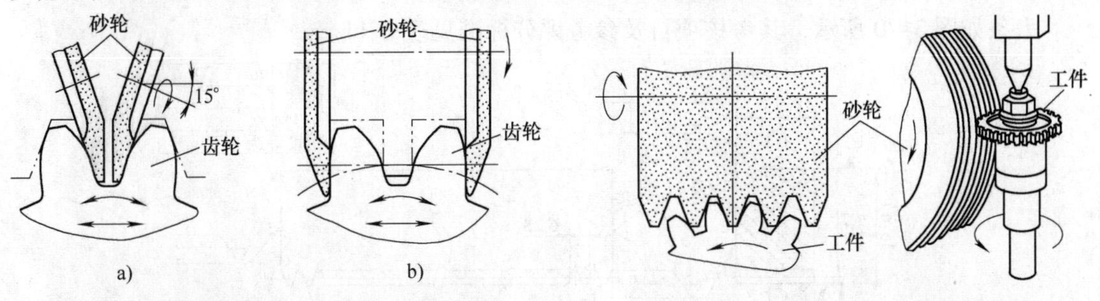

图 3-67　双碟形砂轮磨齿机的工作原理
a）15°磨削法　b）0°磨削法

图 3-68　蜗杆砂轮磨齿机的工作原理

由于采取强制啮合方式，不仅修正误差的能力强，而且可以加工表面硬度很高的齿轮。但磨齿（除蜗杆砂轮磨齿外）加工效率较低、机床结构复杂、调整困难、加工成本高，目前主要用于加工精度要求很高的齿轮。

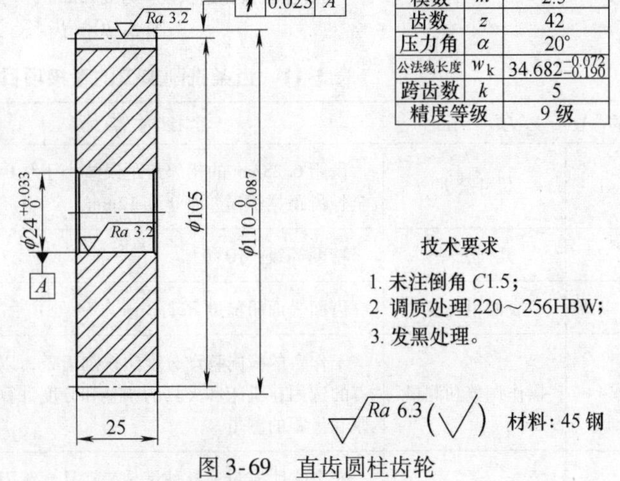

图 3-69　直齿圆柱齿轮

3.3.6　中级工职业技能证书试题及思考题

1. 铣削直齿圆柱齿轮

准备考核用的工具、夹具、刀具、量具：万能分度头、顶尖座、专用心轴、齿厚游标卡尺、公法线千分尺、百分表及磁力表座、游标卡尺及其他辅助工具。

直齿圆柱齿轮如图 3-69 所示，其考核项目及参考评分标准见表 3-10。

表 3-10　直齿圆柱齿轮铣削加工的考核项目及参考评分标准

序号	项目	考核内容	参考分值	检测结果（实得分）
1	尺寸公差	公法线长度精度 $34.68^{-0.072}_{-0.190}$ mm	25	
2	几何公差	精度等级：9 级	20	
3	表面粗糙度	齿面表面粗糙度 Ra3.2μm（84 处），接触斑点	20	
4	操作调整和测量	铣削方法和铣刀的选择；机床和夹具的调整（万能分度头在机床上的紧固、工作台纵向移动方向与铣刀轴垂直度的调整等）；齿轮毛坯的装夹（找正）测量，铣刀对中测量及对工件有关要素的测量等	20	
5	其他考核项	安全文明实习，各种量具、夹具、铣刀等应妥善保管，切勿碰撞，并注意对铣床的维护和保养	15	
		合计	100	

2. 铣削直齿齿条

准备考核用的工具、夹具、刀具、量具：平口钳、百分表及磁力表座、游标深度尺、齿厚游标卡尺、公法线千分尺及其他辅助工具。

齿条如图3-70所示，其考核项目及参考评分标准见表3-11。

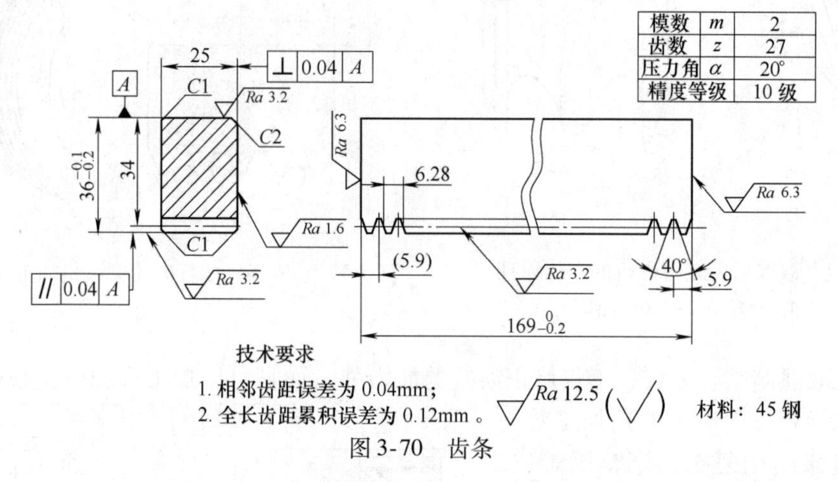

图3-70　齿条

表3-11　齿条铣削加工的考核项目及参考评分标准

序　号	项　　目	考 核 内 容	参 考 分 值	检测结果（实得分）
1	尺寸公差	齿距6.28mm的相邻齿距误差小于0.04mm，全长齿距累积误差小于0.12mm	35	
2	几何公差	精度等级：10级	15	
3	表面粗糙度	齿面表面粗糙度 $Ra3.2\mu m$（54处）	20	
4	操作调整和测量	工作台的横向移动分度法铣削齿条，以及铣刀的选用；机床和夹具的调整和分度计算，齿厚和齿距的测量	15	
5	其他考核项	安全文明实习，各种量具、夹具、铣刀等应妥善保管，并注意对铣床的维护和保养	15	
合计			100	

3. 思考题

1）利用万能分度头可以加工哪些零件？它的主要作用是什么？

2）铣削齿数 $z=35$ 的直齿圆柱齿轮，试计算每次分度时选择分度盘的孔圈孔数及转过的孔距数。

3）加工齿数 $z=26$ 和齿数 $z=34$ 的两齿轮，在模数和切削条件相同时，试选择盘形铣刀的刀号，并分析哪个齿轮的加工精度高，为什么？

4）在铣床工作台上安装万能分度头时，为什么要用百分表找正？如何找正？

5）利用万能分度头装夹工件的方法有哪几种？其定位基准是什么？

6）简述铣削四方螺栓的操作要点。

7）齿轮齿形的加工方法有哪两种？其基本原理是什么？

8）试述插齿加工的工作原理。插齿加工需要有几种基本运动？各有何特点？

9）与滚齿、插齿相比，剃齿有何优点？

10）磨齿有哪些方法？各有何特点？

项目3.4 单键和花键的键槽铣削

键联接可分为单键联接和花键联接两大类。通过本项目可以强化操作者对单键槽铣削和花键槽等分铣削的实际操作能力，并能更好地掌握铣削加工的工艺特点。

3.4.1 项目引入

传动轴的铣削要求如图3-71所示。由图可知，所需铣削加工部分有普通平键键槽、矩形花键键槽和三角形花键键槽。其中矩形花键（6×23H7×26H10×6H11）键槽的大径为26mm，小径为23mm，键宽为6mm，6个齿；三角形花键键槽的大径为21mm，小径为19mm，齿高为1mm，20个齿。各键槽的尺寸公差、几何公差和表面粗糙度要求如图3-71所示。

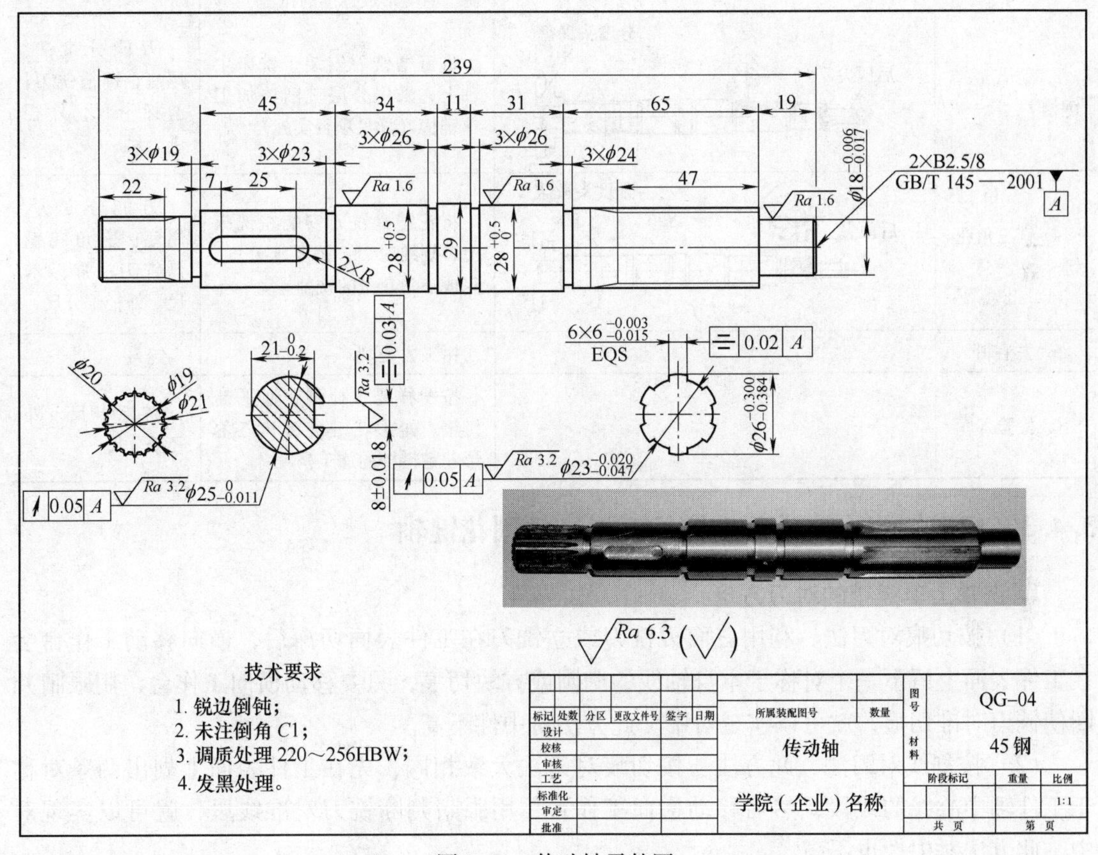

图3-71 传动轴零件图

3.4.2 项目分析

根据所需铣削的传动轴（毛坯由锯床下料、车床加工，可在车削实训中完成）的加工要求，为单件生产，并考虑加工工艺性特点，确定该工件的加工顺序为先加工矩形花键，再加工普通单键槽，最后加工三角形花键。传动轴的铣削加工过程见表 3-12。

表 3-12　传动轴的铣削加工过程图解

序号及名称	图　解	加工内容	工具刃具量具
1. 备料		检测传动轴半成品件的尺寸精度、几何精度及表面粗糙度是否符合图样要求	游标卡尺，检验夹具，百分表及表座
2. 铣矩形花键	分度头夹盘 后顶尖 f	在 XA6132 铣床上安装三面刃铣刀，并用万能分度头上的自定心夹盘和后顶尖将工件装夹牢固，用划线找正的方法对刀，用三面刃铣刀铣削花键键槽的一侧面。按要求分度，铣削六等分后，重新对刀，铣削键槽的另一侧面，最后将每个花键槽内多余的铣削余量切除，直至形成标准的花键	万能分度头，尾座；三面刃铣刀，凹半圆铣刀；游标卡尺或外径千分尺
3. 铣普通单键槽	分度头夹盘 后顶尖 f	将键槽铣刀安装于铣床主轴上，采用分层铣削法加工单键槽（详见项目实施）	万能分度头，尾座；键槽铣刀；游标卡尺，外径千分尺
4. 铣三角花键	分度头夹盘 后顶尖 f	将花键盘铣刀安装在铣床上，划线对刀，按要求分度，完成三角花键的铣削	万能分度头，尾座；三角花键盘铣刀；游标卡尺，外径千分尺
5. 去毛刺		钳工去毛刺	锉刀
6. 检验入库		按图样要求检测普通平键键槽、矩形花键键槽和三角形花键键槽的加工精度	游标卡尺，外径千分尺

3.4.3　相关知识——铣单键槽的对刀；铣削花键轴

1. 铣轴上单键槽的对刀方法

（1）按切痕对刀法　利用三面刃铣刀或立铣刀在工件表面切深后，横向移动工作台会在工件表面上留下一个对称于本身轴线的椭圆或方块切痕，只要移动横向工作台，用眼睛判断使铣刀对准切痕，就可以实现对中。此方法对中性不高。

（2）按划线对刀法　此方法与按切痕对刀法大致相同，先在工件表面上划出两条对称于工件轴中心线的线段，然后移动横向工作台，用眼睛判断铣刀对准线段，就可以实现对中。此方法对中性也不高。

（3）擦边对刀法　工件安装好后，在轴径上贴一张厚度为 δ 的薄纸，将转动的铣刀移向工件，使之刚刚擦掉薄纸；垂直降下工件台，将工作台横向移动距离 $A=(D+d)/2+\delta$（式中 D 为轴颈直径，d 为铣刀直径），即可将铣刀对准工件的中心。

（4）百分表对刀法　此方法找正方便准确，宜于在立式铣床上采用。调整时，将百分表固定在铣床主轴上，用手转主轴，参照百分表的读数，可以准确移动工作台，实现准确对中。

2. 矩形花键的加工方法

轴上花键、键槽等表面的加工应在外圆精车或粗磨之后，精磨外圆之前。

轴上矩形花键（外花键）的加工，通常采用铣削和磨削，产量大时常用花键滚刀在花键铣床上加工。以大径定心的花键轴，通常只磨削大径，而小径铣出后不必进行磨削，但如经过淬火而使花键扭曲变形过大时，也要对侧面进行磨削加工。以内径定心的花键，其小径和键侧均需进行磨削加工。

孔内矩形花键（内花键）的加工通常采用拉削，即先加工内孔（小径）后，拉削出内花键。以小径定心的花键，其小径需进行磨削加工。

3. 花键轴的铣削

花键轴的铣削主要分键侧的铣削和小径圆弧的铣削两步进行。单件加工时，铣削键侧通常采用三面刃铣刀铣削。铣削方法如下：

（1）选用铣刀　若花键齿数不大于 6 个，不需要考虑铣刀宽度，但齿数多于 6 齿时，铣刀宽度太大会铣伤相邻齿。铣刀宽度 L 的计算公式为

$$L \leqslant d\sin\left[\frac{180^\circ}{z} - \arcsin\left(\frac{b}{d}\right)\right] \tag{3-14}$$

式中　L——三面刃铣刀的宽度（mm）；

z——花键齿数；

b——花键的键宽（mm）；

d——花键的小径（mm）。

（2）在工件表面划线　用三面刃铣刀单刀铣削键侧时，一般采用划线法对刀。即先在工件表面涂色，再将游标高度尺调至比工件中心高半个键宽的高度，在工件圆周和端面各划一条线；通过万能分度头将工件转 180°后，将游标高度尺移至工件的另一侧再各划一条线，检查两次划线间的宽度应等于键宽。如采用立铣可直接加工，如卧铣则需通过万能分度头将工件转过 90°，使划线部分外圆朝向上方加工。

（3）铣削键侧　距键宽线外侧 0.3～0.5mm 处粗对刀，开动铣床并上升工作台，使铣刀轻划工件后，纵向退出工件；上升工作台进行试铣，再通过测量进一步精确调整铣削位置，并完成键两侧面的铣削加工。

（4）铣削小径圆弧　当键侧铣好后，键槽底部的凸起余量可用凹半圆铣刀进行铣削。可先试铣正对的小径圆弧，用外径千分尺测量并计算后，确定铣削深度。

3.4.4　项目实施

1. 准备工作

1）工件毛坯。材料为 45 钢，毛坯尺寸参考如图 3-71 所示。

2）设备及刀具。XA6132 型铣床、XA5032 型铣床、三面刃铣刀、凹半圆铣刀、键槽铣刀、三角花键盘铣刀。

3）夹具及工具。万能分度头、尾座、锉刀。

4）量具。检验夹具、百分表及表座、游标卡尺、外径千分尺、高度游标卡尺、90°角尺。

2. 键槽铣削加工

（1）铣矩形花键　矩形花键的铣削要求如图3-72a所示，用三面刃铣刀铣削的方法如图3-72b所示。

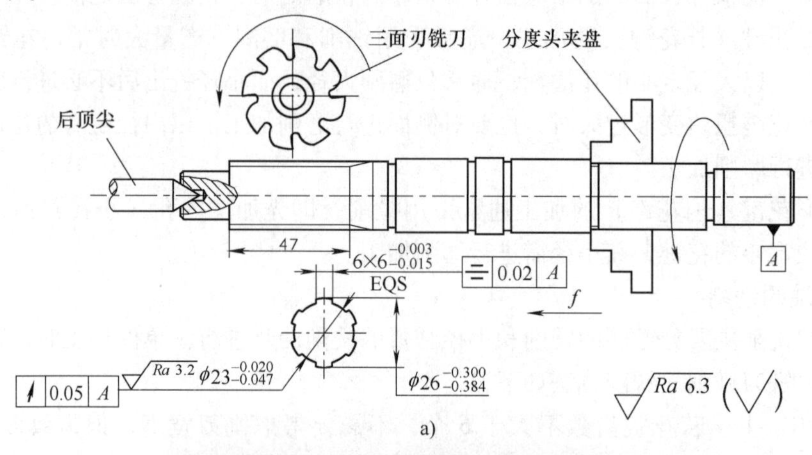

a)

b)

图3-72　矩形花键槽的铣削

a）矩形花键的铣削要求　b）矩形花键槽的铣削方法

按以下步骤完成铣削过程：

1）安装万能分度头并进行分度计算。花键齿数为6，由简单分度公式得

$$n=\frac{40}{z}=\frac{40}{6}=6\ \frac{2}{3}=6\ \frac{44}{66}$$

2）安装并校正工件。采用一夹一顶安装工件，用百分表找正工件的圆跳动，使上素线与工作台平行，侧素线与进给方向平行。

3）选择铣刀宽度并安装铣刀。

4）划线。在花键轴的侧面划出键的宽度线段（采用卧铣时，转动分度头90°，使线段朝上，以正对铣刀）。

5）对刀试切削。调整铣削位置，使铣刀一侧的副切削刃对准划好的线段，然后进行少量的试切削，停机测量尺寸S，如图3-73所示。调整铣刀直至S符合要求($S=(D-b)/2$)。

6）铣花键一侧。按上述步骤铣至要求深度，然后依次铣完花键的6个同向侧面。

7）铣花键宽度。移动横向工作台（工件）一定的距离，此距离=刀宽+键宽。铣键的另一侧，试铣一刀，测量调整合格后，依次铣完另外6个同向侧面。

8）铣槽底圆弧。安装凹半圆铣刀，先移动工作台使铣刀的宽度中心平面与工件的轴心线重合，如图3-74a所示；然后转动工件30°，使铣刀对准键槽底部位置后，移动工作台使工件离开刀具；再将工作台上升至键槽深度的高度后，开始铣削槽底圆弧面，如图3-74b所示，分度共铣6处。实训时，可调整主轴转速为$n=190\text{r/min}$，进给量取$v_f=118\text{mm/min}$。

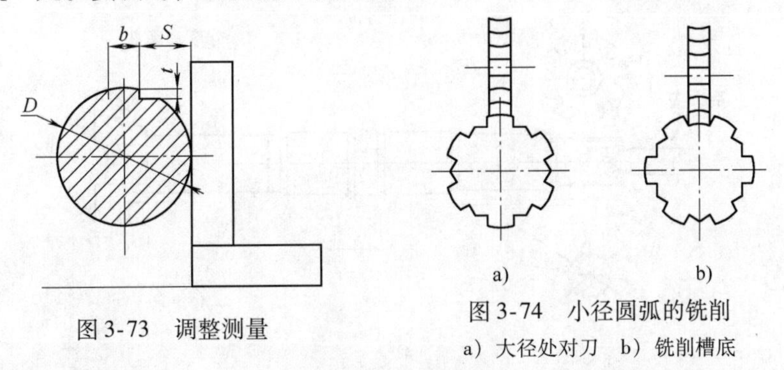

图3-73　调整测量

图3-74　小径圆弧的铣削

a）大径处对刀　b）铣削槽底

9）去毛刺，检查加工尺寸、对称度和表面质量。

（2）铣普通单键键槽　普通单键键槽的铣削要求如图3-75a所示，铣削情况如图3-75b所示。将直径为$\phi 8\text{mm}$的键槽铣刀安装在铣床主轴上，主轴转速$n=600\sim800\text{r/min}$，进给量为$f=0.05\sim0.1\text{mm/r}$。

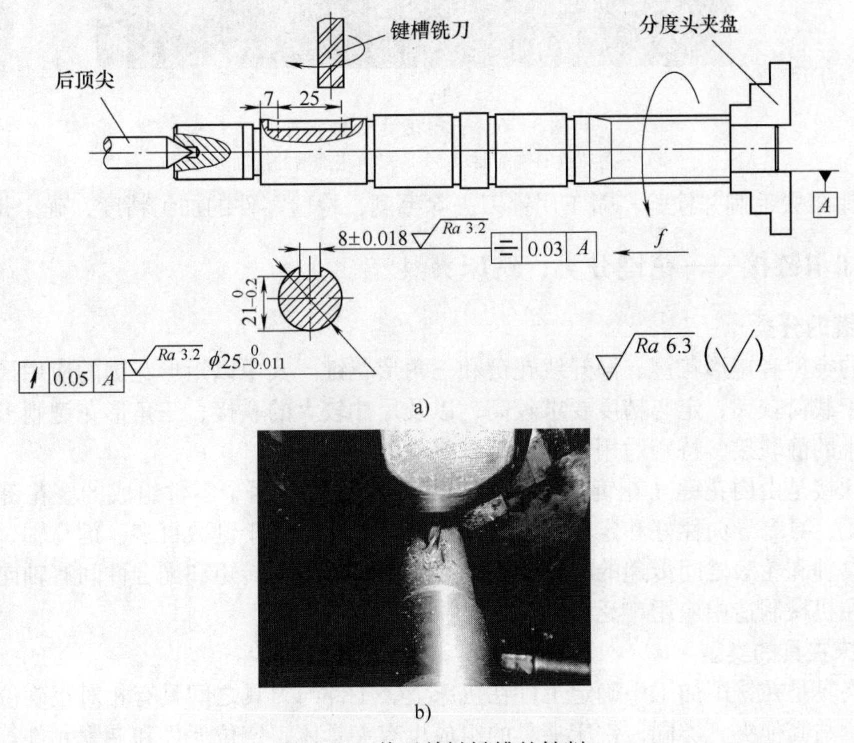

图3-75　普通单键键槽的铣削

a）普通单键键槽的铣削要求　b）普通单键键槽的铣削

采用分层铣削法加工单键槽，即每次铣削深度0.5～1.0mm，手动进给由槽的一端向另一端，然后再吃深，重复铣削。铣削时注意槽两端各留长度方向余量0.2～0.5mm；在逐次铣削达到槽深后，再铣去两端余量，使其符合长度要求。

（3）铣三角花键　三角花键的铣削要求如图3-76a所示，铣削方法如图3-76b所示。将三角花键盘铣刀安装在铣床主轴上，铣削至尺寸要求。主轴转速 n = 190r/min，v_f = 118mm/min。三角花键的齿数为20，所以每次分度时手柄转过2整转。

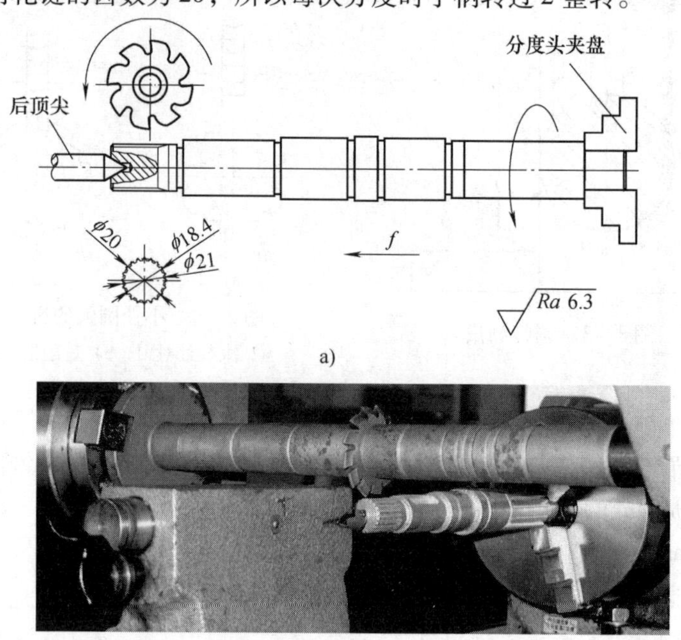

图3-76　三角花键槽的铣削

a）三角花键的铣削要求　b）三角花键槽的铣削方法

（4）钳工去毛刺并检验　钳工用锉刀去除毛刺，检验零件的加工精度，确定是否合格。

3.4.5　知识链接——花键分类；铣床夹具

1. 花键的分类

花键的类型有矩形花键、渐开线花键和三角形花键。其中以矩形花键的应用最广；渐开线花键用于载荷较大，定心精度要求较高，以及尺寸较大的联接；三角形花键则多用于轻载和直径较小的静联接，特别适用于轴与薄壁零件的联接。

花键联接是由内花键（花键孔）和外花键（花键轴）两个零件组成的。花键联接与平键联接相比，具有导向性好和定心精度高等优点。同时，由于键数目多、键与轴、键与轮毂制成一体，轴和轮毂之间传递的载荷较大，多用于传递较大转矩和配合件间有轴向相对移动的场合，在机械制造中应用广泛。

2. 铣床夹具的类型

铣床夹具是在铣削加工中确定工件在机床上、工件与刀具之间具有相对正确位置的专用工艺装备。与其他夹具类同，铣床夹具的组成也有夹具体、定位元件和夹紧元件等部分。

按铣削加工的进给方式，铣床夹具分为直线进给式、圆周进给式和机械仿形进给靠模式三种类型。

（1）直线进给铣床夹具　这类夹具安装在铣床工作台上，加工中同工作台一起按直线进给方式运动。

（2）圆周进给铣床夹具　圆周进给铣床夹具多用在有回转工作台或回转鼓轮的铣床上，依靠回转工作台或鼓轮的旋转将工件顺序送入铣床的加工区域，以实现连续切削。

（3）机械仿形进给靠模铣床夹具　这种夹具安装在卧式或立式铣床上，利用靠模使工件在进给过程中相对铣刀同时做轴向和径向直线运动，来加工直纹曲面或空间曲面，它适用于中小批量的生产规模。

3.4.6　中级工职业技能证书试题及思考题

1. 铣削花键轴

准备考核用的工具、夹具、刀具、量具：万能分度头、顶尖座、带拨盘的前顶尖、百分表及磁力表座、游标卡尺、千分尺、铣刀以及其他辅助工具。

带键槽的花键轴如图3-77所示，其考核项目及参考评分标准见表3-13。

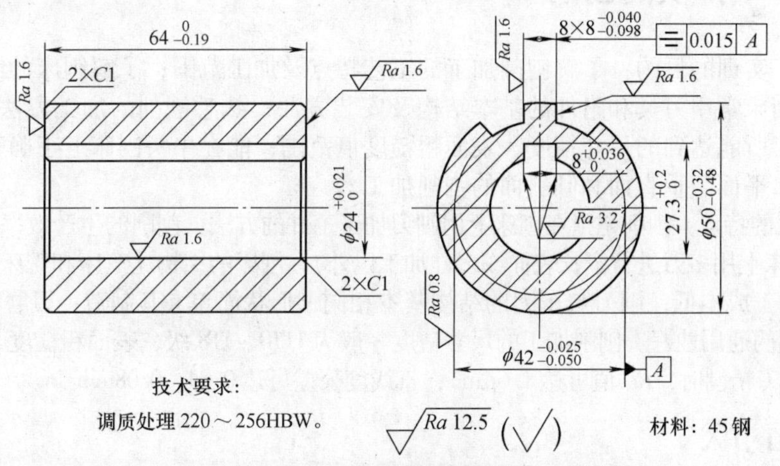

图3-77　带键槽的花键轴

表3-13　键槽铣削加工的考核项目及参考评分标准

序号	项　目	考核内容	参考分值	检测结果（实得分）
1	外形尺寸	花键的小径 $\phi 42^{-0.025}_{-0.050}$mm、大径 $\phi 50^{-0.32}_{-0.48}$mm 和键宽 $8^{-0.040}_{-0.098}$mm	10 + 10 + 10	
2	几何公差	花键宽度的对称度0.015mm（8处）	2 × 8	
3	表面粗糙度	花键的小径 *Ra*0.8μm（8处）、花键的键侧 *Ra*1.6μm（16处）、*Ra*12.5μm（其余）	2 × 8 + 0.5 × 16 + 5	
4	操作调整和测量	铣刀的选择和对刀方法，计算铣削的吃刀量；零件、机床和夹具的调整；计算分度头手柄转数，进行分度头的调整和计算；测量方法和测量技巧	15	
5	其他考核项	安全文明实习，各种量具、夹具、铣刀等应妥善保管，并注意对铣床的维护和保养	10	
		合计	100	

2. 思考题

1）花键的定心方式有哪些？如何根据其定心方式选择加工方法？

2）简述花键轴的键槽铣削步骤，以及在加工过程中是如何对刀的。

3）在铣削花键时，如何选用铣削刀具？

4）铣削单键的对刀方法有哪些？

模块 4　刨削与插削加工

刨削与插削加工的安全要求（其余参照车工实习）：工件和刀具必须装夹牢固，以防发生事故；起动刨床后，不能开机测量工件；工作台和滑枕的调整不能超过极限位置；多人共用一台刨床时，只能一人操作，并注意他人的安全。

项目 4.1　V 形块的刨削

刨削加工实训的目的：了解刨削加工的工艺特点及加工范围；了解刨床的组成、运动和用途，掌握刨床常用刀具和附件的基本结构及安装方法；熟悉刨削的加工方法和测量方法，以及刨削加工所能达到的尺寸精度、表面粗糙度值范围；能在牛头刨床上正确安装工件、刀具，并完成水平面、垂直面和倾斜面的刨削加工。

刨削加工的特点：刨削是指在刨床上用刨刀加工工件的方法。刨削的生产效率一般低于铣削（除在龙门刨床上用多刀进行窄长表面或多件加工以外）；刨床的结构比车床和铣床简单，调整和操作简便，加工成本低；刨刀与车刀的结构基本相同，形状简单，其制造、刃磨和安装都很方便，因此刨削的通用性好。刨削加工的尺寸精度一般为 IT10 ~ IT8 级，表面粗糙度 *Ra* 值为 6.3 ~ 1.6μm（用宽刀精刨时，*Ra* 值可达 1.6μm），直线度公差可达 0.04 ~ 0.08mm/m。

4.1.1　项目引入

需刨削的 V 形块（钻模的 V 形定位块）如图 4-1 所示。识读零件加工的尺寸精度、几

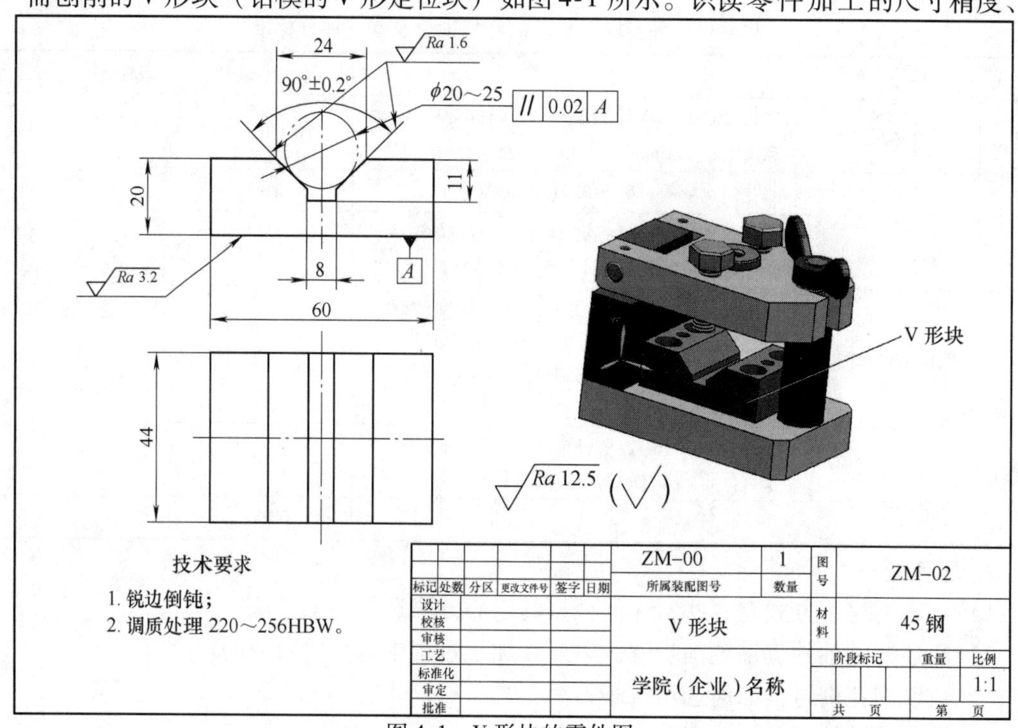

图 4-1　V 形块的零件图

何精度和表面粗糙度要求，并分析其适于刨削加工的外形特点。

4.1.2 项目分析

1）熟练 B6065 牛头刨床的操作方法，进行停车、开车操作练习。

2）根据工件外形、加工尺寸及精度要求，确定加工步骤和方法。

① 刨削长方体。毛坯外形尺寸及六面刨后尺寸分别如图 4-2a、b 所示，方铁刨削的步骤和方法参见铣削实训中的表 3-4 所列，保证长方体 6 个平面间的平行度和垂直度（按未注几何公差标准）、尺寸及表面粗糙度要求。

② 刨削 V 形槽。V 形槽的刨削加工过程图解见表 4-1，要求保证 V 形槽的平行度、角度及表面粗糙度。

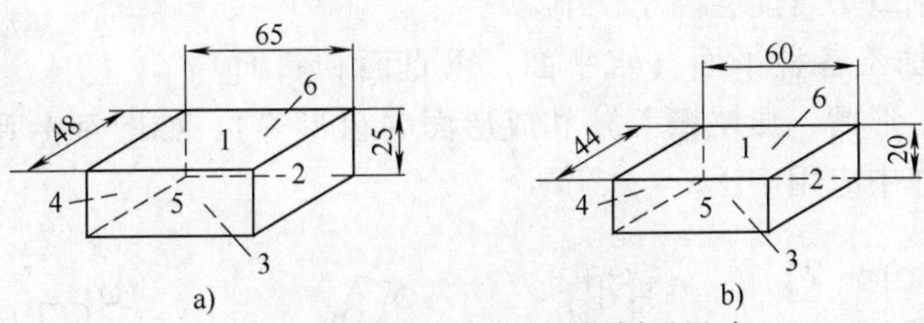

图 4-2 毛坯外形尺寸及六面刨后尺寸

a）毛坯外形尺寸 b）六面刨后尺寸

表 4-1 V 形槽的刨削加工过程图解

序号及名称	图解	加工内容	工具刃具量具
1. 划线，打样冲		在工件上划出 V 形槽的加工线	划线平台，划针，钢直尺，90°角尺，游标高度尺，锤子和样冲
2. 粗刨削		装夹找正工件后，粗刨削去除大部分加工余量	机用平口钳；刨刀
3. 刨底部直角槽		用切刀加工出 V 形槽底部的直角槽，以便于刨削斜面	机用平口钳；切刀
4. 分别刨削二斜面		倾斜刀架及滑板座至 45° 角，装上偏刀，按刨削外斜面的方法刨削 V 形槽的两个斜面，如果精度不能满足要求，需进行样板刀精刨	机用平口钳；偏刀，样板刀
5. 测量检测 V 形槽		用万能游标量角器或样板检测 V 形槽斜面夹角 β，计算 V 形槽夹角	万能游标量角器或样板
		将直径为 d 的量棒放入 V 形槽，量棒中心略高于 V 形块上表面，用深度尺测量 L_1，计算的相对尺寸 L	深度尺，量棒

4.1.3 相关知识——工件装夹；刨刀安装；刨削用量

1. 刨削的加工范围

在牛头刨床上加工时，刨刀做纵向往复直线运动，工件随工作台作横向间歇运动，如图 4-3 所示。刨削效率较低的原因：刨刀在切入和切出时产生冲击和振动，限制了切削速度的提高；刨削回程速度虽高但不切削，增加了加工时的辅助时间；刨削用的刨刀属单刃刀具。刨削的生产效率一般低于铣削，但对于窄长表面的加工，如在龙门刨床上采用多刀或多工件装夹加工时，刨削效率可能会高于铣削。

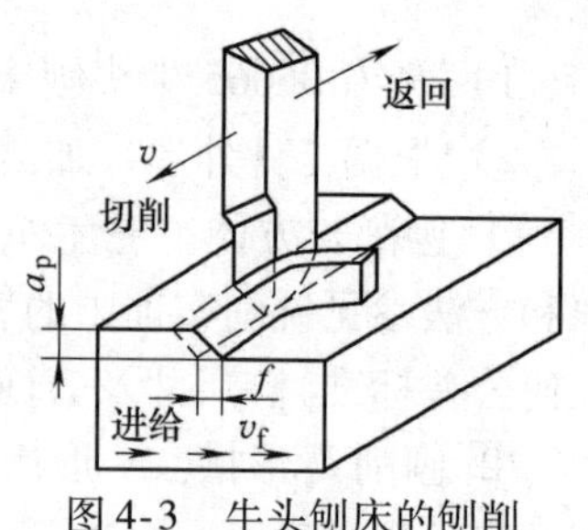

图 4-3　牛头刨床的刨削运动和切削用量

刨削主要用于加工各种平面（水平面、垂直面和斜面）、各种沟槽（直槽、T 形槽、燕尾槽等）和成形面（齿形等），如图 4-4 所示。刨削在单件、小批生产和修配工作中应用广泛。

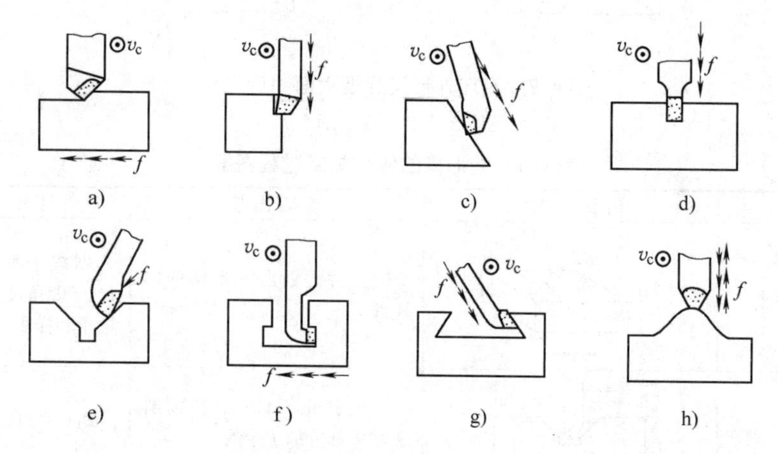

图 4-4　刨削的加工范围

a）刨水平面　b）刨垂直面　c）刨斜面　d）刨直槽　e）刨 V 形槽　f）刨 T 形槽　g）刨燕尾槽　h）刨成形面

2. 工件的装夹方法

工件在刨床上的装夹方法视工件的形状尺寸和生产批量而定，常用的有平口钳装夹、压板装夹和专用夹具装夹（用于大批量生产）等。用压板装夹工件的方法如图 4-5 所示，工件夹紧后，要用划线盘复查加工线与工作台的平行度或垂直度。

图 4-5　用压板装夹工件

用压板安装时必须注意压板及压点的位置要合理，垫铁高度要合适，以防止工件松动而破坏定位，如图 4-6 所示。刨削时装夹工件的方法与铣削类似，可参照铣床中工件的安装及铣床附件所讲的内容。

3. 刨刀的安装

如图 4-7 所示，在安装加工水平面用刨刀前，首先应松开转盘螺钉，调整转盘对准零线，以便准确控制背吃刀量。然后转动刀架进给手柄，使刀架下端面与转盘底侧基本相对，以增加刀架的刚性，减少刨削中的冲击振动。然后将刨刀插入刀夹内，其刀头不要伸出太长（直头刨刀伸出长度一般为刀杆厚度的1.5～2倍，弯头刨刀伸出长度可稍长些，以弯曲部分不碰刀座为宜），以增加刚性，防止刨刀弯曲时损伤已加工表面，拧紧刀夹螺钉将刨刀固定。另外，如果需调整刀座偏转角度，可松开刀座螺钉，转动刀座。装刀或卸刀时，应使刀尖离开工件表面，以防损坏刀具或者擦伤工件表面；必须一只手扶住刨刀，另一只手使用扳手，用力方向自上而下，否则容易将抬刀板掀起，碰伤或夹伤手指。

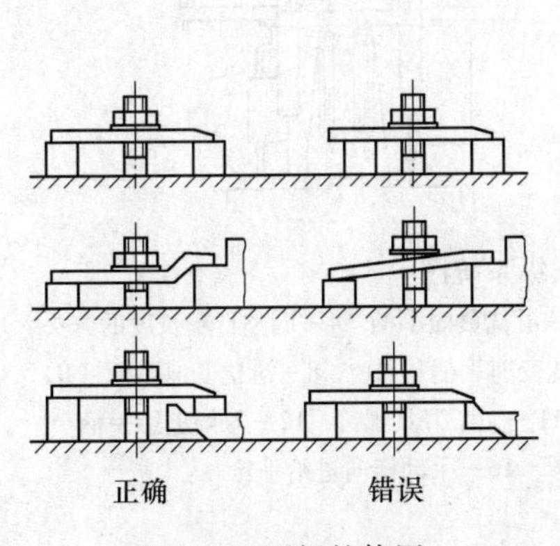

图4-6　压板的使用

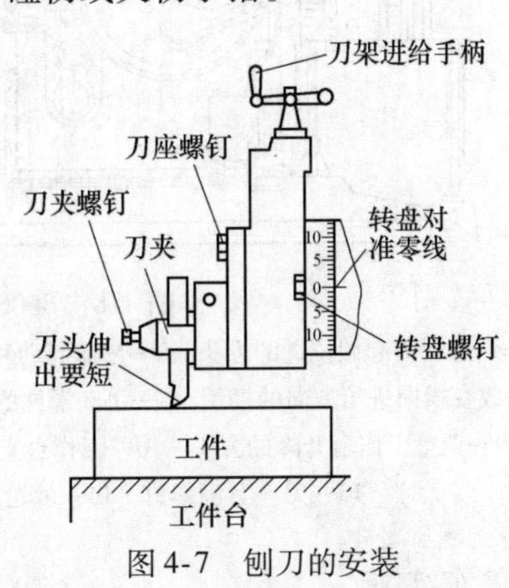

图4-7　刨刀的安装

4. 刨削运动和刨削用量

（1）刨削运动　牛头刨床刀具的往复直线运动使刀具和工件之间产生相对运动，使刀具移向工件，是刨削的主运动。进给运动是由机床或人力提供的运动，例如在刨削过程中，牛头刨床工作台带动工件的纵向、横向或垂直移动。在牛头刨床上加工水平面时，工件装夹在工作台上，刨刀向前运动时，切除工件表面上的切削层（切屑）；当刨刀返回运动时，工件相对刀具横向位移，使刨刀再次前进时，可以继续切除切削层。刨刀前进时切下切屑的行程称为工作行程，返程时不切削称为空行程。空行程时刨刀抬起，可避免刀具和工件间的摩擦。

（2）刨削方式及刨削用量　刨削方式及刨削用量的选择见表4-2。

表4-2　刨削方式及刨削用量的选择

刨刀类型	加工方式	表面粗糙度 $Ra/\mu m$	背吃刀量 a_p/mm	进给量 $f/(mm/行程)$
普通刨刀	粗加工	12.5	≤3	0.5～1.5
	半精加工	6.3	≤2	0.3～0.8
		3.2	≤1	0.2～0.6
		1.6	0.1～0.3	0.1～0.2
宽刃刨刀	磨前加工	3.2	0.2～0.5	1～4
	最后加工	1.6	0.05～0.15	1～2.5

4.1.4　项目实施

1. 刨床空载操作练习

B6065牛头刨床操纵系统如图4-8所示。

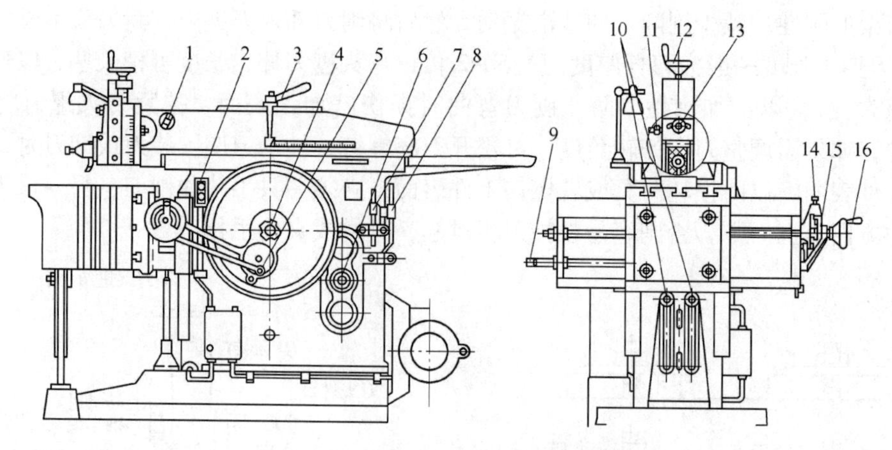

图 4-8　B6065 牛头刨床操纵系统图

1—调整行程起始位置的方头　2—刨床起动和停止按钮　3—滑枕紧固手柄　4—调整行程长度的方头　5—改变横向进给方向的插销　6—手动滑枕的方头　7—滑枕变速手柄（A）　8—滑枕变速手柄（B）　9—调整工作台升降的方头　10—工作台支架夹紧螺钉　11—夹紧刀具螺钉　12—刀架进给手柄　13—刀座紧固螺钉　14—棘轮爪　15—棘轮罩　16—手动横向进给手轮

（1）停车练习

1）手动工作台及滑枕的移动。转动手动横向进给手轮 16，带动工作台丝杠转动，由于丝杠轴向固定，所以与丝杠配合的螺母带动工作台沿横梁的水平导轨横向移动。顺时针转动手轮 16，工作台远离操作者，反之工作台移近操作者。用扳手转动调整工作台升降的方头 9，便可通过一对锥齿轮的传动使垂直进给丝杠转动，因其轴向固定，故使螺母带动工作台沿床身垂直导轨作上下移动。顺时针转动方头 9，工作台上升，反之工作台下降。用扳手转动手动滑枕的方头 6，可使滑枕沿床身水平导轨往复移动。

2）小刀架的吃刀、退刀移动。转动刀架进给手柄 12，可通过丝杠螺母的传动带动小刀架垂直上下移动。顺时针转动手柄 12，小刀架向下吃刀，反之小刀架向上退回。小刀架丝杠螺距 $P=5\mathrm{mm}$（单线），即手柄 12 转一转时，小刀架移动 5mm。小刀架的刻度盘上一周分布有 50 个小格，手柄每转一小格，则小刀架移动 0.1mm。

（2）低速开车练习

1）滑枕移动速度的调整。停车时，变换滑枕变速手柄 7 和 8 的位置，在得到较低的移动速度后，按下机床的起动按钮 2（上），观察滑枕的低速移动情况。接着再停车，即按下机床的停止按钮 2（下）。再次变换手柄 7 和 8 的位置，再开车，观察滑枕以较高速度移动的情况。

2）行程起始位置的调整。停车时，松开滑枕紧固手柄 3，用扳手转动调整行程起始位置的方头 1 后，再旋紧滑枕紧固手柄 3，然后开车观察行程起始位置的变化。顺时针转动方头 1，滑枕起始位置向后移动，反之向前移动。

3）行程长短的调整。停车时，用扳手转动调整行程长度的方头 4，即改变滑块的偏心位置，使滑枕的行程长度发生改变，然后开车观察行程长度的变化。顺时针转动方头 4，滑枕的行程长度变长，反之行程长度变短。

4）进给量的调整。调整棘轮罩 15 的位置，即改变棘轮爪每次摆动而拨动棘轮的齿数，从而改变进给量。每次拨动棘轮的齿数越少，进给量就越小，反之进给量越大。

2. V 形块的刨削加工

（1）准备工作

1）工件毛坯。材料为 45 钢，下料尺寸为 65mm × 48mm × 25mm。

2）设备及刀具。B6065 型牛头刨床、刨刀、切刀、偏刀、样板刀。

3）夹具及工具。机用平口钳、垫铁、圆棒、划线平台、划针、锤子、样冲、纯铜棒等。

4）量具。钢直尺、90°角尺、游标高度尺、游标量角器（或样板）、量棒。

（2）刨削加工　操作前，校验平口钳，使平口钳的定钳口与刨床的进给方向垂直；检验牛头刨床各部位的运转情况，按要求对润滑部位润滑，保证机床运行平稳、正常。

1）水平面的刨削。刨削水平面的顺序如下：

① 按要求，正确安装刀具和工件。

② 调整工作台的高度，使刀尖轻微接触工件上表面。

③ 调整滑枕的行程长度和起始位置。

④ 根据工件材料、形状、尺寸等要求，合理选择切削用量。粗刨时用平面刨刀，精刨时用圆头刨刀。刨刀的切削刃圆弧半径为 $R3 \sim R5$mm，背吃刀量 $a_p = 0.2 \sim 2$mm，进给量 $f = 0.33 \sim 0.66$mm/行程，切削速度 $v_c = 17 \sim 50$m/min。粗刨时背吃刀量和进给量取大值而切削速度取低值，精刨时则相反。

2）V 形槽的刨削。刨 V 形槽的方法如图 4-9 所示，先按刨平面的方法把 V 形槽粗刨出基础形状，如图 4-9a 所示；然后用切刀刨 V 形槽底的直角槽，如图 4-9b 所示；再按刨斜面的方法用偏刀刨 V 形槽的两斜面，如图 4-9c 所示；最后用样板刀精刨至图样要求的尺寸精度和表面粗糙度，如图 4-9d 所示。

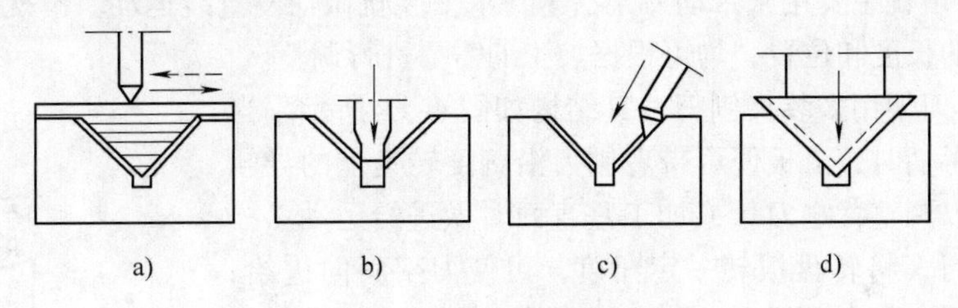

图 4-9　V 形槽的刨削方法

a）刨平面　b）刨直角槽　c）刨斜面　d）样板刀精刨

3. 刨削的操作要点

1）在进行滑枕移动速度、行程起始位置、行程长度的调整时，必须停车，以防止发生事故。如在调整过程中某手柄没有调整到位，可在瞬时起动后，再重新调整。

2）滑枕的行程位置、行程长度在调整中不能超过极限位置，工作台的横向移动也不能超过极限位置，以防止滑枕和工作台在导轨上脱落。

4.1.5　知识链接——刨床；刨刀；刨垂直面和斜面

1. 牛头刨床

刨床可分为牛头刨床和龙门刨床两大类。牛头刨床适合于加工中小型工件，其最大的刨削长度一般不超过 1000mm。

（1）牛头刨床的组成　牛头刨床主要由床身、滑枕、刀架、工作台和横梁等组成，因其滑枕和刀架形似牛头而得名，常见牛头刨床型号有B6035、B6065、B6090，图4-10所示为B6065牛头刨床的外形及结构。

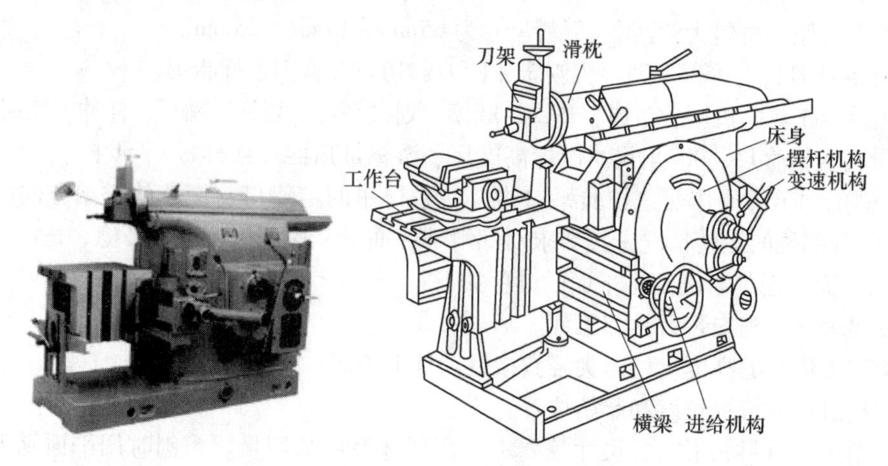

图4-10　B6065牛头刨床的外形及结构

刨床B6065编号的意义是：B——分类代号：刨床类机床；60——组、系代号：牛头刨床；65——主参数：最大刨削长度的1/10，即最大刨削长度为650mm。

1）床身。床身用来支撑和连接刨床的各部件，其顶面水平导轨供滑枕带动刀架进行往复直线运动，其侧面的垂直导轨供横梁带动工作台升降。床身内部有齿轮变速机构和摆杆机构，以改变滑枕的往复运动速度和行程长度。

2）滑枕。滑枕主要用来带动刀架沿床身水平导轨做往复直线运动。滑枕往复直线运动的快慢、行程的长度和位置，均可根据加工的需要进行调整。

3）刀架。刀架用来装夹刨刀，其结构如图4-11所示。当转动刀架进给手柄时，滑板便可带着刨刀沿刻度转盘上的导轨上、下移动，以调整背吃刀量或加工垂直面时做进给运动。松开转盘上的螺母，将转盘扳转一定角度，可使刀架斜向进给，以加工斜面。刀座装在滑板上，抬刀板可绕刀座上的销轴向上抬起，以使刨刀在返回行程时离开工件已加工表面，减少刀具与工件之间的摩擦。

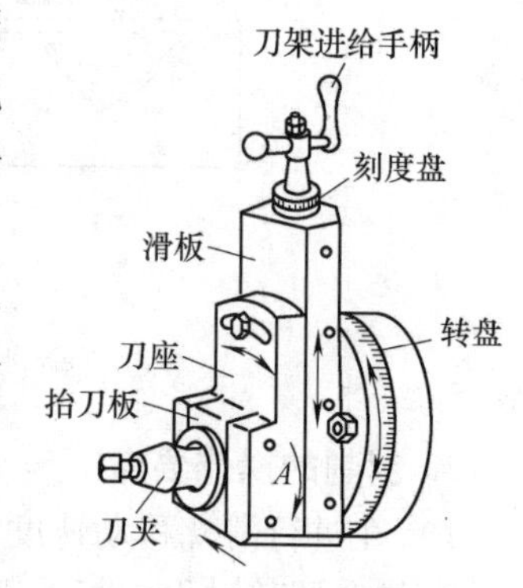

图4-11　刀架的结构

4）工作台。工作台用来安装工件，其台面上的T形槽可穿入螺栓来装夹工件或夹具。工作台可随横梁在床身的垂直导轨上做上下调整，同时也可沿横梁导轨做水平移动或间歇进给运动。

（2）牛头刨床的传动系统　B6065型牛头刨床的传动系统主要包括摆杆机构和棘轮机构。

1）摆杆机构。摆杆机构的作用是将电动机传来的旋转运动变为滑枕的往复直线运动，其结构如图4-12所示。摆杆上端与滑枕内的螺母相连，下端与支架相连。摆杆齿轮上的偏心滑块与摆杆上的导槽相连，当摆杆齿轮由小齿轮带动旋转时，偏心滑块就在摆杆的导槽内上、下滑动，从而带动摆杆绕支架中心左右摆动，于是滑枕便做往复直线运动。摆杆齿轮转

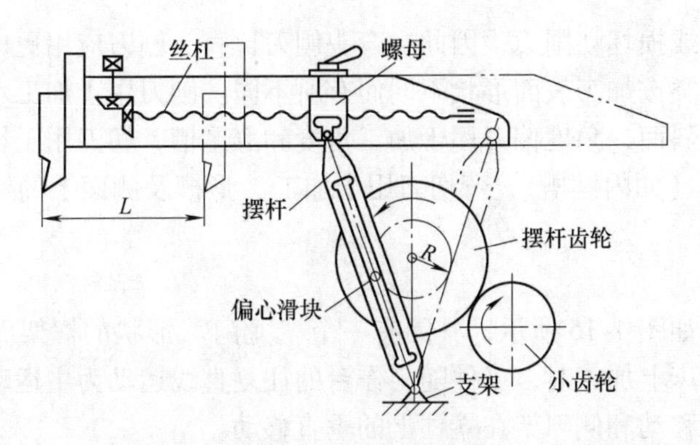

图 4-12　摆杆机构

动一周，滑枕带动刨刀往复运动一次。

2）棘轮机构。棘轮机构的作用是使工作台在滑枕完成回程与刨刀再次切入工件之前的瞬间，做间歇横向进给运动，横向进给机构如图 4-13a 所示，棘轮机构如图 4-13b 所示。

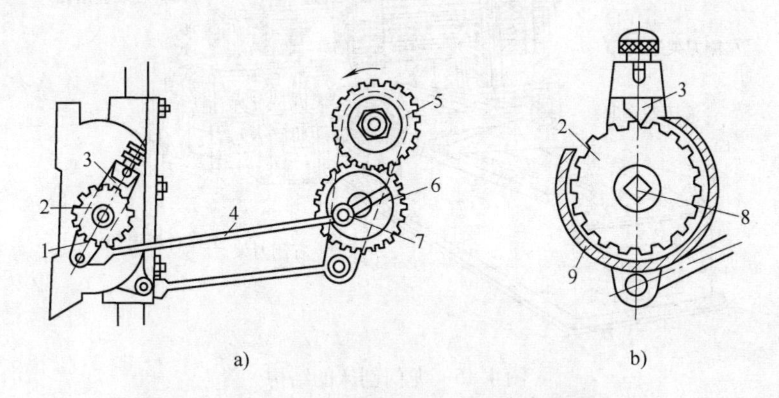

图 4-13　牛头刨床横向进给机构与棘轮机构

a）横向进给机构　b）棘轮机构

1—棘爪架　2—棘轮　3—棘爪　4—连杆　5、6—齿轮　7—偏心销　8—横向丝杠　9—棘轮罩

齿轮 5 与摆杆齿轮一体，摆杆齿轮逆时针旋转时，齿轮 5 带动齿轮 6 转动，使连杆 4 带动棘爪 3 逆时针摆动。棘爪 3 逆时针摆动时，其上的垂直面拨动棘轮 2 转过若干齿，使横向丝杠 8 转过相应的角度，从而实现工作台的横向进给。而当棘轮顺时针摆动时，由于棘爪后面为一斜面，只能从棘轮齿顶滑过，不能拨动棘轮，所以工作台静止不动，这样就实现了工作台的横向间歇进给。

2. 刨刀的特点及种类

刨刀的几何形状与车刀相似，但刀杆的截面积比车刀大 1. 25 ~ 1. 5 倍，以承受较大的冲击力。刨刀的前角 γ_o 比车刀稍小，刃倾角取较大的负值，以增加刀头的强度。刨刀的一个显著特点是刨刀的刀头往往做成弯头，图 4-14a、b 所示分别为弯头刨刀和直头刨刀。做成弯头的目的是为了当刀具碰到工件表面上的硬点时，刀头能绕点 O 向后上方弹起，使切削刃离开工件表面，不会啃

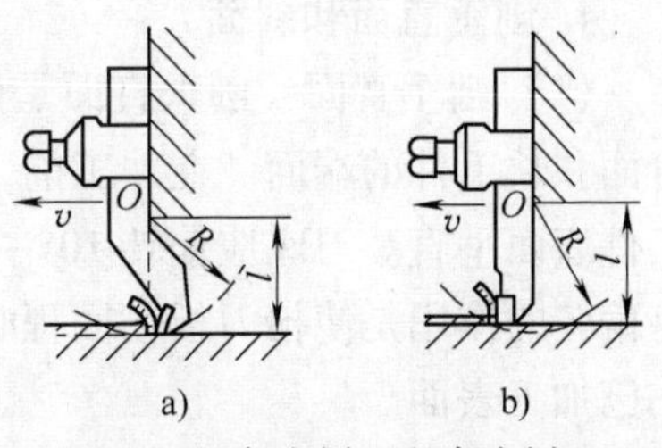

图 4-14　弯头刨刀和直头刨刀

a）弯头刨刀　b）直头刨刀

入工件的已加工表面或损坏切削刃，因此，弯头刨刀比直头刨刀应用更广泛。

刨刀的形状和种类按加工表面形状不同而有所不同。刨刀用于加工水平面，偏刀用于加工垂直面、台阶面和斜面，角度偏刀用于加工角度和燕尾槽，切刀用于切断或刨沟槽，内孔刀用于加工内孔表面（如内键槽），弯切刀用于加工 T 形槽及侧面上的槽，成形刀用于加工成形面。

3. 龙门刨床

龙门刨床的结构如图 4-15 所示，其因有一个“龙门”形状的框架而得名。与牛头刨床不同的是，在龙门刨床上加工时，工件随工作台的往复直线运动为主运动，进给运动是垂直刀架沿横梁上的水平移动和侧刀架在立柱上的垂直移动。

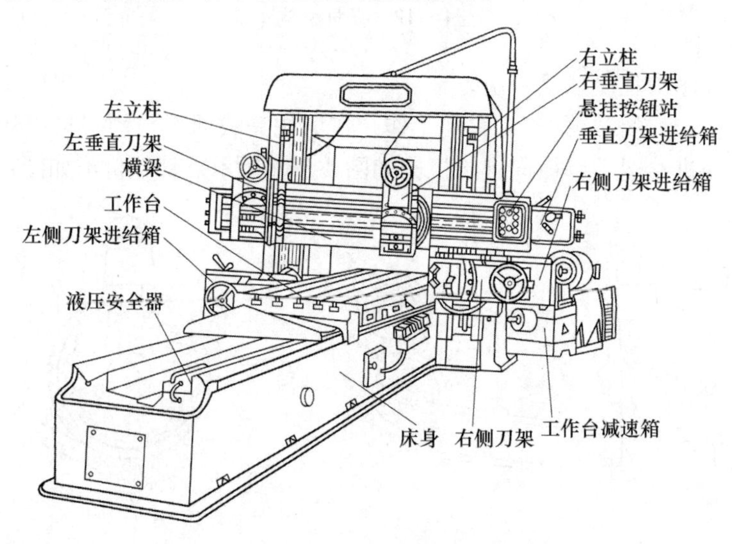

图 4-15　龙门刨床的结构

龙门刨床适用于刨削大型工件，工件长度可达几米、十几米，甚至几十米。也可在工作台上同时装夹多个中、小型工件，用多把刀具同时加工，所以生产效率较高。龙门刨床特别适于加工各种水平面、垂直面及各种平面组合的导轨面、T 形槽等。

龙门刨床的主要特点是：自动化程度高，各主要运动的操纵都集中在机床的悬挂按钮站和电气柜的操纵台上，操纵十分方便；工作台的工作行程和空回行程可在不停车的情况下实现无级变速；横梁可沿立柱上下移动，以适应不同高度工件的加工；所有刀架都有自动抬刀装置，并可单独或同时进行自动或手动进给，垂直刀架还可转动一定的角度，用来加工斜面。

4. 刨垂直面和斜面

（1）刨垂直面　刨垂直面是用刀架做垂直进给运动来加工平面的方法，常用于加工台阶面和长工件的端面。在加工前，要调整刀架转盘的刻度线使其对准零线，以保证加工面与工件底面垂直。刀座应偏转 10°～15°，使其上端面偏离加工面的方向，如图 4-16 所示。刀座偏转的作用是使抬刀板在回程时携带刀具抬离工件的垂直面，以减少刨刀的磨损和避免划伤已加工表面。

（2）刨斜面　零件上的斜面分为内斜面和外斜面两种。刨斜面时通常把刀架和刀座分别倾斜一定的角度，从上向下倾斜进给进行刨削，称为倾斜刀架法，如图 4-17 所示。

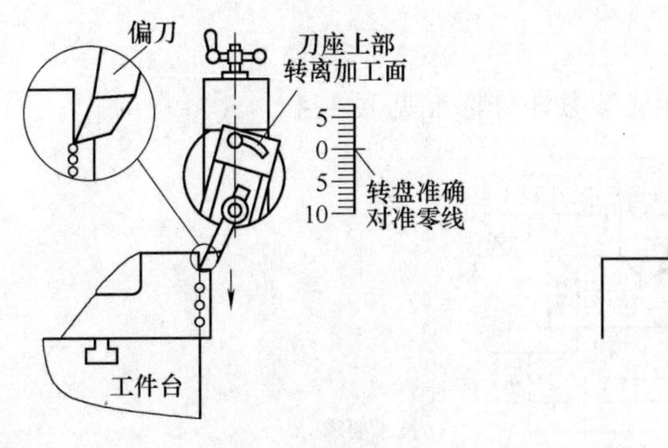

图 4-16　刨垂直面

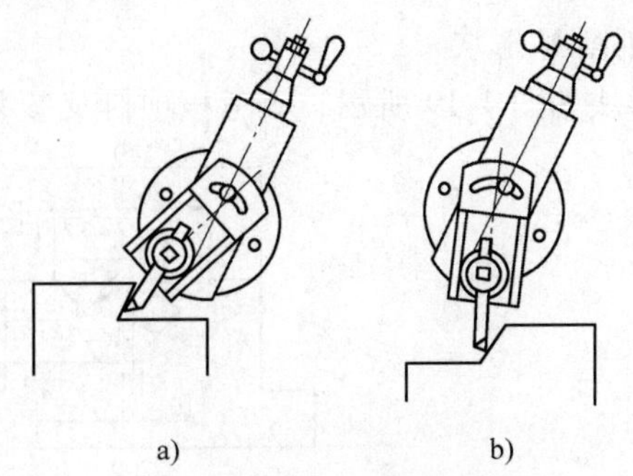

图 4-17　倾斜刀架法刨斜面
a）刨内斜面　b）刨外斜面

4.1.6　中级工职业技能证书试题及思考题

1. 刨削 T 形块

T 形块如图 4-18 所示，其考核项目及参考评分标准见表 4-3。

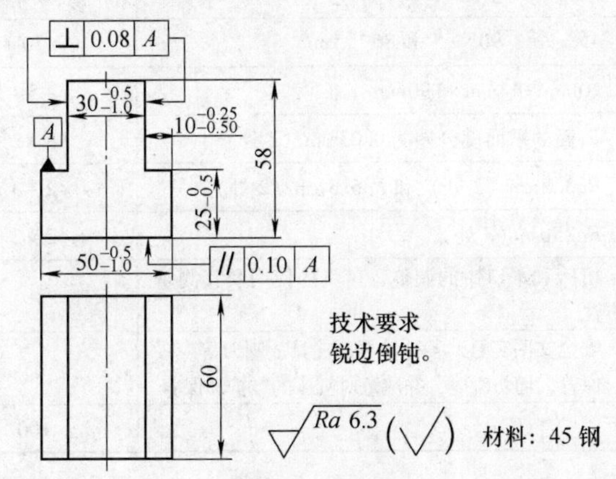

图 4-18　T 形块

表 4-3　T 形块刨削加工的考核项目及参考评分标准

序　号	项　目		考 核 内 容	参 考 分 值	检测结果（实得分）
1	外形尺寸	主要	$10_{-0.50}^{-0.25}$mm（2 处）和$25_{-0.5}^{0}$mm（2 处）	10×2+5×2	
		一般	$30_{-1.0}^{-0.5}$mm、$50_{-1.0}^{-0.5}$mm 和 58mm	5+5+5	
2	几何公差		30mm 两侧对基准面 A 的垂直度公差 0.08mm；底面对基准面 A 的平行度公差 0.10mm	5×2+5	
3	表面粗糙度		Ra12.5μm	10	
4	操作调整和测量		机床和平口钳的调整，量具的使用及其测量方法	15	
5	其他考核项		安全文明实习，各种量具、夹具、刨刀等应妥善保管，切勿碰撞，并注意对刨床的维护和保养	15	
合计				100	

2. 刨削V形块

V形块如图4-19所示，其考核项目及参考评分标准见表4-4。

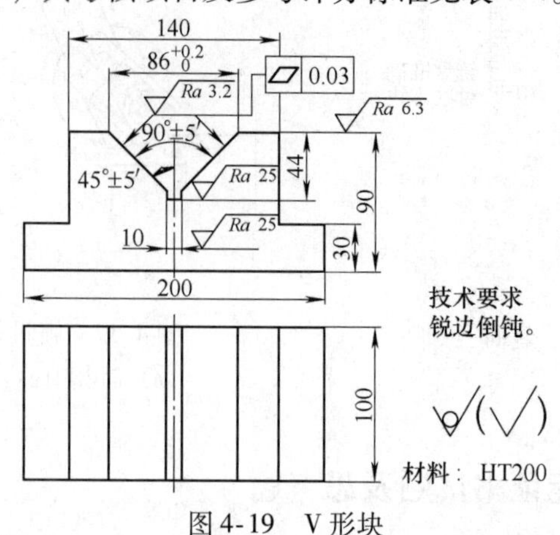

图4-19　V形块

表4-4　V形块刨削加工的考核项目及参考评分标准

序　号	项　　目		考 核 内 容	参 考 分 值	检测结果（实得分）
1	外形尺寸	主要	45°±5′、90°±5′和$86^{+0.2}_{0}$mm	10+10+10	
		一般	10mm、44mm和90mm	5+5+5	
2	几何公差		斜面的平面度公差为0.03mm（2处）	5×2	
3	表面粗糙度	主要	*Ra*3.2μm（2处）和*Ra*6.3μm（2处）	4×2+3×2	
		一般	*Ra*25μm（3处）	2×3	
4	操作调整和测量		机床和平口钳的调整，量具的使用及其测量方法	10	
5	其他考核项		安全文明实习，各种量具、夹具、刨刀等应妥善保管，切勿碰撞，并注意对刨床的维护和保养	15	
合计				100	

3. 思考题

1）如何在刨床上刨削水平面？

2）刨削运动的主运动与进给运动分别是什么？

3）刨削的主要加工范围是什么？

4）牛头刨床主要由哪几部分组成？各有何作用？刨削前需如何调整？

5）牛头刨床刨削平面时的间歇进给运动是靠什么实现的？

6）牛头刨床的滑枕往复速度、行程起始位置、行程长度、进给量是如何调整的？

7）常见的刨刀有哪几种？试分析切削量大的刨刀为什么做成弯头的。

8）刀座的作用是什么？刨削垂直面和斜面时，如何调整刀架的各个部分？

9）滑枕往复直线运动的速度是如何变化的？为什么？

项目4.2　齿轮键槽的插削

插削加工实训的目的：了解插削加工的工艺特点及加工范围；了解常用插床的组成、运动和用途；了解插床常用刀具和附件的基本结构；了解插削的加工方法和测量方法，以及插削加工所能达到的尺寸精度、表面粗糙度值范围；能在插床上正确安装工件、刀具，并完成键槽等的插削。

插削工作的特点：插削是指在插床上用插刀加工工件的方法。插削和刨削的切削方式基本相同，只是插削是在竖直方向上进行切削的，因此，可以认为插床是一种立式的刨床，插削的刀具装夹方法、工件装夹方法、切削用量可参照刨削加工。插床主要用来加工工件的内表面，如键槽、内花键、多边形孔等。插削加工的生产效率很低，只能用于单件、小批量生产。插削加工的尺寸精度一般为 IT11 ~ IT9，表面粗糙度 *Ra* 值为 12.5 ~ 3.2μm。

4.2.1 项目引入

齿轮零件的加工要求如图 4-20 所示，确定插削加工键槽的尺寸、几何公差及表面粗糙度要求。

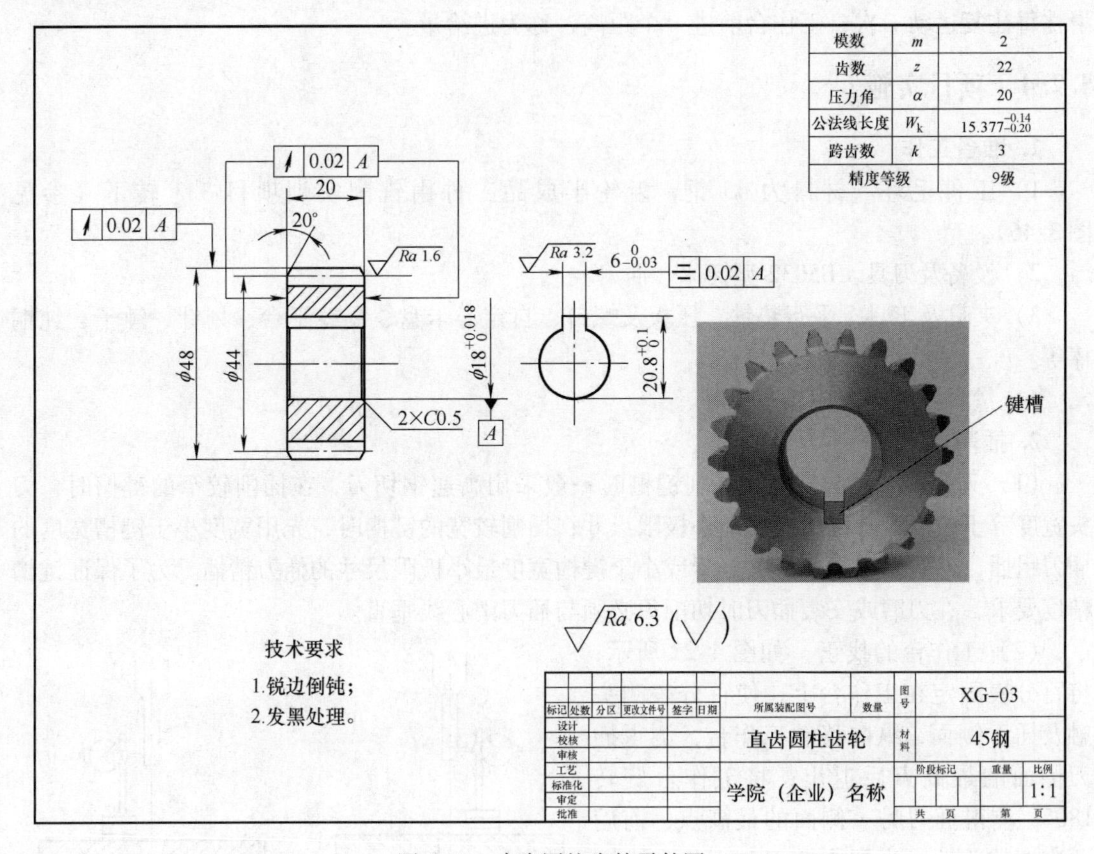

图 4-20 直齿圆柱齿轮零件图

4.2.2 项目分析

齿轮的齿形已在铣削实训中完成，只有键槽还未加工。根据零件图要求，确定采用 B5032 插床，以压板夹具装夹工件（也可根据实训情况选择其他夹具），用百分表找正工件与插刀在键槽宽度方向的相对位置，并保证工件水平，按操作要求完成孔内键槽的插削加工。

4.2.3 相关知识——插削加工

1. 插削的加工范围

插床主要用于单件、小批量生产中，用于插削工件的内表面，如多边形的孔、孔内键槽、花键槽，以及8°以内的倾斜面和斜键槽。在其他机床上难以加工的特殊形状工件的内外表面、直素线曲面和需要进行分度的工件，都可以在插床上进行加工。

在插床上加工内表面比刨床方便，但插刀的刀杆刚性差，为防止“扎刀”，前角不宜过大，因此插削的加工精度比刨削低。

2. 插削运动

（1）主运动　插床的主运动是指滑枕在垂直方向的往复直线运动。

（2）进给运动　B5032型插床的进给运动是间歇的，是在滑枕向下运动的瞬间进行的。滑枕每往复运动一次，工作台前进一个距离，称为进给量。

4.2.4 项目实施

1. 准备工作

1）工件毛坯。材料为45钢，齿轮半成品工件由铣削实训项目3.3转下（参见图3-46）。

2）设备及刀具。B5032型插床、插刀。

3）夹具及工具。平行垫铁、压板及螺钉、自定心卡盘、划线平台、划针、锤子、纯铜棒等。

4）量具。游标卡尺、塞规等。

2. 插削加工

（1）刀具的选用与安装　插削键槽时一般采用高速钢切刀，在插削较窄的键槽时，刀头宽度等于或略大于键槽宽度最小极限尺寸；插削较宽的键槽时，先用宽度小于键槽宽度的插刀粗插，然后用切削刃宽度等于或小于键槽宽度最小极限尺寸的插刀精插。为了保证键槽精度要求，在刃磨或安装插刀时切削刃必须与插刀中心线垂直。

（2）工作台的找正　如图4-21所示，将百分表固定在工作台上，使百分表测头触及插刀侧面，纵向移动工作台，测得插刀侧面的最高点后退出；将工作台旋转180°，测得插刀另一侧面的最高点，前后两次读数差的一半即为插刀与工作台中心的不重合误差，根据此数值横向移动工作台至正确位置。对于精度要求不高的键槽，也可以将刀头贴紧孔的内表面，以划好的中心线为依据，观察插刀是否对准键槽的加工位置。

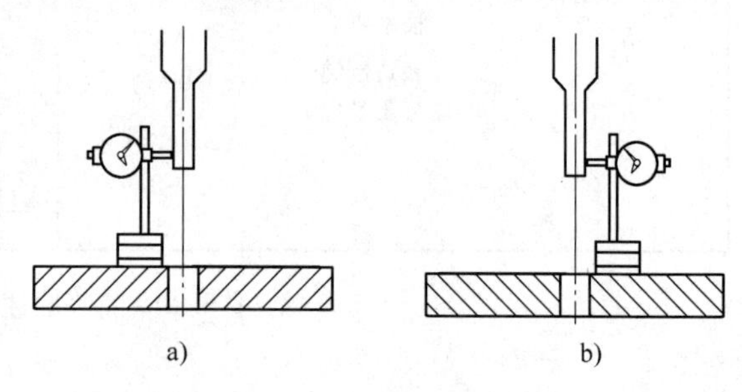

图4-21　工作台的找正

（3）工件的装夹　在插床的工作台上，用平行垫铁将工件固定在工作台面上，如图4-22所示。应保证工件的水平，在安装前要将工作台擦拭干净。

（4）工件的插削　工件的插削方式及插削运动如图 4-23 所示。在插削时先手动进给试插，插削至深度 0.5mm 时，停机检验键槽宽度及键槽对工件中心线的对称度。符合要求后继续插削至要求的深度，保证键深度的尺寸及公差要求。

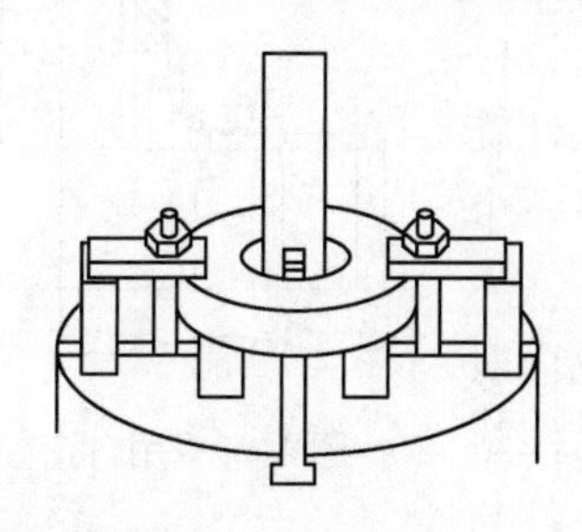
图 4-22　工件的装夹

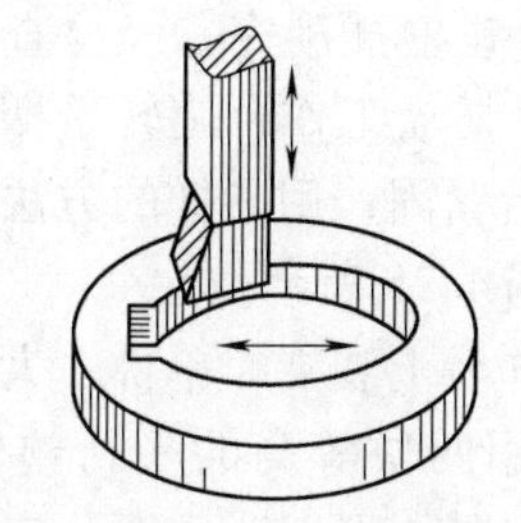
图 4-23　工件的插削加工

4.2.5　知识链接——插床；插削孔内的对称键槽和多角形

1. 插床

插床主要用于单件小批量生产中，插削与安装基面垂直的面，B5032 插床的外观如图 4-24 所示。滑枕带动插刀沿立柱在垂直方向所做的直线往复运动为主运动。工件安装在圆形的工作台上，通过下滑座及上滑座可分别做横向及纵向进给，圆工作台可绕垂直轴线旋转，完成圆周进给或通过分度盘实现分度（利用分度装置，圆工作台可进行圆周分度）。滑枕导轨座和滑枕一起可以绕销轴在垂直平面内相对立柱倾斜 0°～8°，以便插削斜槽和斜面。

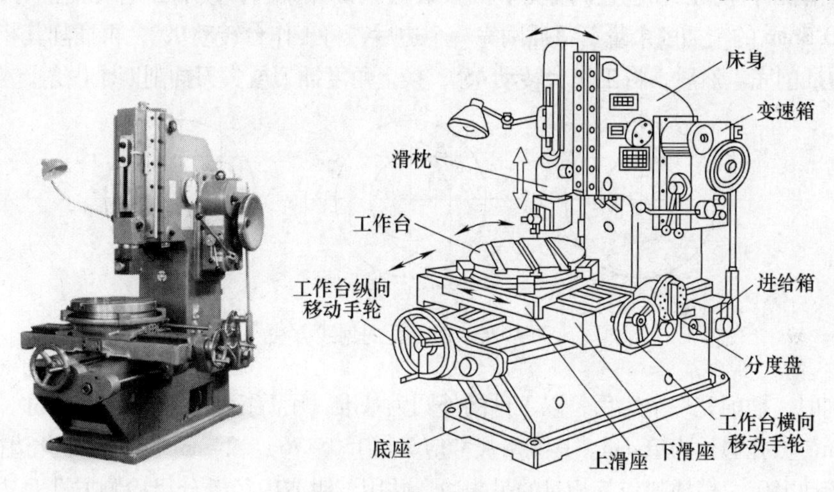

图 4-24　B5032 插床的外观

插床的主参数是最大插削长度，例如 B5032 插床的最大插削长度为 320mm，滑枕可调行程长度为 50～340mm。滑枕每分钟的往复次数有 20、32、50、80 四种速度。工作台直径为 630mm，纵向最大移动距离为 630mm，横向最大移动距离为 560mm。工作台纵向进给量为 0.05～1.24mm，回转进给量为 0.035°～0.805°。

2. 插削孔内对称键槽

（1）用自定心卡盘装夹工件　小件、成批的孔内键槽加工，应选用自定心卡盘装夹。首先找正自定心卡盘与工作台同心，然后将其固定在工作台面上。将待加工的工件装入自定心卡盘后，将工件找正夹紧。然后，按工件端面上的加工线用划针进行找正，并调整滑枕的行程长度和位置，装刀、对刀，将工作台紧固，用插削直通槽的方法进行插削。第一个键槽插削完，经检查合格后，松开工作台紧固螺钉，摇动工作台旋转手柄，使工件旋转 180°，再将工作台紧固，用同样的方法插削另一个相对称的键槽，如图 4-25 所示。

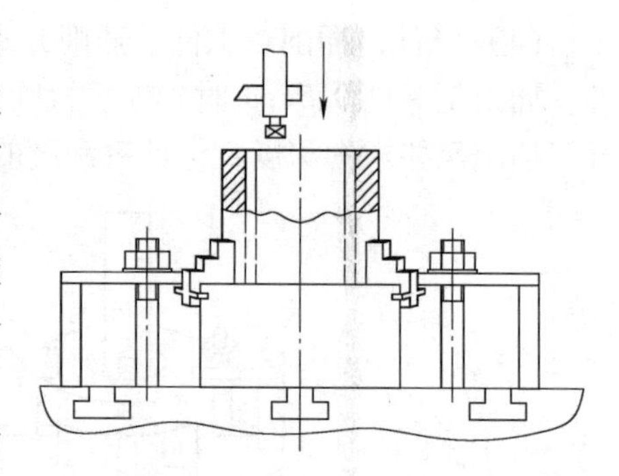

图 4-25　用自定心卡盘装夹工件

（2）工件在工作台上装夹　单件、大件的孔内对称键槽的插削，可用两块等高的平行垫铁将工件垫起，以便于出刀和排屑。用划针或百分表找正工件与工作台同心，用压板、螺钉将工件压紧。然后，按工件端面加工线找正、对刀后，用上述（1）的方法进行插削，其装夹方法可参见图 4-22。

3. 插削内多角形孔

为了操作和找正方便，工件在插削之前，应在其端面划出多角形的加工线。划线方法有三种：几何作图法、查表计算边长法和分度法。

（1）几何作图法　如插削方形孔时，可将工件放在两块等高的垫铁上，并找正至与工作台同心，然后压紧。把划针装在刀杆上，横向移动工作台，在工件端面上依次划出圆孔的四条切线，即为方孔的加工线，如图 4-26 所示。插削大孔径时可选用刀杆装夹刀具，插削小孔径时可用整体刀。将滑枕行程长度和位置调整好，刀具装夹正确并紧固，按端面划线找正对刀进行粗插，留出 0.2 ~0.3mm 的精插削余量。每插削完一个边后，将工作台转动 90°，再插削其相邻的边，直至将四个边插削完。然后，将工作台转动 45°，换上角度插刀或尖刀插削四个内角。

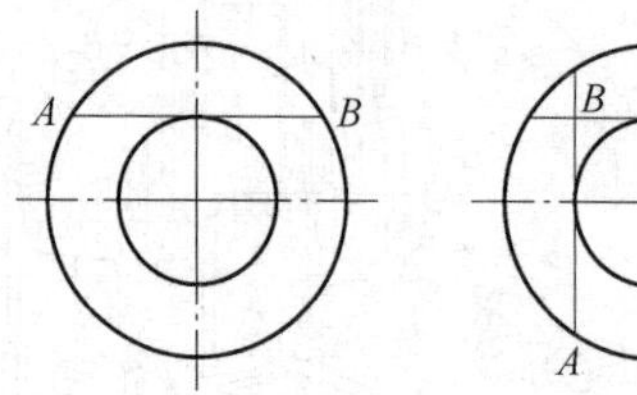

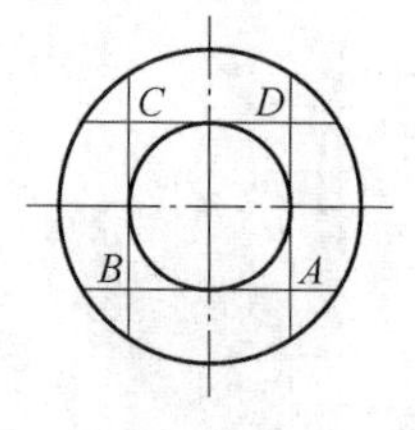

图 4-26　四方孔的划线方法

精插削时，插削完一个边后，以工件的外圆为基准，用游标卡尺测量该边尺寸。例如工件外径为 150mm，方孔边长为 76mm。其测量尺寸应为[（150 −76）÷2]mm =37mm。此边插削合格后，将工作台转动 180°，精插削与其相对的另一边，并用卡钳或内径千分尺检测方孔对边尺寸，直至插削合格为止。然后，用同样的方法精插削第三、四边，经检验合格后再卸下工件。

（2）查表计算边长法　根据图样要求的等分数，从表 4-5 中查出等分的边长系数 K，则系数 K 与等分边的外接圆半径 R 之积，就是等分边的边长。

表 4-5　圆周等分的边长系数表

圆周等分数	3	4	5	6	7	8	9	10	11	12
边长系数 K	1.7321	1.4142	1.1756	1.0000	0.8678	0.7654	0.6840	0.6180	0.5635	0.5176

例如，正五边形的外接圆半径 $R=20$mm，从表 4-5 中，查得其边长系数 $K=1.1756$。按

边长计算公式计算得 $a = KR = 1.1756 \times 20\text{mm} = 23.512\text{mm}$，用圆规取边长 a 的长度，在圆周上划出等分点，按顺序连接这些点，就划出了正五边形的加工线。

（3）分度法　采用分度法时，可用分度头分度；也可将工件与工作台找正同心后压紧，用工作台的刻度直接进行分度。例如，正六方孔工件在装夹找正后，将划针夹在刀杆上，横向移动工作台，划出一条内孔圆的切线。然后，将工作台转动60°，再横向移动工作台，按顺序划出六条内孔圆的切线，相交的六个点所构成的六边形，即为内六方孔的加工线。

插削内多角形孔时应注意：转动工作台时，应向一个方向转动，以消除蜗杆与蜗轮之间的间隙；精插时，进给量要小而均匀，边的夹角要注意清角。

4.2.6　中级工职业技能证书试题及思考题

1. 插削套的对称键槽

带对称键槽的套如图4-27所示，其考核项目及参考评分标准见表4-6。

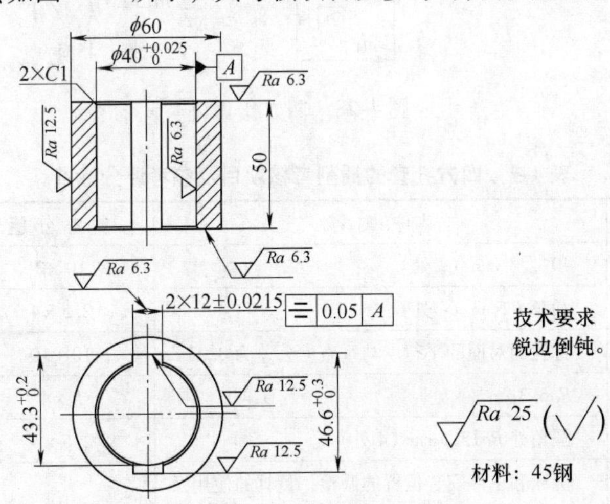

图4-27　带对称键槽的套

表4-6　带对称键槽的套插削考核项目及参考评分标准

序　号	项　　目		考 核 内 容	参 考 分 值	检测结果（实得分）
1	外形尺寸	主要	（12 ±0.0215）mm（2 处）	10 ×2	
		一般	$43.3^{+0.2}_{0}$mm 和 $46.6^{+0.3}_{0}$mm	5 +5	
2	几何公差		键槽中心平面对基准 A 的对称度公差为0.05mm（2 处）	10 ×2	
3	表面粗糙度	主要	$Ra6.3\mu m$（4 处）	5 ×4	
		一般	$Ra12.5\mu m$（2 处）	2.5 ×2	
4	操作调整和测量		机床和工件安装位置的调整，量具的使用及其测量方法	10	
5	其他考核项		安全文明实习，各种量具、夹具、插刀等应妥善保管，切勿碰撞，并注意对插床的维护和保养	15	
			合计	100	

2. 插削四方孔套

四方孔套如图 4-28 所示，其考核项目及参考评分标准见表 4-7。

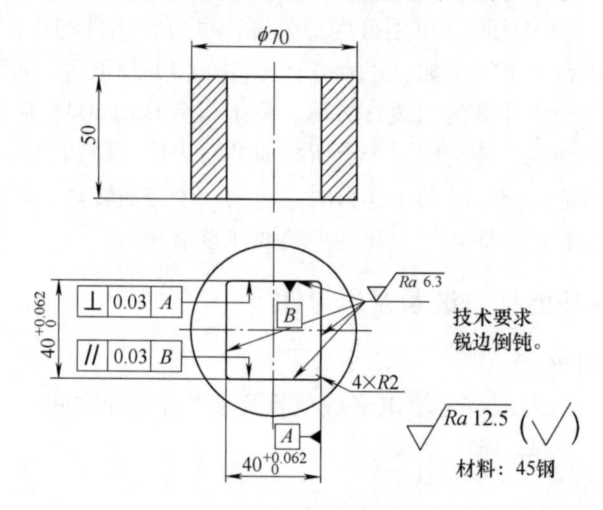

图 4-28　四方孔套

表 4-7　四方孔套的插削考核项目及参考评分标准

序　号	项　　目		考 核 内 容	参 考 分 值	检测结果（实得分）
1	外形尺寸	主要	$40^{+0.062}_{0}$mm（2 处）	10 ×2	
		一般	圆角 $R2$mm（4 处）	2. 5 ×4	
2	几何公差		方孔面对面的平行度与垂直度公差为 0. 03mm	10 +10	
3	表面粗糙度	主要	Ra6. 3μm（4 处）	5 ×4	
		一般	圆角处 Ra12. 5μm（4 处）	2. 5 ×4	
4	操作调整和测量		机床和工件安装位置的调整，量具的使用及其测量方法	10	
5	其他考核项		安全文明实习，各种量具、夹具、插刀等应妥善保管，切勿碰撞，并注意对插床的维护和保养	10	
合计				100	

3. 思考题

1）插削加工的特点是什么？其适用于哪些加工场合？

2）为什么将插床称为刨削类机床？

3）简述在插床上插削内孔键槽的方法和步骤。

4）在插床上如何安装和定位工件？

5）在插削孔内对称键槽和内多角形孔时，是如何保证插削精度的？

模块5　磨 削 加 工

磨削加工实训的目的：了解磨削加工的工艺特点和加工范围；掌握常用磨床的组成、运动和用途，了解砂轮的特性、选择和使用方法；熟悉磨削的加工方法和测量方法，了解磨削加工所能达到的尺寸精度、表面粗糙度值范围；能在磨床上正确安装工件，并独立完成工件的外圆和平面磨削加工。

磨削加工的特点：磨削是在磨床上借助磨具的切削作用，除去工件表面多余金属层的加工方法。磨削加工是一种多刃、微刃的高速切削方法，可以达到较高的尺寸精度、几何精度和表面粗糙度要求；磨削的切削厚度极薄，每个磨粒的切削厚度可小到微米；砂轮有自锐性，即当此切削力超过结合剂的粘结强度时，钝化的磨粒就会自行脱落，使砂轮表面露出新一层锋利的磨粒；磨削温度高，在磨削过程中，由于切削速度很高，产生大量切削热，温度超过1000℃（高温的磨屑在空气中发生氧化作用，产生火花），会使零件材料性能改变而影响质量，因此为减少摩擦和迅速散热，降低磨削温度，及时冲走屑末，以保证零件表面质量，磨削时需使用大量切削液。

磨削加工的安全要求（其余参照车工实习）：在砂轮高速旋转时，禁止面对砂轮站立；砂轮起动后，必须缓慢引向工件，严禁突然接触工件；背吃刀量不能过大，防止背向力过大而将工件顶飞，发生事故。

项目5.1　阶梯轴的磨削

外圆、内圆及圆锥面等回转表面的精密加工可在万能外圆磨床上进行。磨削加工的速度高，可达$v_c=30\sim50\text{m/s}$，尺寸公差等级可达IT7～IT5级，磨床的背吃刀量小，一般为$a_p=0.01\sim0.005\text{mm}$。磨削的工件表面粗糙度值可达$Ra=0.4\sim0.05\mu\text{m}$，超精磨削加工可达$Ra=0.025\sim0.008\mu\text{m}$。

5.1.1　项目引入

按零件图5-1所示阶梯轴的尺寸及精度要求，确定阶梯轴具体加工方法及工艺装备，并完成阶梯轴的磨削加工。

5.1.2　项目分析

1）熟练掌握M1432A万能外圆磨床的操纵方法，进行停车、开车的操作练习。

2）检查工件磨削前的尺寸和形状等；确定工件磨削表面的精度要求；确定工件的装夹方法，明确工件所需磨削表面和加工余量；确定所使用的测量方法和检测工具。

3）按正确操作方法完成外圆表面的磨削工作。

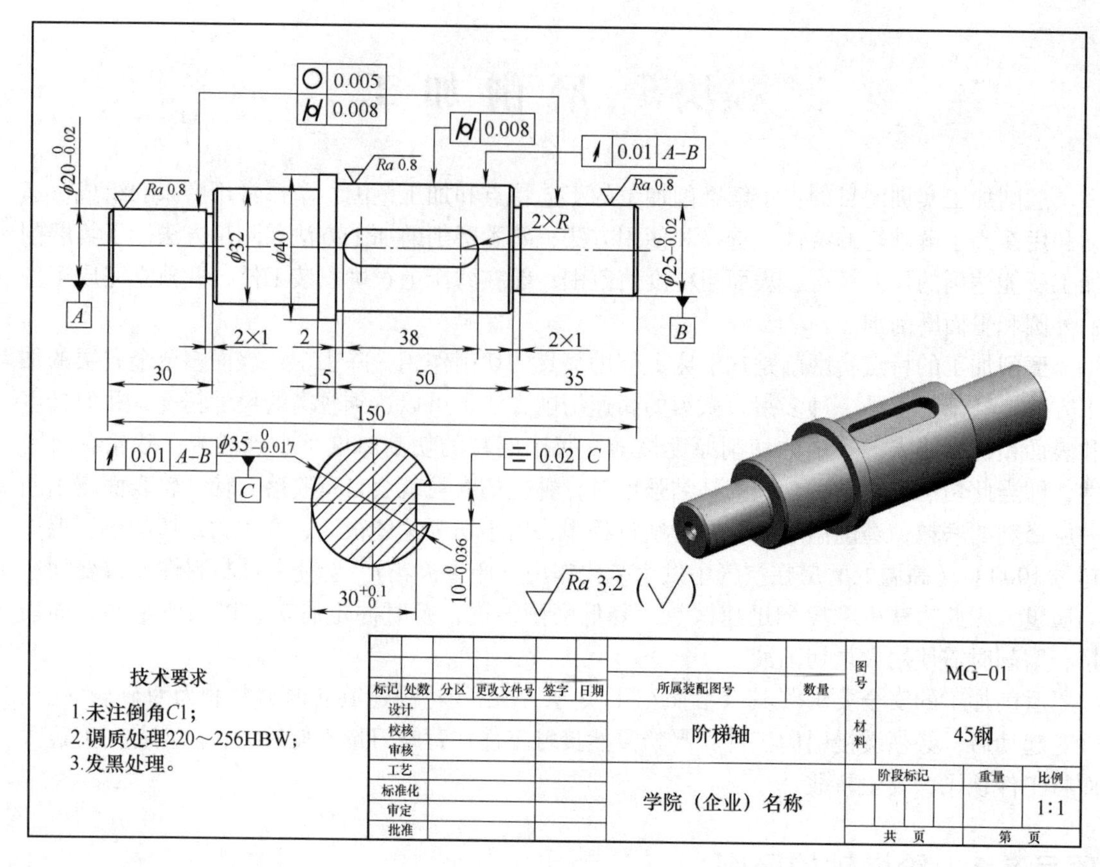

图 5-1　阶梯轴的零件图

5.1.3　相关知识——工件的装夹；外圆磨削方法

1. 磨削的应用范围

由于磨料硬度极高，故磨削不仅可加工一般金属材料，如碳钢、铸铁等，还可加工一般刀具难以加工的高硬度材料，如淬火钢、各种切削刀具材料及硬质合金等。

磨削主要用于零件的内外圆柱面、内外圆锥面、平面及成形面（如花键、螺纹、齿轮等）的精加工，以获得较高的尺寸精度和较小的表面粗糙度，其常见的几种加工类型如图 5-2 所示。

2. 外圆磨削的装夹方法

在外圆磨床上磨削外圆表面常用以下三种装夹方法：

（1）顶尖装夹　轴类零件常用双顶尖装夹，该装夹方法与车削中所用的方法基本相同。由于磨削时所用的顶尖都是不随工件转动的，所以可以提高定位精度，避免了由于顶尖转动而带来的误差。后顶尖是靠弹簧推力顶紧工件的，其作用是自动控制装夹工件的松紧程度。双顶尖装夹工件的方法如图 5-3 所示。

磨削前，要修研工件的中心孔，以提高定位精度。一般是用四棱硬质合金顶尖（图 5-4a）在车床上修研中心孔，研亮即可。当定位精度要求较高时，可选用油石顶尖或铸铁顶尖进行修研，如图 5-4b 所示。

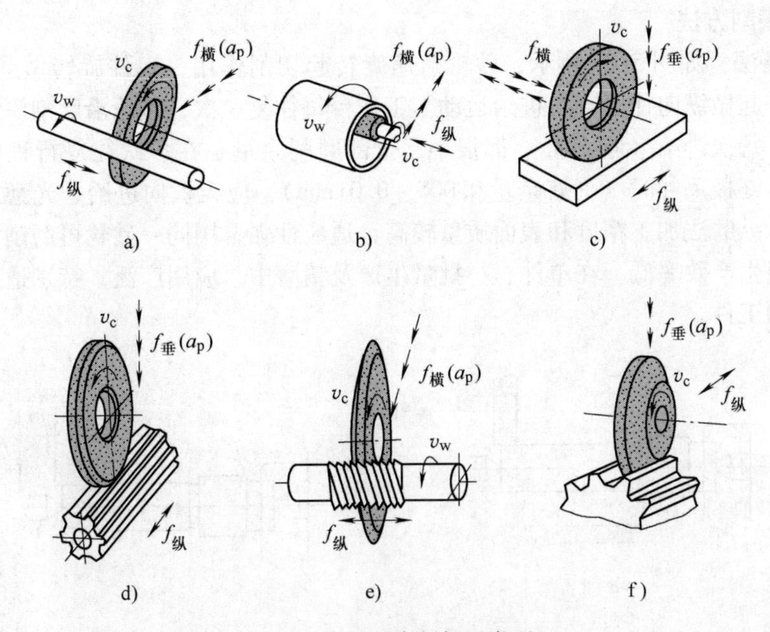

图 5-2　常见的磨削加工类型

a）磨外圆　b）磨内圆　c）磨平面　d）磨花键　e）磨螺纹　f）磨齿轮齿形

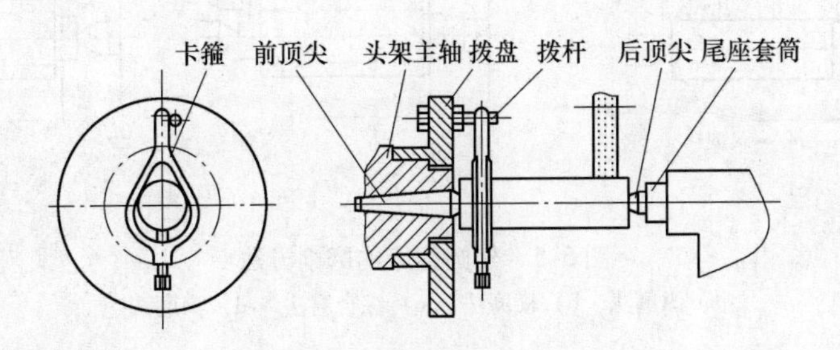

图 5-3　双顶尖装夹工件

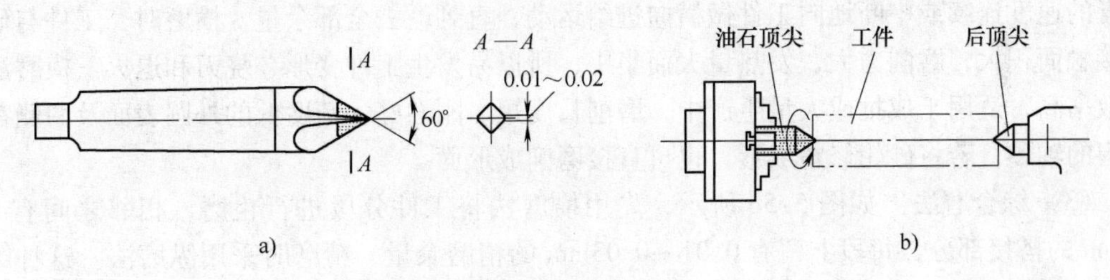

图 5-4　修研中心孔

a）四棱硬质合金顶尖　b）用油石顶尖修研中心孔

（2）卡盘装夹　磨削短工件的外圆时用自定心卡盘或单动卡盘装夹，装夹方法与在车床上装夹工件的方法基本相同。

（3）心轴装夹　盘套类空心工件常以内圆柱孔定位进行磨削，其装夹方法与在车床上装夹工件相同，只是磨削用的心轴精度要求更高些。

3. 外圆磨削方法

（1）纵磨法　如图5-5a所示，砂轮高速旋转起切削作用，工件旋转做圆周进给运动，并和工作台一起做纵向往复直线进给运动。工作台每往复一次，砂轮沿磨削深度方向完成一次横向进给，每次进给（吃刀量）都很小，全部磨削余量是在多次往复行程中完成的。当工件磨削接近终极尺寸时（尚有余量0.005～0.01mm），应无横向进给，光磨几次，直到火花消失为止。纵磨法加工精度和表面质量较高，适应性强，用同一砂轮可磨削直径和长度不同的工件，但生产效率低。在单件、小批量生产及精磨中，应用广泛，特别适用于磨削细长轴等刚性差的工件。

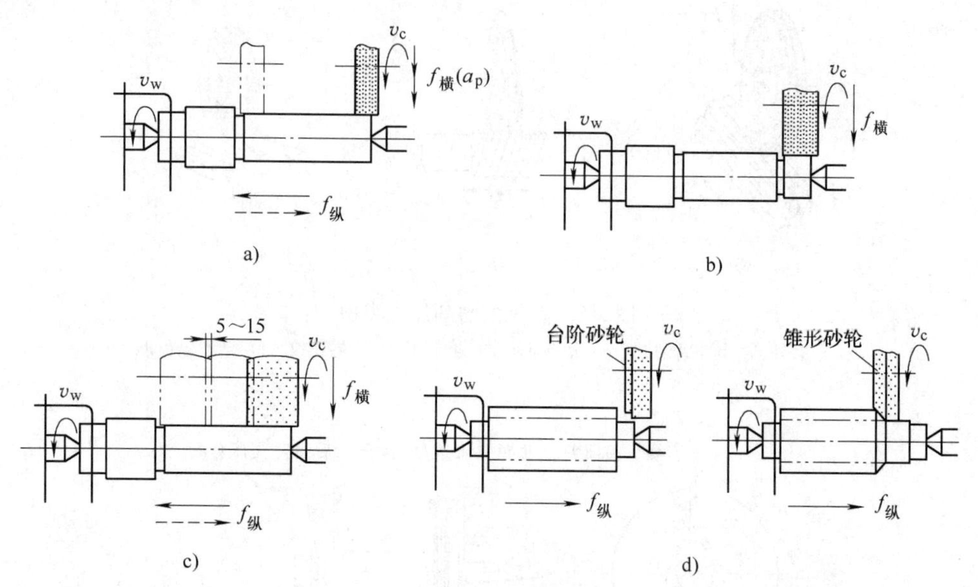

图5-5　外圆磨床的磨削方法

a）纵磨法　b）横磨法　c）综合磨法　d）深磨法

（2）横磨法　也称切进法，如图5-5b所示，磨削时，工件不做纵向往复运动，砂轮以缓慢的速度连续或中断地向工件做横向进给运动，直到磨去全部余量。横磨时，工件与砂轮的接触面积大，磨削力大，发热量大而集中，所以易发生工件变形、烧刀和退火。横磨法生产效率高，适用于成批或大量生产中，磨削长度短、刚性好、精度低的外圆表面及两侧都有台肩的轴颈。若将砂轮修整成形，也可直接磨削成形面。

（3）综合磨法　如图5-5c所示，先用横磨法将工件分段进行粗磨，相邻之间有5～15mm的搭接部分，每段上留有0.01～0.03mm的精磨余量，精磨时采用纵磨法。这种磨削方法综合了纵磨法和横磨法的优点，适用于磨削余量较大（余量0.2～0.6mm）的工件。

（4）深磨法　如图5-5d所示，磨削时，采用较小的纵向进给量（1～2mm/r）和较大的吃刀量（0.2～0.6mm）在一次走刀中磨去全部余量。为避免切削负荷集中和砂轮外圆棱角迅速磨钝，应将砂轮修整成锥形或台阶形，外径小的台阶起粗磨作用，可修粗些；外径大的起精磨作用，修细些。深磨法可获得较高的精度和生产效率，表面粗糙度值较小，适用于在大批量生产中加工刚性好的短轴。

对于阶梯轴零件，当外圆磨到尺寸后，还要磨削轴肩端面。这时只要用手摇动纵向移动手柄，使工件的轴肩端面靠向砂轮，然后磨平即可，如图 5-6 所示。

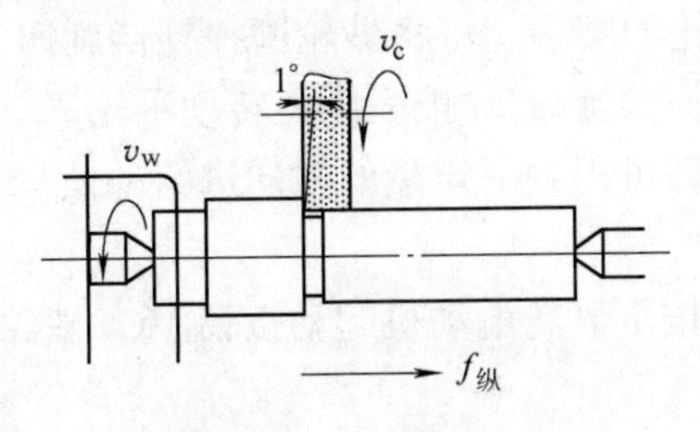

图 5-6　磨轴肩端面

5.1.4　项目实施

1. M1432A 万能外圆磨床的空载操作练习

M1432A 万能外圆磨床的操纵系统如图 5-7 所示。

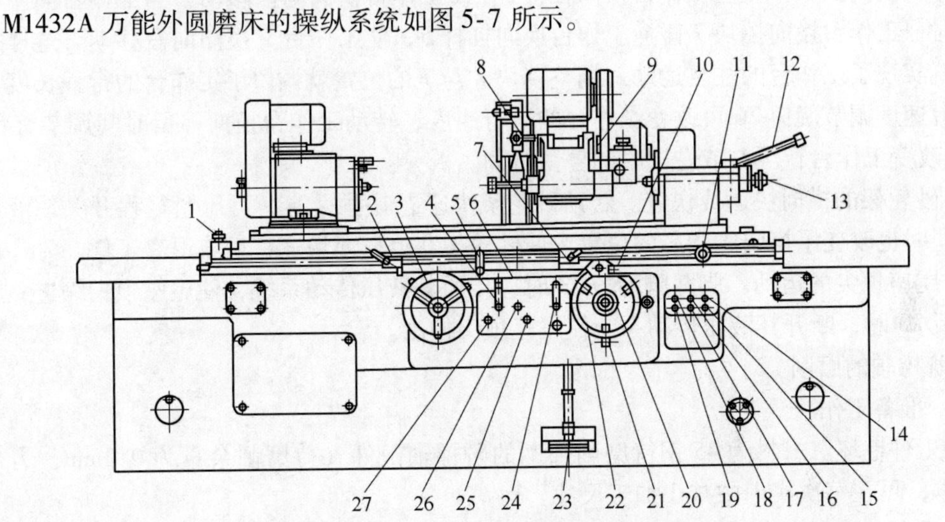

图 5-7　M1432A 万能外圆磨床的操纵系统

1—放气阀　2—工作台换向挡块（左）　3—工作台纵向进给手轮　4—工作台液压传动开停手柄　5—工作台换向杠杆　6—头架点转按钮　7—工作台换向挡块（右）　8—切削液开关把手　9—内圆磨具支架非工作位置定位手柄　10—砂轮架横向进给定位块　11—调整工作台角度用螺杆　12—移动尾座套筒用手柄　13—工件顶紧压力调节捏手　14—砂轮电动机停止按钮　15—冷却泵电动机开停选择旋钮　16—砂轮电动机起动按钮　17—头架电动机停止、慢转、快转选择旋钮　18—电器总停按钮　19—液压泵起动按钮　20—砂轮磨损补偿旋钮　21—粗、细进给选择拉杆　22—砂轮架横向进给手轮　23—脚踏板　24—砂轮架快速进退手柄　25—工作台换向停留时间调节旋钮（右）　26—工作台速度调节旋钮　27—工作台换向停留时间调节旋钮（左）

（1）停车练习

1）手动进行工作台纵向往复运动。顺时针转动工作台纵向进给手轮 3，工作台向右移动，反之工作台向左移动。手轮每转一周，工作台移动 6mm。

2）手动进行砂轮架横向进给移动。顺时针转动砂轮架横向进给手轮 22，砂轮架带动砂轮移向工件，反之砂轮架向后退回远离工件。当粗、细进给选择拉杆 21 推进时为粗进给，即手轮 22 每转过一周时砂轮架移动 2mm，每转过一小格时砂轮移动 0.01mm；当拉杆 21 拔出时为细进给，即手轮 22 每转过一周时砂轮架移动 0.5mm，每转过一个小格时砂轮架移动 0.0025mm。同时为了补偿砂轮的磨损，可将砂轮磨损补偿旋钮 20 拔出，并顺时针转动，此时手轮 22 不动，然后将磨损补偿旋钮 20 推入，再转动手轮 22，使其零位行程挡块碰到砂轮架横向进给定位块 10 为止，即可得到一定量的横向进给补偿量。

（2）开车练习

1）砂轮的转动和停止。按下砂轮电动机起动按钮 16，砂轮旋转，按下砂轮电动机停止按钮 14，砂轮停止转动。

2）头架主轴的转动和停止。使头架电动机旋钮 17 处于慢转位置时，头架主轴慢转；使其处于快转位置时，头架主轴处于快转；使其处于停止位置时，头架主轴停止转动。

3）工作台的往复运动。按下液压泵起动按钮 19，液压泵起动并向液压系统供油。扳转工作台液压传动开停手柄 4 使其处于开位置时，工作台纵向移动。当工作台向右移动至终位时，工作台换向挡块 2 碰撞工作台换向杠杆 5，使工作台换向向左移动。当工作台向左移动至终位时，工作台换向挡块 7 碰撞工作台换向杠杆 5，使工作台又换向向右移动。这样循环往复，就实现了工作台的往复运动。调整挡块 2 与 7 的位置就调整了工作台的行程长度，转动工作台速度调节旋钮 26 可改变工作台的运行速度，转动工作台换向停留时间调节旋钮 25 或 27 可改变工作台行至右或左端时的停留时间。

4）砂轮架的横向快退或快进。转动砂轮架快速进退手柄 24，可压紧行程开关使液压泵起动，同时也改变了换向阀阀芯的位置，使砂轮架获得横向快速移近或退离工件。

5）尾座顶尖的运动。脚踩脚踏板 23 时，接通其液压传动系统，使尾座顶尖缩进；脚松开脚踏板 23 时，断开其液压传动系统使尾座顶尖伸出。

2. 阶梯轴的磨削

（1）准备工作

1）工件毛坯。材料为 45 钢待磨削加工的阶梯轴工件（待磨削余量为 0.2mm，为节约实训成本，可在每次实训中减小加工尺寸）。

2）设备及刀具。M1432A 型万能外圆磨床、平形砂轮。

3）夹具及工具。顶尖、卡头（鸡心夹具）、铜棒、扳手等。

4）量具。外径千分尺、百分表及表座、表面粗糙度样板。

（2）外圆磨削加工　磨削加工如图 5-8 所示，按工件图样要求完成外圆磨削的以下操作过程。

图 5-8　阶梯轴的磨削

1）开机前准备。

① 修磨工件的中心孔，提高定位精度。

② 用双顶尖装夹工件，保证同轴度，用鸡心夹具带动工件旋转，磨削工件的一部分：调整拔销位置，使其能拨动夹头；将工件两端中心孔擦净，并加润滑油，前后顶尖 60°圆锥必需擦净；调整尾座位置，然后将尾座筒后退，装上工件，尾座顶尖适度顶紧工件。

2）试磨。尽量用小的背吃刀量，磨出外圆表面，圆柱度不大于 0.01mm。用百分表检查圆柱度误差。如超出要求，调整找正工作台至理想位置。

3）粗磨外圆。分别至尺寸 $\phi 20.1_{-0.05}^{0}$ mm、$\phi 25.1_{-0.05}^{0}$ mm 和 $\phi 35.1_{-0.05}^{0}$ mm，圆柱度不大于0.02mm。

① 调整砂轮主轴转速。取主轴转速 $n=1670$r/min。

② 调整工件圆周速度和转速。纵磨时，工件圆周速度不宜过高，取1/80～1/100 砂轮圆周速度。工件转速见表5-1。

表5-1　工件的转速

工件直径/mm	20	30	50	80	120	200
粗磨/(r/min)	161～232	117～234	77～154	52～104	37～74	25～48
精磨/(r/min)	320～478	213～382	159～254	120～200	93～159	64～112

③ 调整背吃刀量。a_p的选取根据试磨时的工件尺寸，留精磨余量约0.05mm。

④ 调整纵向进给量。$f_{纵}$ =（0.04～0.08）B/双行程（B 为砂轮宽度，双行程指工件每转移动的距离），取$f_{纵}=0.05B\text{mm/r}=0.05\times50\text{mm/r}=2.5\text{mm/r}$。

4）工件调头装夹，用同样方法粗磨另一端。

5）精磨外圆至尺寸，圆柱度不大于0.008mm，保证表面粗糙度值 $Ra=0.8\mu m$（有条件时精修整砂轮）：

① 砂轮主轴转速同粗磨，取 $n=1670$r/min。

② 调整工件转速。按表5-1 选取。

③ 调整背吃刀量。$a_p=0.05$mm。

④ 调整纵向进给量。$f_{纵}=0.01B\text{mm/r}=0.5\text{mm/r}$，$B$ 为砂轮宽度。

6）工件调头装夹并找正，用同样方法精磨另一端，要求同5）。

3. 外圆磨削的操作要点

1）对于磨床上的按钮、手柄等操作件，在不知道其作用之前，不要乱动，以免发生事故。

2）如果发生事故或者意外，应立即关闭总停按钮。

5.1.5　知识链接——外圆磨床；内圆、圆锥面的磨削；砂轮；切削液

1. M1432A 万能外圆磨床

外圆磨床分为普通外圆磨床和万能外圆磨床，其中万能外圆磨床是应用最广泛的磨床。在外圆磨床上可磨削各种轴类和套筒类工件的外圆柱面、外圆锥面以及台阶轴端面，而万能外圆磨床还可以磨削内圆柱面和内圆锥面。

常用磨床型号 M1432A 的意义是：M—分类代号：磨床类；1—组代号：外圆磨床组；4—系别代号：万能外圆磨床；32—主参数：最大磨削直径的1/10，即最大磨削直径为320mm；A—在性能和结构上做过一次重大改进。

M1432A 型万能外圆磨床主要由床身、工作台、头架、尾座、滑鞍、砂轮架、内圆磨具及砂轮等部分组成，其外观如图5-9 所示。

（1）床身　床身是磨床的基础支承件，在它的上面装有砂轮架、工作台、头架、尾座及滑鞍等部件，使这些部件在工作时保持准确的相对位置。床身内部用作液压油的油池。

（2）头架　头架用于安装和夹持工件，并带动工件旋转，头架在水平面内可逆时针方

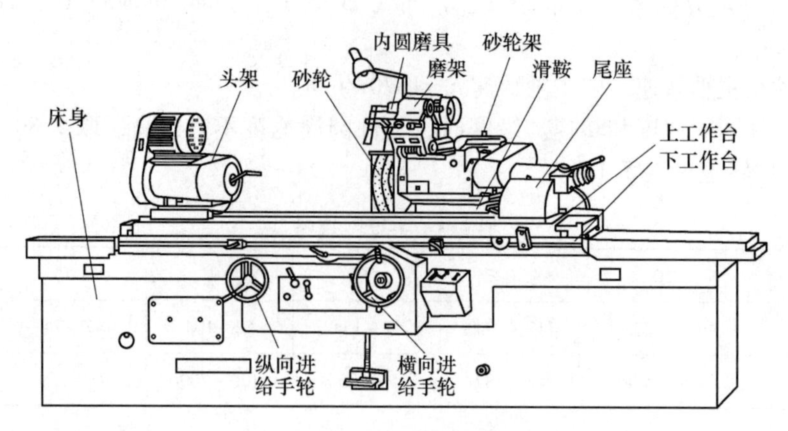

图 5-9　M1432A 型万能外圆磨床

向转 90°。

（3）内圆磨具　内圆磨具用于支承磨内孔的砂轮主轴，内圆磨具主轴由单独的电动机驱动。

（4）砂轮架　砂轮架用于支承并传动高速旋转的砂轮主轴。砂轮架装在滑鞍上方，当需磨削短圆锥面时，砂轮架可以在水平面内调整至一定角度位置（±30°）。

（5）尾座　尾座和头架的顶尖一起，用于支承工件。

（6）滑鞍及横向进给机构　转动横向进给手轮，可以使横向进给机构带动滑鞍及其上的砂轮架做横向进给运动。

（7）工作台　工作台由上下两层组成。上工作台可绕下工作台的水平面内回转一个角度（±10°），用以磨削锥度不大的长圆锥面。上工作台的上面装有头架和尾座，它们可随着工作台一起，沿床身导轨做纵向往复运动。

2. 内圆的磨削方法

内圆磨削方法与外圆磨削相似，只是砂轮的旋转方向与磨削外圆时相反，如图 5-10 所示。操作方法以纵磨法应用最广，但生产效率和磨削质量较低，因为，由于受零件孔径限制砂轮直径较小，砂轮圆周速度较低，所以生产效率较低；又由于冷却排屑条件不好，砂轮轴伸出长度较长，使得加工表面质量不高。由于磨孔具有万能性，不需成套刀具，故在单件、小批生产中应用较多，特别是对于淬火零件，磨孔仍是精加工孔的主要方法。

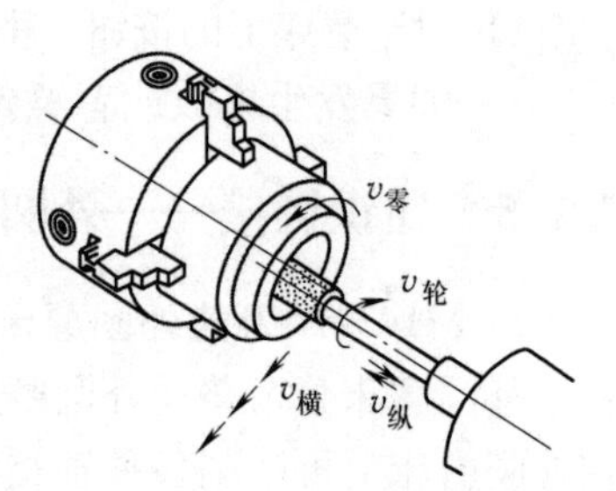

图 5-10　内圆磨削方法

砂轮在零件孔中的接触位置有两种：一种是与零件孔的后面接触，如图 5-11a 所示。这时切削液和磨屑向下飞溅，不影响操作人员的视线和安全；另一种是与零件孔的前面接触，如图 5-11b 所示，情况正好与上述相反。通常，在内圆磨床上采用后面接触。而在万能外圆磨床上磨孔时，应采用前面接触方式，这样可采用自动横向进给；若采用后面接触方式，则只能手动横向进给。

3. 圆锥面的磨削方法

圆锥面磨削通常有转动工作台法和转动头架法两种。

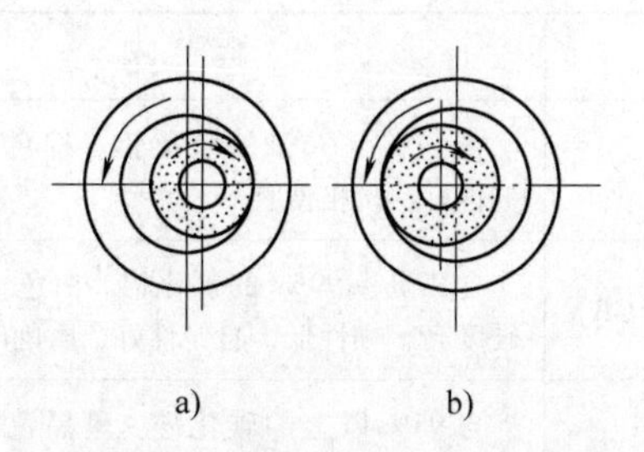

图 5-11　砂轮与零件的接触位置

a）砂轮与工件孔的后面接触　b）砂轮与工件孔的前面接触

（1）转动工作台法　磨削外圆锥表面如图 5-12 所示，磨削内圆锥面如图 5-13 所示。转动工作台法大多用于磨削锥度较小、锥面较长的零件。

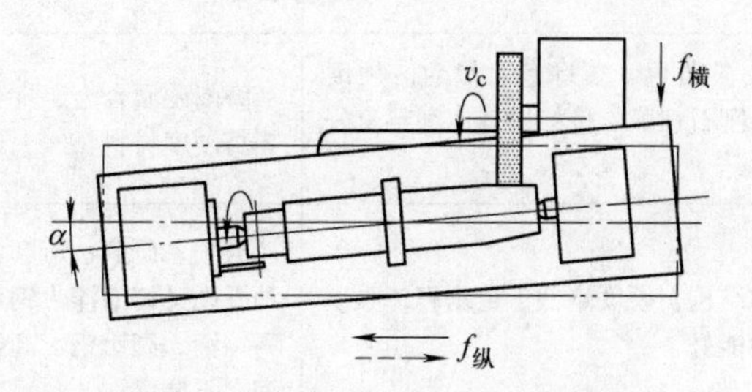

图 5-12　转动工作台法磨外圆锥面

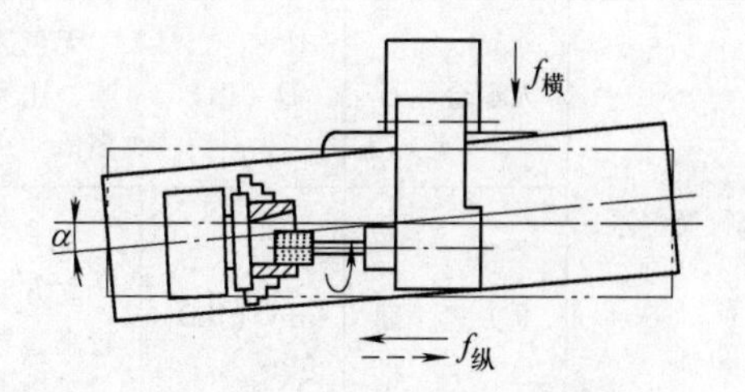

图 5-13　转动工作台法磨内圆锥面

（2）转动头架法　转动头架法常用于磨削锥度较大、锥面较短的内、外圆锥面，图 5-14所示为磨削内圆锥面。

4. 砂轮

砂轮是磨削的主要工具，它是由磨料和结合剂构成的多孔物体，如图 5-15 所示。

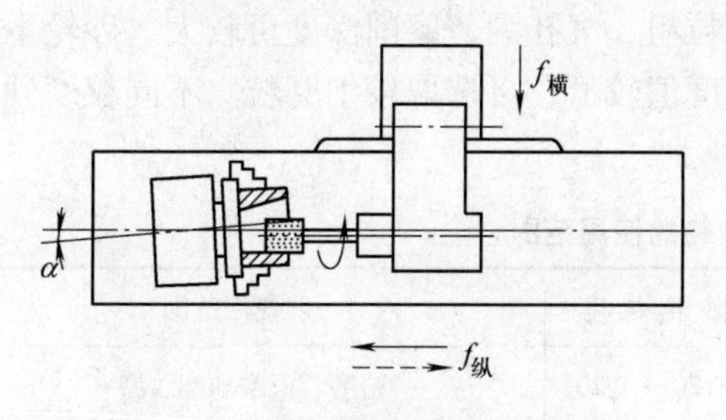

图 5-14　转动头架法磨削内圆锥面

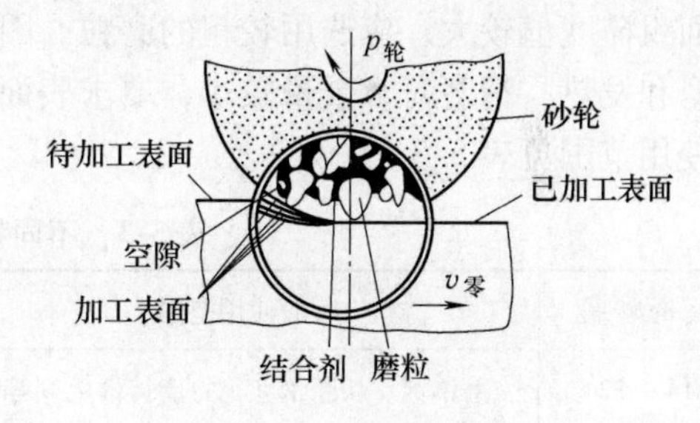

图 5-15　砂轮的组成

砂轮的特性是由磨料、粒度、硬度、结合剂、形状及尺寸等因素决定的。

（1）磨料及其选择　磨料是制造砂轮的主要原料，它担负着切削任务。因此，磨料必须锋利，并具备高的硬度、良好的耐热性和一定的韧性。常用磨料的名称、代号、特性及用途见表 5-2。

表5-2 常用磨料的名称、代号、特性及用途

类　别	名　称	代　号	特　性	用　途
氧化物系	棕刚玉	A（GZ）	含91%～96%的氧化铝。棕色，硬度高，韧性好，价格便宜	磨削碳钢、合金钢、可锻铸铁、硬青铜等
	白刚玉	WA（GB）	含97%～99%的氧化铝。白色，比棕刚玉硬度高、韧性低，自锐性好，磨削时发热少	精磨淬火钢、高碳钢、高速钢及薄壁零件
碳化物系	黑色碳化硅	C（TH）	含95%以上的碳化硅。呈黑色或深蓝色，有光泽。硬度比白刚玉高，性脆而锋利，导热性和导电性良好	磨削铸铁、黄铜、铝、耐火材料及非金属材料
	绿色碳化硅	GC（TL）	含97%以上的碳化硅。呈绿色，硬度和脆性比TH更高，导热性和导电性好	磨削硬质合金、光学玻璃、宝石、玉石、陶瓷、珩磨发动机气缸套等
高硬磨料系	人造金刚石	D（JR）	无色透明或淡黄色、黄绿色、黑色。硬度高，比天然金刚石性脆。价格比其他磨料贵好多倍	磨削硬质合金、宝石等高硬度材料
	立方氮化硼	CBN（JLD）	立方型晶体结构，硬度略低于金刚石，强度较高，导热性能好	磨削、研磨、珩磨各种既硬又韧的淬火钢和高钼钢、高矾钢、高钴钢、不锈钢

注：括号内的代号是旧标准代号。

（2）粒度及其选择　粒度是指磨料颗料的大小。粒度分磨粒与微粉两组。磨粒用筛选法分类，它的粒度号以筛网上一英寸长度内的孔眼数来表示。例如：60#粒度的磨粒，说明能通过每英寸长有60个孔眼的筛网，但不能通过每英寸70个孔眼的筛网。

磨料粒度的选择主要与加工表面粗糙度和生产效率有关。粗磨时，磨削余量大，要求的表面粗糙度值较大，应选用较粗的磨粒。因为磨粒粗、气孔大，磨削深度可较大，砂轮不易堵塞和发热。精磨时，余量较小，要求表面粗糙度值较低，可选取较细磨粒。不同粒度砂轮的使用范围见表5-3。

表5-3 不同粒度砂轮的使用范围

砂轮粒度	一般使用范围	砂轮粒度	一般使用范围
F14～F24	磨钢锭、切断钢坯，打磨铸件毛刺等	F120～W20	精磨、珩磨和螺纹磨
F36～F60	一般磨平面、外圆、内圆以及无心磨等	W20以下	镜面磨、精细珩磨
F60～F100	精磨和刀具刃磨等		

（3）结合剂及其选择　砂轮中用来粘结磨料的物质称为结合剂。砂轮的强度、抗冲击性、耐热性及耐蚀能力主要决定于结合剂的性能。常用的结合剂种类、性能及用途见表5-4。

表 5-4 常用结合剂

名称	代号	性能	用途
陶瓷结合剂	V (A)	耐水、耐油、耐酸、耐碱的腐蚀，能保持正确的几何形状。气孔率大，磨削效率高，强度较大，韧性、弹性、抗振性差，不能承受侧向力	$v_{轮}<35m/s$ 的磨削，这种结合剂应用最广，能制成各种磨具，适用于成形磨削和磨螺纹、齿轮、曲轴等
树脂结合剂	B (S)	强度大并富有弹性，不怕冲击，能在高速下工作。有摩擦抛光作用，但坚固性和耐热性比陶瓷结合剂差，不耐酸、碱，气孔率小，易堵塞	$v_{轮}>50m/s$ 的高速磨削，能制成薄片砂轮磨槽，刃磨刀具前刀面。高精度磨削。湿磨时切削液中含碱量应<1.5%
橡胶结合剂	R (X)	弹性比树脂结合剂更大，强度也大。气孔率小，磨粒容易脱落，耐热性差，不耐油，不耐酸，而且还有臭味	制造磨削轴承沟道的砂轮和无心磨削砂轮、导轮以及各种开槽和切割用的薄片砂轮，制成柔软抛光砂轮等
金属结合剂（青铜、电镀镍）	J	韧性、成形性好，强度大，自锐性能差	制造各种金刚石磨具，使用寿命长

注：括号内的代号是旧标准代号。

（4）硬度及其选择　砂轮的硬度是指砂轮表面上的磨粒在磨削力作用下脱落的难易程度，而不是指磨料本身的硬度。选择砂轮硬度的一般原则：加工软金属时，为了使磨料不致过早脱落，应选用硬砂轮；加工硬金属时，为了能及时使磨钝的磨粒脱落，从而露出具有尖锐棱角的新磨粒（即自锐性），应选用软砂轮。前者是因为在磨削软材料时，砂轮的工作磨粒磨损很慢，不需要太早的脱离；后者是因为在磨削硬材料时，砂轮的工作磨粒磨损较快，需要较快的更新。

精磨时，为了保证磨削精度和表面粗糙度，应选用稍硬的砂轮。工件材料的导热性差，易产生烧伤和裂纹时（如磨硬质合金等），选用的砂轮应软一些。常用砂轮的硬度等级见表5-5。

表 5-5 常用砂轮硬度等级

硬度等级	大级	软			中软		中		中硬			硬	
	小级	软1	软2	软3	中软1	中软2	中1	中2	中硬1	中硬2	中硬3	硬1	硬2
代号		G (R1)	H (R2)	J (R3)	K (ZR1)	L (ZR2)	M (Z1)	N (Z2)	P (ZY1)	Q (ZY2)	R (ZY3)	S (Y1)	T (Y2)

注：括号内的代号是旧标准代号；超软，超硬未列入；表中1、2、3表示硬度递增的顺序。

（5）组织　砂轮的组织指砂轮中磨粒、结合剂和气孔三者之间的比例关系，砂轮的组织用组织号的大小表示。砂轮的组织号及适用范围见表5-6。

表 5-6 砂轮的组织号及适用范围

组织号	0	1	2	3	4	5	6	7	8	9	10	11	12	13	14
磨粒率(%)	62	60	58	56	54	52	50	48	46	44	42	40	38	36	34
疏密程度	紧密				中等				疏松					大气孔	
适用范围	重负荷、成形、精密磨削、间断及自由磨削、硬脆材料				外圆、内圆、无心磨、工具磨、淬火钢、刀具刃磨等				粗磨及磨削韧性大、硬度低的工件，适合磨削薄壁、细长工件，或砂轮与工件接触面积大以及平面磨削等					非铁金属及塑料、橡胶等非金属热敏性合金	

（6）形状尺寸及其选择　根据机床结构与磨削加工的需要，砂轮制成各种形状与尺寸。常用几种砂轮的简图、代号及主要用途见表5-7。

表5-7　常用砂轮的简图、代号及主要用途

砂轮名称	简　图	代　号	主要用途
平形砂轮	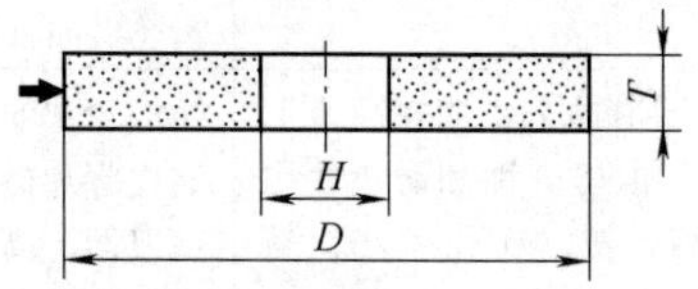 T, H, D	1型-圆周型面-$D \times T \times H$	用于磨外圆、内圆、平面和无心磨等
筒形砂轮	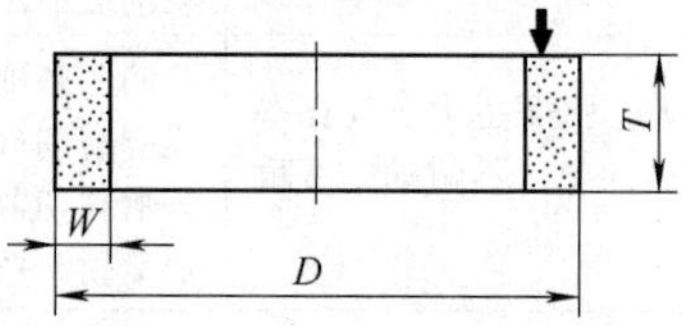 T, W, D	2型-圆周型面-$D \times T \times W$	用于立轴端磨平面
双斜边砂轮	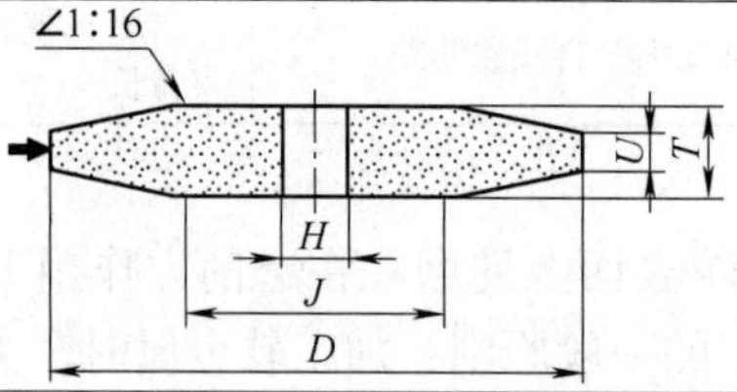 ∠1∶16, U, T, H, J, D	4型-圆周型面-$D \times T \times H$	用于磨削齿轮和螺纹
双面凹一号砂轮	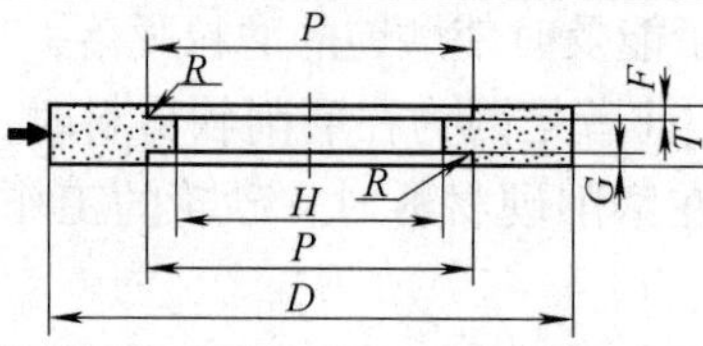 P, R, F, T, G, H, R, P, D	7型-圆周型面-$D \times T \times H-P \times F/G$	用于磨外圆、无心磨和刃磨刀具
双面凹二号砂轮	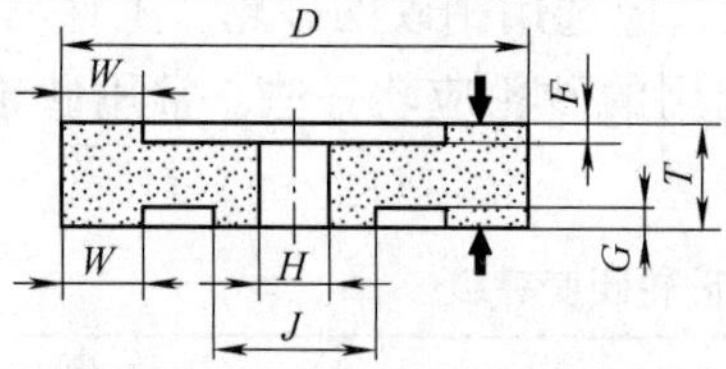 D, W, F, T, G, W, H, J	8型-圆周型面-$D \times T \times H-W \times J \times F/G$	
碗形砂轮	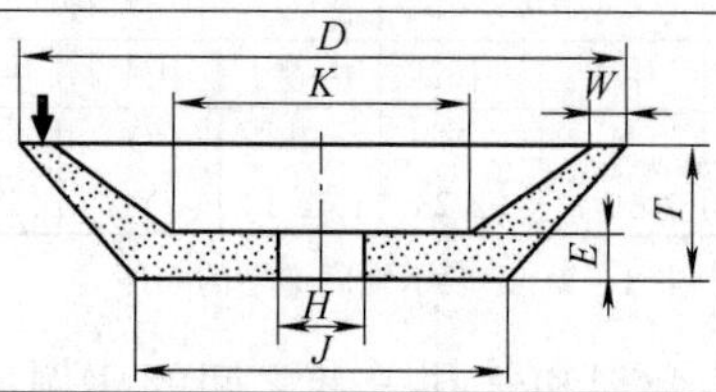 D, K, W, T, E, H, J	11型 $D/J \times T \times H-W \times E$	用于导轨磨及刃磨刀具
碟形砂轮	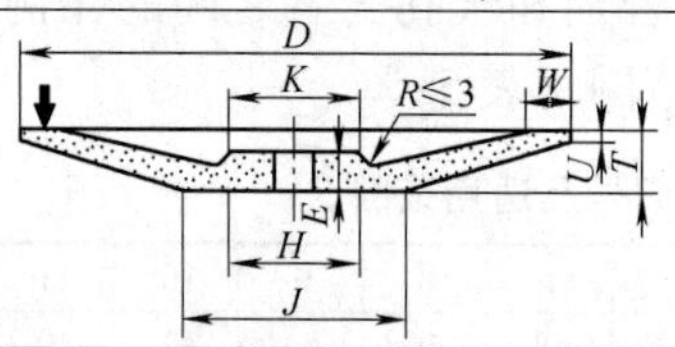 D, K, R≤3, W, U, T, E, H, J	12a型 $-D/J \times T \times H$	用于刃磨刀具前面
	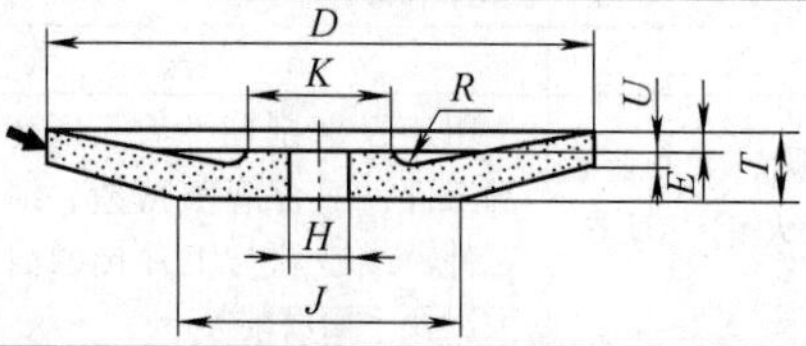 D, K, R, U, E, T, H, J	12b型 $-D/J \times T \times H-U$	

砂轮的外径应尽可能选得大些，以提高砂轮的圆周速度，这样对提高磨削加工生产效率与表面粗糙度有利。此外，在机床刚度及功率许可的条件下，如选用宽度较大的砂轮，同样能达到提高生产效率和降低表面粗糙度的效果，但是在磨削热敏性高的材料时，为避免工件表面的烧伤和产生裂纹，砂轮宽度应适当减小。

在砂轮的端面上一般都印有标志，它的含义如图 5-16 所示。

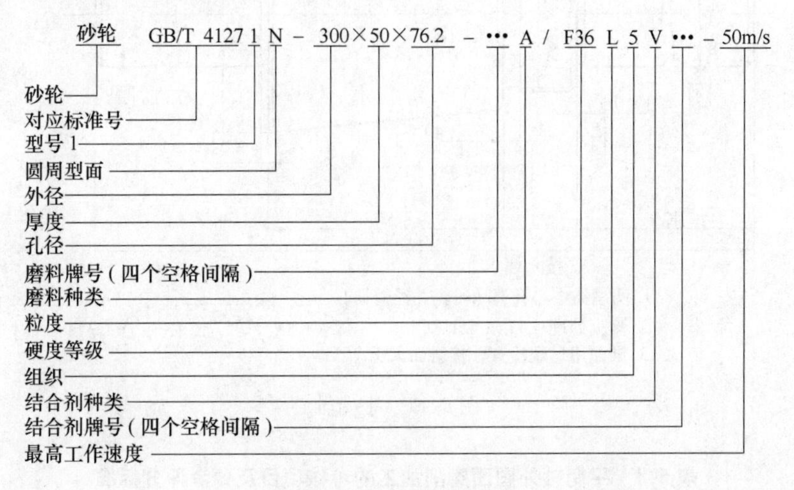

图 5-16　标志的含义

由于更换一次砂轮很麻烦，因此，除了重要的工件和生产批量较大时，需要按照以上所述的原则选用砂轮外，一般只要机床上现有的砂轮大致符合磨削要求，就不必重新选择，而是通过选用合适的磨削用量或适当地修整砂轮，来满足加工要求。

5. 切削液

选用磨削加工的切削液时，不但要考虑其他切削加工的条件，而且还要考虑磨削加工本身的特点：磨削加工实际上是多刀切削；磨削加工的进给量较小，切削力不大；磨削速度较高（30～80m/s），因此磨削区域温度较高，可高达 800～1000℃，容易引起工件表面局部烧伤；磨削加工热应力会使工件变形，甚至使工件表面产生裂纹；磨削加工会产生大量的细碎切屑和砂轮砂末，会影响工件表面粗糙度等。因此，要求磨削加工的切削液应具有较好的冷却性和润滑性，同时也应有一定的清洗性和防锈性。

一般磨削加工可选用合成切削液，质量分数为 3%～5% 的乳化液；精磨削加工可选用精制合成型切削液（H－1 精磨液）或质量分数为 5%～10% 的乳化液；超精磨削加工可选用质量分数为 98% 的煤油和 2% 的石油磺酸钡混合液或含氯极压切削油；磨齿、磨螺纹等切削均匀精磨加工，宜选用一般低粘度矿物油（运动粘度低于 $7mm^2/s$），或极压切削油作为切削液。

5.1.6　中级工职业技能证书试题及思考题

1. 磨削平衡轴

平衡轴如图 5-17 所示，其考核项目及参考评分标准见表 5-8。

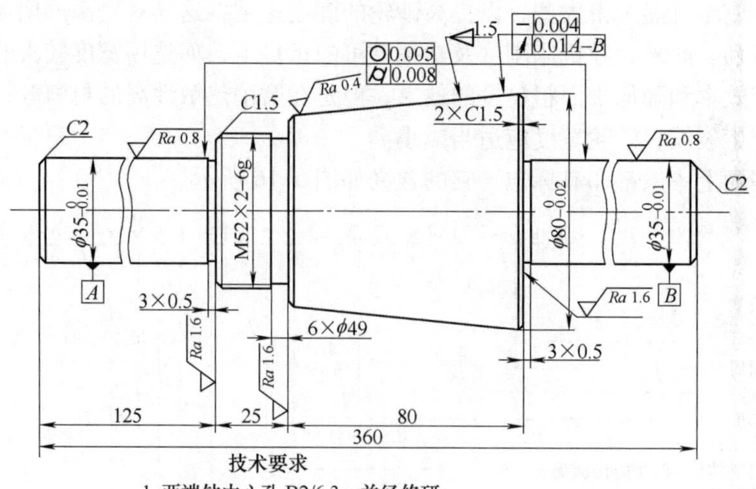

图 5-17　平衡轴

表 5-8　平衡轴外圆面磨削加工的考核项目及参考评分标准

序　号	项　目	考 核 内 容	参 考 分 值	检测结果（实得分）
1	外形尺寸	$\phi 80_{-0.02}^{\ 0}$mm 和 $\phi 35_{-0.01}^{\ 0}$mm（2 处）	10 + 10 × 2	
2	几何公差	ϕ35 外圆的圆度公差 0.005mm（2 处）及圆柱度公差 0.008mm（2 处），锥面的素线直线度公差 0.004mm 及对 ϕ35 外圆轴线的圆跳动公差 0.01mm、锥面接触面积 75%	3 × 2 + 3 × 2 + 3 + 5 + 5	
3	表面粗糙度	Ra0.4μm、Ra0.8μm（2 处）、Ra1.6μm（3 处）	6 + 5 × 2 + 3 × 3	
4	操作调整和测量	磨削的操作方法，量具的使用及其测量方法	10	
5	其他考核项	安全文明实习，并注意对磨床的维护和保养	10	
		合计	100	

2. 磨削轴套

轴套如图 5-18 所示，其考核项目及参考评分标准见表 5-9。

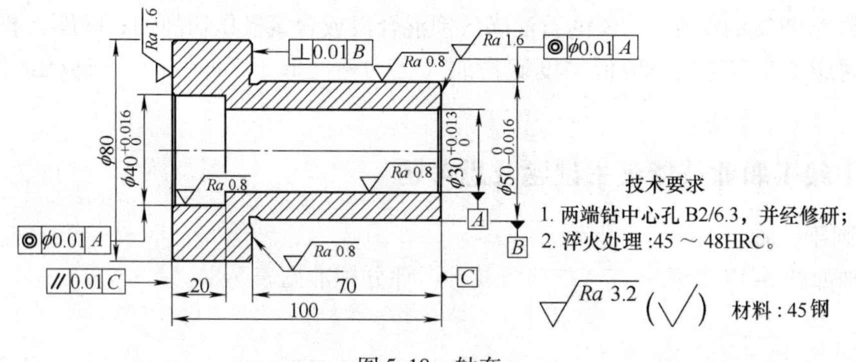

图 5-18　轴套

表 5-9　轴套内圆孔磨削加工的考核项目及参考评分标准

序　号	项　　目	考 核 内 容	参 考 分 值	检测结果（实得分）
1	外形尺寸	$\phi 30^{+0.013}_{0}$ mm、$\phi 40^{+0.016}_{0}$ mm 和 $\phi 50^{0}_{-0.016}$ mm	15 + 15 + 10	
2	几何公差	ϕ80 外圆左端面对 ϕ50 右端面 C 的平行度公差 0. 01mm、ϕ80 外圆右端面对 ϕ50 外圆轴线 B 的垂直度公差 0. 01mm、ϕ50 轴线和 ϕ40 轴线对 ϕ30 轴线 A 的同轴度公差 ϕ0. 01mm	5 + 5 + 5 + 5	
3	表面粗糙度	Ra0. 4μm（2 处）、Ra0. 8μm（2 处）	5 × 2 + 5 × 2	
4	操作调整和测量	磨削的操作方法，量具的使用及其测量方法	10	
5	其他考核项	安全文明实习，并注意对磨床的维护和保养	10	
合计			100	

3. 思考题

1）磨削加工的特点是什么？为什么磨削加工的精度高？

2）磨削外圆时必须有几种运动？

3）磨削外圆时，磨削速度、纵向进给量和背吃刀量的含义是什么？

4）表面粗糙度 Ra 值分别为 3. 2μm、1. 6μm 和 0. 8μm 的外圆表面，哪种必须经过磨削加工得到？

5）万能外圆磨床与普通外圆磨床的主要区别是什么？

6）砂轮的硬度和磨料的硬度有何不同？

7）在外圆磨床上磨削 45 钢时，应选哪一种形状、尺寸、磨料、粒度、组织和结合剂的砂轮？

8）较大的砂轮在安装前为什么要进行平衡？如何进行平衡？使用一段时间后为什么还要修整？如何修整？

9）为什么磨削外圆时，工件和砂轮的转向相同？为什么磨削内孔时工件和砂轮的转向相反？

10）磨削外圆的常用方法有哪几种？如何进行选用？

11）为什么在磨削轴类件前，需要修研中心孔？

12）采用双顶尖装夹轴类工件，调头磨削各部分外圆表面时，能保证各外圆表面的同轴度吗？

13）如何在万能外圆磨床上磨削内、外圆锥表面？

14）磨削加工为什么不适合对非铁金属进行加工？

15）切削液的主要作用是什么？常用切削液有几种？如何进行选用？

项目 5. 2　垫板的平面磨削

平面的精密加工可在平面磨床上进行，其加工精度高于刨削和铣削加工。磨削两表面间的尺寸精度可达 IT6 ~ IT5，所磨削表面的平行度和直线度可达 0. 03 ~ 0. 01mm/m，表面粗糙度值可达 Ra0. 8 ~ 0. 2μm。

5.2.1 项目引入

需磨削加工的垫板零件如图 5-19 所示，识读零件的尺寸精度、几何公差和表面粗糙度要求。

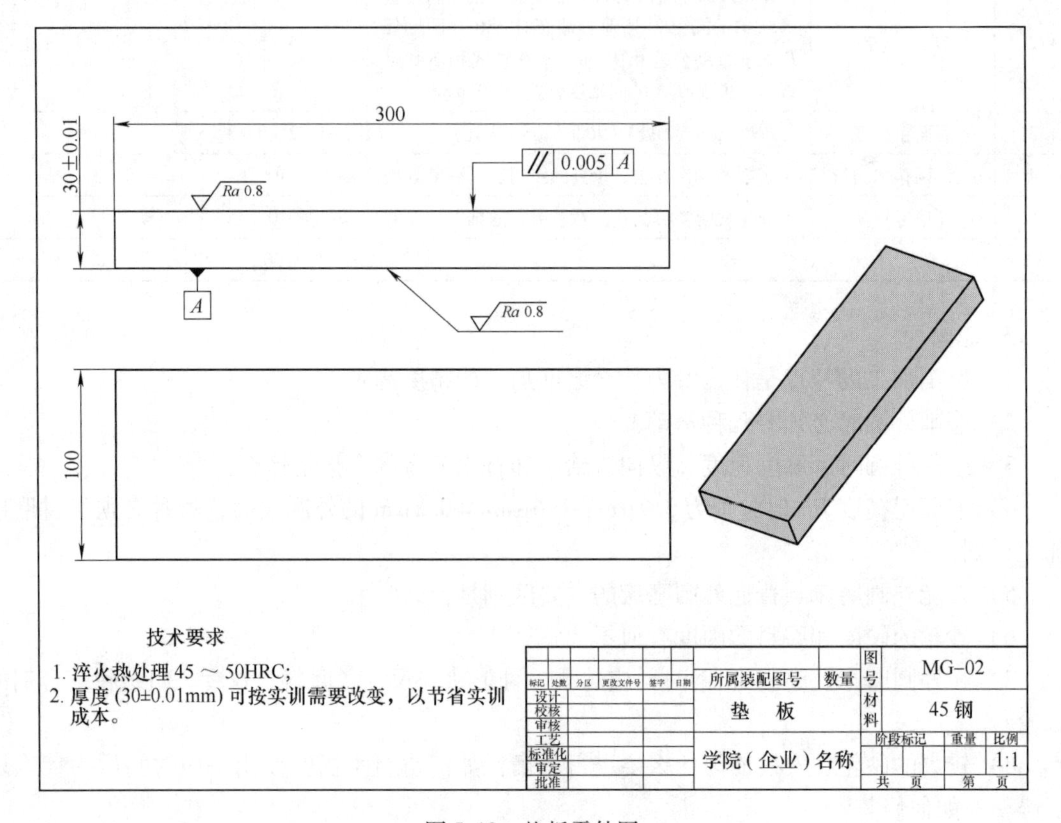

图 5-19 垫板零件图

5.2.2 项目分析

1）熟练掌握 M7120A 平面磨床的操纵方法，进行停车、开车操作练习。

2）检查工件磨削前的尺寸和形状等；确定工件磨削表面的精度要求；明确工件所需磨削表面和加工余量；确定工件的装夹方法和切削用量；确定所使用的测量方法和检测工具。

3）按正确的操作方法完成平面磨削工作。

5.2.3 相关知识——工件的装夹；平面的磨削方法

1. 工件的装夹方法

在平面磨床上，可采用电磁吸盘工作台吸住铁磁性材料的工件，而对于非磁性工件，可先用台虎钳或精密角铁压紧工件，然后一同吸牢在电磁吸盘工作台上。电磁吸盘工作台的工作原理如图 5-20 所示。当线圈中通过直流电时，芯体被磁化，磁力线由芯体经过盖板→工件→盖板→

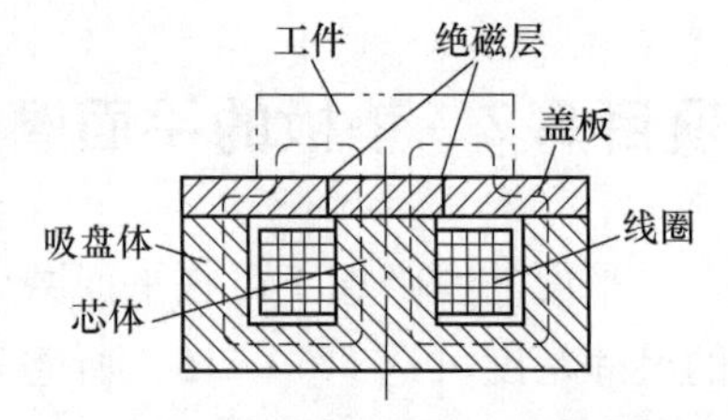

图 5-20 电磁吸盘工作台的工作原理

吸盘体而闭合，工件被吸住。电磁吸盘工作台的绝磁层由铅、铜或巴氏合金等非磁性材料制成，它的作用是使绝大部分磁力线都通过工件再回到吸盘体，以保证工件被牢固地吸在工作台上。

当磨削键、垫圈、薄壁套等小尺寸的零件时，由于工件与工作台接触面积小，吸力弱，容易被磨削力弹出造成事故，所以装夹这类工件时，需在工件四周或左右两端用挡铁围住，以防工件移动，如图 5-21 所示。

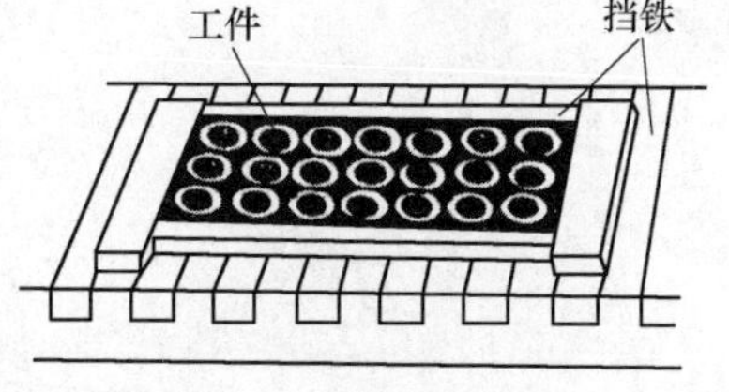

图 5-21　用挡铁围住工件

2. 磨削平面的方法

磨削平面时，一般是以一个平面为定位基准，磨削另一个平面。如果两个平面都要求磨削并要求平行时，可互为基准反复磨削。

常用磨削平面的方法有以下两种：

（1）周磨法　如图 5-22a 所示，用砂轮圆周面磨削工件。用周磨法磨削平面时，由于砂轮与工件的接触面积小，排屑和冷却条件好，工件发热变形小，而且砂轮圆周表面磨削均匀，所以能获得较高的加工质量。但是，该磨削方法的生产效率较低，仅适用于精磨。

图 5-22　磨削平面的方法

a）周磨法　b）端磨法

（2）端磨法　如图 5-22b 所示，用砂轮端面磨削工件。端磨法的特点与周磨法相反，端磨法磨削生产效率高，但磨削的精度低，适用于粗磨。

5.2.4　项目实施

1. M7120A 平面磨床的空载操纵练习

M7120A 平面磨床的操纵系统如图 5-23 所示。

（1）停车练习

1）手动工作台往复移动。顺时针转动工作台移动手轮 21，工作台右移，反之工作台左移。手轮每转一周，工作台移动 6mm。

2）手动砂轮架（磨头）横向进给移动。顺时针转动磨头横向进给手轮 3，磨头移向操作者，反之远离操作者。

3）砂轮架（磨头）的垂直升降。顺时针转动磨头垂直进给手轮 14，砂轮移向工作台，反之砂轮向上移动。手轮 14 每转过一小格垂直移动 0.005mm，每转过一周则垂直移动 1mm。

（2）开车练习

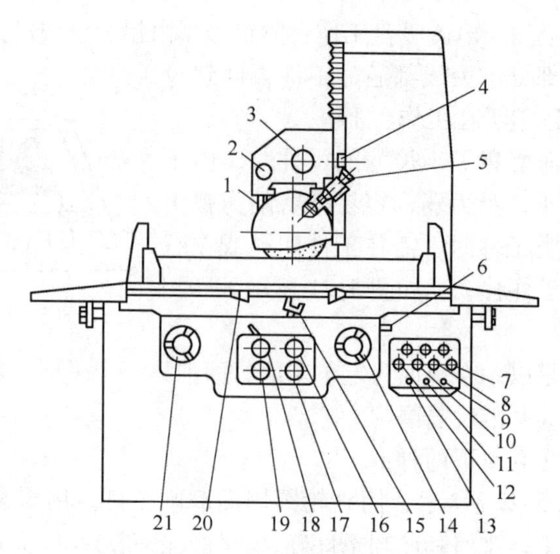

图 5-23　M7120A 平面磨床的操纵系统图

1—磨头横向往复运动换向挡块　2—磨头横向进给手动换向拉杆　3—磨头横向进给手轮　4—润滑立柱导轨的手动按钮　5—砂轮修整器旋钮　6—磨头垂直微动进给杠杆　7—电器总停按钮　8—液压泵起动按钮　9—工件吸磁及退磁按钮　10—磨头停止按钮　11—磁吸盘吸力选择按钮　12—磨头起动按钮　13—整流器开关旋钮　14—磨头垂直进给手轮　15—工作台往复运动换向手柄　16—磨头进给选择手柄　17—磨头连续进给速度控制手柄　18—工作台往复进给速度控制手柄　19—磨头间歇进给速度控制手柄　20—工作台换向挡块　21—工作台移动手轮

1）砂轮的转动与停止。按下磨头起动按钮 12，砂轮旋转。按下磨头停止按钮 10，砂轮停止转动。

2）工作台的往复运动。按下液压泵起动按钮 8，液压泵工作。顺时针转动工作台往复进给速度控制手柄 18，工作台往复运动。调整工作台换向挡块 20（两个）间的位置，可调整往复行程长度。挡块 20 碰撞工作台往复运动换向手柄 15 时，工作台可换向。逆时针转动工作台往复进给速度控制手柄 18，工作台由快动到停止移动。

3）磨头的横向进给移动。该移动有“连续”和“间歇”两种情况：当磨头进给选择手柄 16 在“连续”位置时，转动磨头连续进给速度控制手柄 17 可调整连续进给的速度；当手柄 16 在“间歇”位置时，转动磨头间歇进给速度控制手柄 19 可调整间歇进给的速度。

2. 垫板的磨削

（1）准备工作

1）工件毛坯。材料为 45 钢的待加工方铁工件（待磨削余量为 0.2mm，为节省实训成本，可适当改变每次加工尺寸）。

2）设备及刀具。M7120A 平面磨床、平形砂轮（参考型号 P350×40×127-WA46K5V）。

3）工具及量具。铜棒、扳手、游标卡尺、百分表及表架、表面粗糙度样板等。

（2）平面磨削加工

1）擦净电磁吸盘台面，将待加工的垫板工件清除毛刺后，放置在工作台上。打开磁力吸盘，使其工件固定。

2）进行上平面的粗磨（全过程需采用乳化液进行充分冷却），保证平行度误差不大于0.005mm。

① 砂轮主轴转速。取主轴转速 $n=1440\text{r/min}$。

② 横向进给量。取横向进给量为 $f_{横}=(0.1\sim0.48)B$/双行程（B 为砂轮宽度），取$f_{横}=0.2B\text{mm/r}=0.2\times40\text{mm/r}=8\text{mm/r}$。

③ 垂直进给量。由于工件热处理，变形大，留的单边加工余量应为0.25mm，$a_p=0.15\text{mm}$。留有0.10mm精磨余量。

3）关闭磁力吸盘，清理工作台。将工件清除毛刺后，翻转180°装夹在工作台上，粗磨方法同2)，保证平行度误差不大于0.005mm。

4）精磨一侧平面，保证表面粗糙度值 $Ra\leqslant0.8\mu m$（有条件时精修整砂轮）。

① 横向进给量。取横向进给量为 $f_{横}=(0.05\sim0.1)B$/双行程（B 为砂轮宽度），取$f_{横}=0.1B\text{mm/r}=0.1\times40\text{mm/r}=4\text{mm/r}$。

② 垂直进给量。取 $a_p=0.1\text{mm}$。

5）关闭磁力吸盘，清理工作台。将工件清除毛刺后，翻转180°装夹在工作台上，垂直进给量为 $a_p=S_{测}-30\text{mm}$，$S_{测}$为上次精磨后实际尺寸，保证厚度尺寸（30 ± 0.01）mm，平行度不大于0.005mm，表面粗糙度值 $Ra\leqslant0.8\mu m$。

3. 外圆磨削的操作要点

1）正确操作磨床，注意磨头垂直进给手轮的进退方向，以防工件报废。

2）应加充足的磨削液，以防工件表面被烧伤而影响加工质量。

3）为防止平板磨削后产生弯曲变形，可采用上、下表面多次互为定位基准的方法进行磨削。

4）装夹时，为防止磁盘吸力不足，工件两端可加挡铁。

5）粗略测量厚度时用高度尺，精确测量厚度时用千分尺。磨削测量后的精加工切削余量时，可通过磨头垂直升降手轮上的刻度来控制背吃刀量。

5.2.5 知识链接——平面磨床；光整加工

1. 平面磨床

平面磨床主要用于磨削零件上的平面，与其他磨床不同的是其工作台上安装有电磁吸盘或其他夹具，用作装夹零件。平面磨床分为立轴式和卧轴式两类：立轴式平面磨床用砂轮的端面进行磨削，卧轴式平面磨床用砂轮的圆周面进行磨削。M7120A型卧轴矩台式平面磨床如图5-24所示。磨头2沿拖板3的水平导轨可做横向进给运动，这可由液压驱动或横向进给手轮4操纵。拖板3可沿立柱6的导轨垂直移动，以调整磨头2的高低位置及完成垂直进给运动，该运动也可通过操纵垂直进给手轮9实现。砂轮由装在磨头壳体内的电动机直接驱动旋转。

2. 光整加工

光整加工是一种精密加工方法。工件经光整加工后，可获得较高的加工精度（尺寸精度IT6～IT5级，表面粗糙度值 $Ra=0.1\sim0.008\mu m$），光整加工方法主要有研磨、珩磨、超级光磨、超精密抛光等。

（1）研磨　研磨是用研磨工具和研磨剂，从工件上去掉一层极薄表面层的精加工方法。

1）研磨分类。研磨一般可分为湿研、干研和半干研三大类。湿研是把液态研磨剂连续加注或涂敷在研磨表面，磨料在工件与研具间不断滑动和滚动，形成切削运动。湿研一般用于粗研磨，所用微粉磨料粒度粗于 W7。干研是把磨料均匀压嵌在研具表面层中，研磨时只在研具表面涂以少量的硬脂酸混合脂等辅助材料。干研常用于精研磨，所用微粉磨料粒度细于 W7。半干研类似湿研，所用研磨剂是糊状研磨膏。研磨既可用手工操作，也可在研磨机上进行，工件在研磨前须先用其他加工方法获得较高的预加工精度，所留研磨余量一般为 5 ~ 30μm。

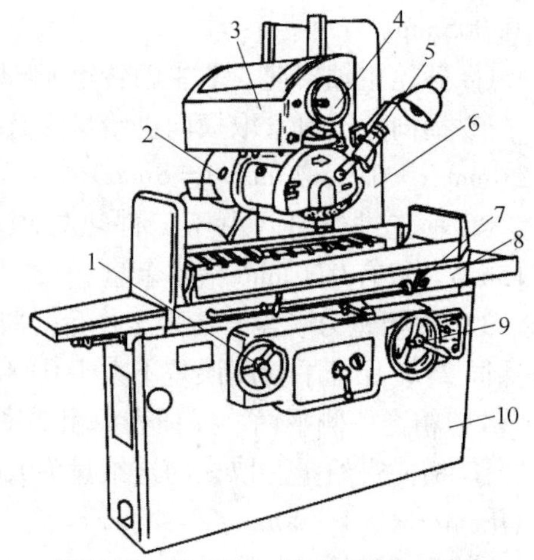

图 5-24　M7120A 型平面磨床外形图

1—驱动工作台手轮　2—磨头　3—拖板　4—横向进给手轮　5—砂轮修整器　6—立柱　7—行程挡块　8—工作台　9—垂直进给手轮　10—床身

2）研磨的方法。

① 研磨外圆。研磨外圆一般在精磨或精车基础上进行。手工研磨外圆可在车床上进行，在工件和研具之间涂上研磨剂，工件由车床主轴带动旋转，研具用手扶持作轴向往复移动。机械研磨外圆在研磨机上进行，一般用于研磨滚珠类零件的外圆。

② 研磨内圆。研磨内圆需在精磨、精铰或精镗之后进行，一般为手工研磨。研具为开口锥套，套在锥度心轴上，将研磨剂涂于工件与研具之间，手扶工件做轴向往复移动。研磨一定时间后，向锥度心轴大端方向调整锥套，使之直径胀大，以保持对工件孔壁的压力。

③ 研磨平面。研磨平面一般在精磨之后进行。手工研磨平面时，研磨剂涂在研磨平板（研具）上，手持工件做直线往复运动或“8”字形运动。研磨一定时间后，将工件调转 90° ~ 180°，以防工件倾斜。对工件上局部待研的小平面、方孔、窄缝等表面，可以手持研具进行研磨。批量较大的简单零件上的平面一般在平面研磨机上研磨。

3）研磨的工艺特点。研磨工艺的特点是设备简单，精度要求不高；加工质量可靠，可获得很高的精度和很低的表面粗糙度值；但一般不能提高加工面与其他表面之间的位置精度；可加工各种钢、淬硬钢、铸铁、铜铝及其合金、硬质合金、陶瓷、玻璃及某些塑料制品等；研磨广泛用于单件小批生产中加工各种高精度型面，并可用于大批大量生产中。

（2）珩磨　珩磨是在对工件表面施加一定压力的条件下，珩磨工具与工件同时做相对旋转和轴向直线往复运动，利用镶嵌在珩磨头上的油石切除工件上极小余量的精加工方法。

1）珩磨的方法。在珩磨时，工件安装在珩床工作台上或夹具中，具有若干油石条的珩磨头插入已加工的孔中，由机床主轴带动旋转并做轴向往复运动，油石条以一定压力与孔壁接触，即可切去一层极薄的金属。珩磨头与主轴一般做成浮动连接。

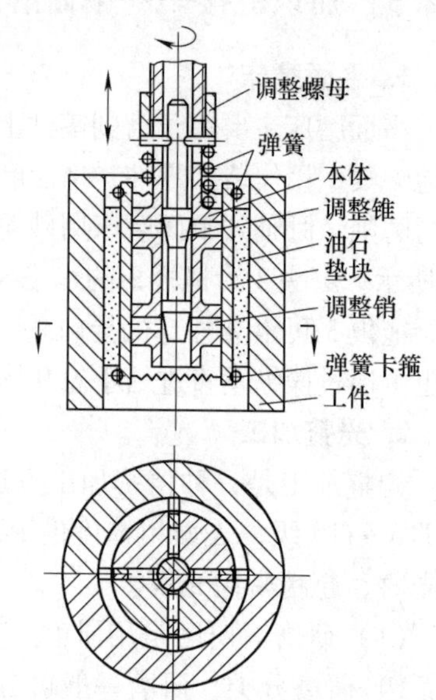

图 5-25　手动胀开珩磨头的结构

珩磨头分手动胀开和自动胀开（气压或液压）两种，实际生产中多用液压调压式。手动胀开珩磨头的结构如图 5-25 所示，油石用粘接或机械方法与垫块固定，并装在本体的轴向等分槽中，上下两端用弹簧卡箍卡住，使油石有向内收紧的趋势。转动调整螺母使调整锥下移，经调整销推动垫块和油石沿径向胀开，珩磨直径增大；若反向转动调整螺母，则珩磨头直径减小。手动胀开珩磨头调整准确性差且费时，适合于单件小批生产。

2）珩磨工艺特点。珩磨可有效地提高尺寸精度、几何精度和减小表面粗糙度值，但不能提高其位置精度；可加工铸铁件、淬硬和不淬硬钢件及青铜件等，但不宜加工韧性大的非铁金属件；加工孔径范围为 $\phi5 \sim \phi500$mm，深径比可达 10mm；珩磨广泛用于大批量生产中加工气缸孔、油缸筒、阀孔以及多种炮筒等。

（3）超级光磨　超级光磨是用装有细磨粒、低硬度油石的磨头，在一定压力下对工件表面进行光整加工的方法。加工时，工件旋转（一般工件圆周线速度为 6～30m/min），油石以恒力轻压于工件表面，作轴向进给的同时作轴向微小振动（一般振幅为 1～6mm，频率为 5～50Hz），从而对工件微观不平的表面进行光磨。

超级光磨的设备简单，操作方便。超级光磨可以在专门的机床上进行，也可以在适当改装的通用机床（如卧式车床等）上，利用不太复杂的超级光磨磨头进行；加工余量极小，一般只留 3～5μm 的加工余量；生产效率较高，因为加工余量极小，加工时间一般约为 30～60s；表面质量好，由于油石运动轨迹复杂，表面粗糙度值很小（$Ra < 0.012\mu m$），具有复杂的交叉网纹。超级光磨广泛用于汽车和内燃机零件、轴承、精密量具等小粗糙度表面，它不仅能加工轴类零件的外圆柱面，而且还能加工圆锥面、孔、平面和球面等。

（4）超精密抛光　在超精密加工中，超精密切削、超精密磨削的实现在很大程度上依靠于加工设备、加工工具以及其他相关技术的支持，并受其加工原理及环境因素的影响和限制，要实现更高精度的加工十分困难。而超精密研磨抛光由于具有独特的加工原理和对加工设备、环境因素要求不高等特点，可以实现纳米级甚至原子级的加工，已成为超精密加工技术中的一个重要部分。

5.2.6　拓展操作及思考题

1. 拓展操作——砂轮的检查、安装、平衡和修整

安全使用和管理是使用磨削机械的重要环节，其包括砂轮的安装、运输、储存等一系列工作，其中任一个环节的疏忽都会给磨削机械埋下安全隐患，所以在安装砂轮前常需进行以下工作：

（1）砂轮的检查　砂轮在安装使用前必须经过严格的检查，有裂纹等缺陷的砂轮绝对不准安装使用。

1）砂轮标记检查。没有标记或标记不清，无法核对、确认砂轮特性的砂轮，不管是否有缺陷，都不能使用。

2）砂轮缺陷检查。其检查方法包括目测、音响检查和回转强度检验等。

① 目测检查是直接用肉眼或借助其他器具察看砂轮表面是否有裂纹或破损等缺陷。

② 音响检查也称敲击试验，主要针对砂轮的内部缺陷。检查方法是用小木棰敲击砂轮，正常的砂轮声音清脆，若声音出现沉闷、嘶哑，则说明有问题。

③ 砂轮的回转强度检验。对同种型号的同一批砂轮应进行回转强度抽验，未经强度检验的砂轮批次严禁安装使用。

（2）砂轮的安装　砂轮的安装方法如图 5-26 所示。

1）核对砂轮的特性是否符合使用要求，砂轮与主轴尺寸是否相匹配。

2）将砂轮自由地装配到砂轮主轴上，不可用力挤压。砂轮内径与主轴和压紧用法兰盘的配合间隙应适当，避免过大或过小。配合面应清洁，没有杂物。

3）砂轮的法兰盘应左右对称，两法兰的直径必须相等，其尺寸一般为砂轮直径的一半。压紧面应平直，与砂轮侧面充分接触，装夹可靠，防止砂轮两侧面因受不平衡力作用而发生变形甚至碎裂。

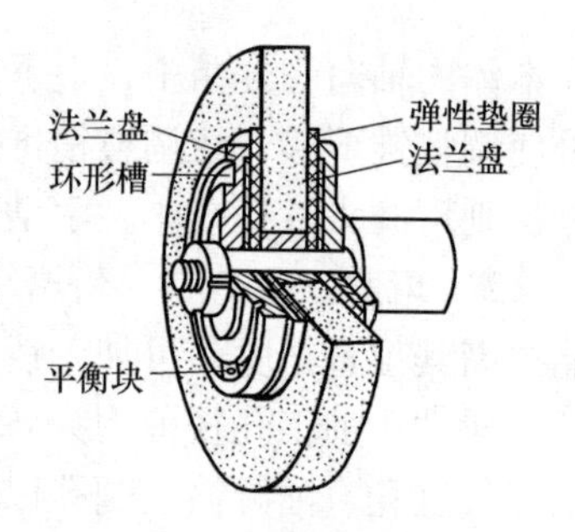

图 5-26　砂轮的安装

4）法兰盘与砂轮端面之间应垫 1～2mm 厚的弹性垫圈（由皮革或耐油橡胶制成），使法兰盘夹紧力均匀分布。

5）紧固砂轮的松紧程度应以压紧到足以带动砂轮不产生滑动为宜，不宜过紧。当用多个螺栓紧固大法兰盘时，应按对角线成对顺序逐步均匀旋紧，禁止沿圆周方向顺序紧固螺栓，或一次把某一螺栓拧紧。紧固砂轮法兰盘只能用标准扳手，禁止用接长扳手或用敲打办法加大拧紧力。

（3）砂轮的平衡　为使砂轮能平稳地工作，一般直径大于125mm 的砂轮都要进行平衡，使砂轮的重心与其旋转轴线重合。不平衡的砂轮在高速旋转时会产生振动，影响加工质量和机床精度，严重时还会造成机床损坏和砂轮碎裂。引起不平衡的原因主要是砂轮各部分密度不均匀，几何形状不对称以及安装偏心等，因此在安装砂轮之前都要进行平衡。砂轮的平衡有静平衡和动平衡两种，一般情况下，只需作静平衡，但在高速磨削（速度大于50m/s）和高强度钢磨削时，必须进行动平衡。

调整砂轮静平衡的装置及方法如图 5-27 所示。在静平衡时，将砂轮装在平衡心轴上，然后把装好平衡心轴的砂轮平放到平衡架的平衡导轨上，砂轮会来回摆动，直至摆动停止。平衡的砂轮可以在任意位置都静止不动，如果砂轮不平衡，则其较重部分总是转到下面，此时可移动平衡块的位置使其达到平衡。

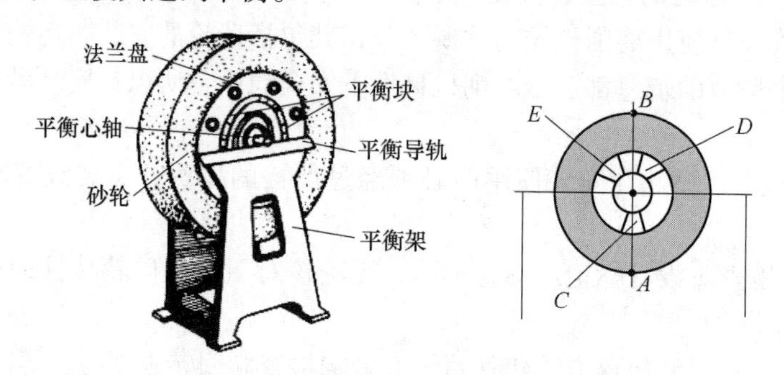

图 5-27　调整砂轮静平衡的装置及方法

调整方法：找出砂轮的重心最下位置点 A；在点 A 同一直径上的对应点做一记号 B；加入平衡块 C，使 A 和 B 两点位置不变；再加入平衡块 D、E 并仍使 A、B 两点位置不变，如有变动可以上下调动 D、E。使 A、B 两点恢复原位，此时砂轮左右已平衡；将砂轮转动 90°。如不平衡，将 D、E 同时向点 A 或 B 移动直到 A、B 两点平衡为止。如此调整使砂轮在任何方位上稳定下来，砂轮就平衡了。

调整平衡时应注意：平衡架要放水平，特别是纵向；砂轮要紧固，法兰盘和平衡块要洗净；砂轮法兰盘内锥孔与平衡心轴要配合紧密，平衡心轴不应弯曲；砂轮平衡后，平衡块要紧固。

（4）砂轮的修整　在磨削过程中砂轮的磨粒在摩擦、挤压作用下，它的棱角逐渐磨圆变钝，或者在磨韧性材料时，磨屑常常嵌塞在砂轮表面的孔隙中，使砂轮表面堵塞，最后使砂轮丧失切削能力。这时，砂轮与工件之间会产生打滑现象，并可能引起振动和出现噪声，使磨削效率下降，表面粗糙度变差。同时由于磨削力及磨削热的增加，会引起工件变形和影响磨削精度，严重时还会使磨削表面出现烧伤和细小裂纹。此外，由于砂轮硬度的不均匀及磨粒工作条件的不同，使砂轮工作表面磨损不均匀，各部位磨粒脱落不等，致使砂轮丧失外形精度，影响工件表面的几何精度及表面粗糙度。

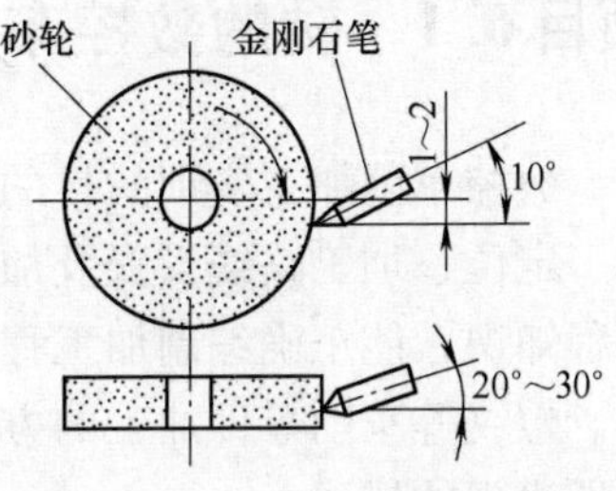

图 5-28　砂轮的修整

只要遇到上述情况，砂轮就必须进行修整，如图 5-28 所示，切去表面上一层磨料，使砂轮表面重新露出光整锋利的磨粒，以恢复砂轮的切削能力与外形精度。砂轮常用金刚石进行修整，金刚石具有很高的硬度和耐磨性，是修整砂轮的主要工具。

2. 思考题

1）M1432A 和 M7120A 磨床型号的含义是什么？加工范围如何？

2）如何操纵 M7120A 磨床来获得磨床的各种运动？

3）在平面磨床上磨削小工件时，为什么要在工件两端加装挡铁？

4）常用磨削平面的方法有几种？各有何特点？如何选用？

5）磨削平面时的操作要点是什么？

6）光整加工的分类和各自应用特点是什么？

7）砂轮的检查、安装、平衡和修整方法如何？

模块6　数 控 加 工

数控加工的安全要求（其余参照车工实习）：数控机床都有一套严格的安全操作规程，在操作之前必须仔细阅读理解，并在实训操作中认真执行。数控机床运行过程中发现的不正常情况应认真做好记录，以便出现故障后查找原因，为维修提供第一手资料。

项目6.1　轴的数控车削

数控车削加工实训的目的：熟悉数控车床的结构组成及工作原理，掌握待加工零件的装夹、定位、加工路线设置及加工参数调校等实际操作工艺，熟练掌握数控机床的操作方法及编程知识，能正确编制加工程序；通过对数控车床的操作，掌握阶梯轴、成形面、圆弧、倒角、螺纹等车削零件加工的方法，并能按图样独立加工简单零件和分析判断并解决加工程序中所出现的错误。

数控车削的特点：适应性强，适用于单件小批量和具有复杂形面工件的加工；加工精度高，加工零件质量稳定；生产效率高，数控车床加工可以有效地减少零件的加工时间和辅助时间；减轻劳动强度，改善劳动条件；有利于生产管理，可预先准确估计零件的加工工时，实现刀具、夹具、量具的规范化管理；局限是要求操作者技术水平高，数控车床价格较高、投入成本高、加工过程中难以调整，且维修困难等。数控车削加工的工件尺寸公差等级一般为IT8～IT7级，外圆加工可达IT6级，表面粗糙度值为$Ra=1.6\sim0.8\mu m$。

6.1.1　项目引入

在数控车床上加工零件，要经过4个主要的工作环节，即确定工艺方案、编写加工程序、实际数控加工、零件测量检验。本项目主要学习传动轴的外轮廓车削以及螺纹车削工艺的制定和程序的编制，零件的虚拟加工以及实际加工和检验。

传动轴的加工要求如图6-1所示，已知材料为45钢，毛坯为$\phi42mm\times120mm$棒料。要求制定零件的加工工艺，编写零件的数控加工程序，并通过数控仿真加工调试、优化程序，最后进行零件的加工检验。

6.1.2　项目分析

1. 分析零件的加工工艺

由图6-1可知，传动轴由外圆柱面、外圆锥面、沟槽、普通管螺纹构成。工件两端$\phi30^{+0.021}_{+0.002}mm$和中部$\phi36^{\ 0}_{-0.03}mm$外圆尺寸精度要求较高，表面粗糙度值$Ra=1.6\mu m$。同时为保证传动轴的传动平稳性，要求圆跳动误差需控制在公差范围内。

2. 确定装夹方案

为了保证几何公差要求，传动轴加工需两次装夹，分别采用自定心卡盘装夹方式和一顶一夹装夹方式。采用设计基准作为定位基准，符合基准重合原则，且减少了人工找正的时间。

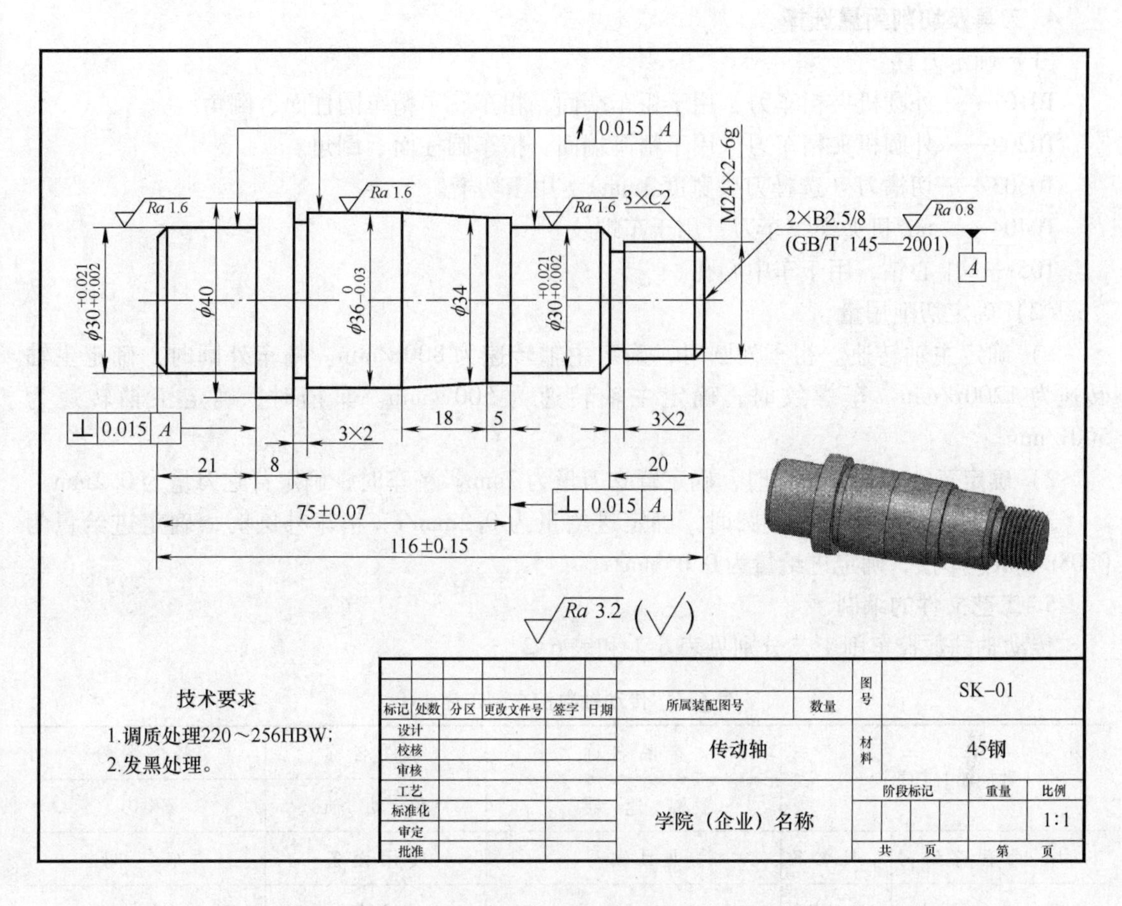

图 6-1　传动轴的零件图

3. 确定加工顺序和进给路线

（1）工序 01

1）自定心卡盘夹毛坯外圆伸出约 40mm，车平端面，钻中心孔。

2）粗车 ϕ30mm、ϕ40mm 外圆，留精车余量 0.2mm。

3）精车 ϕ30mm、ϕ40mm 外圆。

（2）工序 02

1）工件调头，用铜皮包 ϕ30mm 外圆，并用自定心卡盘夹持，工件伸出约 95mm，找正 ϕ30mm 外圆并夹紧工件，以保证圆跳动的精度要求。车平端面取总长，以工件右端面中心作为工件坐标系原点，重新设置 Z 坐标。

2）打右端面中心孔。

3）一夹一顶方式装夹工件，粗车 ϕ36mm、ϕ34mm、ϕ30mm 圆柱面、圆锥面、M24 × 2 螺纹大径等，各留精车余量 0.2mm。

4）切螺纹退刀槽 3 × 2mm 至尺寸要求。

5）精车各外圆、圆锥面至尺寸要求。

6）车螺纹 M24×2－6g 至尺寸要求。

4. 刀具及切削用量选择

（1）确定刀具

T0101——外圆机夹粗车刀，用于粗车端面，粗车、半精车圆柱面、倒角。

T0202——外圆机夹精车刀，用于精车端面，精车圆柱面、倒角。

T0303——切槽刀（选择刀头宽度 3mm），用于切槽。

T0404——60°机夹螺纹车刀，用于车螺纹。

T05——中心钻，用于车中心孔。

（2）确定切削用量

1）确定主轴转速。粗车外圆时，确定主轴转速为 800r/min。精车外圆时，确定主轴转速为 1200r/min。车螺纹时，确定主轴转速为 500r/min。车槽时，确定主轴转速为 500r/min。

2）确定背吃刀量。粗车时，确定背吃刀量为 2mm。精车时，确定背吃刀量为 0.2mm。

3）确定进给量。粗车外圆时，确定进给量为 0.2mm/r。精车外圆时，确定进给量为 0.08r/min。车槽，确定进给量为 0.05mm/r。

5. 工艺文件的编制

传动轴的数控车削工艺分别见表 6-1 和表 6-2。

表 6-1 传动轴数控车削工序卡 1

数控加工工序卡			产品名称		零件名称		零件图号	
			减速器		传动轴		SK-01	
工序号	程序编号	夹具名称	夹具编号		使用设备		车间	
001	O0031	自定心卡盘			CAK6150		数控实训中心	
工步号	工步内容	切削用量			刀具		量具名称	备注
		主轴转速/(r/min)	进给速度/(mm/r)	背吃刀量/mm	编号	名称		
1	车左端面	800	0.25	2.0	T0101	外圆车刀	游标卡尺	手动
2	钻中心孔	300				中心钻		手动
3	粗车 ϕ30mm、ϕ40mm 外圆，留精车余量 0.2mm	800	0.2	2.0	T0101	外圆车刀	游标卡尺	自动
4	精车 ϕ30mm、ϕ40mm 外圆	1200	0.08	0.5	T0202	外圆车刀	千分尺	自动
编制		审核		批准		共1页	第1页	

表 6-2　传动轴数控车削工序卡 2

数控加工工序卡			产品名称		零件名称		零件图号	
			减速器		传动轴		SK-01	
工序号	程序编号	夹具名称	夹具编号		使用设备		车间	
002	O0032	一夹一顶			CAK6150		数控实训中心	
工步号	工步内容	切削用量			刀具		量具名称	备注
		主轴转速/(r/min)	进给速度/(mm/r)	背吃刀量/mm	编号	名称		
1	车右端面	800	0.25	2.0	T0101		游标卡尺	手动
2	钻中心孔	300				中心钻		手动
3	粗车右边圆柱面、圆锥面、M24×2 螺纹大经，留精车余量 0.2mm	800	0.2	2.0	T0101	外圆车刀	游标卡尺	自动
4	车宽 3mm 槽两个	500	0.05		T0303	3mm 宽槽刀	千分尺	自动
5	精车外圆、圆锥面至尺寸要求	1200	0.08	0.2	T0202	外圆车刀	千分尺	自动
6	车螺纹	500	螺距 2mm		T0404	外螺纹刀	螺纹检规	自动
编制		审核		批准		共 1 页	第 1 页	

6.1.3　相关知识——数控车床的加工原理和编程

1. 数控车床的加工范围

数控车床同普通车床类似，主要用于加工轴类、盘类等回转体零件。通过数控加工程序的运行，数控车床可自动完成内外圆柱面、圆锥面、成形表面、螺纹和端面等工序的切削加工，并能进行车槽、钻孔、扩孔、铰孔等工作。而车削中心更可在一次装夹中完成更多的加工工序，提高加工精度和生产效率，特别适合于复杂形状回转类零件的加工。

2. 数控车床的加工原理

（1）数控机床的加工过程

1）根据加工零件的图样，确定加工工艺，根据加工工艺信息，用机床数控系统规定的代码和格式编写数控加工程序（对加工工艺过程的描述）。

2）将加工程序存储在控制介质（如磁盘等）上。通过信息载体将全部加工信息传给数控系统。若数控加工机床与计算机联网时，可直接将信息载入数控系统。

3）数控装置将加工程序语句译码、运算，转换成驱动各运动部件的动作指令，在数控系统的统一协调下驱动各运动部件的实时运动，自动完成对工件的加工。

（2）数控转换与译码过程　CNC 系统的数据转换过程如图 6-2 所示。

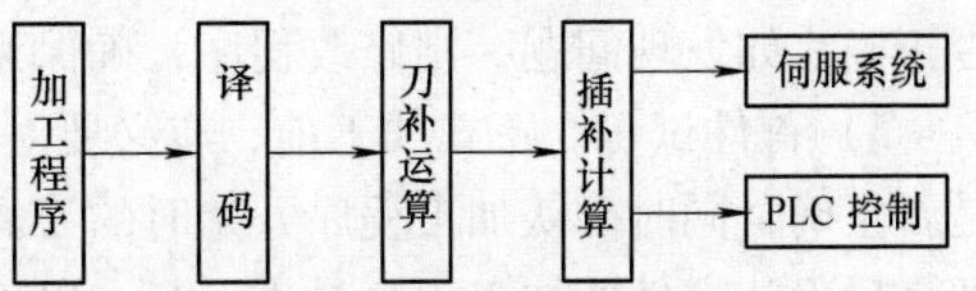

图 6-2　CNC 系统的数据转换过程

1）译码。译码程序的主要功能是将用文本

格式编写的零件加工程序，以程序段为单位转换成机器运算所要求的数据结构，该数据结构用来描述一个程序段解释后的数据信息。它主要包括：X、Y、Z 等坐标值、进给速度、主轴转速、G 代码、M 代码、刀具号、子程序处理和循环调用处理等数据或标志的存放顺序和格式。

2）刀补运算。零件的加工程序一般是按零件轮廓和工艺要求的进给路线编制的，而数控机床在加工过程中所控制的是刀具中心的运动轨迹，不同的刀具，其几何参数也不相同，因此，在加工前必须将编程轨迹变换成刀具中心的轨迹，这样才能加工出符合要求的零件。刀补运算就是完成这种转换的处理程序。

3）插补计算。数控程序提供了刀具运动的起点、终点和运动轨迹，而刀具如何从起点沿运动轨迹走向终点，则由数控系统的插补计算装置或插补计算程序来控制。插补计算的任务就是要根据进给的要求，在轮廓起点和终点之间计算出中间点的坐标值，把这种实时计算出的各个进给轴的位移指令输入伺服系统，实现成形运动。

4）PLC 控制。CNC 系统对机床的控制分为“轨迹控制”和“逻辑控制”。前者是对各坐标轴的位置和速度的控制，后者是对主轴的起停、换向，刀具的更换，工件的夹紧与松开，冷却、润滑系统的运行等进行的控制。这种逻辑控制通常以 CNC 内部和机床各行程开关、传感器、继电器、按钮等开关信号为条件，由可编程序控制器（PLC）来实现。

由此可见，数控加工原理就是将数控加工程序以数据的形式输入数控系统，通过译码、刀补运算、插补计算来控制各坐标轴的运动，通过 PLC 的协调控制，实现零件的自动加工。

3. 数控车床的编程方法

（1）数控编程的工作内容　利用编制的程序成功加工出合格的零件，应做好以下主要工作：

1）对零件图进行工艺性分析。主要分析零件的材料、形状、尺寸、精度及毛坯形状和热处理要求等，以便确定该零件适合在哪种类型的数控机床上加工，同时要明确加工的内容和要求。

2）确定零件的加工工艺过程。根据加工内容，确定加工方案，选择合适的数控机床、夹具与刀具，确定工序、工步顺序和进给路线以及切削用量等工艺参数。这些工作与普通机床加工零件时编制工艺规程的工作基本相同。

3）进行必要的数值计算。根据零件的尺寸、加工路线，在规定的工件坐标系内计算与程序编制有关的零件的轮廓和刀具的运动轨迹，即进行所谓的“节点计算”，如计算组成零件形状几何元素的起点、终点、交点、切点或圆弧的圆心等坐标值。如果数控系统没有刀具的半径补偿功能，则有时还需根据刀具直径，计算刀具中心运动轨迹的坐标值，以获得刀位数据。

4）编写和修改零件的加工程序。根据所用数控系统的编程指令代码和程序格式，编写零件的加工程序，经校对输入数控系统后进行模拟演示或空运行，以检验零件的加工轨迹是否正确，如发现问题，则修改程序，确保无误。

5）首件试切。正式加工前，有必要对零件进行首件试切，以现场检验零件的加工轨迹是否正确，同时确认加工程序开始时的刀具调整是否正确，是否能够保证零件的加工精度，即最后确认零件的加工程序是否可行，以确保零件在正式加工中不出现任何问题。

（2）数控编程的种类　目前，数控编程主要有手工编程和自动编程两种。

1）手工编程。手工编程在目前的日常生产中应用很广泛。尤其对于形状简单的零件，节点计算简单且计算量不大，程序也比较简单，采用手工编程比较容易完成。

2）自动编程。自动编程也称计算机辅助编程，即借助计算机编制零件加工程序的过程。编程人员只需根据零件的加工要求，使用特有的数控编程语言，就可以由计算机完成有关的数据计算和后置处理并自动编写出零件的加工程序。

（3）数控编程指令代码标准及编程手册　编程的指令代码，国际上已形成了两种通用标准，即国际标准化组织（ISO）标准和美国电子工业学会（EIA）标准。我国根据ISO标准也制定了有关标准。但是，尽管如此，各数控机床生产厂家的编程指令代码仍然无法达到统一。因此，在编程时，不是根据有关的编程指令代码标准来编程，而是根据数控机床生产厂家的编程手册来编程。

编程手册是数控机床生产厂家将自己生产数控机床的编程指令代码编辑成册，用来指导编程人员进行编程的参考书。编程手册是编程的依据，因此编程人员在编程前，一定要熟悉所使用机床的编程手册。

（4）数控编程指令代码的种类　数控编程指令代码可以认为是数控编程时所使用的具有特定含义的编程符号。数控编程指令代码按控制功能的不同，可分为以下几种：

1）准备功能G代码。准备功能G代码是用来控制与加工轨迹形成有关的各种动作的指令代码，如直线和圆弧的插补指令代码。该类代码由字母G和其后的两位数字组成。G代码在实际使用中的标准化程度不高，常因数控机床生产厂家及数控机床结构和规格的不同而各异。表6-3为我国JB/T 3208—1999标准中规定的常用准备功能G代码（注：此标准涉及的产品已退出市场，故此标准已废止）。

表6-3　JB/T 3208—1999标准中规定的常用准备功能G代码

代　码	功　能	代　码	功　能
G00	点定位	G44	刀具偏置—负
G01	直线插补	G54	直线偏移 *X*
G02	顺时针方向圆弧插补	G55	直线偏移 *Y*
G03	逆时针方向圆弧插补	G56	直线偏移 *Z*
G04	暂停	G57	直线偏移 *XOY*
G08	加速	G58	直线偏移 *XOZ*
G09	减速	G59	直线偏移 *YOZ*
G17	*XOY* 平面选择	G63	攻螺纹
G18	*XOZ* 平面选择	G80	固定循环注销
G19	*YOZ* 平面选择	G81 ~ G89	固定循环
G33	螺纹切削，等螺距	G90	绝对尺寸
G34	螺纹切削，增螺距	G91	增量尺寸
G35	螺纹切削，减螺距	G92	预置寄存
G40	刀具补偿/刀具偏置注销	G94	每分钟进给
G41	刀具补偿—左	G95	主轴每转进给
G42	刀具补偿—右	G96	恒线速度
G43	刀具偏置—正	G97	每分钟转数（主轴）

2）辅助功能 M 代码。辅助功能 M 代码是用来控制机床各种开关功能的指令代码，如主轴起动和停止的指令代码。该类代码由字母 M 和其后的两位数字组成。表 6-4 为我国 JB/T 3208—1999 标准中规定的常用辅助功能 M 代码。

表 6-4　JB/T 3208—1999 标准中规定的常用辅助功能 M 代码

代　码	功　能	代　码	功　能
M00	程序停止	M08	1 号切削液开
M01	计划停止	M09	切削液关
M02	程序结束	M10	夹紧
M03	主轴顺时针	M11	夹紧松开
M04	主轴逆时针	M13	主轴顺时针方向，切削液开
M05	主轴停止	M14	主轴逆时针方向，切削液开
M06	换刀	M19	主轴定向停止
M07	2 号切削液开	M30	纸带结束

3）主轴功能 S 代码。主轴功能 S 代码是用来控制主轴功能的指令代码。具体来说，就是控制主轴转速或加工时的切削速度。该代码由字母 S 和其后的数字组成。

4）刀具功能 T 代码。刀具功能 T 代码是用来控制刀具进行换刀并认定当前使用刀具的指令代码。加工中心在换刀时，可以自动换刀。该代码由字母 T 和其后的两位或四位数字组成。

5）进给功能 F 代码。进给功能 F 代码是用来控制刀具相对工件运动时合成进给速度的指令代码。该代码由字母 F 和其后的数字组成。

（5）数控机床的坐标系和运动方向　规定数控机床的坐标系和运动方向，是为了准确地描述机床的运动，简化程序的编制方法，并使所编程序具有互换性。目前，国际标准化组织已经统一了标准坐标系。我国也颁布了 GB/T 19660—2005《工业自动化系统与集成机床数值控制坐标系和运动命名》的标准，对数控机床的坐标系和运动方向作出了明确的规定。

1）刀具与工件相对运动的原则假定。数控机床在加工时，不管加工时是刀具相对工件运动，还是工件相对刀具运动，总是假定工件不动，刀具相对工件运动。

2）笛卡儿标准坐标系。为准确确定零件在加工时刀具与工件相对运动的轨迹（即零件的加工轨迹），需要建立能够准确描述刀具与工件相对运动轨迹的坐标系，这个坐标系就是笛卡儿标准坐标系。笛卡儿标准坐标系为右手坐标系，如图 6-3 所示。在图中，大拇指的指向为 X 轴的正方向，食指的指向为 Y 轴的正方向，中指的指向为 Z 轴的正方向。此坐标系是建立机床坐标系和工件坐标系的基础。

3）机床坐标系和工件坐标系。机床坐标系是数控机床固有的坐标系，它是数控机床调整的基础，也是设置工件坐标系的基础。机床坐标系在数控机床出厂前已经调整好，一般情况下，不允许用户随意变动。工件坐标系是编程时使用的坐标系，所以又称编程坐标系。它是在考虑了以编程方便为基本原则的基础上，在机床坐标系中选择便于编程的一点，并以之为原点所建立起来的。用于描述零件加工轨迹程序中的坐标值，就是零件加工轨迹在该坐标系中的坐标值。

4）坐标轴及其运动方向的确定。笛卡儿标准坐标系有 X、Y、Z 三个坐标轴。GB/T

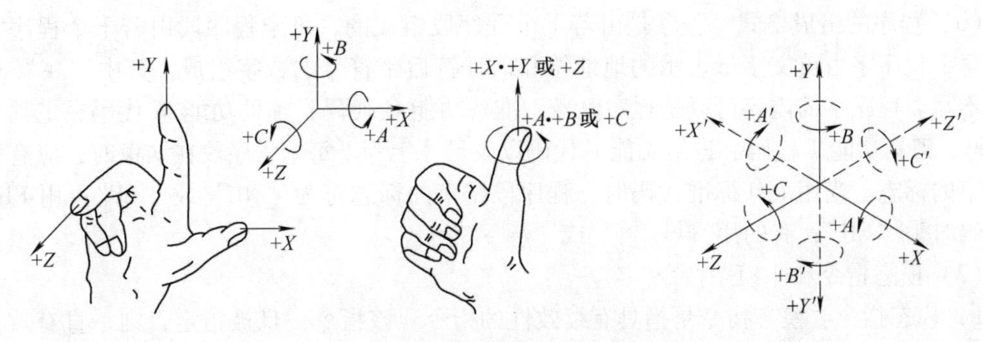

图 6-3　笛卡儿标准坐标系

19660—2005 标准同时规定：某一坐标轴运动的正方向，是增大刀具与工件之间距离的方向。

① Z 坐标轴及其运动方向的确定。Z 坐标轴由传递切削力的主轴所决定。规定与数控机床主轴轴线平行的坐标轴即为 Z 坐标轴。当机床有几个主轴时，如龙门铣床，则选择其中一个垂直于工件装夹表面的主轴为 Z 轴。Z 轴的正方向为刀具沿主轴方向远离工件的方向。如在钻镗加工中，钻入工件和镗入工件的方向为 Z 轴的负方向，而退出方向为正方向。

② X 坐标轴及其运动方向的确定。X 坐标轴位于水平面内，且平行于工件的主要装夹面及主要的切削方向。对于数控车床、磨床而言，X 轴的正方向为刀具远离工件旋转中心的直径方向。对于立式数控铣床而言，操作者面对机床，向右为 X 轴的正方向。对于卧式数控铣床而言，操作者面对机床，向左为 X 轴的正方向。

③ Y 坐标轴及其运动方向的确定。Y 坐标轴为 Z 坐标轴和 X 坐标轴确定以后自然形成的坐标轴。在笛卡儿标准坐标系中，Y 轴同时垂直于 X 轴和 Z 轴。

5）旋转运动。A、B、C 相应地表示 X、Y、Z 坐标轴及与 X、Y、Z 坐标轴平行的轴的旋转运动。A、B、C 的正方向，相应地表示在 X、Y、Z 坐标轴正方向上按照右旋螺纹前进的方向，如图 6-3 所示。

6）附加坐标轴。附加坐标轴是指除 X、Y、Z 坐标轴以外，平行于 X、Y、Z 坐标轴的其他坐标轴。如果在 X、Y、Z 坐标轴以外，有平行于它们的附加坐标轴，可分别指定为 U、V、W 坐标轴。

7）工件运动机床的坐标轴正向运动。对于刀具运动机床，如数控车床，其坐标轴的正向运动由刀具沿坐标轴的正向运动来完成，这与坐标轴运动方向的规定原则是一致的。但对于工件运动的机床，如数控铣床，有的坐标轴的正向运动由工件（工作台带动工件）向坐标轴的负方向运动来完成。如立式数控铣床，当操作者面对工作台时，向右为 X 轴的正方向，但在实际加工时，工作台向左运动才能完成 X 轴的正向运动。这与坐标轴运动方向的规定原则正好是相反的。因此，当遇到这种情况，在示意图中表示时，应将坐标轴正向的相反方向（即坐标轴的负向）作为该坐标轴的正向在机床的运动部件上标出，并将该轴字母加“′”，以示区别。

综上所述，无论是对于刀具运动机床，还是工件运动机床，编程人员在编程时，仍然只需按确定的不带“′”的坐标轴方向编程即可。但同时也应清楚，对于工件运动机床，在实际加工时，工件刚好沿确定坐标轴方向的反向运动。

（6）程序的组成格式　程序是由若干个程序段组成的，每个程序段由若干个程序字组成。每个程序字由英文字母表示的地址符和地址符后带符号的数字组成，其中“+”号可省略不写。程序字的内容可以是程序段号、准备功能G代码、辅助功能M代码、主轴功能S代码、刀具功能T代码、进给功能F代码以及尺寸字等。每个程序段在结束时，应有程序段结束的标志。当用ISO标准代码时，程序段结束的标志符为“NL”或“LF”；用EIA标准代码时为“CR”；有的用符号“;”或“*”表示。

（7）模态指令和非模态指令

1）模态指令。模态指令是指具有续效性的指令。该指令一旦被指定，则一直有效，直到被新的相关指令代替或被取消为止。若下一个程序段仍执行该指令，则可省略不写。

2）非模态指令。非模态指令是指只在本程序段有效的指令。该指令没有续效性。即使下一程序段仍执行该指令，也不能省略不写。

（8）系统通电后自动生效指令　该指令是指数控系统通电后，在程序中没有指定该指令的情况下，系统也会自动执行的指令。

（9）绝对值编程方式和增量值编程方式　在编写零件的加工程序时，主要有绝对值编程和增量值编程两种编程方式。

1）绝对值编程方式。绝对值编程方式是指当前插补指令中的坐标值为插补运动轨迹终点在指定工件坐标系中的绝对坐标值的编程方式。也就是说，刀具相对工件运动轨迹的坐标值是相对于固定的工件坐标系原点给出的。

2）增量值编程方式。增量值编程方式是指当前插补指令中的坐标值为插补运动轨迹终点在指定工件坐标系中的绝对坐标值相对起点在工件坐标系中的绝对坐标值增量值的编程方式。也就是说，刀具相对工件运动轨迹的坐标值是当前位置相对于前一位置所计算出的差值。

另外应注意，FANUC-6T数控车削系统还规定了混合编程的方式，即在同一个程序段中，不同的尺寸字可以采用不同的编程方式，这大大增强了编程的灵活性。

6.1.4 项目实施

1. 编制加工程序

传动轴在第一次装夹，加工左端时的程序见表6-5；第二次装夹，加工右端的程序见表6-6。

表6-5　传动轴加工左端的数控加工程序单

零件号	SK-01	零件名称	传动轴	编程原点	安装后右端面中心
程序号	O0031	数控系统	FANUC 0i Mate-TC	编制	
O0031 N010　T0101 N020　G00 X150 Z150 N030　M03 S800 N040　X48 Z2 N050　G71 U2.0 R2 N060　G71 P70 Q120 U0.2 W0 F0.2			 换1号刀，执行1号刀补 快速定位到换刀点 主轴正转，800r/min 快速定位到循环起点（X48，Z2） 用G71粗加工外轮廓 		

（续）

零件号	SK-01	零件名称	传动轴	编程原点	安装后右端面中心
程序号	O0031	数控系统	FANUC 0i Mate-TC	编制	

程序	说明
N070　G01 X22 F0.08	
N080　X30 Z-2	
N090　Z-21	精加工轮廓程序段 N070 ~ N120
N100　X40	
N110　W-10	
N120　X45	
N130　G00 X150 Z150	返回换刀点
N140　M01	程序暂停
N150　T0202 S1200	换 2 号刀，执行 2 号刀补，主轴转速 1200r/min
N160　X45 Z2	快速定位到循环起点（X45，Z2）
N170　G70 P70 Q120	用 G70 精加工外轮廓
N180　G00 X150 Z150	返回换刀点
N190　M05	主轴停
N200　M30	程序结束

表 6-6　传动轴加工右端的数控加工程序单

零件号	SK-01	零件名称	传动轴	编程原点	安装后右端面中心
程序号	O0032	数控系统	FANUC 0i Mate-TC	编制	

程序	说明
O0032	
N010　T0101	换 1 号刀，执行 1 号刀补
N020　G00 X150 Z150	快速定位到换刀点
N030　M03 S800	主轴正转，800r/min
N040　X48 Z2	快速定位到循环起点（X48，Z2）
N050　G71 U2.0 R2	用 G71 粗加工外轮廓
N060　G71 P70 Q170 U0.2 W0 F0.2	
N070　G01 X16 F0.08	
N080　X23.8 Z-2	
N090　Z-20	
N100　X26	
N110　X30 W-2	
N120　Z-41	精加工轮廓程序段 N070 ~ N170
N130　X34	
N140　W-5	
N150　X36 W-18	
N160　Z-97	
N170　X45	
N180　G00 X150 Z150	返回换刀点
N190　M01	程序暂停
N200　T0303 S500	
N210　X35 Z-20	
N220　G01 X20 F0.05	
N230　G04 P2000	换 3 号刀，执行 3 号刀补，主轴转速 500r/min
N240　G01 X35 F0.1	定位到车槽起刀点
N250　G00 X45	车 3 × 2mm 槽
N260　Z-97	车 3 × 2mm 槽
N270　G01 X32 F0.05	
N280　G04 P2000	
N290　G01 X45 F0.1	

（续）

零 件 号	SK-01	零件名称	传 动 轴	编程原点	安装后右端面中心
程 序 号	O0032	数控系统	FANUC 0i Mate-TC	编 制	
N300 G00 X150 Z150 N310 M01			返回换刀点 程序暂停		
N320 T0202 S1200 N330 X45 Z2 N340 G70 P70 Q170 N350 G00 X150 Z150 N360 M01			换 2 号刀，执行 2 号刀补，主轴转速 1200r/min 快速定位到循环起点（X45，Z2） 用 G70 精加工外轮廓 返回换刀点 程序暂停		
N370 T0404 S800 N380 X26 Z2 N390 G92 X23 Z-18 F2 N400 X22.3 N410 X21.8 N420 X21.6			换 4 号刀，执行 4 号刀补，主轴转速 800r/min 定位到循环起点 用 G92 循环加工螺纹		
N430 G00 X150 Z150 N440 M05 N460 M30			返回到换刀点 主轴停 程序结束		

2. 零件的仿真加工

1）进入数控车仿真软件。

2）选择机床、数控系统并开机。

3）机床各轴回参考点。

4）安装工件。

5）安装刀具并对刀。

6）输入加工程序，并检查调试。

7）手动移动刀具退到距离工件较远处。

8）自动加工。

9）测量工件，优化程序。

3. 零件的实际加工

（1）准备工作

1）工件毛坯。材料为 45 钢，毛坯为 $\phi45\times120$mm 棒料。

2）设备及刀具。数控车床、T0101（外圆机夹粗车刀）、T0202（外圆机夹精车刀）、T0303（切槽刀，设定刀头宽度 3mm）、T0404（60°机夹螺纹车刀）、T05（中心钻）。

3）夹具及工具。自定心卡盘、尾座顶尖、铜皮、纯铜棒等。

4）量具。钢直尺、游标高度尺、外径千分尺、百分表及表座。

（2）数控车削加工

操作前，检验数控车床各部位的运转情况，按要求对润滑部位润滑，保证机床运行平稳、正常。

按 6.1.2 中内容完成加工过程。注意事项如下：

1）工件装夹时应使顶尖顶紧力适度。

2）二次装夹时应避免夹伤已加工表面。

3）切削过程中，要随时注意顶尖的松紧程度，及时加以调整，以防止工件不同轴。

4）安装车刀时，刀具伸出长度要合理，注意检查行程，要特别注意刀具在右端面进到 X 向最小尺寸时与顶尖的距离，不要发生碰撞。

5）螺纹切削时必须采用专用的螺纹车刀，螺纹车刀刀尖形状决定螺纹形状。

（3）按图样要求检测工件，对工件进行误差与质量分析。

6.1.5 知识链接——数控车床的分类；仿真加工

1. 数控车床的分类

（1）按车床主轴的配置形式分类

1）卧式数控车床。如图6-4a所示，机床主轴轴线处于水平位置的数控车床为卧式数控车床，卧式数控车床又分为数控水平床身卧式车床和数控倾斜床身卧式车床。倾斜导轨结构可以使车床具有更大的刚性，并易于排除切屑。

a）

b）

图6-4 数控车床

a）卧式数控车床 b）立式数控车床

2）立式数控车床。如图6-4b所示，机床主轴轴线垂直于水平面的数控车床为立式数控车床。立式数控车床有单柱和双柱立式车床两种。主要用于加工径向尺寸大、轴向尺寸相对较小的大型盘类零件。

数控车床的结构如图6-5所示，其主要包括：主运动部件（主轴箱）、进给运动（如工作台、刀架等）、支承部件（如床身、立柱等）及其他辅助装置（冷却、润滑、转位、夹紧、换刀等部件）。

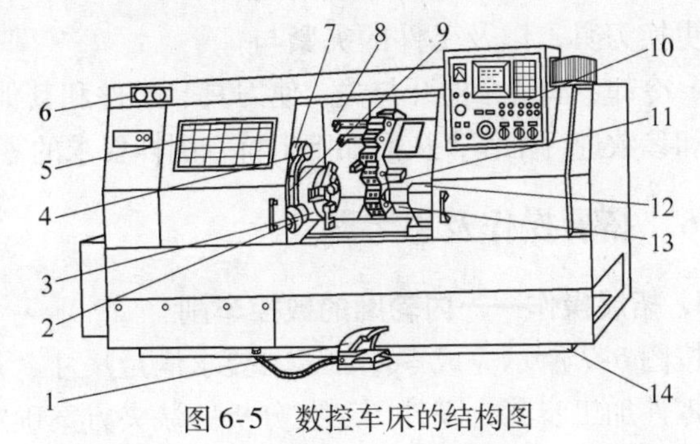

图6-5 数控车床的结构图

1—脚踏开关 2—对刀仪 3—主轴卡盘 4—主轴箱 5—机床防护门 6—压力表 7—对刀仪防护罩 8—导轨防护罩 9—对刀仪转臂 10—操作面板 11—回转刀架 12—尾座 13—滑板 14—床身

（2）按数控系统控制的轴数分类

1）两轴控制的数控车床。机床上只有一个回转刀架，可实现两坐标轴联动控制。

2）四轴控制数控车床。机床上有两个回转刀架，可实现四坐标轴联动控制。

3）多轴控制数控车床。机床上除了控制 Y、Z 两坐标轴外，还可控制其他坐标轴，实现多轴控制，如具有 C 轴控制功能。车削加工中心或柔性制造单元，都具有多轴控制功能。

（3）按数控系统的功能分类

1）经济型数控车床（简易数控车床）。一般采用步进电动机驱动的开环伺服系统，具有 CRT 显示、程序存储、程序编辑等功能，加工精度较低，功能较简单。

2）全功能型数控车床。是较高档次的数控车床，具有刀尖圆弧半径自动补偿、恒线速、倒角、固定循环、螺纹切削、图形显示、用户宏程序等功能，加工能力强，适用于加工精度高、形状复杂、循环周期长、品种多变的单件或中小批量零件的加工。

3）精密型数控车床。采用闭环控制，不但具有全功能型数控车床的全部功能，而且机械系统的动态响应较快，在数控车床基础上增加了其他附加坐标轴。这种车床适用于精密和超精密加工。

4）车削加工中心。车削加工中心具有附加动力刀架和主轴分度机构，有一套自动换刀装置，实现多工序连续加工，除车削外还可以在零件内外表面和端面上铣平面、凸轮、各种键槽或钻、铰、攻螺纹等的加工，在一台加工中心上可实现原来多台数控机床才能实现的加工功能。

2. 仿真加工

数控仿真加工是采用计算机图形学的手段对加工进给和零件切削过程进行模拟，具有快速、逼真、成本低等优点。它采用可视化技术，通过仿真和建模软件，模拟实际的加工过程，在计算机屏幕上将铣、车、钻、镗等加工工艺的加工路线描绘出来，并能提供错误信息反馈，使工程技术人员能预先看到制造过程，及时发现生产过程中的不足，有效预测数控加工过程和切削过程的可靠性及高效性，还可以对一些意外情况进行控制。

3. 数控机床的工作原理

按照零件加工的技术和工艺要求，编写零件的加工程序，然后将加工程序输入数控装置，通过数控装置控制机床的主轴运动、进给运动、更换刀具，以及工件的夹紧与松开、冷却、润滑泵的开与关，使刀具、工件和其他辅助装置严格按照加工程序规定的顺序、轨迹和参数进行工作，从而加工出符合图样要求的零件。数控机床的加工过程如图 6-6 所示。

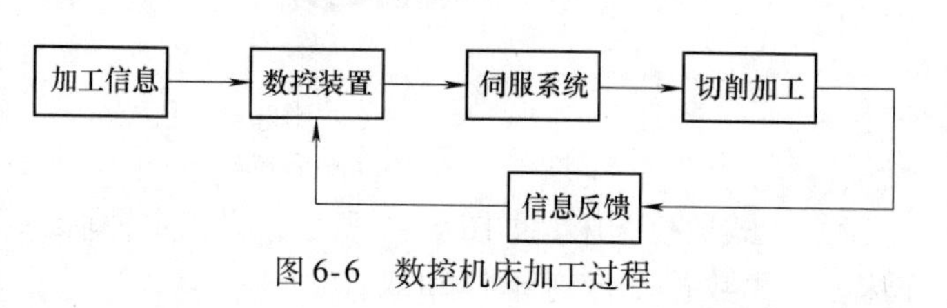

图 6-6　数控机床加工过程

6.1.6　拓展操作及思考题

1. 拓展操作——内轮廓的数控车削

按图 6-7 所示完成零件加工，要求满足尺寸、几何精度和表面粗糙度要求。

零件加工步骤：零件图工艺分析→装夹方案确定→加工顺序和进给路线确定→刀具及切削用量选择→工艺文件编制→编制加工程序→零件加工仿真→零件的实操加工→零件检验。

2. 思考题

1）数控车床是如何分类的？其应用特点是什么？

2）车削轴类零件时，工件有哪些常用的装夹方法？各有什么特点？分别适用于何种场合？

3）如何进行数控机床编程？数控编程指令代码有哪些种类？如何应用？

4）数控机床在操作过程中的注意事项有哪些？对数控机床或操作有何影响？

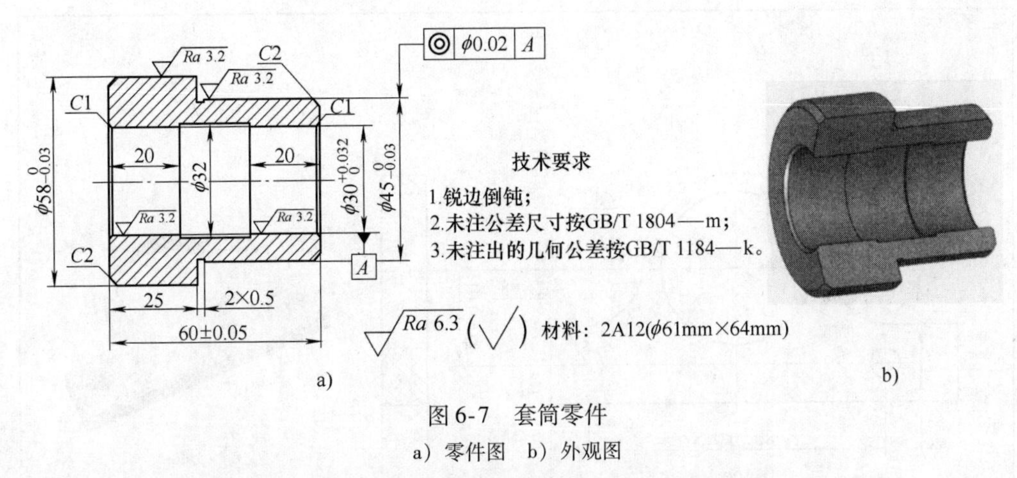

图 6-7　套筒零件

a）零件图　b）外观图

5）数控车削工艺的制定方法如何，应重点注意哪几方面问题？

6）在数控车削前为什么要进行仿真加工？如何进行？

项目 6.2　盖板的数控铣削

数控铣削加工实训的目的：了解数控铣床的分类，熟悉数控铣床的加工原理、程序编制，数控铣削的加工特点和应用；能够编制数控铣削加工工艺和正确选用工艺装备；能独立操作铣床完成典型零件的加工和检测。

数控铣削工作的特点：对零件加工的适应性强、灵活性好；能加工普通铣床无法加工或很难加工的零件；能加工一次装夹定位后，需进行多道工序加工的零件；加工精度高，加工质量稳定可靠；生产自动化程度高，生产效率高。数控铣削加工的工件尺寸公差等级一般为 IT9 ~ IT7 级，表面粗糙度值为 $Ra=3.2\sim1.6\mu m$。

6.2.1　项目引入

所需加工的盖板零件如图 6-8 所示，盖板毛坯尺寸如图 6-9 所示，材料为硬铝 2A12。

6.2.2　项目分析

分析盖板零件图 6-8 可知，ϕ40mm 的孔是设计基准，因此考虑以 ϕ40mm 的孔和 Q 面找正定位，夹紧力加在 P 面上（毛坯件上 ϕ40mm 和 $2\times\phi$8mm 孔已加工完毕，如图 6-9 所示）。安全面高度为 10mm。

6.2.3　相关知识——数控铣床的加工原理和编程

1. 数控铣床的分类

（1）按照主轴布置形式分类

1）立式数控铣床。数控立式铣床以三坐标联动铣床较为常用，如图 6-10 所示。在使用时，可以通过附加数控回转工作台、增加靠模装置等来扩展数控立式铣床的功能、加工范围和加工对象。

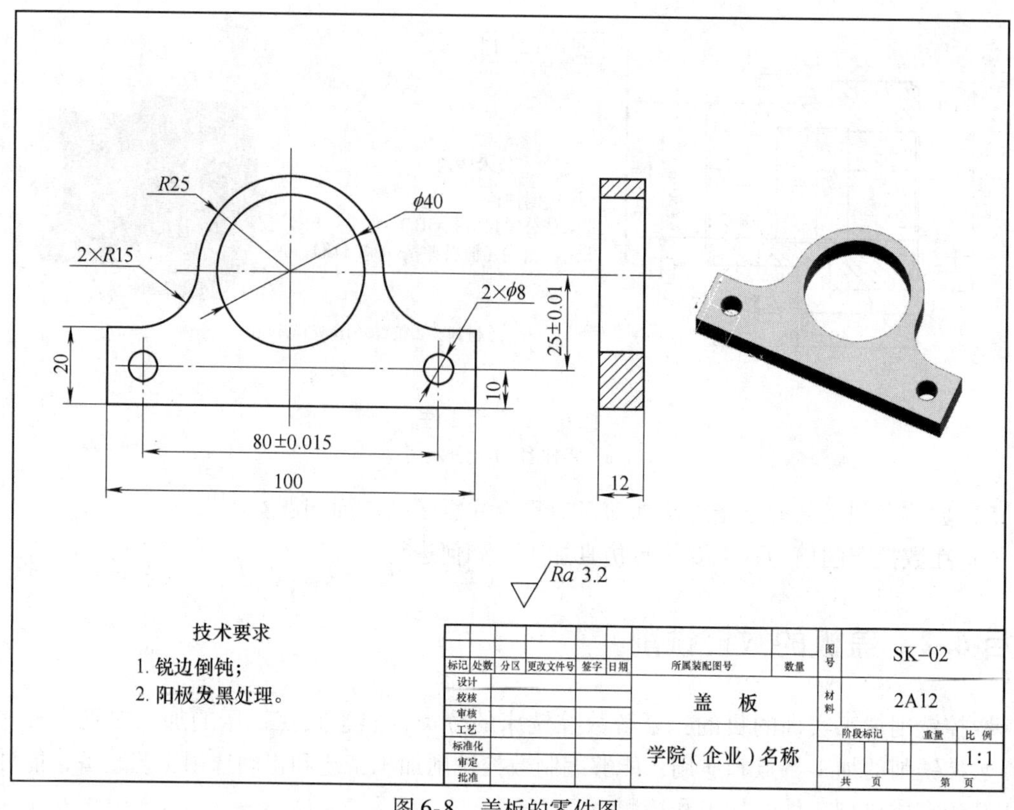

图 6-8　盖板的零件图

2）卧式数控铣床。卧式数控铣床主要用来加工零件侧面的轮廓。为了扩充其功能和扩大加工范围，通常采用增加数控转盘来实现四或五坐标加工。

3）立、卧两用数控铣床。立、卧两用数控铣床指一台机床上有立式和卧式两个主轴，或者主轴可做 90° 旋转的数控铣床，同时具备立、卧式铣床的功能。立、卧两用数控铣床主要用于箱体类零件以及各类模具的加工。

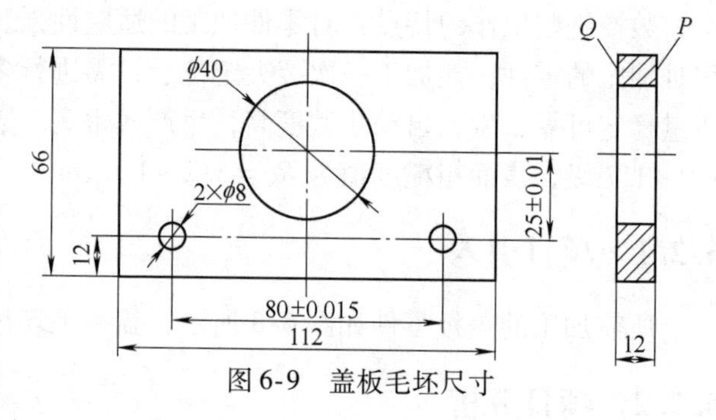

图 6-9　盖板毛坯尺寸

4）龙门数控铣床。龙门数控铣床的主轴固定于龙门架上，主要用于大型机械零件及大型模具各种平面、曲面和孔的加工。

5）万能式数控铣床。万能式数控铣床的主轴可以旋转 90° 或工作台带着工件旋转 90°，一次装夹后可以完成对工件 5 个表面的加工。

（2）按照控制联动坐标轴分类

1）三坐标数控铣床。三坐标数控铣床的特点是除具有普通铣床的工艺性能外，还具有加工的二维以至三维复杂轮廓的能力。这些复杂轮廓零件的加工有的只需二轴联动（如二维曲线、二维轮廓和二维区域加工）或三轴联动（如三维曲面加工），它们所对应的加工一般相应称为二轴加工与三轴加工。

2）四坐标数控铣床。四坐标是指在 X、Y 和 Z 三个平动坐标轴的基础上增加一个转动坐标轴，且 4 个轴一般可以联动。其中，转动轴既可以作用于刀具（刀具摆动型），也可以

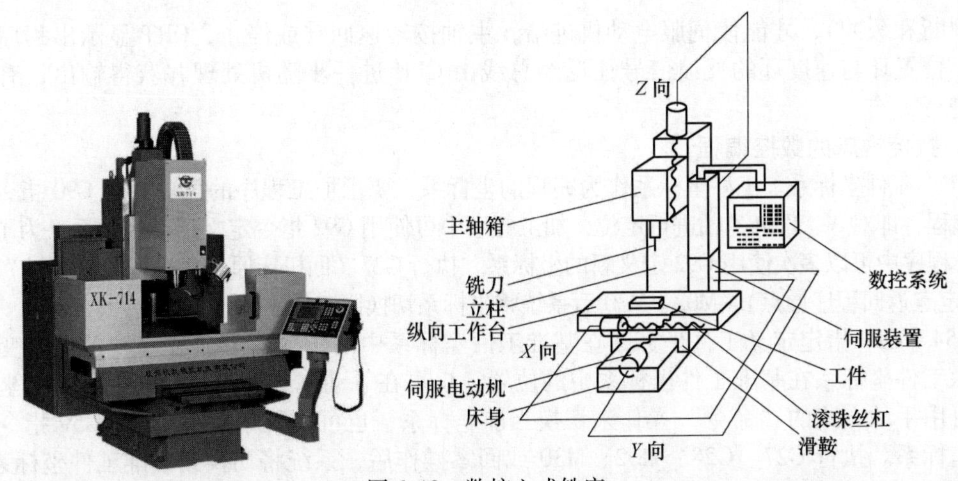

图 6-10 数控立式铣床

作用于工件（工作台回转或摆动型）；机床既可以是立式的也可以是卧式的；此外，转动轴既可以是 *A* 轴（绕 *X* 轴转动）也可以是 *B* 轴（绕 *Y* 轴转动）。四坐标数控机床除大型龙门式机床上采用刀具摆动外，实际中多以工作台旋转或摆动的结构居多。

3）五坐标数控铣床。五坐标机床具有两个回转坐标，有比四坐标加工更广的工艺范围和更好的加工效果，特别适于三维曲面零件高效高质量的加工以及异型复杂零件的加工。

（3）其他分类

1）按照系统功能分类。按照系统功能不同，数控铣床可分为经济型数控铣床、全功能型数控铣床、高速型数控铣床。

2）按照伺服系统的控制方式分类。按照伺服系统控制方式不同，数控铣床可分为开环控制数控铣床、闭环控制数控铣床和半闭环控制数控铣床。

3）按照运动轨迹分类。数控铣床按照运动轨迹可分为点位控制数控铣床、直线控制数控铣床和轮廓控制数控铣床。

2. 数控铣床的加工原理

数控铣床是一种高度自动化的机床，在加工工艺与表面加工方法上，与普通机床基本相同，两者最根本的区别在于实现自动化控制的原理与方法上。

数控铣床加工零件的工作过程可以概括为：首先按产品零件进行工艺分析，确定加工方案；工装选择与设计；确立合理的程序原点（对刀点）、走刀路线及切削用量。编程中的数学处理包括：按零件几何尺寸、加工路线，计算刀具中心运动轨迹，取得刀位数据。根据机床插补功能及被加工零件轮廓的复杂程度决定计算工作量，计算量小时可手工完成，否则依靠自动编程系统进行计算。目的是获得零件轮廓相邻几何元素交点或切点的坐标值，得出几何元素的起点、终点、圆弧的圆心坐标值等，之后编写加工程序。

加工时可将程序一段一段地输入（即边传边加工），也可以先把程序全部输入，由数控系统中的存储器存储，等加工时再将程序一段一段调出。无论哪种输入，都必须以一个程序段为单位，由系统程序及编译程序进行处理，将刀位数据和加工速度 F 代码及其他辅助代码（S 代码表示主轴旋转，T 代码表示刀具号，M 代码表示切削液等）均按语法规则进行解释成计算机所能认可的数据形式，并以一定的格式存储在内存专用区间。此外，对刀补（长度与半径补偿）作处理，对进给速度作处理。再完成加工中的插补运算（由主 CPU 完成），数据由存储区调入时依靠控制总线通过地址总线取址并将数据沿数据总线输入 CPU 运算，结果仍沿总线返回，分别送至相应的输出接口。输出信号也要通过一系列的电路处理（分配、中断和缓冲)，才能使伺服电动机进给，主轴按转速回转或停止，CRT显示出程序执行过程，位置环与速度环的反馈信号往返经总线由CPU进一步随机处理并获得输出，有条不紊地进行工作。

3. 数控铣床的数控编程

(1) 工件坐标系　工件坐标系作为编程的坐标系，要求加工程序的第一段用G90指令绝对坐标编程，即对*X*、*Y*和*Z*轴进行定位，加工程序中可使用G92指令定义浮动坐标系，为了方便编程，程序中可以多次使用G92定义新的坐标系。执行G27(回机床原点并进行失步测试)、G28(经指定点返回程序原点)、M02、M30后系统将坐标系切换回工件坐标系。

G54~G59指定定义工件坐标系在基准工件坐标系中的位置，可通过修改参数改变第一至第六工件坐标系在基准工件坐标系中的位置，也可在手动方式下设置当前坐标系的坐标。

可用手动方式的"命令"操作来切换当前坐标系，也可在程序中用G54~G59指令选择工件坐标系。执行G27、G28、M02、M30或回零操作后，系统将切换到基准工件坐标系。

在加工程序中用G54~G59指令选择工件坐标系，G54~G59指令可与插补或快速定位G0指令处于同一程序段并被最先执行。定义了坐标系之后，可用绝对坐标(G90状态)或增量坐标(G91状态)进行编程。增量坐标是相对于当前位置的坐标。

(2) 坐标的单位及范围　系统使用直角坐标系，最小单位为0.01mm，编程的最大范围是±99999.99mm。

其中　　*X*轴——值0.01对应实际位移为0.01mm；

　　　　*Y*轴——值0.01对应实际位移为0.01mm；

　　　　*Z*轴——值0.01对应实际位移为0.01mm；

*C*轴(或一轴)——值0.01对应实际位移视数控系统设置而定。

(3) 编程格式　工件加工程序是由若干个加工程序段组成的，每个程序段由若干个字段组成，字段以一英文字符开头后跟一数值，程序段以字段N开头(程序段号)然后是其他字段，最后以回车(〈Enter〉)结尾。加工程序段用于定义主轴转速S功能、刀具功能(H刀长补偿，D刀具半径补偿)、辅助功能(M功能)和快速定位/切削进给的准备功能(G功能)等。

(4) 快速定位的路径　快速定位的顺序如下：

若*Z*方向向正方向(铣刀升高离开工件)移动时：先*Z*轴，再*X*轴，*Y*轴，最后第四轴定位。

若*Z*方向向负方向移动时：先*X*轴，*Y*轴，再第四轴，最后*Z*轴定位。

若*Z*轴无定位时：先*X*轴，再*Y*轴，最后第四轴定位。

(5) 系统的初态　系统的初态是指运行加工程序之前的编程状态，系统的初态如下：

G90——使用绝对坐标编程；

G17——选择*XOY*平面进行圆弧插补；

G40——取消刀具半径补偿；

G49——取消刀具长度补偿。

使用基准工件坐标系；

G80——无固定循环的模态数据；

G94——每分钟进给速度状态；

G98——固定循环返回起始面。

(6) 系统的模态　模态是指相应字段的值一经设置，以后一直有效，直至某程序段又对该字段重新设置。模态的另一意义是：设置之后，以后的程序段中若使用相同的功能，可以不必再输入该字段。

模态 G 功能——G00 快速定位；

快速定位速率——系统参数设置；

切削进给速率——系统参数设置。

当前的状态：系统坐标为当前的坐标，为上次执行加工程序之后或手动方式之后的坐标；主轴状态为当前的状态。

（7）加工程序的开始与结束　开始执行加工程序时，系统（刀尖的位置）应处于可以进行换刀的位置。加工程序的第一段建议用 G90 定位到进行加工的绝对坐标位置。

程序的最后一段一般以 M2（停主轴，关水泵，程序结束）、M30（程序结束，从程序开头再执行）来结束加工程序的运行。执行这些结束程序功能之前最好使系统回到程序原点，一般用 G28 执行回程序原点的功能。加工程序结束后系统坐标将返回到工件坐标系，并消除刀具偏置。

（8）子程序　子程序是由包含在主体程序中的，若干个加工程序段组成的。使用 M98 进行子程序的调用，子程序最后一个程序段必须包含 M99 指令。子程序一般编排在 M2 或 M30 指令之后。

（9）*R* 基准面　*R* 基准面是位于 *XOY* 平面的某一高度，高于工件表面一定距离（但不是离得很远）的平面，进行固定循环（钻孔、槽粗铣）加工时，以便于 *Z* 轴提刀。在 *R* 基准面上可进行 *Y* 轴方向的快速定位等操作。*R* 基准面由加工程序使用 *R* 字段定义。

4. 数控铣床的应用

数控铣床可对零件进行钻、扩、镗、铰、攻螺纹、铣端面、挖槽等多道工序的加工，能加工轮廓形状特别复杂或难以控制尺寸的零件，如模具类、壳体类零件。由于数控铣床适合加工三维曲面，在汽车、航空航天、模具等行业被广泛采用。

6.2.4　项目实施

1. 基点坐标计算

如图 6-8 所示，零件轮廓线由三段圆弧和五段直线连接而成。如图 6-11 所示，基点坐标计算比较简单。选择 *A* 为原点，建立工件坐标系，并在此坐标系内计算各基点的坐标。

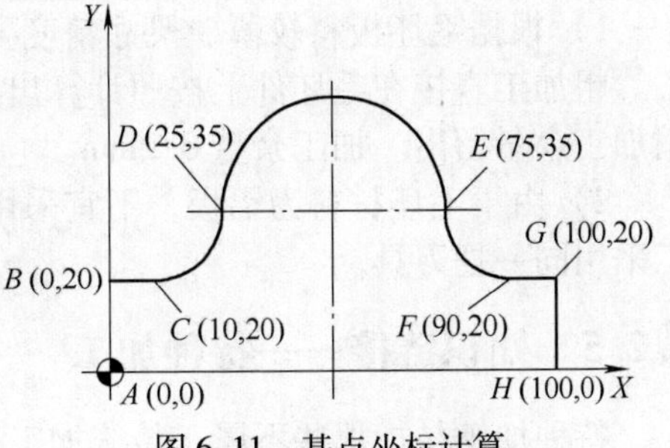

图 6-11　基点坐标计算

2. 加工路线的确定

为了得到比较光滑的零件轮廓，同时使编程简单，考虑粗加工和精加工均采用顺铣方法规划走刀路线，即按 $A \to B \to C \to D \to E \to F \to G \to H \to A$ 的路径切削。

3. 数控程序的编制

零件的数控加工程序单见表 6-7。

4. 盖板的铣削加工

（1）准备工作

1）工件毛坯。材料为 2A12（硬铝），毛坯如图 6-9 所示。

2）设备及刀具。数控铣床、ϕ12mm 普通高速钢立铣刀。

3）夹具及工具。平行垫铁、压板及螺钉、纯铜棒。

4）量具。游标卡尺。

（2）数控铣削加工

表 6-7　数控加工程序单

零件号	06	零件名称	盖　板	编程原点	安装后左下角
程序号	O0014	数控系统	FANUC 0i Mate-TC	编　制	
O0014					
N010　G54G90			工件坐标系设定		
N020　G00 Z10.0			刀具到达安全高度		
N030　S1000 M03					
N040　G00 X0 Y-10.0			刀具到达初始点		
N050　Z-12.0			下刀		
N060　G41 G01 X0 Y0 D01 F100			调用粗加工刀具半径补偿		
N070　M98 P1002			调用子程序粗加工		
N080　G40 G00 X-10.0			刀具回初始原点		
N090　G00 X0 Y-10.0					
N100　G41 G01 X0 Y0 D02 F80			调用精加工刀具半径补偿		
N110　M98 P1002			调用子程序精加工		
N120　G40 G00 X-10.0			刀具回初始点		
N130　G00 Z10.0			刀具返回安全高度		
N140　M05					
N150　M30					
O1002					
N010　G01 Y20.0			A→B		
N020　X10.0			B→C		
N030　G03 X25.0 Y35.0 R15.0			C→D		
N040　G02 X75.0 Y35.0 R25.0			D→E		
N050　G03 X90.0 Y20.0 R15.0			E→F		
N060　G01 X100.0			F→G		
N070　Y0			G→H		
N080　X0			H→A		
N090　M99			子程序结束		

1）根据毛坯板料较薄、尺寸精度要求不高等特点，采用粗、精两刀完成零件的轮廓加工。粗加工直接在毛坯件上按照计算出的基点走刀，并利用数控系统的刀具半径补偿功能将精加工余量留出。加工余量 0.2mm。

2）由于毛坯材料为铝板，不宜采用硬质合金刀具。为了避免停车换刀，考虑粗、精加工采用同一把刀具。

6.2.5　知识链接——特种加工

特种加工是指那些不属于传统加工工艺范畴的加工方法，它不同于使用刀具、磨具等直接利用机械能切除多余材料的传统加工方法。特种加工是近几十年发展起来的新工艺，是对传统加工工艺方法的重要补充与发展，目前仍在继续研究开发和改进。特种加工也称“非传统加工”或“现代加工方法”，是直接利用电能、热能、声能、光能、化学能和电化学能，有时也结合机械能对工件进行加工，达到去除或增加材料的加工方法。特种加工中以采用电能为主的电火花加工和电解加工应用较广，泛称电加工。

20 世纪 40 年代发明的电火花加工开创了用软工具、不靠机械力来加工硬工件的方法。20 世纪 50 年代以后先后出现电子束加工、等离子弧加工和激光加工。这些加工方法不用成型的工具，而是利用密度很高的能量束流进行加工。对于高硬度材料和复杂形状、精密微细的特殊零件，特种加工有很大的适用性和发展潜力，在模具、量具、刀具、仪器仪表、飞机、航天器和微电子元器件等制造中得到越来越广泛的应用。

特种加工的发展方向主要是：提高加工精度和表面质量，提高生产效率和自动化程度，发展几种方法联合使用的复合加工，发展纳米级的超精密加工等。

6.2.6 拓展操作及思考题

1. 拓展操作——凸轮的数控铣削；支座的数控铣削

（1）凸轮的数控铣削　采用数控铣床加工零件，零件尺寸如图 6-12 所示。已知底平面和 $\phi 30^{+0.021}_{0}$mm 的孔已加工。要求加工凸轮轮廓和 $4\times\phi 12^{+0.018}_{0}$mm 的孔，试编写其加工程序，并完成加工过程。

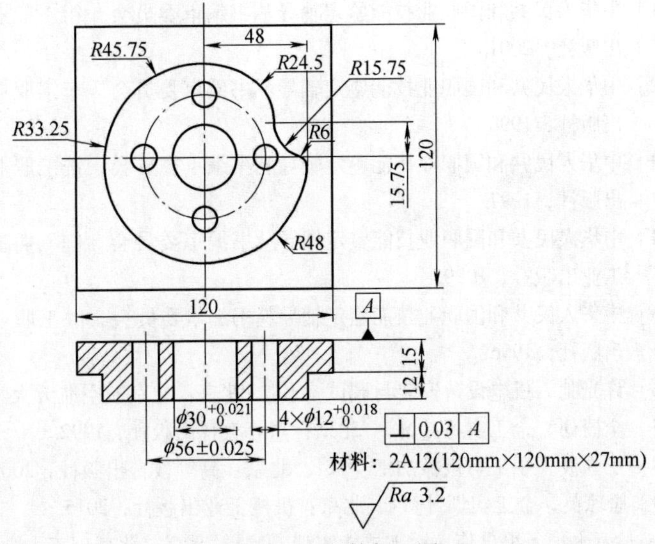

图 6-12　凸轮加工图

（2）支座的数控铣削　采用数控铣床或加工中心加工支座零件，其尺寸如图 6-13 所示。已知底平面和 $\phi 35^{+0.039}_{0}$mm 的孔已加工。要求加工支座轮廓和 $2\times\phi 12^{+0.027}_{0}$mm 的孔，试编写其加工程序，并完成加工过程。

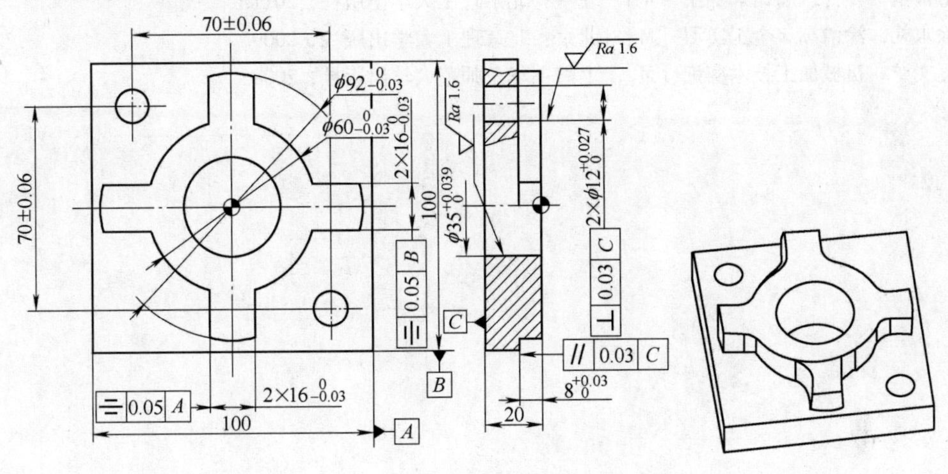

材料：2A12(100mm×100mm×20mm)

$\sqrt{Ra\ 3.2}$ ($\sqrt{}$)

图 6-13　支座加工图

2. 思考题

1）数控铣削适用于哪些工作场合？

2）说明如何利用数控铣床完成零件的加工过程。

3）数控铣床与加工中心的区别是什么？

4）说明数控铣床的分类和应用。

5）简述数控铣床的数控编程方法。

6）特种加工有哪些种类？其应用特点如何？

参 考 文 献

［1］中华人民共和国职业技能鉴定辅导丛书编审委员会．钳工职业技能鉴定指南［M］．北京：机械工业出版社，2001.

［2］中华人民共和国职业技能鉴定辅导丛书编审委员会．车工职业技能鉴定指南［M］．北京：机械工业出版社，1998.

［3］中华人民共和国职业技能鉴定辅导丛书编审委员会．铣工职业技能鉴定指南［M］．北京：机械工业出版社，1997.

［4］中华人民共和国职业技能鉴定辅导丛书编审委员会．刨、插工职业技能鉴定指南［M］．北京：机械工业出版社，1999.

［5］中华人民共和国职业技能鉴定辅导丛书编审委员会．磨工职业技能鉴定指南［M］．北京：机械工业出版社，1996.

［6］许光驰．机电设备安装与调试［M］．北京：北京航空航天大学出版社，2016.

［7］金禧德．金工实习［M］．北京：高等教育出版社，1992.

［8］王立波．手工与机械加工［M］．北京：高等教育出版社，2009.

［9］唐琼英．金工实训［M］．北京：机械工业出版社，2015.

［10］童永华，冯忠伟．钳工技能实训［M］．北京：北京理工大学出版社，2009.

［11］韦富基．零件铣磨钳焊加工［M］．北京：北京理工大学出版社，2011.

［12］徐永礼，涂清湖．金工实习［M］．北京：北京理工大学出版社，2009.

［13］万文龙．机械加工技术实训［M］．上海：华东师范大学出版社，2008.